ARISTOTE

PROBLÈMES

SECTIONS I - X

COLLECTION DES UNIVERSITÉS DE FRANCE
publiée sous le patronage de l'ASSOCIATION GUILLAUME BUDÉ

ARISTOTE

PROBLÈMES

TOME I

SECTIONS I-X

TEXTE ÉTABLI ET TRADUIT
PAR
PIERRE LOUIS
Recteur d'Académie

Deuxième tirage

PARIS
LES BELLES LETTRES
2002

Conformément aux statuts de l'Association Guillaume Budé, ce volume a été soumis à l'approbation de la commission technique, qui a chargé Mme Janine Bertier d'en faire la révision et d'en surveiller la correction en collaboration avec M. Pierre Louis.

95 boulevard Raspail, 75006 Paris
www.lesbelleslettres.com

Première édition 1991

ISBN : 2-251-00425-4
ISSN : 0184-7155

INTRODUCTION

«Ce sont les questions qui font le philosophe. Quant aux réponses ...»

Paul Valéry
Autres Rhumbs

I

Objet et structure

***Contenu des* Problèmes.** Parmi les ouvrages que la tradition attribue à Aristote figure un recueil de questions et de réponses sur des sujets variés et curieux dont la majorité se rapportent à l'histoire naturelle. Après avoir connu un grand succès dans l'Antiquité, au Moyen âge et à la Renaissance, cette œuvre est aujourd'hui très peu ou très mal connue. La raison principale en est qu'on la considère généralement comme apocryphe. Mais c'est aussi peut-être parce que depuis plusieurs décennies les éditions et les traductions en ont été relativement rares[1]. Les *Problèmes* méritent cependant un sort meilleur. Ils valent la peine d'être étudiés et ne doivent pas être considérés comme des documents mineurs.

C'est d'abord l'un des traités les plus longs du corpus aristotélicien. Avec 108 pages dans l'édition de Berlin[2], les *Problèmes* se situent, en effet, au troisième rang des œuvres d'Aristote, après l'*Histoire des Animaux* (152 pages) et la

1. Voir plus loin p. LII.
2. I. Bekker, *Aristoteles graece*, Berlin, 1831, pp. 859-967.

Métaphysique (113 pages). Ils dépassent largement l'*Ethique à Nicomaque* (82 pages) et la *Politique* (86 pages). Mais surtout les sections de ce recueil présentent presque toutes un intérêt incontestable par la variété des sujets qu'elles abordent et par la quantité de renseignements qu'elles fournissent sur les connaissances scientifiques et sur la vie quotidienne des Grecs.

Les *Problèmes*, tels qu'ils sont parvenus jusqu'à nous, sont divisés en 38 livres, qu'on a pris l'habitude de désigner sous le nom de sections. Chacune de ces sections comprend un nombre variable de questions qui forment autant de paragraphes, et qui vont de trois à une soixantaine suivant l'importance du sujet ou l'abondance des documents.

La plupart de ces problèmes se présentent sous une forme interrogative[3]. C'est là un cas presque unique dans l'œuvre d'Aristote: seul le traité intitulé *Questions mécaniques*[4] présente la même disposition. Mais ce traité est très vraisemblablement apocryphe: on l'attribue généralement à Straton de Lampsaque qui l'aurait composé au milieu du troisième siècle avant notre ère.

Dans les *Problèmes*, la formule qui introduit la question est presque toujours διὰ τί, pourquoi, suivie parfois de ποτε. Les pronoms interrogatifs seuls sont très rares: τίς et ποῖος ne se rencontrent au début d'un problème que dans la section I, le premier introduit les questions 30 et 31, le second, les questions 32 et 34. Dans le problème 36 de la section XXVI, la formule διά τί est exceptionnellement remplacée par πότερον... ἤ, et il en est de même dans la question 6 de la section IX: mais dans ce dernier cas, aucune réponse n'est proposée.

Partout ailleurs le réponse à la question est introduite par ἢ ὅτι ou ἢ διότι, «est-ce parce que». Elle est suivie d'ordinaire d'explications qui sont en général assez brèves, mais dont certaines sont longuement et soigneusement dévelop-

3. Font exception les problèmes suivants: I, 55 (866a8); 56 (866a36); XV, 4 (911a5); XVI, 8 (914b9).

4. I. Bekker, pp. 847a11-858b31.

pées. Il arrive aussi que la réponse soit double ou même triple: dans ce cas la première commence invariablement par πότερον ὅτι, la ou les suivantes par ἢ ὅτι. Il est exceptionnel que la réponse soit affirmative[5].

Tous ces problèmes sont groupés par matière. La plupart des manuscrits où ils figurent signalent dans le titre des sections que le classement est fait κατ' εἶδος, par espèce[6]. Tous les manuscrits font, en effet, précéder chaque section d'un titre qui commence par ὅσα («tout ce qui concerne») et qui résume l'essentiel des thèmes développés. L'énoncé de ces titres montre la variété des sujets traités, mais souligne en même temps l'absence totale de plan dans la succession des sections. Celles-ci sont juxtaposées sans avoir de lien entre elles, à l'exception des douzième et treizième (bonnes et mauvaises odeurs) et de la seizième et de la dix-septième qui traitent successivement des êtres inanimés et des êtres animés.

La première, intitulée ὅσα ἰατρικά, est un dossier sur la médecine, dont l'essentiel est consacré à la recherche d'une définition de la maladie. La seconde, ὅσα περὶ ἱδρῶτα, est une étude qui se veut très complète de la sueur, de sa formation et des conditions dans lesquelles elle apparaît. La troisième, ὅσα περὶ οἰνοποσίαν καὶ μέθην, traite de la consommation du vin et de l'ivresse. La quatrième, ὅσα περὶ ἀφροδίσια est un curieux recueil de questions relatives aux relations sexuelles. La cinquième, ὅσα ἀπὸ κόπου, examine les conséquences de la fatigue sur l'organisme. La sixième a un titre un peu plus compliqué, ὅσα ἐκ τοῦ πῶς κεῖσθαι καὶ ἐσχηματίσθαι συμϐαίνει: elle étudie les effets de la position couchée et des attitudes que prend le corps. La septième, ὅσα ἐκ συμπαθείας, est un dossier assez léger sur l'imitation des gestes, la communication des sentiments

5. C'est le cas dans le problème 12 de la section X qui paraît tout entière authentique, et surtout dans le long exposé qui ouvre la section XXX et qui est vraisemblablement l'œuvre d'Aristote lui-même.

6. Voir plus loin p. XXXIV.

et la contagion. La huitième, ὅσα ἐκ ῥίγους καὶ φρίκης, étudie les effets du froid et des frissons sur le corps humain. La neuvième, ὅσα περὶ ὑπώπια καὶ οὐλὰς καὶ μώλωπας, est un recueil de prescriptions relatives aux meurtrissures, aux cicatrices et aux contusions. La dixième, qui est la plus longue, a pour titre ἐπιτομὴ φυσικῶν: c'est une suite de notes sur l'anatomie et la physiologie où l'on reconnaît de nombreuses descriptions qu'on retrouve dans les traités biologiques d'Aristote. La onzième, ὅσα περὶ φωνῆς, traite non seulement de la voix, mais aussi des sons en général. La douzième, ὅσα περὶ τὰ εὐώδη, est consacrée aux bonnes odeurs, la treizième, ὅσα περὶ τὰ δυσώδη, aux mauvaises. La quatorzième, ὅσα περὶ κράσεις, aborde le problème des climats et de leur influence sur la santé des habitants. La quinzième, ὅσα μαθηματικῆς μετέχει θεωρίας, s'intéresse à des domaines relevant des mathématiques. La seizième, ὅσα περὶ τὰ ἄψυχα, concerne les objets inanimés, la dix-septième, ὅσα περὶ ἔμψυχα, les êtres animés. La dix-huitième porte un titre ambigu, ὅσα περὶ φιλολογίαν: elle concerne la lecture et les belles-lettres. La dix-neuvième, ὅσα περὶ ἁρμονίαν, est un traité sur la musique où sont décrits les différents modes et précisée l'échelle des notes. La vingtième, ὅσα περὶ θάμνους καὶ λαχανώδη, a des préoccupations moins relevées et traite des arbustes et des légumes, tandis que la vingt et unième, ὅσα περὶ ἄλφιτα καὶ μᾶζαν καὶ τὰ ὅμοια, parle de l'utilisation des farines de blé et d'orge. La vingt-deuxième, ὅσα περὶ ὀπώραν, est consacrée aux fruits d'automne, la vingt-troisième, ὅσα περὶ τὸ ἁλμυρὸν ὕδωρ καὶ θάλατταν, à l'eau salée et à la mer, la vingt-quatrième, ὅσα περὶ τὰ θερμὰ ὕδατα, aux sources d'eaux chaudes. La vingt-cinquième, ὅσα περὶ τὸν ἀέρα, est une étude sur l'air et la température atmosphérique. La vingt-sixième, ὅσα περὶ τοὺς ἀνέμους, est un traité des vents proche de certains chapitres des *Météorologiques*. La vingt-septième, ὅσα περὶ φόϐον καὶ ἀνδρείαν, s'interroge sur les conditions dans lesquelles survient la peur ou se manifeste le courage. La vingt-huitième porte un titre un peu plus long que les

précédents, ὅσα περὶ σωφροσύνην καὶ ἀκολασίαν καὶ ἐγκράτειαν καὶ ἀκρασίαν, sur la continence et l'incontinence, la tempérance et l'intempérance. Avec la section qui suit, la vingt-neuvième, est abordé un sujet juridique qui n'est guère à sa place dans un tel recueil, ὅσα περὶ δικαιοσύνην καὶ ἀδικίαν, la justice et l'injustice. La trentième occupe également une place à part, tant pour la forme que pour le fond. Elle a pour titre ὅσα περὶ φρόνησιν καὶ νοῦν καὶ σοφίαν: ce sont des notes sur la réflexion, l'intelligence et la sagesse. Plusieurs sont longuement développées, en particulier la première sur les tempéraments mélancoliques, c'est-à-dire ceux où domine la bile noire. Les sections suivantes sont plus courtes. Elles marquent un retour aux problèmes relatifs à l'histoire naturelle. Toutes abordent des questions qui relèvent de l'anatomie et de la physiologie. La trente et unième, ὅσα περὶ ὀφθαλμούς, traite des yeux; la trente-deuxième, ὅσα περὶ ὦτα, des oreilles; la trente-troisième, ὅσα περὶ μυκτῆρα, du nez; la trente-quatrième, ὅσα περὶ τὸ στόμα καὶ τὰ ἐν αὐτῷ, de la bouche et des parties qu'elle renferme; la trente-cinquième, ὅσα περὶ τὰ ὑπὸ τὴν ἀφήν, des sensations du toucher; la trente-sixième, ὅσα περὶ πρόσωπον, du visage; la trente-septième, ὅσα περὶ ὅλον τὸ σῶμα, de l'ensemble du corps; la trente-huitième et dernière, ὅσα περὶ χρόαν, de la couleur de la peau.

Dans tous ces problèmes, la question posée est toujours «pourquoi»; et jamais «qu'est-ce que». Car ce recueil n'est pas un dictionnaire. Il a pour objet non pas de définir des termes, mais de faire un inventaire des questions qui peuvent se poser à propos de certains faits ou de certains concepts, et de présenter des réponses.

Les témoignages anciens.

L'existence ancienne des *Problèmes* attribués à Aristote est attestée par de nombreux textes. Cette œuvre figure dans tous les catalogues des ouvrages du Stagirite établis dans l'antiquité[7], ce qui

7. Sur ces catalogues, voir l'étude de Paul Moraux, *Les Listes anciennes des ouvrages d'Aristote*, Louvain, 1951.

n'est pas toujours le cas des traités considérés unanimement comme authentiques. La liste transmise par Diogène Laerce[8] mentionne les *Problèmes* sous le numéro 120. Le catalogue qui termine la *Vie d'Aristote* de l'Anonyme dit de Ménage[9], cite avec le numéro 101 une œuvre portant le même titre. La liste fournie par deux auteurs arabes, Ibn-al-Kifti, dans sa *Chronique des Savants* et Ibn-abi-Useibia dans son *Histoire des médecins célèbres* mentionne aussi des *Problèmes* d'Aristote[10] sous les numéros 24, 58, 76, 77, 78. Enfin, la *Vita Marciana*[11] fait allusion à soixante-dix livres de *Problèmes* du même auteur.

L'existence des *Problèmes* dans l'Antiquité est attestée par bien d'autres témoignages. C'est d'abord celui d'Aristote lui-même qui fait plusieurs fois allusion à une œuvre portant ce titre. On trouve les *Problèmes* mentionnés nommément sept fois dans des traités dont l'authenticité ne semble pas pouvoir être mise sérieusement en doute: il s'agit du traité

8. Cette liste se trouve dans *Les vies, les doctrines et les apophtegmes des philosophes célèbres*, V 21-27. Elle remonte soit à un élève de Callimaque, Hermippe, soit plus vraisemblablement à Ariston de Céos qui fut scolarque du Lycée dans le dernier quart du IIIe siècle avant J.C. (voir *Aristotelis opera*, vol. III, *Fragmenta*, Coll. O. Gigon, Berlin, 1987).

9. Cette vie anonyme d'Aristote a été éditée pour la première fois par Gilles Ménage (qui n'était pas seulement le poète et bel esprit que l'on sait; mais aussi un érudit connu sous le nom d'Aegidius Menagius) en addition à son édition de Diogène Laerce (Londres, 1663). Ce texte lui avait été communiqué par un avocat d'Angers, Philippe de Loyauté, qui n'a pas dit d'où il le tenait. On le trouve dans un manuscrit de Patmos décrit par Constantin Tischendorf (*Wiener Jahrbücher*, 110, *Anz. Bl.*, p. 17) et dans le *Codex Ambrosianus* R. 117. Cette biographie dérive vraisemblablement d'Hésychius de Milet. La liste des œuvres qu'elle contient a été éditée par V. Rose dans *Aristotelis opera*, V, Berlin, 1870, pp. 1466-1469.

10. Cette liste a pour base des renseignements puisés chez Andronicos de Rhodes. Mais les multiples mentions des *Problèmes* incitent à penser que des sources plus tardives, postérieures sans doute au IIe siècle de notre ère, ont été également utilisées.

11. Cf. P. Moraux, *op. cit.*, p. 280; I. Düring, *Aristotle in the ancient biographical tradition*, Göteborg, 1957, p. 97.

De la Jeunesse et de la Vieillesse (5, 470a 18)[12], du traité *Du Sommeil et de la Veille* (2, 456a 29)[13], des *Parties des Animaux* (III, 15, 676a 18)[14], des *Météorologiques* (II, 6, 363a 24)[15]. Mais c'est surtout dans le traité de la *Génération des animaux* que l'on rencontre des renvois aux *Problèmes*, dans le livre II, à propos de la dureté du mélange de cuivre et d'étain qu'Empédocle, déclare Aristote, n'a pas su expliquer[16], et dans le livre IV, sur la durée de la gestation chez la femme[17] et sur la formation dans l'utérus de polypes appelés môles[18].

Plusieurs des problèmes d'Aristote ont d'autre part une évidente parenté avec des œuvres de Théophraste. Sans doute celui-ci ne mentionne-t-il nulle part un ouvrage portant ce titre. Mais il semble bien avoir fait de nombreux emprunts au recueil que la tradition attribue à son maître. Si l'on compare les *Problèmes* d'Aristote aux œuvres de Théophraste, on peut relever, en effet, plus d'une cinquantaine de passages où les idées, les formules et même parfois des paragraphes entiers sont identiques. Il est probable,

12. «Nous avons parlé dans les *Problèmes* (εἴρηται ἐν τοῖς προβλήμασιν) de la cause qui fait que le feu que l'on étouffe s'éteint, et que celui que l'on couvre subsiste plus longtemps».

13. «Nous avons dit dans les *Problèmes* pourquoi on se souvient des rêves, une fois éveillé, et pourquoi on oublie les actes propres à l'état de veille».

14. «Nous avons expliqué dans les *Problèmes* pourquoi la présure se produit dans le feuillet des animaux qui possèdent plusieurs estomacs».

15. «Parlons maintenant de toutes les particularités des vents que nous n'avons pas eu l'occasion d'étudier dans les *Problèmes*».

16. II, 8, 747b 5.

17. IV, 4, 772b 11.

18. IV, 7, 775b 37. Alexandre d'Aphrodise, dans son commentaire des *Météorologiques*, pense à tort que le renvoi de IV, 3, 381b 13, à propos de la digestion, εἴρηται ἐν ἑτέροις, vise un passage des *Problèmes*. Il s'agit plus vraisemblablement d'une allusion à un traité *Sur la Nutrition* aujourd'hui perdu (cf. notre étude «Le traité d'Aristote sur la nutrition» dans la *Revue de Philologie*, 3e série, tome XXVI, 1952, pp. 29-35).

nous le verrons en étudiant certaines sections, que le rédacteur tardif de tel ou tel problème a copié purement et simplement Théophraste[19]. Mais on ne peut écarter non plus l'hypothèse que Théophraste se soit inspiré de certains passages des *Problèmes* d'Aristote. C'est, semble-t-il, le cas pour son traité *Des Vents* et pour celui qu'il a consacré à la sueur, le *De Sudore*. Nous y reviendrons, le moment venu, en présentant les sections correspondantes des *Problèmes*.

D'autres témoignages de l'existence ancienne de cette œuvre sont fournis en assez grand nombre par des écrivains postérieurs qui font allusion très précisément à une œuvre d'Aristote[20].

C'est d'abord Cicéron qui, dans les *Tusculanes* (I, 33), rapporte l'opinion d'Aristote selon laquelle tous les hommes de génie sont des «mélancoliques»[21], de grands nerveux, qui présentent en général un grain de folie. Le passage qu'il a en vue se lit dans le premier chapitre de la section XXX de nos *Problèmes*. Le même texte est cité également par Sénèque et par Plutarque. Dans le dernier chapitre de son traité *De la tranquilité de l'âme*, Sénèque attribue à Aristote la réflexion suivante: «nullum magnum ingenium sine mixtura dementiae fuit»: il n'y a pas de grand génie sans mélange de folie. Il ne peut s'agir là encore que d'un renvoi au premier chapitre de la section XXX des *Problèmes*. Quant à Plutarque, il reprend à son tour le même texte sur les tempéraments «mélancoliques» dans la *Vie de Lysandre* (2, 6). On pourrait certes penser qu'il s'inspire dans son

19. Voir en particulier la section V qui renferme plusieurs développements empruntés au traité de Théophraste, *De Lassitudine*. D'autres rapprochements seront signalés au passage. Ils ont été identifiés dès le XVIe siècle par H. Estienne (1557) et Fr. Sylburg (1585).

20. Lorsque Pline l'Ancien dans son *Histoire Naturelle* (XVIII, 34) cite l'opinion d'Aristote (qu'il qualifie de «vir immensae subtilitatis») sur l'action des vents, il a en vue soit la section XXVI des *Problèmes*, soit plutôt le livre II des *Météorologiques*.

21. Nous examinerons le sens de μελαγχολικός dans la Notice à la section XXX.

récit de Cicéron ou de Sénèque. Mais les emprunts qu'il fait ailleurs aux *Problèmes* sont si nombreux[22], en particulier dans les *Propos de Table* (qui se présentent eux aussi sous forme de problèmes), que rien n'interdit de penser que la *Vie de Lysandre* a utilisé directement la même source. Parmi ces emprunts, je ne retiendrai pour le moment que ceux qui correspondent à des problèmes qui figurent dans la collection que nous possédons. Car, nous le verrons plus loin[23], Plutarque fait parfois allusion à des problèmes que nous n'avons plus.

Lorsque dans la question 9 du livre premier des *Propos de Table*[24], les convives se demandent pourquoi Nausicaa lave le linge dans la rivière et non dans la mer, pourquoi la nage est moins facile dans l'eau douce que dans l'eau salée, pourquoi l'on sèche plus rapidement après un bain dans la mer, et que Théon répond qu'Aristote a depuis longtemps donné la solution en disant que l'eau de mer a quelque chose de poisseux, les allusions aux problèmes 7, 10 et 15 de la section XXIII sont évidents. Au livre III, la question 3[25] où est évoquée l'opinion d'Aristote selon laquelle on s'enivre moins en buvant d'un seul trait, est un souvenir de la section III des *Problèmes* (12, 874a 22). Toujours dans le même livre, la question 7[26] s'inspire des problèmes 12 et 13 de la section III; la question 8 se réfère aux problèmes 2 et 27 de la même section, tandis que la question 10[27], où est expliqué pourquoi les plaies faites par le bronze guérissent plus vite que celles qui sont dues au fer, est empruntée au problème 35 de la section I, 863a 25-31. On peut encore citer

22. On trouvera une liste de 36 citations dans l'opuscule de W. C. Helmbold et E. N. O'Neil, *Plutarch's quotations*, New York, American Philological Association, 1959. Voir aussi l'édition et la traduction des *Moralia* par L. Pearson et F. H. Sandbach, Loeb classical Library, 1965.

23. Voir p. XXXI.

24. 627 AB.

25. 650 B.

26. 655 E - 656 B.

27. 659 CD.

la question 8 du livre VI où Plutarque rappelle qu'Aristote déclarait que par grand froid l'intérieur du corps s'échauffe: il a certainement en vue un passage du problème 9 de la section VIII, 888a 1-18.

Des citations des *Problèmes* d'Aristote ne se rencontrent pas seulement dans les *Propos de table*. C'est ainsi, par exemple, que dans le traité *Du contrôle de la colère*[28] Plutarque écrit: «Aristote raconte (Ἀριστοτέλης δ'ἱστορεῖ) que les amis du Samien Satyros lui bouchaient les oreilles avec de la cire quand il plaidait, de peur que la colère provoquée par les injures de ses ennemis ne lui fît perdre le fil de son discours». L'anecdote en question est, en effet, citée dans le problème 27 de la section III[29]. Des textes comme celui-ci prouvent que Plutarque connaissait les *Problèmes*, qu'il les a largement utilisés et qu'il les considérait bien comme une œuvre authentique d'Aristote.

Vers la même époque le témoignage d'Aulu-Gelle n'est pas moins probant. Ce lettré passionné de culture grecque, fait lui aussi plusieurs citations des *Problèmes*[30] et en attribue formellement le texte à Aristote. Ainsi, au chapitre 30 du livre II des *Nuits Attiques*, après avoir déclaré que «les physiciens les plus savants ont observé que, lorsque le vent souffle du midi, la mer devient verdâtre ou bleu foncé, tandis que par vent du nord sa couleur s'obscurcit et tourne au noir», il ajoute «*cujus rei causam cum Aristotelis libros problematorum praecerperemus, notavi*, j'ai trouvé l'explication de ce phénomène en me reportant aux livres des *Problèmes* d'Aristote». Et il donne alors une traduction très exacte de la question 37 de la section XXVI, dont on a ainsi la preuve qu'à cette époque le texte ne différait pas de celui que nous lisons. Mais c'est surtout dans le livre XIX des *Nuits Attiques* que les emprunts aux *Problèmes* d'Aristote

28. Chapitre 10, 458 F - 459 A.

29. 875a 34 et sq.

30. En voici la liste: *Nuits Attiques*, I, 11; II, 22, 30; III, 6; XIX, 2, 4, 5, 6; XX, 4.

sont nombreux et significatifs. Plusieurs des passages cités correspondent cette fois encore au texte des *Problèmes* que la tradition nous a transmis. Le chapitre 2 donne intégralement le texte grec du problème 7 de la section XXVIII. Le chapitre 4 résume en quelques mots le problème 10 de la section XXVII et reproduit textuellement la dernière phrase du problème 3 de la section VII (886b 3). Quant au chapitre 6, il renferme cinq lignes en grec qui sont une paraphrase du problème 6 de la section XXVII. Enfin au chapitre 4 du livre XX, pour justifier l'affirmation selon laquelle la fréquentation des comédiens est nuisible à la jeunesse, Aulu-Gelle cite quatre lignes du problème 10 de la section XXX[31]. Le texte qu'il présente comporte d'ailleurs quelques variantes intéressantes.

On pourrait invoquer encore bien d'autres témoignages qui montreraient que l'attribution des *Problèmes* à Aristote a été admise par toute l'Antiquité. Je ne retiendrai que les plus probants. A la fin du IIe siècle de notre ère Athénée (X, 434F)[32] résume ainsi qu'il suit le problème 4 de la section III: «Aristote dit dans les *Problèmes physiques* que le sperme des gens ivres se tourne en eau (ἐξυδαροῦσθαι)». La référence est sans ambiguité, encore que le verbe qu'emploie Athénée ne se trouve pas dans le texte d'Aristote[33], mais dans un problème d'Alexandre d'Aphrodise consacré à un sujet voisin[34]. Le même auteur, au livre I (24 D) pour confirmer ce qu'il avance fait également appel à l'autorité d'Aristote dans les *Problèmes*: ὡς Ἀριστοτέλης εἴρηκεν ἐν τοῖς φυσικοῖς προϐλήμασι ζητῶν διὰ τί οἱ ἱδροῦντες, ἐπὰν ἔλθωσιν εἰς θερμὸν ἢ ψυχρὸν ὕδωρ οὐκ ἔτι ἱδροῦσιν, ἕως ἂν πάλιν ἐπανέλθωσιν ἀπὸ τῶν ἐμϐάσεων. Ce n'est pas une

31. 956b 11-15.

32. Ed. G. Kaibel, Teubner, Leipzig, 1887-1890.

33. Le rédacteur du problème emploie ἐξυγραίνεσθαι et ne parle pas seulement du sperme, mais de l'ensemble du corps.

34. *Problèmes*, 26, 9 (cf. Ps. Alex. I, 81, éd. Ideler p. 26, 9).

citation textuelle, mais le rappel d'une idée exprimée dans la section II[35].

Une autre allusion tout aussi nette se trouve dans une scolie au vers 145 des *Guêpes* d'Aristophane: ce texte signale qu'Aristote dans les *Problèmes* a évoqué l'âcreté de la fumée dégagée par le bois de figuier, ce qui est sans doute une reminiscence du problème 18 de la section XX.

On pourrait citer beaucoup d'autres témoignages, comme ceux de Galien ou de Clément d'Alexandrie, de Suidas ou d'autres scolastes d'Aristophane[36]. Tous confirmeraient l'attribution des *Problèmes* à Aristote.

Titre. Un mot revient sans cesse dans tous les textes anciens relatifs à ce recueil, celui de προζλήματα. C'est le titre qu'emploie Aristote lui-même quand il fait référence à la collection des problèmes. Une très légère variante apparaît dans le traité *Du Sommeil et de la Veille*[37], où l'on trouve προζληματικοὶ [λόγοι], mais le sens reste le même. Et dans les *Météorologiques*[38] est adjointe à τὰ προζλήματα l'expression τὰ κατὰ μέρος qui fournit une précision intéressante sur laquelle nous reviendrons[39].

A partir du troisième siècle avant J.-C., lorsque les savants se spécialisent et que paraissent des recueils de problèmes consacrés à d'autres domaines que les sciences de la nature en général, le titre se précise et les *Problèmes* d'Aristote sont désignés par les mots προζλήματα φυσικά, problèmes physiques (ou questions naturelles). C'est de

35. Voir en particulier le problème 2.

36. On trouvera une liste de ces textes dans les prolégomènes de la thèse de E. F. Bojesen, *De problematis Aristotelis* (avec un commentaire de la section XIX), Copenhague, 1836, et un relevé complet dans l'ouvrage de V. Rose, *Aristotelis qui ferebantur librorum fragmenta*, Leipzig. Teubner, 1886, pp. 167-188. Voir aussi O. Gigon, *op. cit.*, III, p. 713-776 et 1015-1016.

37. Chapitre 2, 456a 29.

38. Au livre II, 6, 363a 24.

39. Voir p. xxxiv.

cette façon qu'ils sont appelés à l'époque de Plutarque. Aulu-Gelle qui, nous venons de le voir, les cite abondamment, emploie tantôt προϐλήματα seul[40], tantôt comme Plutarque προϐλήματα φυσικά[41] et une fois προϐλήματα ἐγκύκλια[42]. Il est probable qu'il a emprunté ce titre à quelque catalogue de bibliothèque[43]. La même expression figure, en effet, dans la liste de Diogène où elle désigne sous le numéro 122 un recueil de problèmes en deux livres. Il ne s'agit donc pas chez Diogène de notre collection, mais d'une œuvre du même genre.

Le sens de l'épithète ἐγκύκλια qu'utilise Aulu-Gelle est controversé. Si l'on se reporte aux emplois qu'Aristote fait de ce mot, on doit écarter d'emblée le sens d'«encyclopédique». On ne s'arrêtera pas non plus à celui d'«ordinaire» que Paul Moraux avait cru pouvoir retenir dans son étude sur les listes anciennes des ouvrages d'Aristote[44]. Le sens de ἐγκύκλιος dans le corpus aristotelicien paraît assez clair. Dans *l'Éthique à Nicomaque*[45] on lit, en effet, à propos d'un ouvrage qui ne peut être que le *Protreptique*, ἱκανῶς γὰρ καὶ ἐν τοῖς ἐγκυκλίοις εἴρηται περὶ αὐτῶν. On s'accorde généralement à considérer que le sens de ἐν τοῖς ἐγκυκλίοις dans cette phrase doit être le même que celui de l'expression ἐν τοῖς ἐξωτερικοῖς λόγοις, que l'on trouve souvent ailleurs[46]. T. A. Gauthier et J. Y. Jolif traduisent

40. *Nuits Attiques*, I, 11; II, 30; III, 6; XIX, 6.

41. Au chapitre 4 du livre XIX.

42. Livre XX, chapitre 4.

43. Au chapitre 5 du livre XIX, il est question de la bibliothèque de Tibur qui était bien fournie en livres, *commode instructa libris*, et où se trouvait un exemplaire d'Aristote.

44. *Op. cit.*, p. 119.

45. I, 3, 1096a 3.

46. Cf. *Éthique à Nicomaque*, I, 13, 1102a 26; VI, 4, 1140a 3; *Politique*, III, 6, 1278b 31; VII, 1, 1323a 22; *Métaphysique*, M, 1, 1076a 28. Sur cette expression voir R. A. Gauthier et J. Y. Jolif, *L'Éthique à Nicomaque*, traduction et commentaire, Louvain-Paris, 1959, I, pp. 36*-40** où l'on trouvera une abondante bibliographie.

«dans un livre qui est entre toutes les mains»[47]. Le même emploi de ἐγκύκλιος se retrouve dans le traité *Du Ciel* (I, 9, 279a 30-31) où Paul Moraux, dans l'édition qu'il a publiée aux Belles Lettres, rend l'expression ἐν τοῖς ἐγκυκλίοις φιλοσοφήμασι par «dans les travaux de vulgarisation philosophique». Il s'agit très certainement d'ouvrages «en circulation», qui sont par conséquent à la disposition d'un large public.

Le titre προϐλήματα ἐγκύκλια figure également dans le commentaire d'Aspasius à l'*Éthique à Nicomaque*[48], à propos duquel Paul Moraux fait remarquer qu'Aspasius, dans le passage en question, n'a pas compris le sens du mot ἐγκύκλια et en donne deux interprétations fantaisistes[49].

Quoi qu'il en soit, ce titre ne semble pas avoir été repris au-delà du deuxième siècle après J.-C. Celui que les *Problèmes* portent d'ordinaire dans les catalogues anciens et qu'ils ont toujours dans les manuscrits du Moyen âge et de la Renaissance est προϐλήματα φυσικά, *Problèmes physiques* (ou naturels). C'est donc celui-là que nous retiendrons, comme l'ont fait jusqu'ici tous les éditeurs.

Qu'est-ce qu'un problème?

Lorsqu'Aristote appelle προϐλήματα le recueil de notes auquel il renvoie dans plusieurs de ses traités, il donne à ce mot un sens très précis[50]. Il s'en explique clairement dans deux chapitres des *Topiques*, les chapitres 4 (101b 28-37) et 11 (104b 11-28) du livre premier. Ces textes, si on les rapproche de deux passages des *Premiers Analytiques* (I, 1, 24a 16-17) et des *Seconds Analytiques* (I, 1, 72a 8) permettent de comprendre la distinction qu'Aristote établissait entre une

47. Voir le commentaire de ces auteurs, *op. cit.*, II, 1e partie, p. 32.

48. Aspasius, *In Eth. Nic.*, 10, 30, Heylbut.

49. Paul Moraux, *op. cit.*, p. 119.

50. Diogène Laerce, dans la liste qu'il donne des ouvrages d'Aristote, mentionne sous le n° 51 un περὶ προϐλημάτων dont on ne sait rien de plus. Peut-être était-ce un traité sur la rédaction et la résolution des problèmes (cf. P. Moraux, *op. cit.*, p. 88).

proposition (πρότασις), une thèse (θέσις) et un problème (πρόϐλημα)[51]. La thèse est «un jugement contraire à l'opinion vulgaire émis par un philosophe notable» ou encore «un jugement que l'on peut justifier par un raisonnement contraire aux opinions courantes»[52]. La proposition est «un discours qui affirme ou nie quelque chose de quelque chose»[53]. Quant au problème, c'est une recherche sur une question dont on ignore la réponse ou sur laquelle existent des divergences de vue[54].

Le mot πρόϐλημα était déjà utilisé dans un sens voisin par Platon[55], qui employait aussi le verbe correspondant προϐάλλειν, proposer un problème[56]. Mais c'est chez Aristote qu'il a pris le sens spécial qui est longuement précisé dans les *Topiques*. Un problème y est présenté comme un procédé d'exposition d'une question sur laquelle la plupart des gens n'ont aucune opinion, ou sur laquelle il y a désaccord entre les sages et le vulgaire. Autrement dit, c'est l'exposé d'un sujet qui suscite des controverses ou sur lequel n'existe aucun argument décisif. C'est très exactement le sens du mot dans le recueil transmis sous le nom d'Aristote. Au contraire de la dialectique platonicienne qui met en présence deux interlocuteurs, l'un qui questionne et l'autre qui répond, le problème aristotélicien ne met en scène qu'un seul personnage, l'auteur qui formule la question et qui

51. Sur ces distinctions voir P. Moraux, *op. cit.*, p. 71; Jacques Brunschwig, Introduction et notes à l'édition des *Topiques*, Les Belles Lettres, 1967.

52. *Topiques*, I, 11, 104b 19-28. Sur la pratique de la θέσις dans les écoles philosophiques postérieures à Aristote voir Laurent Pernot, «Lieu et lieu commun dans la rhétorique antique» dans *Bull. de l'Ass. G. Budé*, 1986, 3, pp. 253-284, spécialement pp. 276-279.

53. *Premiers Analytiques*, I, 1, 24a 16.

54. *Topiques*, I, 11, 104b 1-17.

55. Cf. *République*, VII, 530b 2, 531c 3; *Théétète*, 180c 5. Dans le *Sophiste*, 261ab, Platon joue sur le double sens de πρόϐλημα: c'est tantôt la défense que l'on élève devant soi, tantôt la difficulté que l'on rencontre.

56. *Sophiste*, 245b; *Politique*, 285d.

suggère lui-même une ou plusieurs réponses. Il appartient ensuite au lecteur de se faire une opinion.

Ce procédé d'exposition ne se rencontre pas exclusivement dans le recueil des *Problèmes*. On en trouve plusieurs exemples dans d'autres traités. Je ne parle pas des interrogations qui ne sont que des figures de style, comme ce passage du traité *De la Sensation*[57] où Aristote demande: «Pourquoi l'œil au repos ne se voit-il pas lui-même»? La réponse va de soi et il n'est pas nécessaire de la formuler. Ailleurs, une réponse est bien présentée, mais elle n'a pas la forme interrogative parce qu'elle paraît évidente. En voici un exemple emprunté au traité de la *Génération des Animaux*, où Aristote déclare[58]: «Pourquoi (διὰ τί) dans les œufs clairs, qui sont vivants eux aussi, l'âme nutritive n'assure-t-elle pas le développement de l'animal et de ses parties»? La réponse positive, est introduite par ὅτι: «C'est parce qu'il faut pour cela une âme sensitive». Des formules du même genre sont fréquentes dans les *Seconds Analytiques*[59], on en rencontre aussi dans les *Météorologiques*[60], dans la *Métaphysique*[61] et ailleurs.

Mais il y a des cas au contraire où l'interrogation pose réellement un problème au sens précis du terme. C'est le cas, par exemple, dans le traité *De la Génération et de la Corruption*, à propos de la façon dont s'opère l'accroissement des corps vivants[62] ou dans le traité *De l'Âme*[63] où Aristote examine le différence entre le physicien et le dialecticien: «qui est le physicien?» demande-t-il. La réponse est

57. Chapitre 2, 437a 29.

58. *Gén. des An.*, II, 5, 741a 26.

59. Voir, par exemple, II, 2, 90a 15 et sq.; 8, 93b 8.

60. *Météor.*, II, 9, 370a 1; IV, 9, 385b 23 (où J. L. Ideler voyait à tort une citation des *Problèmes*, dans *Aristotelis meteorologicorum libri IV*, Teubner, Leipzig, 1836).

61. *Métaph.*, A, 9, 991b 9 et sq.; Γ, 5, 1009b 37 etc.

62. Livre I, 5, 322a 8-13.

63. *De l'Ame*, I, 1, 403b 7-9 (trad. E. Barbotin, Les Belles Lettres, Paris, 1966).

présentée en trois volets, πότερον ... ἢ ... ἢ οὐκ. «Est-ce celui qui considère la matière et ignore la notion (λόγον), ou est-ce celui qui considère exclusivement la notion? N'est-ce pas plutôt celui qui embrasse les deux points de vue»? On pourrait également citer, dans l'*Éthique à Nicomaque*, deux passages construits de la même façon, VII, 10, 1151a 29-35 à propos de la continence, et surtout X, 4, 1175a 3-4, πῶς οὖν οὐδεὶς συνεχῶς ἥδεται; Ἢ κάμνει; «Comment se fait-il donc que personne ne puisse éprouver du plaisir de façon continue? Est-ce qu'on se fatigue?»

Ces quelques exemples montrent que le procédé qui consiste à traiter un sujet par des interrogations n'est pas réservé aux seuls *Problèmes*. L'emploi de ce mode d'expression n'est d'ailleurs pas propre au Stagirite. Dès le cinquième siècle sont apparus des *Problemata* consacrés à des recherches dans des domaines scientifiques. On en trouve des traces dans certains traités hippocratiques. Et la tradition attribue à Démocrite un ouvrage qui portait ce titre. Mais Aristote a eu le mérite de donner dans ses *Topiques* une analyse précise et approfondie de la notion de πρόβλημα.

II

Histoire de l'œuvre

Historique de la question.

Jusqu'à la fin du XVIIIe siècle, l'attribution des *Problèmes* à Aristote ne semble pas avoir été sérieusement mise en doute. Des savants comme Francis Bacon ou Louis Septali l'ont admise sans discussion[1].

Cependant à la fin du xve siècle Henri II Estienne considérait déjà qu'une partie seulement des *Problèmes* était d'Aristote, et Fr. Sylburg[2] au xvie partageait cette opinion

1. A la fin du siècle dernier J. Barthélémy - Saint Hilaire était un partisan presque sans réserve de l'authenticité.

2. On trouvera une liste des éditions et traductions, p. LII.

que plus tard H. Bonitz a reprise à son compte[3]. La plupart des philologues modernes vont encore plus loin et pensent que le recueil transmis par la tradition manuscrite est une compilation tout entière apocryphe. Les uns, comme H. Flashar, la datent du IIIe siècle avant J.-C., et l'attribuent aux péripatéticiens qui ont succédé à Théophraste. Certains, avec E. S. Forster[4], estiment que ce recueil ne remonte pas au-delà du premier siècle avant notre ère et qu'il est peut-être même plus tardif. D'autres enfin, comme E. Richter[5] ou W. D. Ross[6] n'hésitent pas à descendre encore beaucoup plus bas et optent pour le cinquième ou même le sixième siècle de notre ère. P. Moraux n'est pas loin de se rallier à cette thèse extrême[7]. Quant à L. R. Lind, dans une publication récente[8], il n'hésite pas à nier l'authenticité des *Problèmes* d'Aristote et à les considérer comme tout à fait tardifs.

Devant de telles divergences de vues, il était nécessaire de reprendre entièrement la question. Nous l'avons fait en tenant compte d'une part des renseignements que peut fournir le texte, et d'autre part des citations faites par les auteurs anciens. La comparaison des idées exprimées dans les *Problèmes* avec celles qui sont développées dans les traités authentiques permet d'utiles conclusions. Si l'on y ajoute l'étude du vocabulaire, de la longueur des phrases, de l'emploi des particules de liaison, on peut espérer réussir à distinguer ce qui est l'œuvre d'Aristote de ce qui ne l'est pas. De même, l'examen des références d'Aristote aux *Problèmes*, l'étude des citations qui en ont été faites par les

3. *Index aristotelicus*, Berlin, 1870, p. 103b 23-30.

4. E. S. Forster, «The Pseudo-aristotelian *Problems*: their nature and composition», dans *The Classical Qaurterly*, 22, 1928, pp. 162-165.

5. E. Richter, *De Aristotelis Problematis*, diss. Bonn, 1885.

6. W. D. Ross, *Aristote*, trad. française, Paris, Payot, 1930, p. 24.

7. Paul Moraux, *op. cit.*, p. 116.

8. L. R. Lind, *Problemata varia anatomica, Ms. 1165 The University of Bologne*, University of Kansas publications, Humanistic Studies 38, Lawrence, Kansas, 1968.

auteurs grecs et latins, l'analyse des mentions qu'on trouve de cette œuvre dans les catalogues anciens, doivent permettre de se faire une idée assez précise de l'état de ces textes à différentes époques.

Sans prétendre atteindre à une certitude absolue, il est permis d'émettre des hypothèses. Car, s'il n'est pas possible de dire à coup sûr pour chaque problème s'il est authentique ou non, on peut du moins dégager quelques faits qui paraissent évidents. C'est d'abord l'existence d'une collection de notes rédigées par Aristote sous forme de questions et de réponses. C'est aussi, au cours du siècle qui a suivi la mort du fondateur du Lycée, l'adjonction à ce recueil d'un certain nombre de problèmes originaux. C'est enfin la mise au point, dans le courant du deuxième siècle après J.-C., d'une nouvelle édition où quelques textes furent encore ajoutés tandis que d'autres étaient retranchés. Cette édition, qu'on pourrait qualifier de définitive, est celle qui est parvenue jusqu'à notre époque.

Les* Problèmes *d'Aristote.

Aristote, nous l'avons vu[9], a fait sept fois référence aux *Problèmes*. Son témoignage non seulement confirme qu'il avait bien rédigé des *Problèmes*, mais il apporte des précisions importantes sur le contenu du recueil primitif.

Il est remarquable, en effet, que seules deux de ces références soient identifiables, l'une dans le traité *De la Génération des Animaux* (IV, 4, 772b 11), l'autre dans les *Météorologiques* (II, 6, 363a 24). La première, qui se présente sous la forme εἴρηται δὲ περὶ αὐτῶν ἐν τοῖς προζλήμασιν, intervient dans un développement consacré à la durée de la gestation dans l'espèce humaine et correspond à la question 41 de la section X des *Problèmes*[10]. La seconde, qui concerne les vents, renvoie aux *Problèmes* sans autre précision. Mais il ne peut s'agir que de la section XXVI[11] qui est tout entière

9. Voir plus haut, p. XII.

10. 895a 26-30.

11. 940a 17 - 947b 9.

consacrée à l'étude des vents. Cette allusion des *Météorologiques* est d'ailleurs fort instructive, puisqu'elle signale que l'exposé qu'on trouve dans les *Problèmes* présente des lacunes: «Parlons maintenant, déclare Aristote, de toutes les particularités des vents que nous n'avons pas eu l'occasion d'étudier dans les *Problèmes*». Le même texte présente encore un autre intérêt. Le titre des *Problèmes* y est libellé sous une forme originale, τὰ προβλήματα τὰ κατὰ μέρος[12], qui a souvent embarrassé les traducteurs. Nous pensons que cette expression signifie tout simplement «les problèmes classés par articles».

Les autres références contenues dans des œuvres authentiques d'Aristote ne correspondent à aucun passage des *Problèmes* sous leur forme actuelle. On lit, dans le chapitre 5 du traité *De la Jeunesse et de la Vieillesse*[13], ces lignes à propos du feu: «Nous avons parlé dans les *Problèmes*[14] de la raison pour laquelle le feu qu'on étouffe s'éteint et celui que l'on cache sous le cendre subsiste plus longtemps». On ne trouve aucune indication de ce genre dans les *Problèmes* conservés. Mais G. de Camozzi (Camotius), dans son édition des *Problèmes* (Alde, 1552), signale à la fin de la section XXV que d'après «certains savants» Aristote avait laissé des problèmes περὶ τὸ πῦρ. Et un passage de la section XXX[15], sur l'échauffement des pierres et des morceaux de fer soumis à la flamme fait référence à une étude sur le feu[16]. Comme cette section, nous essaierons de le montrer plus loin[17], est probablement authentique, on est en droit de penser que l'édition originale des *Problèmes* devait comporter une série de questions sur le feu. Si ces

12. Ce titre ne se trouve pas ailleurs.
13. 470a 18.
14. La formule est toujours la même: εἴρηται ἐν τοῖς προβλήμασιν.
15. Question 1, 954a 20.
16. Εἴρηται δὲ σαφέστερον περὶ τούτων ἐν τοῖς περὶ πυρός.
17. Dans la notice de la section XXX.

textes ont disparu[18], c'est sans doute parce qu'ils ont été remplacés par l'ouvrage de Théophraste *Sur le feu*. La raison est la même que celle qui explique l'oubli dans lequel est tombée très tôt l'œuvre qu'Aristote avait consacrée aux plantes.

Le traité *Du Sommeil et de la Veille*[19] évoque lui aussi un sujet qui a disparu de notre collection: «Nous avons dit, dans les *Problèmes*, pourquoi on se souvient des rêves une fois éveillé et on oublie les actes qui accompagnent l'état de veille»[20]. La référence du livre III des *Parties des Animaux*[21], «nous avons expliqué dans les *Problèmes* pourquoi la présure se forme dans le feuillet des animaux qui possèdent plusieurs estomacs», n'est pas exacte non plus dans l'état actuel des *Problèmes*. Le renvoi du traité de la *Génération des Animaux* à propos de «la dureté du mélange de cuivre et d'étain qu'Empédocle n'a pas su expliquer»[22], ne correspond pas davantage à un passage conservé. Enfin l'on chercherait en vain dans les *Problèmes* l'explication de la formation dans l'utérus de polypes appelés môles, qui est annoncée dans le livre IV du même traité[23]. Le texte auquel Aristote fait allusion dans le passage de la *Génération des Animaux* qui renvoie aux *Problèmes* est vraisemblablement celui qu'a utilisé le médecin qui, au troisième siècle av. J.-C., a rédigé le dixième livre de l'*Histoire des Animaux*[24], mais ce texte a disparu du recueil des *Problèmes*.

Des constatations qui précèdent plusieurs conclusions

18. Les listes anciennes des ouvrages d'Aristote ne comportent aucun titre se rapportant au feu.

19. Chapitre 2, 456a 29.

20. H. Bonitz (*Index aristotel.*, p. 103b 21), voit à tort dans cette phrase une allusion aux *Météorologiques*, IV, 3, 381b 13, où l'on ne trouve non plus rien de tel.

21. Chapitre 15, 676a 18.

22. *Gén. des An.*, II, 8, 747b 5.

23. IV, 7, 775b 37.

24. *Sur la Stérilité*, 7, 638a 10-18. Voir notre édition de l'*Histoire des Animaux*, tome III, Les Belles Lettres, 1969, p. 153.

peuvent être tirées. Il a certainement existé une collection de questions et de réponses constituée pas Aristote lui-même. Dans ce recueil, les sujets étaient répartis en un certain nombre d'articles, comme le prouve l'allusion du livre II des *Météorologiques* que nous avons citée plus haut. Dans quel ordre ces articles étaient-ils classés? Le texte en question ne le précise pas. Car l'expression κατὰ μέρος, si elle évoque une succession de parties, ne permet pas de savoir dans quel ordre elles se suivaient. Mais il est probable que les questions étaient disposées par ordre alphabétique. C'est du moins ce que suggère la comparaison avec le recueil des constitutions qu'Aristote avait constitué et dont on sait qu'il suivait strictement cet ordre[25].

Enfin, à moins de considérer tous les renvois qu'Aristote fait aux *Problèmes* comme des interpolations tardives, il faut bien admettre que dans son état primitif cette œuvre comportait des questions que nous n'avons plus. Ces références, qui figurent toutes dans des traités authentiques permettent d'énumérer cinq sujets qu'Aristote avait abordés dans les *Problèmes*, le feu, le souvenir des rèves, la présure, la dureté du bronze, la formation des môles. Ces développements ont été tous perdus[26].

On peut, d'autre part, légitimement penser que parmi les problèmes conservés figurent également un certain nombre de textes qui sont l'œuvre d'Aristote et qui ont probablement été écrits pendant son séjour à l'Académie[27], à l'époque où

25. Cf. Paul Moraux, *op. cit.*, pp. 115-116.

26. On sait que l'œuvre d'Aristote a subi au cours des siècles d'importantes mutilations (cf. J. Bidez, *Un singulier naufrage littéraire dans l'Antiquité*, Coll. Lebègue, 3e série, n° 36, Bruxelles, 1943).

27. C'est également l'opinion de E. Egger dans son *Essai sur l'histoire de la critique chez les Grecs, suivi de la* Poétique *d'Aristote et d'extraits de ses Problèmes avec traduction française et Commentaire*, Paris, A. Durand, 1850, pp. 128-134. L'auteur insiste sur le fait que la plupart de ces problèmes «représentent assez bien la forme des premières recherches d'Aristote». Et il ajoute qu'«on y observe cette méthode dubitative dont il

il entreprenait des recherches personnelles dans différents domaines. C'est le cas de la plupart des questions réunies dans les sections I (questions médicales), II (la sueur), VII (la contagion des comportements et des maladies), X (abrégé de science naturelle), XIV (les conditions climatiques), XV (la spéculation mathématique), XX (arbustes et légumes), XXVI (les vents), XXVIII (la continence et la tempérance), XXX (l'intelligence et la sagesse), XXXII (les oreilles); XXXIII (le nez), XXXV (le toucher) et XXXVI (le visage). Et même dans les sections où le plus grand nombre des problèmes sont manifestement postérieurs à Aristote, il doit y avoir des articles qui furent rédigés par lui. Ainsi dans la section IV, qui traite des rapports sexuels et qui est probablement l'œuvre d'un médecin du IIIe siècle avant J.-C., on remarque quelques passages, comme le problème 13 et quelques lignes du problème 15[28], qui semblent bien être d'Aristote.

Ces problèmes authentiques étaient des notes prises au cours de lectures ou à la suite d'observations personnelles. Le style est révélateur de ce genre d'écrits. Les phrases sont souvent mal construites. Certaines sont incomplètes. Elles sont tantôt très courtes, tantôt exagérément longues, avec parfois plusieurs incises qui les rendent difficiles à comprendre. Il arrive même qu'elles se contredisent. N'est-ce pas là la marque de phrases rédigées ou copiées à la hôte? Mais ce qui fait justement l'intérêt de la plupart de ces problèmes, c'est la spontanéité du premier jet.

Il est vraisemblable qu'Aristote a commencé très tôt, après son entrée à l'Académie, à accumuler des notes qu'il a ensuite utilisées dans ses grands traités. Mais cette masse de documents était également à la disposition de tous les membres de son école quand il eut fondé le Lycée.

y a des traces encore dans les grands traités d'Aristote, mais qui nulle part ne se montre avec autant de complaisance, on dirait presque de naïveté».

28. 878b 5-13.

Théophraste, par exemple, s'en est servi dans son traité sur la sueur[29].

Les éditions successives.

Une encyclopédie de ce genre est toujours extensible. Au cours du IIIe siècle av. J.-C. les péripatéticiens l'ont enrichie de nombreux textes qui se rapportaient à des sujets déjà traités par Aristote ou touchaient à de nouveaux thèmes, dans la mesure où les sciences avaient progressé.

Une preuve indirecte de l'existence de ces compléments aux dossiers primitifs est fournie par le catalogue des ouvrages d'Aristote transmis par Diogène Laerce et établi, rappelons-le, dans le courant du IIIe siècle avant notre ère[30]. On y trouve, en effet, mentionné sous le numéro 121 un ouvrage intitulé ἐπιτεθεαμένων προβλημάτων α'β'. On rend généralement ce titre par «Problèmes objets de réflexion, deux livres». Mais cette expression, si elle correspond exactement aux termes grecs, n'est guère satisfaisante. Paul Moraux[31] a proposé de lire ἐπιτεθειμένων προβλημάτων ἀ'β' et de traduire «Problèmes ajoutés, deux livres». Il pense qu'il s'agit là d'une addition aux *Problèmes* d'Aristote. Il a certainement raison, et le correction, très minime, qu'il apporte au texte, me paraît s'imposer. Ces deux livres supplémentaires devaient renfermer des problèmes rédigés par des membres du Lycée. Ces problèmes furent ensuite classés, toujours suivant l'ordre alphabétique, parmi ceux d'Aristote.

Sans pouvoir rien affirmer de façon catégorique, on peut avancer que datent de cette époque un certain nombre de problèmes, sinon tous, qui figurent aujourd'hui dans les sections III (le vin et l'ivresse), IV (les rapports sexuels), VIII (effets du froid), IX (meurtrissures et contusions), XI (la voix), XVI (les objets inanimés), XXII (les fruits), XXIII (l'eau salée et la mer), XXIV (les eaux chaudes), XXV

29. Voir la section II.

30. Voir p. XII.

31. Paul Moraux, *op. cit.*, p. 117.

(l'atmosphère), XXVII (la peur et le courage), XXXI (les yeux), XXXIV (la bouche). Les problèmes de deux de ces sections, la troisième et la huitième, sont selon toute vraisemblance l'œuvre d'un même auteur, tandis que ceux de la quatrième et de la neuvième ont été sans doute rédigés par un médecin de l'entourage de Straton de Lampsaque.

L'ensemble du recueil des problèmes d'Aristote lui-même et des additions faites au cours du troisième siècle avant J.-C. comportait trente huit livres, comme en témoigne la liste des ouvrages du Stagirite établie à cette époque[32]. Cette liste nous apprend d'autre part que les problèmes étaient alors classés par ordre alphabétique, κατὰ στοιχεῖον[33]. Les péripatéticiens du IIIe siècle ont donc utilisé la même méthode de classement qu'Aristote.

Lorsque plus tard, au temps de Cicéron, Andronicos de Rhodes réalisa l'édition qui l'a rendu célèbre[34], il y réserva tout naturellement une place aux *Problèmes*, sans établir de distinction entre ceux qui étaient authentiques et ceux qui ne l'étaient pas. C'est cette édition des *Problèmes*, plus volumineuse que l'encyclopédie primitive d'Aristote, que consultèrent Cicéron, Strabon, Sénèque, Pline, Plutarque, Aulu-Gelle. Une remarque de ce dernier dans le chapitre 5 du livre XX des *Nuits Attiques* ne laisse aucun doute à cet égard. Citant de longs passages d'Aristote, il déclare: «Je prends le texte dans l'ouvrage du philosophe Andronicus».

Le témoignage de plusieurs auteurs anciens montre d'ailleurs que des problèmes qui se trouvaient dans l'édition qu'ils consultaient, ont aujourd'hui disparu. Plutarque, dans ses *Propos de table*, invoque maintes fois l'autorité des *Problèmes* d'Aristote sur des questions qui sont absentes du recueil que nous possédons. Ainsi, les développements sur l'ivresse

32. Voir, plus haut, p. XXX.

33. Sur le sens de cette expression voir Paul Moraux, *op. cit.*, p. 115.

34. Voir notre ouvrage *La découverte de la vie, Aristote*, Paris, Hermann, 1975, p. 9.

35. Livre III, chapitre 17, p. 328.

des vieillards et des femmes (III, 3, 650 A), sur la froideur naturelle du vin (III, 5, 652 A), sur les cailloux et les enclumes (VI, 5, 690 F), sur la digestion des fruits (VIII, 10) ne figurent dans aucune section des *Problèmes* sous leur forme actuelle. Il en est de même des quelques lignes du traité *Des Oracles de la pythie* sur l'huile et le vert de gris. Au chapitre 3 (395 E), Philinos se demande pourquoi l'huile, plus que les autres liquides, cause la souillure du vert de gris (ἰός) et il cite l'explication que donne Aristote: «celui-ci, dit-il, prétend que c'est la tenuité des autres liquides, composés de molécules inégales et raréfiées, qui cause la dissolution insensible et la dispersion du vert de gris, tandis que l'huile, par sa consistance, le protège et le conserve amassé».

Ce curieux texte ne figure nulle part dans les œuvres conservées d'Aristote. Mais on le lit dans les *Problèmes Inédits*[35] que U. C. Bussemaker a publiés[36]. C'est également dans ce recueil[37] qu'est traitée la question évoquée dans les *Propos de table* (VI, 3, 689 E): «Pourquoi la faim disparaît-elle quand on boit, tandis que la soif augmente si l'on mange?»

Tous les renvois qui s'adressent en fait aux *Problèmes Inédits* montrent que cette collection, sur laquelle nous reviendrons plus loin[38], n'est pas entièrement originale, mais renferme un certain nombre de problèmes qui devaient figurer primitivement dans l'édition d'Andronicos. Quelque-uns d'ailleurs se trouvent encore parmi les problèmes que la tradition attribue au Stagirite[39].

Plusieurs références à des problèmes d'Aristote qui n'existent plus se rencontrent également dans les *Nuits Attiques* d'Aulu-Gelle. C'est, par exemple, le cas au chapitre 11 du livre I où est citée une phrase qui a disparu des *Problèmes*

36. *Aristotelis opera graece et latine*, IV, Paris, Firmin-Didot, 1869 (rééd. 1931), pp. 291-334.

37. Au chapitre 51 du livre III.

38. Voir p. XXXIV.

39. U. C. Bussemaker en a dressé la liste (*op. cit.*, p. X).

et qui concernait la coutume des Lacédémoniens d'aller au combat au son de la flûte. L'auteur latin cite expressément les *Problèmes* (*Aristoteles in libris problematum scripsit*) et reproduit même le texte grec de la question, διὰ τί, ἐπειδὰν κινδυνεύειν μέλλωσι, πρὸς αὐλὸν ἐμβαίνουσιν; De même, au chapitre 6 du livre III, Aulu-Gelle renvoie à un passage «du septième livre des *Problèmes*» (*in septimo Problematorum*)[40], et au chapitre 5 du livre XIX, il rappelle qu'Aristote a déclaré que l'eau de neige est malsaine. Ces deux références, comme les précédentes, ne correspondent à aucun des problèmes conservés. On peut faire la même constatation à propos de citations qu'on trouve chez Galien. Il semble donc bien que l'édition d'Andronicos comportait des problèmes que nous n'avons plus.

Quoi qu'il en soit, vers la fin du second siècle de notre ère, une nouvelle édition des *Problèmes* se substitua peu à peu à celle d'Andronicos. Ce siècle fut une période d'intense activité intellectuelle. La Grèce dans le domaine de la culture a alors reconquis la prépondérance qu'elle avait un peu perdue et la philosophie hellénique exerce sur les âmes une action profonde. Il devient courant que les écrivains latins eux-mêmes emploient le grec. L'exemple de Fronton et celui de Marc-Aurèle sont là pour en témoigner. On étudie et l'on commente les œuvres des philosophes grecs, en particulier celles de Platon et d'Aristote[41]. On recopie des recueils de problèmes et l'on en constitue de nouveaux. Les plus connus, outre ceux du Stagirite, sont les problèmes de Cassius[42] et ceux attribués à Alexandre d'Aphrodise[43].

40. Dans la même phrase, la référence au huitième livre des *Symposiaques* est exacte: il s'agit des chapitres 4 et 5 du livre VIII des *Propos de Table*.

41. Voir l'ouvrage de P. L. Donini, *Tre studi sull' aristotelismo nel II secolo d.c.*, Turin, Paravia, 1974.

42. Cassius (Félix), surnommé *Iatrosophista*, est un médecin grec du premier siècle de notre ère. Son livre *Questions de médecine et problèmes naturels* a été publié à Paris en 1541 et traduit en latin par Adrien Junius.

Mais il y en eut bien d'autres[44]. L'un d'entre eux a été transmis par un manuscrit de Madrid[45] et par cinq manuscrits parisiens[46]. C'est le recueil que U. C. Bussemaker a publié et qu'il a traduit en latin sous le titre de *Problemata inedita*[47]. Il a pour source principale des œuvres d'Aristote, comme l'indique la formule introduite dans le problème 11 de livre III, οὕτως Ἀριστοτέλης.

L'édition des *Problèmes* d'Aristote qui fut faite vers ce moment-là présentait une innovation importante. Comme dans les autres recueils de problèmes de la même époque, les questions y sont désormais classées par matière, κατ'εἶδος[48]. Ce nouveau classement a amené nécessairement des répétitions. Car il suffit qu'un problème ait un rapport même lointain avec d'autres questions pour qu'il soit repris ailleurs sans que sa forme soit modifiée. Il arrive même, sans doute par souci de combler certaines lacunes, qu'une question soit répétée à l'intérieur d'une même section[49].

J. L. Ideler en a donné le texte dans son ouvrage *Physici et Medici graeci minores*, I, pp. 144-167.

43. Les *Problèmes* d'Alexandre d'Aphrodise sont généralement considérés comme apocryphes (voir J. L. Ideler, *op. cit.*, I, pp. 3-80).

44. Il est possible que des traités de Soranos d'Éphèse aient été rédigés sous cette forme. La vogue des problèmes s'est maintenue très longtemps: cf. Brian Lawn, *The Salernitan Questions: an Introduction to the History of medieval and Renaissance Problems Literature*, Oxford, Clarendon Press, 1963.

45. *Cod. Matritensis* 94.

46. *Codd. Parisini gr.* 1883, 1884, 2047, 2047A, 2381.

47. Le titre que donnent les manuscrits est προϐλήματα ἀνέκδοτα. Voir plus haut, p. XXXII.

48. D'où le titre qui figure dans le *Parisinus gr.* 2036: Ἀριστοτέλους φυσικὰ προϐλήματα κατ'εἶδος συναγωγῆς.

49. La liste des répétition entre sections ou à l'intérieur d'une section a été dressée par C. Prantl dans un mémoire de l'Académie de Munich (*Über die Probleme des Aristoteles*, Abhandlungen d. philos.-philol. Klasse d. Bayer. Akad., VI, 1851, pp. 339-377). D'après cet auteur, 14 problèmes se répètent sans la moindre différence, 7 ne diffèrent presque pas, 1 est identique à deux autres si on les réunit, 108 enfin posent les mêmes

Le contenu de l'œuvre a subi d'autre part de profondes modifications. Car si la nouvelle édition comporte toujours 38 livres, de nombreux problèmes qui figuraient dans l'édition d'Andronicos n'y ont pas trouvé place. D'autres, au contraire, dont la rédaction est manifestement tardive, ont dû être introduits à cette époque. Mais leur nombre est sans doute assez restreint. C'est le cas, semble-t-il, des sections V (effets de la fatigue), VI (position et attitudes), XII (les bonnes odeurs), XIII (les mauvaises odeurs), XIX (la musique)[50], XXI (farines et pâtes), XXIX (la justice); XXXVII (le corps), XXXVIII (la couleur de la peau). L'une d'elles, la trente-septième, présente cinq problèmes sur six, qui sont des doubles figurant dans d'autres sections! Peut-être a-t-elle été placée là pour maintenir à tout prix le chiffre de trente-huit sections.

C'est cette édition profondément remaniée qui est parvenue jusqu'à nous. Les problèmes qu'elle renferme n'ont donc pas tous la même origine. Les uns ont été rédigés par Aristote lui-même. D'autres sont postérieurs au Stagirite d'environ un siècle. D'autres enfin ne datent probablement que du second siècle de notre ère.

III

Histoire du texte

Inventaire des manuscrits. Le recueil des *Problèmes* occupe une place tout à fait à part dans la tradition manuscrite du corpus aristotélicien. D'ordinaire, en effet, les traités d'Aristote n'ont pas été copiés isolément mais appartiennent à des groupes dont l'origine remonte vraisemblablement à la publication des œuvres du Stagirite faite

questions mais les résolvent différemment. Nous signalerons en note quelques rapprochements qui lui ont échappé.

50. Cette section contient quelques passages authentiques.

au milieu du premier siècle avant J.-C. par Andronicos de Rhodes. Ainsi plusieurs traités biologiques sont le plus souvent réunis dans un même volume[1]. Les *Problèmes* font exception. Ils ont été généralement copiés à part, bien que de nombreuses sections y soient consacrées à des sujets relatifs à l'histoire naturelle. La longueur de l'œuvre, 108 pages de l'édition de l'Académie de Berlin, ne suffit pas à justifier cette particularité. Car la *Métaphysique* qui est légèrement plus longue (113 pages) n'est jamais seule. Et l'*Histoire des Animaux*, qui a près de 50 pages de plus, est toujours accompagnée d'autres traités biologiques.

L'explication est à chercher ailleurs. Elle tient vraisemblablement à l'histoire de l'œuvre. Le texte traditionnel des *Problèmes*, tel qu'il figure dans les manuscrits du Moyen âge, ne remonte pas, nous espérons l'avoir prouvé, aux travaux d'Andronicos, mais à une édition établie à la fin du second siècle de notre ère.

La mise au point de cette édition est probablement la conséquence de la vogue de plus en plus grande des recueils de ce genre dans l'empire romain et du succès durable d'un ouvrage qui constituait à lui seul une véritable encyclopédie. Dès l'antiquité, en effet, la collection des *Problèmes* a été l'une des œuvres les plus lues d'Aristote.

Cette célébrité durait encore à la Renaissance et au-delà, comme le montre le nombre des manuscrits où figurent les *Problèmes*. Ce nombre est particulièrement élevé: Il atteint presque le soixantaine. Ces manuscrits, dont la majorité ne renferment que des fragments plus ou moins longs, s'échelonnent du xᵉ au xviiiᵉ siècle. Aucun ne date du xiᵉ ni du xiiᵉ siècle. Mais certains manuscrits plus récents permettent, nous le verrons, de déceler l'existence de témoins de cette époque et d'en reconstituer au moins partiellement le contenu.

Le plus ancien des manuscrits conservés se trouve à la Bibliothèque Nationale de Paris où il porte le numéro 2036.

1. La constitution de séries d'ouvrages, en particulier dans les sciences naturelles, remonte peut-être à Aristote lui-même (cf. notre édition des *Parties des Animaux*, Paris, Les Belles Lettres, 1956, pp. x-xi).

On le désigne depuis le siècle dernier par le sigle Y[a]. Il renferme le texte des *Problèmes* au complet.

C'est le cas également d'un manuscrit du XIIIe siècle, le *Marcianus append. gr.* IV, 58 (K[a]) où se trouvent les trente-huit sections traditionnelles. Au même siècle appartient encore un autre manuscrit intéressant, le *Laurentianus* LXXXVII, 4 (C[a]), auquel malheureusement il manque les onze dernières sections, mais qui pour le reste est un témoin de tout premier ordre.

Le XIVe siècle fournit deux manuscrits complets, le *Bononensis* 3635, copié entre 1325 et 1330, et le *Marcianus gr.* 259 (x), ainsi qu'un manuscrit incomplet de la British Library, *Additional* 23927, dont les nombreuses lacunes diminuent singulièrement l'intérêt.

Les manuscrits complets copiés au XVe siècle sont beaucoup plus nombreux. Du début ou du milieu du siècle datent:

l'*Ambrosianus gr.* 67 (A 174 Sup.),
le *Marcianus gr.* 200 (Q),
le *Marcianus gr.* 215 (N[a]),
le *Marcianus gr.* 216 (O[a]) copié en 1445,
le *Mutinensis* 135 (II.E.2),
l'*Oxoniensis Collegii Corporis Christi* 113,
le *Vaticanus gr.* 1480,
le *Vaticanus gr.* 1614,
le *Vaticanus gr.* 1904,
le *Vaticanus Palatinus gr.* 164 (s),
le *Vaticanus Urbinas gr.* 50 (r),
l'*Angelicanus* C.2.5.

A la seconde moitié du XV[e] siècle appartiennent:

le *Parisinus gr.* 985 (Y[e]),
le *Parisinus Suppl. gr.* 204 (Ap.[a]),
le *Parisinus gr.* 1865 (Ap.[b]),
le *Vaticanus gr.* 1283 (X[a]),
l'*Hauniensis* 1628,
le *Laurentianus* LXXXV, 26 copié en 1497.

Du début du XVIe siècle datent:
le *Berolinensis* 1508 de l'écriture de Georges Gregoropoulos,
le *Laurentianus* LXXXVII, 15 (w),
le *Marcianus gr.* 604,
le *Neapolitanus gr.* 320 (III.D.36),
le *Vaticanus Reginensis gr.* 124 (u).

Un dernier manuscrit du début du XVIe siècle, copié lui aussi par Georges Gregoropoulos, le *cod. Hierosol. Sancti Sabae* 416, est incomplet: il y manque les quarante et une premières questions de la section I, ce qui correspond probablement à la disparition d'un cahier.

D'autres manuscrits ne fournissent des *Problèmes* que des extraits qui souvent sont extrêmement courts. Les plus anciens ne remontent qu'au XIIIe ou au XIVe siècle. Le *Monacensis gr.* 361, du XIIIe siècle, renferme trois pages de la section XIX sur l'harmonie. Le *Marcianus gr.* 257, qui est de la même époque, fournit sept pages concernant les vents: elles sont empruntées à la section XXVI.

Les manuscrits incomplets du XIVe siècle renferment souvent de véritables morceaux choisis des *Problèmes*. Ce sont le *Laurentianus* LXXXVII, 20 (v) qui contient des fragments[2] de treize sections classées dans un ordre qui ne se retrouve nulle part ailleurs, le *Lambethanus* 1204, le *Yalensis* (*olim Phillipps*) 890. Deux autres manuscrits du XIVe ou du XVe siècle contiennent également d'importants passages des *Problèmes*, l'*Alexandrinus* 175 et le *Mutinensis gr.* 109 (II.D.10).

Plusieurs manuscrits de XVe siècle ne renferment que de

2. Pour donner une idée des morceaux choisis des *Problèmes*, voici le contenu des fol. 225-241 de ce manuscrit: section XXXI, 1-5, 9, 14, 19, 22-24, 29; section XI, 3, 5, 11, 22, 31, 32, 36, 39, 44, 46, 50, 54, 58; section XVIII, 1-10; section I, 1-56 (il ne manque qu'une question, le cinquante-septième et dernière); section XXVIII, 1-7; section XXIX, 1-6, 8-11, 13-15; section XXX, 1-6, 9-14; section X, 1; section XIV, 10, 12, 14, 16 (jusqu'à 910b 7 σάρκα); section XV, 1-10; section XVI, 1-13; section XVII, 1-3; section XIX, 1-50. Sont complètes les sections XV, XVI, XVII, XVIII, XIX.

courts fragments: ce sont le *Laurentianus* XXVIII, 22 (fol. 81-83), le *Vossianus Miscellaneus* 16, 1 (fol. 18-25), l'*Harleianus* 6295 (fol. 35-65^{v}, 80-88^{v}), le *Matritensis* 4616 (fol. 4-22), le *Bodleianus Baroccianus* 87 (fol. 1 et 2), le *Palatinus gr.* 400 (fol. 174^{v}-178), le *Vindobonensis medicus gr.* 52 (fol. 60-102). Certains sont de la fin du XVe ou du début du XVIe siècle, le *Bodleianus Baroccianus* 145 (fol. 171-179), le *Bodleianus Western Miscellaneus* 1882 (fol. 318-326), et le *Genovensis* F.VI.9 (fol. 3-5).

Du XVIe siècle ont été conservés des morceaux choisis plus importants dans le *Palatinus gr.* 295 (t), le *Parisinus gr.* 1884 (P^{c}) copié en 1503 par Georges Gregoropoulos, l'*Ambrosianus gr.* 609 (O 246 sup.), l'*Ambrosianus gr.* 739 (S 98 sup.), le *Vaticanus Barberinianus gr.* 147 et le *Vindobonensis medicus gr.* 37.

Au même siècle appartiennent le manuscrit 1552 de la Bibliothèque de Berlin[3] qui renferme le début de la section XIX sur l'harmonie, de 1, 917b 17 à 18, 919a 8, et un manuscrit de la bibliothèque du chateau de Harburg en Bavière (olim Maihingen 634) qui cite des passages de plusieurs sections au milieu de morceaux choisis d'autres œuvres d'Aristote.

Enfin le *Burneianus* 67 témoigne qu'au XVIIe siècle ont encore été constitués des recueils d'œuvres d'Aristote où figurent en bonne place plusieurs sections des *Problèmes*[4].

L'examen de ces manuscrits, complets ou non, révèle qu'ils sont tous proches les uns des autres, mais que certains d'entre eux présentent un intérêt particulier. Ce sont, d'abord, les plus anciens: on a vu qu'ils ne sont pas nombreux. Ce sont aussi quelques copies plus récentes: les

3. Daté de 1550.

4. Les catalogues de H. Omont (*Inventaire sommaire des manuscrits grecs de la Bibliothèque Nationale*, Paris, Picard, 1886) et A. Wartelle (*Inventaire des manuscrits grecs d'Aristote et de ses commentateurs*, Paris, Les Belles Lettres, 1963) ajoutent à la liste que nous venons de donner les manuscrits parisiens 1883, 1918, 1943 et 2314: ces manuscrits ne renferment aucun passage des *Problèmes* d'Aristote.

unes permettent de reconstituer, au moins partiellement, des témoins disparus; les autres conservent les traces de modifications apportées au texte traditionnel par des érudits du Moyen âge ou de la Renaissance qui disposaient de manuscrits que nous n'avons plus ou qui ont introduit des corrections de leur propre cru. On sait par quels avatars ont passé les œuvres des auteurs anciens avant de parvenir jusqu'à nous. Celles d'Aristote, qui furent sans cesse soumises à de minutieuses études, ont été plus que d'autres l'objet de conjectures plus ou moins heureuses. Celles-ci se sont ajoutées aux accidents matériels et aux fautes d'étourderie qui affectent inévitablement la tradition de n'importe quel texte plusieurs fois recopié.

Dans la masse des manuscrits des *Problèmes*, nous n'avons en définitive retenu que ceux dont l'examen nous a paru susceptible d'apporter quelque lumière sur l'état ancien du texte et sur les conditions dans lesquelles il a été transmis. Ces manuscrits sont au nombre de huit. Ce sont le *Parisinus gr.* 2036 du xᵉ siècle (Y^a), le *Marcianus append. gr.* IV, 58 du xiiiᵉ siècle (K^a), le *Laurentianus* LXXXVII, 4 du xiiiᵉ siècle également (C^a), quatre manuscrits du xvᵉ siècle, le *Parisinus gr.* 985 (Y^e), le *Parisinus suppl. gr.* 204 ($Ap.^a$) le *Parisinus gr.* 1865 ($Ap.^b$) et le *Vaticanus gr.* 1283 (X^a), enfin un manuscrit incomplet du xviᵉ siècle, le *Parisinus gr.* 1884 (P^c) qui présente de nombreuses variantes inédites.

Le Parisinus gr. 2036 (Y^a).

Le *Parisinus gr.* 2036 est de tous les manuscrits des *Problèmes*, sinon le plus digne de confiance, du moins le plus remarquable par son ancienneté et par son excellent état de conservation[5]. C'est un manuscrit sur parchemin de 207 fol., qui se présente aujourd'hui sous une très belle reliure de cuir aux armes d'Henri IV. Il ne contient, outre les *Problèmes* d'Aristote, que le traité *Du Sublime* attribué traditionnellement à

5. Pour plus de détails voir notre étude «Les manuscrits parisiens des *Problèmes* d'Aristote» dans la *Revue de Philologie*, t. 60, 1986.

Longin. L'écriture est de très bonne qualité; les marges et les lignes ont été soigneusement tracées. Les numéros des sections sont indiqués dans la marge de droite, ceux des paragraphes correspondant aux problèmes dans la marge de gauche. Le copiste n'est pas allé à la ligne au début de chaque section. Il s'est souvent contenté de ménager un court intervalle après le signe de ponctuation. Dans ce cas, la ligne suivante commence par une majuscule, même si la coupure tombe au milieu d'un mot. L'accentuation est en général correcte. La présence du N euphonique n'obéit à aucune règle précise, et il en est de même pour l'iota adscrit et pour le signe de la crase.

Ce manuscrit, qui a été utilisé par plusieurs éditeurs de la Renaissance, à commencer par les Aldes, et qui a été maintes fois collationné[6], a une histoire assez simple. C'est une copie réalisée au xᵉ siècle sur un modèle en minuscule qui était probablement un descendant direct de l'exemplaire translittéré, et qui comportait une trentaine de caractères par ligne.

Vers la fin du xɪɪᵉ siècle le *Parisinus gr.* 2036 a subi une grave mutilation. Un accident matériel l'a privé de quatorze feuillets correspondant aux pages 952b 26 à 957a 27 de l'édition Bekker. Mais ces pages figurent heureusement dans un très proche parent de Y[a], le *Parisinus gr.* 985, qui reproduit une copie faite avant la mutilation du *Parisinus gr.* 2036, et dont nous reparlerons plus loin. La même lacune se retrouve au contraire dans le *Marcianus gr.* 215, qu'on désigne par le sigle N[a], et qui a été copié sur Y[a] à la fin du xvᵉ siècle.

Le *Parisinus gr.* 2036 a reçu d'autre part à différentes époques de nombreuses corrections. On y trouve également quelques annotations intéressantes dans les marges et dans les interlignes. Le copiste du xᵉ siècle a lui-même corrigé

6. Ce manuscrit a été décrit pour la première fois par un helléniste du xvɪɪɪᵉ siècle, Pierre-Charles Levesque (1737-1812): voir les *Notices et extraits des manuscrits*, VII, 2, pp. 104 et sq.

plusieurs fautes d'étourderie: on reconnaît aisément son écriture. Puis, au XIIe siècle, avant la copie du manuscrit qui a servi plus tard de modèle au *Parisinus gr.* 985, un lecteur (Y^{a2}) dont l'encre est encore restée très noire, a corrigé un certain nombre de fautes et a noté en marge quelques repères. Un autre érudit (Y^{a3}), dont l'écriture est épaisse et maladroite, et dont l'encre a beaucoup pâli, a introduit quelques corrections supplémentaires, sans doute au début du XVIe siècle. Enfin d'autres lecteurs (Y^{a4}), dans le courant du même siècle ou au siècle suivant, ont laissé eux aussi quelques traces à l'encre noire ou à l'encre rouge. Mais ce sont, bien entendu, les variantes introduites au XIIe siècle qui présentent les plus d'intérêt pour l'histoire du texte des *Problèmes*.

De nombreux manuscrits dérivent du *Parisinus gr.* 2036. Celui qui mérite le plus d'attention, bien qu'il ne date lui-même que du XVe siècle, est le *Parisinus gr.* 985, que nous disignerons par le sigle Y^{e}. Il a, en effet, pour origine une copie du *Parisinus gr.* 2036 effectuée au XIIe siècle. Il témoigne par conséquent de l'état de Y^{a} à cette époque. Le copiste a d'autre part emprunté quelques leçons au manuscrit qui a servi de modèle à Apostolios, et dont nous parlerons plus loin.

Parmi les autres manuscrits de la famille de Y^{a} nous avons déjà cité le *Marcianus gr.* 215 (N^{a}) du XVe siècle, qui est manifestement un descendant direct de Y^{a2}. C'est également le cas d'un manuscrit plus ancien, le *Marcianus append. gr.* IV, 58 (K^{a}) du XIIIe siècle, qui présente aussi des variantes empruntées à un manuscrit disparu. Ce proche parent de Y^{a} a servi lui-même de modèle au *Marcianus gr.* 259 (x) du XIVe siècle, au *Marcianus gr.* 216 (O^{a}), à l'*Oxoniensis Collegii novi* 233, à l'*Oxoniensis Collegii Corporis Christi* 113, au *Vaticanus gr.* 1614, tous quatre du XVe siècle, et au *Neapolitanus gr.* 320 (III.D.36) du XVIe.

Plusieurs autres manuscrits qui renferment le texte complet des *Problèmes* ou des fragments plus ou moins importants, ont eu pour base le texte du *Parisinus gr.* 2036,

mais leurs copistes ont également utilisé d'autres modèles qui se rattachent à des sous-groupes assez facilement identifiables par des fautes communes. Appartiennent entre autres à cette catégorie l'*Hauniensis* 1628 du XVe siècle, le *Marcianus gr.* 200 (Q) daté de 1457, le *Laurentianus* LXXXVII, 15 (w) du XVIe siècle. On retrouve dans ces manuscrits des variantes qui figurent déjà chez d'autres témoins conservés.

Les manuscrits d'Apostolios.

La Bibliothèque Nationale de Paris possède deux manuscrits qui, bien que relativement récents, présentent un grand intérêt pour l'histoire de la tradition manuscrite des *Problèmes*. Ce sont le *Parisinus gr.* 1865 et le *Parisinus suppl. gr.* 204 copiés l'un et l'autre dans la seconde moitié du XVe siècle par le même copiste, Michel Apostolios, qui mourut vers 1480[7]. Seul le premier avait été étudié jusqu'ici. Charles E. Ruelle qui en avait fait une collation complète à la fin du siècle dernier, et lui avait attribué le sigle A^p, n'avait pas remarqué l'existence d'un autre manuscrit dû à la plume du même copiste[8]. L'un et l'autre pourtant méritent de retenir l'attention, car leur comparaison permet de reconstituer dans une certaine mesure le modèle dont ils sont issus[9]. De nombreuses différences de détail prouvent, en effet, que ces deux manuscrits n'ont pas été copiés l'un sur l'autre, mais que Michel Apostolios a réalisé, à quelques années d'intervalle, deux copies successives du même modèle. La première est le *Parisinus suppl. gr.* 204 où de nombreuses variantes ne sont manifestement que des fautes d'étourderie. La seconde, le *Parisinus gr.* 1865, est beaucoup plus soignée et a peut-être été faite à cause de la mauvaise qualité de la première. Le copiste a d'autre part utilisé, en plus du modèle qui lui avait

7. Sur Michel Apostolios, voir J. Geanakoplos, *Greek scholars in Venice*, Studies in the dissemination of greek learning from Byzantium to Western Europe, Cambridge Mass., Harvard, 1962, pp. 73-110.

8. Cf. *Aristotelis Problemata*, éd. Teubner, pp. VI-IX.

9. Nous appellerons Ap. ce modèle disparu, $Ap.^a$ le *Parisinus suppl. gr.* 204, $Ap.^b$ le *Parisinus gr.* 1865.

servi pour la première, le *Parisinus gr.* 2036 ou un manuscrit très proche de celui-ci.

En tout cas la concordance entre ces deux copies différentes permet de reconstituer dans une mesure non négligeable le modèle dont Michel Apostolios s'est servi et qui a disparu depuis. C'était vraisemblablement un manuscrit du XIe ou du XIIe siècle qui appartenait à la même famille que le *Parisinus gr.* 2036. Il devait être, au moment où Apostolios l'a eu entre les mains, en assez mauvais état, ce qui expliquerait sa disparition après qu'il eût été recopié. Mais tel qu'il est permis de le découvrir, il fournit un grand nombre de variantes qui méritent de prendre place dans l'apparat critique.

On peut d'autre part affirmer que c'est ce témoin qui a servi de modèle principal à plusieurs manuscrits qui existent encore aujourd'hui. C'est à coup sûr le cas du *Vaticanus gr.* 164 (s) qui date du XVe siècle comme les copies d'Apostolios mais qui présente moins d'intérêt que celles-ci pour la reconstitution du modèle disparu. Son témoignage est utile cependant pour expliquer certaines divergences entre les deux textes d'Apostolios. Ainsi à 951b 1-2 il présente la même lacune que le *Parisinus suppl. gr.* 204: comme cette lacune n'existe pas dans le *Parisinus gr.* 1865, c'est la preuve qu'Apostolios a utilisé, pour cette copie, un autre manuscrit, en l'espèce le *Parisinus gr.* 2036 ou un très proche parent.

Au même groupe appartiennent également le *Vaticanus Urbinas gr.* 50 (r) qui date lui aussi du XVe siècle[10], les fragments contenus dans le *Laurentianus* LXXXVII, 20 (v) du XIVe siècle et le *Vaticanus gr.* 1283 (X^a). Ce dernier mérite une attention particulière. En effet, l'examen des variantes qu'il présente démontre à l'évidence que ce manuscrit de la seconde moitié du XVe siècle est de la

10. À plusieurs reprises ce manuscrit est le seul à présenter le même leçon que le modèle suivi par Apostolios: cf. 899a 7 et surtout 901a 6 où la lecture βραδεῖαν (au lieu de βαρεῖαν) ne se trouve pas ailleurs.

famille du modèle utilisé par Apostolios. Il a dû être copié sur un frère jumeau de celui-ci[11]. Mais le copiste a eu recours en même temps à d'autres sources, en particulier à des manuscrits descendant directement du *Parisinus gr.* 2036. Il lui est arrivé d'introduire aussi des modifications dont il est seul responsable. D'autre part, une main non identifiée a noté dans les marges quelques autres leçons empruntées à la tradition de Y^a, ainsi que des corrections suggérées manifestement par la traduction latine de Théodore Gaza[12]. Ce sont là des raisons suffisantes pour qu'une place dans l'apparat critique soit réservée à X^a malgré sa date relativement tardive.

Deux manuscrits ont été copiés sur X^a, le *Vaticanus Palatinus gr.* 295 (t) qui est incomplet et dont le copiste a consulté également Y^a pour certaines sections[13], et le *Vaticanus Reginensis gr.* 124 (u) qui ne présenterait guère d'intérêt si le copiste, ignare[14], n'avait pas emprunté quelques variantes au *Parisinus gr.* 2036, et surtout si un lecteur érudit de la fin du XVIe siècle n'avait pas proposé en marge des corrections dont certaines sont des conjectures qui méritent d'être signalées.

Le Laurentianus LXXXVII, 4 (C^a). Les manuscrits que nous venons de décrire sont en définitive très proches les uns des autres. Ils sont tous plus ou moins parents du *Parisinus gr.* 2036. Le *Laurentianus* LXXXVII, 4 qui date du XIIIe siècle[15], occupe au contraire une place un peu à part. Le texte des *Problèmes* y est malheureusement

11. Il ne peut pas avoir été copié directement sur ce modèle: celui-ci, nous l'avons vu, était certainement en assez mauvais état, ce qui n'était pas le cas du manuscrit utilisé par le copiste de X^a.

12. Voir, par exemple, X, 48, 896a 36; XIX, 14, 918b 8; XX, 20, 925a 10.

13. En particulier les sections XXXII et XXXIII.

14. Il ne comprend manifestement pas le texte qu'il transcrit. Ainsi il écrit souvent πρότερον au lieu de πότερον interrogatif.

15. Dans l'Introduction à l'*Histoire des Animaux* (Paris, Les Belles Lettres, 1964, p. XLVII), ce manuscrit a été daté à tort du XIVe siècle.

incomplet : il s'arrête au milieu du problème 35 de la section XXVI, à 944a 37.

Cependant, malgré cette importante lacune, ce manuscrit est de bonne qualité et présente un intérêt incontestable. Il remonte, en effet, très certainement au même archétype que la famille de Y^a, mais il représente une tradition différente. C'est d'abord le seul manuscrit des *Problèmes* où ce recueil est accompagné de traités biologiques d'Aristote. Il est précédé de la *Génération des Animaux* et des neuf livres de l'*Histoire des Animaux*[16], et il est suivi des traités de la *Marche des Animaux*, du *Mouvement des Animaux* et de trois petits traités d'histoire naturelle, ceux *De la sensation et des sensibles, De la longévité et de la brièveté de la vie, De la jeunesse, de la vieillesse et de la respiration.*

C'est d'autre part un manuscrit qui comporte de très nombreuses variantes. Certaines sont négligeables parce qu'elles ne sont que d'évidentes fautes d'orthographe. Ainsi πτισάνη devient tantôt πτισσάνη (863a 34), tantôt πισάνη (863b 8) ; ἀνίῃ est écrit ἀνίει aux dépens de la syntaxe (862a 4) ; λιμῶδες remplace λοιμῶδες (862a 5) ; φθεινόπωρον est substitué à φθινόπωρον (862b 11) ; τρόμος devient τρόπος au détriment du sens (871a 28). On pourrait citer bien d'autres exemples. Mais ce ne sont là que des fautes vénielles. Et à côté de ces négligences, ce manuscrit fournit en de nombreux points des leçons originales, dont certaines sont incontestablement meilleures que le texte du *Parisinus gr.* 2036.

Le manuscrit de Th. Gaza. La traduction latine de Théodore Gaza[17] ne concorde pas toujours avec le texte des manuscrits dont nous disposons. Force est donc de supposer que cet éminent helléniste du XVe siècle a utilisé un manuscrit qui n'existe plus aujourd'hui. L'un des intérêts de

16. Le dixième livre est un traité inauthentique sur la stérilité.

17. Une autre traduction latine fut effectuée à la même époque par George de Trébizonde.

sa traduction est justement de permettre de retrouver les traces d'un témoin disparu.

Th. Gaza a pu avoir accès à plusieurs bibliothèques. Né à Thessalonique en 1398, il avait dû quitter sa ville natale au moment où les Turcs l'avaient occupée, en 1430. Il se réfugia en Italie où il apprit le latin, et fut appelé à Rome en 1450 par le pape Nicolas V, qui lui demanda de traduire en latin les œuvres d'Aristote. Après la mort de ce pape il se rendit à Naples, puis revint à Rome en 1458. Il y continua, à la demande du Cardinal Bessarion, ses travaux sur le corpus aristotélicien. Il traduisit ainsi l'*Histoire des Animaux*, la *Génération des Animaux* et les *Problèmes*. Il avait également traduit, outre les deux traités de Théophraste *Histoire des Plantes* et *Causes des Plantes*, les deux livres de *Problèmes* d'Alexandre d'Aphrodise.

Sa traduction des *Problèmes* d'Aristote présente deux graves défauts. Le premier est qu'elle abuse des pléonasmes, comme si l'auteur s'imaginait qu'un seul mot latin ne pouvait suffire à rendre un mot grec. Le second est beaucoup plus inquiétant: la traduction n'est trop souvent qu'une paraphrase qui rend difficile la reconstitution du texte grec.

Il est cependant possible d'en tirer parti, à condition de procéder avec prudence. On peut au moins affirmer sans grand risque que si dans l'ensemble Th. Gaza a travaillé sur un texte proche de celui du *Parisinus gr.* 2036, le manuscrit qu'il utilisait présentait plusieurs variantes originales. En voici un exemple: à la fin de la question 38 de la section XI (903b 26), alors que tous les manuscrits sans exception écrivent τῷ οἴνῳ, la traduction de Th. Gaza suppose une autre leçon, bien meilleure, τῷ νῷ. Sans doute, dans un cas comme celui-ci, peut-il s'agir d'une correction du traducteur. Mais quand la traduction ajoute un membre de phrase ou même une phrase entière qui manque partout ailleurs, comme dans le problème 20 de la section XX (925a 10), il faut bien admettre que Th. Gaza disposait d'un texte différent du texte traditionnel. Et l'on doit en tenir compte pour l'établissement du texte.

C'est d'ailleurs ce qu'avait fait déjà l'un des premiers éditeurs des *Problèmes*, Frédéric Sylburg, qui à plusieurs reprises a corrigé le texte des éditions précédentes en s'appuyant sur la traduction de Th. Gaza. Le même éditeur déclare d'autre part avoir utilisé un manuscrit qu'il qualifie de *vetus* et dont on sait seulement qu'il était lui aussi très proche du *Parisinus gr*. 2036. Il a également apporté quelques corrections qui lui sont propres.

Le Parisinus gr. 1884 (P^{c}). Cependant certaines des leçons présentées généralement comme des conjectures de Fr. Sylburg sont en réalité des emprunts à un manuscrit utilisé par le copiste du *Parisinus gr*. 1884[18]. Ce dernier, écrit en 1503 par Georges Gregoropoulos[19], présente plusieurs particularités remarquables. C'est un recueil de textes médicaux de différentes époques. A côté d'importants extraits des *Problèmes* d'Aristote, on y trouve pêle-mêle un choix de problèmes d'Alexandre d'Aphrodise, de nombreux fragments d'Hippocrate, des textes d'auteurs anonymes concernant la médecine, quelques passages du traité de Grégoire de Nysse intitulé *De Pulsibus*, ainsi que de l'ouvrage de Nicéphore Blemmidas *De Rebus medicis*.

Le texte des *Problèmes* d'Aristote est loin d'être complet. Il se réduit à la section I presque entière (questions médicales), à l'intégralité de la section II (la sueur), de la section III (l'absorption de vin et l'ivresse), de la section IV (l'amour physique), à un court extrait de la section VI (effets des positions du corps), et à quelques paragraphes de la section VII (la contagion). Il manque donc plus des deux tiers des *Problèmes*.

L'auteur de ces extraits a utilisé comme texte de base le *Parisinus gr*. 2036 ou un manuscrit de cette famille. Mais il avait aussi à sa disposition d'autres manuscrits, l'un proche du *Laurentianus* LXXXVII, 4 (C^{a}), l'autre du modèle copié par Apostolios, et peut-être aussi le manuscrit «ancien»

18. Cf. I, 42, 864b 16; III, 9, 872a 33.

19. Voir J. Geanakoplos, *op. cit*.

signalé par Fr. Sylburg[20]. Son témoignage peut donc être retenu pour l'établissement du texte, malgré les nombreuses fautes d'étourderie que le copiste a semées un peu partout. Celui-ci a d'autre part introduit plusieurs corrections qui méritent d'être relevées. Il a également pris soin de donner à chaque problème un titre à l'encre rouge, ce qui ne se retrouve dans aucun autre manuscrit, mais se justifie par l'absence presque générale de séparation entre les problèmes et même entre les sections.

Filiation des manuscrits. L'histoire du texte des *Problèmes* est en définitive assez claire. Tous les manuscrits, ceux qui ont été conservés comme ceux dont on est amené à soupçonner l'existence, remontent soit directement, soit par des intermédiaires perdus, à un même archétype. Les divergences qui les séparent sont dans la plupart des cas d'ordre stylistique. Elles s'expliquent par des erreurs de copie, par des corrections arbitraires ou par des accidents purement matériels. Elles sont passées parfois d'un groupe de manuscrits à un autre, parce que le copiste utilisait plusieurs sources, comme l'a fait Apostolios pour le *Parisinus gr.* 1865. Mais la concordance est trop grande entre tous les manuscrits, y compris celui qu'a traduit Th. Gaza, pour qu'on puisse supposer au départ l'existence de deux familles distinctes. Il serait trop long d'énumérer tous les passages où se retrouvent la même faute ou la même lacune. Nous nous contenterons de citer deux exemples particulièrement nets. Dans le problème 2 de la section IX, à 889b 25, la leçon de tous les manuscrits est μέλαιναι, et c'est également celle que suppose la traduction de Th. Gaza, alors que le contexte exige manifestement λευκαί. Pareille unanimité ne peut pas être une simple coïncidence. De même, dans la section X, problème 21, 893a 13, tous les manuscrits écrivent ἄνθρωποι, et c'est ce mot que traduit Th. Gaza, au lieu de ὄνοι que l'on attend. Ce dernier mot a été, à l'évidence,

20. Cf. p. XLVIII.

confondu dans l'archétype avec l'abréviation courante dans un texte en minuscule pour ἄνθρωποι[21].

Cet archétype était donc vraisemblablement la copie d'un modèle en minuscule qui était lui-même l'exemplaire translittéré ou en descendait directement. Cette copie comptait de trente-cinq à quarante caractères par ligne. Elle comportait d'assez nombreuses négligences. C'est elle qui a servi de modèle d'une part au manuscrit utilisé par Th. Gaza, et d'autre part à tous les manuscrits conservés.

Ceux-ci se répartissent en trois groupes. Le plus nombreux a pour ancêtre le *Parisinus gr.* 2036 qui, en raison de son ancienneté et de sa bonne qualité, a été souvent reproduit. Une autre famille est celle à laquelle appartenait le manuscrit qui a servi de modèle à Michel Apostolios: elle est beaucoup plus réduite. Quant au *Laurentianus* LXXXVII, 4 (C^a), il appartient bien à la même lignée que le *Parisinus gr.* 2036, mais il faut le classer à part. Il n'a pas laissé de descendants connus, sans doute parce qu'il a perdu très tôt une partie du texte des *Problèmes*.

Entre ces différentes familles les échanges furent nombreux, si bien qu'il est parfois difficile de déterminer avec certitude l'appartenance de certains manuscrits. Car beaucoup d'entre eux ont été copiés par des érudits qui disposaient de plusieurs sources et qui choisissaient les leçons qui leur paraissaient les meilleures.

La tradition indirecte. D'assez nombreux passages des *Problèmes* sont identiques à des textes d'Aristote ou de Théophraste. Mais il est difficile de faire état de ces rapprochements dans l'histoire du texte, faute de pouvoir démontrer l'antériorité des *Problèmes*. Une part d'incertitude subsistera nécessairement toujours.

En revanche, les références d'auteurs grecs et latins à différentes sections de cette œuvre constituent une tradition indirecte importante, bien que les citations textuelles soient

21. Voir la note *ad loc.*

au total assez rares. Le phénomène n'est pas particulier aux *Problèmes*. Les anciens se contentaient souvent de simples allusions ou de reproductions approximatives, sans doute en raison des difficultés que présentait la consultation des livres en rouleaux. La plupart des références anciennes sont utiles pour l'histoire de l'œuvre, mais, contrairement à ce que l'on pourrait attendre, elles ne nous apprennent pas grand chose sur le texte lui-même. Lorsque Cicéron dans les *Tusculanes* (I, 33) rapporte ce que dit Aristote sur le grain de folie des hommes de génie, il garde l'idée, mais se soucie peu des mots[22]. Sénèque et Plutarque[23] ne respectent pas davantage la forme. Ainsi quand ce dernier emprunte à Aristote l'anecdote relative à l'orateur Satyros, il résume un passage de la section III des *Problèmes*[24]: mais il ne s'astreint pas à suivre le texte et son manque d'exactitude est flagrante, puisqu'il qualifie Satyros de Samien, alors que dans les *Problèmes* celui-ci est originaire de Clazomène!

Aulu-Gelle prend beaucoup plus de soin quand il fait référence aux *Problèmes*[25]. On peut vraiment parler de citations, puisqu'il donne même plusieurs fois le texte grec. C'est le cas au chapitre 6 du livre XIX des *Nuits Attiques* (pourquoi la honte fait-elle rougir et la peur pâlir), qui reprend plusieurs passages des *Problèmes*[26], et surtout au chapitre 4 du livre XX (faut-il dissuader les jeunes gens de fréquenter les comédiens), qui cite en entier le problème 10 de la section XXX. Les variantes que peuvent présenter ces citations doivent évidemment prendre place dans l'apparat critique.

Des reproductions exactes se rencontrent également dans les problèmes anonymes que U. C. Bussemaker a édités

22. Rappelons que cette idée est longuement développée dans le problème 1 de la section XXX.

23. Voir plus haut p. XIV.

24. Problème 27, 875a 34.

25. Voir plus haut p. XVI.

26. La source principale est un passage du problème 6 de la section XXVII.

sous le titre de *Problemata inedita*[27]: on note dans plusieurs d'entre eux quelques variantes intéressantes[28].

Ces divers témoignages sont à prendre en considération. Ils permettent d'affirmer que le texte des *Problèmes* qui est parvenu jusqu'à nous ne diffère pas sensiblement de celui que lisaient les auteurs anciens. L'examen des manuscrits montre d'autre part qu'il n'existe pas entre les copies conservées de grandes divergences. Les variantes que se partagent les différents témoins offrent rarement une importance réelle au point de vue du sens. Aussi le texte que nous présentons, bien qu'il repose sur des collations qui nous ont permis de relever nombre de leçons inédites, ne s'éloigne qu'assez peu de celui de l'édition de I. Bekker, qui lui-même était resté fidèle à la tradition et n'avait introduit que de rares corrections[29].

Éditions et traductions. Les *Problèmes* d'Aristote, nous l'avons dit au début de cette introduction, ont été au cours des temps l'objet de nombreuses éditions et traductions: certaines ont apporté à l'établissement du texte une contribution importante. Voici une liste des principales dans l'ordre chronologique: Théodore Gaza, *Aristotelis problemata*, traduction latine, Rome, 1475, rééd. Lyon, 1505; Pierre d'Abano, *Expositio problematum Aristotelis*[30], Man-

27. Voir plus haut p. XXXII.

28. Certaines de ces variantes ont été relevées par I. Bekker dans l'apparat critique de l'édition de Berlin. Celui-ci leur attribue le sigle y, mais confond parfois y et Yª.

29. Nous n'avons signalé que très peu de corrections modernes, car la plupart d'entre elles modifient trop profondément et trop librement le texte des meilleurs manuscrits. La section XIX, sur l'harmonie, a été tout spécialement l'objet de ces corrections à la fin du XIXᵉ siècle. Quant à celles que nous avons nous-même introduites elles sont minimes. Car nous n'avons proposé que celles qui nous paraissaient indispensables.

30. U. C. Bussemaker dans sa Préface à l'édition Didot des *Problèmes* (p. III) mentionne la traduction latine de Barthélémy de Messine, qu'il désigne par les mots *antiqua versio*: il l'avait consultée dans l'édition de 1519 du commentaire de cette œuvre par Pierre d'Abano.

toue, 1475; Alde, *Aristotelis opera, graece*, apud Aldum Manutium, vol. IV, Venise, 1497[31]; D. Erasme, *Aristotelis opera*, vol. II, Bâle, 1531; Mich. Isengrin, *Aristotelis opera*, Bâle, 1550[31]; G. de Camozzi (Camotius) nouvelle édition des Alde, vol. IV, Venise, 1552, rééd. 1553; M. A. Zimara[33], *Problèmes d'Aristote et autres filosofes et médecins selon la composition du corps humain, avec ceux de Marc-Antoine Zimara. Item les solutions d'Alexandre d'Aphrodise avec plusieurs questions physicales*, Lyon, Jean de Tournes, 1554, rééd. 1587, 1613, 1618; Fr. Sylburg, *Aristotelis, Alexandri et Cassii problemata*, Francfort, 1585[34]; Isaac Casaubon, Ἀριστέλους... τὰ σωζόμενα, *operum Aristotelis nova editio graece et latine* (reproduction de la traduction de Th. Gaza), Lyon, 1590; L. Septali (Ludovici Septalii), *Aristotelis problemata graece et latine cum commentariis*, 3 vol., Lyon, Cl. Landry, 1632; I. Bekker, *Aristotelis opera*, ed. Academia regia Borussica, t. II, Berlin, 1831; F. Dübner, U. C. Bussemaker et E. Heitz, *Aristotelis opera omnia graece et latine*, Paris, A. F. Didot, IV, 1869; J. Barthélémy-Saint Hilaire, *Les Problèmes d'Aristote*, traduits en français pour la première fois et accompagnés de notes perpétuelles, Paris, Hachette, 1891; C. E. Ruelle, H. Knoellinger et J. Klek, *Aristotelis Problemata*, Leipzig, Teubner, 1922; W. S. Hett, *Aristotle's Problems*, the Loeb classical Library, Londres W. Heinemann, Harvard University Press, 1926 (rééd. 1953, 1961, 1970); P. Gohlke, traduction allemande, Paderborn, 1961; H. Flashar, *Aristoteles, Werke in deutscher Übersetzung*, Band 19, *Problemata physica*, éd. Ernst Grumach, Berlin, Akademie-Verlag, 1962 (rééd. 1975, 1983).

Parmi les nombreuses études consacrées au *Problèmes*

31. C'est l'édition princeps. Elle est l'œuvre d'Alde Manuce l'Ancien. Les manuscrits utilisés, proches du *Parisinus gr.* 2036, se trouvent à Venise.

32. Cette édition est la reprise de l'édition d'Erasme.

33. Médecin qui vécut de 1460 à 1532 et enseigna à Padoue.

34. Pour cette édition, très soignée, Fr. Sylburg a utilisé les travaux d'Isengrin, de Camotius, de Th. Gaza et un manuscrit ancien, aujourd'hui disparu, que lui avait procuré un ami italien.

d'Aristote en général, il convient de signaler[35] celles de E. F. Bojesen, *De Problematis Aristotelis*, diss. Copenhague, 1836; H. Bonitz, *Aristotelische Studien*, IV, Vienne, 1866 (rééd. par G. Patzig, Hildesheim, 1969); E. S. Forster, «The Pseudo-aristotelian Problems: their nature and composition» dans *The Classical Quarterly*, 22, 1928, pp. 162-165; P. Ch. Levesque, *Notices et extraits des manuscrits*, VII, 2, pp. 104 et sq.; G. Marenghi, «Per una identificazione e collocazione storica del fondo aristotelico dei Problemata» dans *Maia*, I, 1961, pp. 34-50; J. De Meurs (Meursius), *Opera omnia*, Florence, 1741-1763; A. Platt, «Notes on Aristotle» dans *The Journal of Philology*, XXXII, 1913, p. 298; C. Prantl, *Über die Probleme des Aristoteles*, Abhandlungen der Baierischen Akademie d. Wiss., 6, 1850; Herbert Richards, *Aristotelica*, Londres, 1915; E. Richter, *De Aristotelis Problematis*, Bonn, 1885; R. Seligsohn, *Die Übersetzung der Pseudo-aristotelischen Problemata durch Bartholomaeus von Messina*. Text und textkritische Untersuchungen zum 1. Buch, Berlin, 1934.

Les dix premières sections ont été l'objet d'une étude spéciale de la part d'un collaborateur de Casaubon, G. Guastavini, *Commentarii in priores decem Aristotelis Problematum sectiones*, Lyon, Cardon, 1608.

Quant au présent travail, il doit beaucoup aux conseils éclairés de Madame Janine Bertier qui, en acceptant d'en faire le révision, m'a suggéré de nombreuses corrections et additions, et de Monsieur Jean Irigoin qui a bien voulu me faire bénéficier de sa connaissance approfondie des questions paléographiques. Je les prie d'accepter mes très vifs remerciments.

35. Nous les citons dans l'ordre alphabétique des noms d'auteur.

SIGLES

Ap. = cod. perditus quo Apostolios scriptor usus est.
Ap^a = *Parisinus suppl. gr*. 204.
Ap^b = *Parisinus gr*. 1865.
C^a = *Laurentianus* LXXXVII-4.
X^a = *Vaticanus gr*. 1283.
Y^a = *Parisinus gr*. 2036.

Raro citantur etiam:

K^a = *Marcianus app. gr*. IV, 58.
N^a = *Marcianus gr*. 215.
O^a = *Marcianus gr*. 216.
P^c = *Parisinus gr*. 1884.
Q = *Marcianus gr*. 200.
t = *Palatinus gr*. 295.
u = *Vaticanus Reginensis gr*. 124.
x = *Marcianus gr*. 259.

Probl. Ined. = Problemata inedita (ed. Didot).
antiq. vers. = antiqua versio[1].
Sylb. = Sylburg.
Buss. = Bussemaker.

1. Voir Introduction, p. LII, n. 30.

SECTION I

Notice

La section I avec 541 lignes dans l'édition de I. Bekker est l'une des plus longues du recueil de problèmes attribués à Aristote. Elle renferme des développements qui, à part quelques exceptions qui seront signalées dans les notes, ne se retrouvent pas dans les traités scientifiques d'Aristote. Il n'y a pas lieu de s'en étonner. Car aucun de ces traités n'est consacré spécialement aux maladies. C'est d'ailleurs ce qui fait l'intérêt de cette section que plusieurs indices conduisent à considérer comme formée d'éléments pour la plupart authentiques.

On y trouve 57 problèmes relatifs à la médecine, dont 3 sont en double, ou du moins reprennent sous une forme légèrement différente un exposé déjà présenté. Le problème 28 est très proche de la question 25, le problème 34 traite le même thème que la question 32, et le problème 47 reprend avec d'autres termes la question 42. Mais aucun de ces doubles n'est la reproduction textuelle d'un problème précédent, comme c'est souvent le cas dans d'autres sections.

L'ensemble de ces problèmes fournit une documentation abondante et variée sur les causes générales des maladies. On y trouve une description succincte de plusieurs affections et des remarques sur les effets d'un certain nombre de médicaments. On pourrait donc penser que la section I des *Problèmes* correspond à l'ouvrage ἰατρικά mentionné dans le catalogue de Diogène Laerce sous le numéro 110. Cette assimilation ne me paraît pas possible. Car la liste de

Diogène Laerce attribue deux livres à ce traité[1] qu'il faut bien se résoudre à considérer comme perdu. En revanche, il me paraît probable que la mention d'un ouvrage intitulé ἰατρικὰ προβλήματα qui figure dans la *Vita Marciana* et dans le manuscrit de Madrid 4676 (olim N9) concerne effectivement la section I de nos *Problèmes*[2], qui est tout entière consacrée à des questions médicales. C'est en quelque sorte un dossier sur les maladies et les médicaments[3].

Ce dossier commence, comme il se doit, par une définition de la maladie. Celle-ci est présentée comme le résultat d'une opposition de contraires, comme une rupture de l'équilibre de l'organisme par excès ou par défaut. Dans le processus qui aboutit à cette rupture à l'intérieur du corps, l'influence des saisons et des vents est considérée comme déterminante. Aussi est-elle l'objet de nombreuses questions auxquelles il est parfois répondu avec une profusion maladroite qui trahit une rédaction rapide. Il s'y mêle des développements sur l'anémie, la pestilence, les fièvres, les ophthalmies, les indispositions dues à la bile, les conséquences des changements d'eau ou d'air, la formation des poux, l'apparition des maladies par excès d'humidité ou de chaleur, les effets maléfiques des contrées marécageuses sur les plaies, et même la mort.

On decouvre également au passage des remarques sur différents traitements, l'usage des cataplasmes, l'emploi du fer ou du feu pour soigner les blessures, l'action particulière du bronze sur les plaies, les vertus de diverses tisanes, l'effet du poivre sur la vessie, le rôle des purgatifs. Il est question aussi des symptômes fournis par les urines, des engelures, du traitement des fièvres quartes.

1. Voir P. Moraux, *Les listes anciennes des ouvrages d'Aristote*, Louvain, 1951, p. 110 et les notes.

2. Cf. Antonio Tovar, «Para la formación de la 'Vita Marciana' de Aristoteles. Sobre un nuevo fragmento en el codice matritense 4676 (olim N9)» dans *Emerita*, XI, 1, 1943, pp. 180-200.

3. Voir Gerardo Marenghi, Aristotele, *Problemi di medicina*, Milan, Istituto editoriale italiano, 1965.

Enfin le dernier paragraphe, qui exceptionnellement n'a pas la forme interrogative, résume assez bien en quelques mots l'ensemble de la section: «Les maladies viennent les unes du feu, les autres de l'humidité; on soigne celles qui viennent du feu par de l'humidité et celles qui viennent de l'humidité par du feu». Ainsi se trouve rétabli l'équilibre du corps.

Les théories exposées dans ces problèmes, les connaissances qu'elles supposent, l'interprétation qui est donnée des faits sont conformes à l'état de la science médicale dans la première moitié du quatrième siècle av. J.C. D'autre part, les idées longuement développées sur le rôle respectif du froid et du chaud dans la physiologie des animaux et sur l'équilibre nécessaire entre ces deux facteurs, correspondent à ce que l'on sait des conceptions aristotéliciennes. Quelques phrases de cette section se retrouvent d'ailleurs dans des traités dont l'authenticité n'est pas douteuse, en particulier dans l'*Histoire des Animaux* et dans les *Météorologiques.*

Quant au style, si l'on fait abstraction des formules interrogatives propres au genre des problèmes, on constate qu'il rappelle généralement celui des traités scientifiques d'Aristote. Les phrases sont courtes avec de temps en temps une longue période soigneusement construite. Elles sont en moyenne de la même longueur — une ligne et demie de l'édition de I. Bekker — que dans l'*Histoire des Animaux* ou dans le quatrième livre des *Météorologiques* dont les éléments ont été réunis très probablement pendant le séjour d'Aristote à l'Académie. L'expression est en général très concise, souvent même elliptique. Les mots importants sont mis en valeur en début de phrase. L'emploi des particules de liaison est conforme aux habitudes aristotéliciennes. La plus fréquente est γάρ (on la trouve 84 fois). Puis vient δὲ (80) et loin derrière οὖν (25), διό (9) et καί (8). Ἔτι ne se rencontre qu'une seule fois, γοῦν et δ'οὖν sont totalement absents. Il n'y a dans cette utilisation des particules rien qui puisse surprendre un lecteur au fait des pratiques usuelles dans les traités biologiques du Stagirite. Et si l'on trouve six

phrases sans aucune particule initiale, cette anomalie ne s'explique-t-elle pas par le fait que cette section n'est sans doute qu'un recueil de notes de lectures auxquelles se mêlent quelques observations et réflexions personnelles?

La même explication vaut sans doute pour une autre particularité de cette section. L'étude du vocabulaire y révèle, en effet, une fréquence exceptionnelle d'expressions inhabituelles chez Aristote et un nombre relativement élevé de mots qui ne se rencontrent pas ailleurs dans le Corpus aristotélicien: on compte un hapax pour environ 8 lignes de l'édition de I. Bekker, ce qui est considérable. La plupart de ces mots sont des termes techniques ou des verbes composés dans lesquels plusieurs préfixes parfois se conjuguent. En voici la liste dans l'ordre alphabétique: αἱμωδία (863b11), ἄλειμμα (863b20), ἀναπαύειν (866a25), ἀναπίνειν (864b28), ἀνδράχη (863b11), ἀπογυμνοῦν (866a21), ἀποπνοή (863a7), ἀπορριγεῖν (862b37), ἀποσαρκοῦσθαι (865b30), ἀποστύφειν (863a18), ἀφλέγμαντος (863a15, 16), διαϐρέχειν (866a10), διαίτημα (866b3), διακυϐερνᾶν (859a18), διαφθαρτικός (865a8), ἐκζεῖν (861b10), ἔκκλισις (863b24), ἔκτραυσις (860a18), ἐμφράττειν (865b28), ἔνοπτος (865b17), ἐσχάρα (863a12), ἐσχάρωσις (863a14), εὐϐοήθητος[4] (862b6), εὐδιάχυθος (864a29, 35), εὐσθενεῖν (862a11), θανατηφόρος (865a9), θανατώδης (861b3), θαψία (864a5), θέρμη (862a18, 25, 863b21), θερμολουτρεῖν (863a4), καθυγραίνειν (863b23), κατάπλασμα (863a6, 864b32), καῦσος (861b34, 862a2, b25, 31, 33, 34), κεφαλαλγίαι (860a37), κιϐδηλιᾶν (859b1, 3), κορυζᾶν (861a18), κωθωνισμός (863b25), λῆψις (866a26, 33), νοσοποιεῖν (865b25), ξηραντικός (863a13), περιστέλλειν (866a19, 25), πηρός (860a21), προεξασθενεῖν (865a36), προσαναπιμπλάναι (859b16), πυκνόσαρκος (861b29, 36), πυρετώδης (862a17), πυρίαμα (866a24), πυρίκαυστα (866a6), ῥιπτίζειν (866a18), ῥόφημα (863b6, 865a38), σκαμμωνία

4. Cet adjectif, emprunté à Hippocrate, se trouve également dans la *Politique* (VII, 6, 1327a11) mais avec un sens différent, celui de «facile à défendre».

(864a4), σταλτικός (863a14), στύφειν (863b17), συμφυτικός (863a15), συνεπουλῶσις (865a31), συνθλᾶν (863b13), συντάραξις (859a26), τεταρταῖος (861b4, 5, 18), ὑγροκέφαλος (861a17), ὑγρορροεῖν (863a17), ὑπέκκαυμα 859b19, 860b14), ὕπουλος (863a12), φρυνοειδής (862a11), χίμετλον (865b38, 866a1, 5), χυτικός (863a6), ψυχολουτρεῖν (862a36). Ces hapax sont répartis dans la plupart des problèmes de cette section, avec toutefois une fréquence plus grande dans ceux de la seconde moitié.

Je ne pense pas que ces particularités de vocabulaire puissent faire douter de l'authenticité de la plupart de ces textes. Elles s'expliquent, en effet, aisément s'il s'agit de notes prises par Aristote dans les ouvrages spécialisés qu'il avait à sa disposition.

Au premier rang de ceux-ci figuraient les traités hippocratiques. Les emprunts à cette collection sont nécessairement très nombreux dans un recueil de documents relatifs aux maladies et à la médecine. Aucune indication d'origine n'est jamais fournie. Mais il n'y a pas lieu de s'en étonner. Car Aristote n'a pas l'habitude de citer les sources qu'il utilise: dans l'*Histoire des Animaux*, où pourtant la collection hippocratique est souvent mise à contribution, le nom d'Hippocrate n'apparaît jamais. Pourquoi en serait-il autrement dans de simples notes? La matière des questions 3, 8 à 17, 19, 20, 27, qui traitent de l'influence des changements de saison et des vents sur la santé, est manifestement puisée dans le traité hippocratique. *Des Airs, des Eaux et des Lieux*. Sans doute n'y trouve-t-on aucune citation textuelle qui pourrait être utilisée pour l'établissement du texte d'Hippocrate. Mais cela tient à la forme particulière des *Problèmes*, très différente de celle des traités hippocratiques.

De même, dans le problème 5, il semble bien qu'Aristote ait eu en mémoire un passage du livre VII des *Epidémies*[5].

5. Signalons qu'au Colloque hippocratique qui s'est tenu à Berlin en 1985, Janine Bertier a présenté une communication intitulée «A propos de quelques résurgences des *Epidémies* dans les *Problemata* du corpus

Dans le problème 2 une formule est à rapprocher du traité *Du Régime* (III, 69, 2): Ἀπὸ δὲ τοῦ ἰσάζειν πρὸς ἄλληλα ὑγιείη πρόσεστιν, «la santé provient de l'équilibre [entre la nourriture et les exercices physiques]». La définition qui est donnée de la maladie dans le premier problème et suivant laquelle la maladie résulte d'un déséquilibre, s'inspire très probablement de plusieurs passages d'Hippocrate: dans le *Traité des Airs*, la cause des maladies est attribuée à l'air, selon qu'il entre dans le corps en excès ou en défaut; et dans le *Traité des Maladies*, il est indiqué que celles-ci proviennent d'un déséquilibre de la bile et de la pituite à l'intérieur du corps, et à l'extérieur de la chaleur ou du froid, du sec ou de l'humide. Quant aux problèmes 55 et 56 qui traitent des fièvres, ils sont à l'évidence eux aussi en rapport avec la collection hippocratique, où les développements sur ce sujet sont nombreux.

Mais certains passages de ces deux derniers problèmes semblent avoir été copiés directement sur quelque autre traité, aujourd'hui perdu, qui renfermait des prescriptions précises formulées à l'impératif[6].

On peut déceler encore d'autres traces d'ouvrages disparus. Ainsi l'allusion du deuxième problème aux médecins qui soignent en recommandant des écarts de régime[7], ou celle qu'on trouve dans le troisième et qui se rapporte aux effets de l'âge sur le corps humain[8], ne correspondent précisément à aucun texte de la collection hippocratique. Elles ont sans doute pour sources des traités médicaux que nous n'avons plus. Quant aux problèmes qui évoquent différents traitements, ils ont été vraisemblablement empruntés à des manuels courants, du genre de celui qu'avait, dit-on, composé le propre père d'Aristote sous le titre de ἰατρικά.

aristotélicien». Sur la résurgence des textes hippocratiques voir H. Diller, «Die Ueberlieferung der Hippocratischen Schrift περὶ ἀέρων ὑδάτων τόπων» dans *Philologus*, Suppl. XXXIII, 3, 1932, ch. 5.

6. Cf. 866a15 et sq.

7. 859a4-5.

8. 859a20.

Si ce traité de Nicomaque, que signale la *Vie d'Aristote* de l'Anonyme de Ménage, a bien existé, il est normal qu'Aristote en ait eu connaissance. Mais il en avait certainement bien d'autres à sa disposition.

On ne s'étonnera pas non plus de trouver dans cette section certains échos de l'enseignement de Platon et quelques réminiscences des *Dialogues*. La définition de la maladie comme un déséquilibre, qui figure dans la question 1, rappelle non seulement des textes d'Hippocrate, mais aussi un passage du *Phédon* où Socrate déclare qu'il y a «pour le corps, comme pour la lyre, une juste mesure de tension que détruit la maladie»[9]. Un souvenir du même dialogue est peut-être aussi à l'origine de l'emploi du mot κρᾶσις dans le troisième problème (859a14) pour désigner le climat[10]. Quelques lignes plus bas, à 859a18, le sens métaphorique du verbe διακυϐερνᾶν, conduire sa vie, qu'on ne rencontre nulle part ailleurs chez Aristote, est un emprunt au *Timée*, 42e[11].

Tous ces rapprochements avec des œuvres antérieures à 350 apparaissent comme des arguments sérieux en faveur de l'authenticité de la plupart des problèmes réunis dans la première section, sinon de tous. Ce sont très vraisemblablement des notes prises par Aristote lui-même pendant son long séjour à l'Académie, à l'occasion de lectures ou d'observations personnelles. Il les a rédigées sous forme de question et de réponses, d'abord pour son propre usage, puis, quand il a lui-même participé à l'enseignement, à l'intention des étudiants et des chercheurs. Une de ces notes, celle qui figure dans notre collection sous le numéro 39, a été utilisée par l'un des disciples, Théophraste, dans le chapitre 17 de son traité *De Lassitudine*.

Quant à la disposition actuelle de ces problèmes, elle ne remonte pas à Aristote ni à ses disciples immédiats. L'ordre dans lequel nous les lisons est celui de l'édition réalisée au

9. *Phédon*, 86bc.
10. Cf *Phédon*, 111b.
11. Platon a employé à nouveau ce verbe dans les *Lois*, IV, 709b.

deuxième siècle de notre ère. Dans cette édition, nous l'avons dit dans l'Introduction[12], les problèmes retenus ont été classés par matière et de nombreux textes apocryphes ont été ajoutés aux originaux. Il ne semble pas qu'il y ait eu beaucoup d'additions de ce genre dans la première section. Il en est une cependant qui paraît évidente; le problème 23 est manifestement emprunté au dossier qu'Aristote avait réuni sur les vents[13] et qui constitue aujourd'hui la section XXVI.

12. Voir p. XXXIII.

13. Le problème 23 est un developpement du problème 50 de la section XXVI.

PROBLÈMES PHYSIQUES

SECTION I

QUESTIONS MÉDICALES

1. Pourquoi les grands excès sont-ils malsains?[1] Est-ce parce qu'ils produisent un excédent ou un défaut? Or, c'est cela la maladie[2].

2. Pourquoi guérit-on souvent les maladies par de grands écarts de régime? C'est même la façon de traiter de certains médecins[3]: ils soignent par des excès de vin, d'eau, de sel d'alimentation ou de jeûne. Est-ce parce que les agents de la maladie s'opposent les uns aux autres? Donc chacun d'eux ramène l'autre à une juste mesure.

3. Pourquoi les changements de saison et les vents[4] aggravent-ils ou calment-ils les maladies, les font-ils entrer dans leur phase critique[5] et les déclenchent-ils? Est-ce parce qu'ils sont chauds ou froids, humides ou secs, et que les maladies viennent d'un excès de ces qualités, tandis que la santé est un équilibre[6]? Donc, si la maladie est due à l'humidité ou au refroidissement, la saison contraire la fait cesser. Mais si vient ensuite une saison qui ne soit pas l'inverse, le climat[7] qui va dans le même sens s'ajoutant à la maladie aggrave l'état du patient et l'emporte. C'est d'ailleurs pourquoi les changements en question rendent malades même les bien portants, parce qu'ils modifient le tempérament. Celui-ci s'accentue sous l'effet de saisons propices,

1. Souvenir du traité hippocratique *Du Régime des maladies aiguës*, XXX.

2. Cette définition de la maladie ne se retrouve nulle part ailleurs chez Aristote. Elle ne se rencontre pas non plus, aussi nettement exprimée, dans la collection hippocratique.

ΦΥΣΙΚΑ ΠΡΟΒΛΗΜΑΤΑ

Α. ΟΣΑ ΙΑΤΡΙΚΑ.

[859a] 1. Διὰ τί αἱ μεγάλαι ὑπερβολαὶ νοσώδεις; Ἢ ὅτι ὑπερβολὴν ἢ ἔλλειψιν ποιοῦσιν; Τοῦτο δ᾽ ἦν ἡ νόσος.

2. Διὰ τί δὲ τὰς νόσους πολλάκις ὑγιάζουσιν ὅταν πολὺ ἐκστῇ τις; Καὶ ἐνίων ἰατρῶν τοιαύτη ἡ τέχνη· ὑπερβολαῖς γὰρ ἰῶνται οἴνου ἢ ὕδατος ἢ ἅλμης ἢ σίτου ἢ λιμοῦ. Ἢ ὅτι ἐναντία ἀλλήλοις τὰ τὴν νόσον ποιοῦντα; Εἰς τὸ μέσον οὖν ἄγει θάτερον ἑκάτερον.

3. Διὰ τί αἱ τῶν ὡρῶν μεταβολαὶ καὶ πνεύματα ἐπιτείνουσιν ἢ παύουσι καὶ κρίνουσι τὰς νόσους καὶ ποιοῦσιν; Ἢ ὅτι θερμαὶ καὶ ψυχραί εἰσι καὶ ὑγραὶ καὶ ξηραί, αἱ δὲ νόσοι τούτων εἰσὶν ὑπερβολαί, ἡ δ᾽ ὑγεία ἰσότης; Ἐὰν οὖν δι᾽ ὑγρότητα ἢ ψύξιν, ἡ ἐναντία ὥρα παύει. Ἐὰν δὲ μὴ ἐναντία ὥρα ἔχηται, ἡ ὁμοία κρᾶσις ἐπιγενομένη ἐπέτεινε καὶ ἀνεῖλεν. Διὰ ταῦτα δὲ καὶ νοσίζουσι τοὺς ὑγιαίνοντας, ὅτι μεταβάλλουσαι λύουσι τὴν κρᾶσιν· ἅμα γὰρ ταῖς οἰκείαις ὥραις καὶ ἡλικίαις καὶ τόποις αὐξάνεται. Διὸ δεῖ ἐν ταῖς μεταβολαῖς

Tit. Ἀριστοτέλους φυσικὰ προβλήματα κατ᾽ εἶδος συναγωγῆς Y^{a} Ἀριστοτέλους φυσικὰ προβλήματα Ap.

[859a] 3 ἡ om. C^{a} || 4 ὑγιάζουσιν πολλάκις Ald. || 7 ποιοῦντα τὴν νόσον Ap.^{b} || 8 οὖν om. Ap. || ἑκάτερον scripsi ex Gaza: ἑκάτερα K^{a} ἑκατέρου cett. codd. || 10 παύσουσι K^{a} || καὶ^{1}: ἢ Ap.^{a} || 13 ἢ: καὶ Ap. X^{a} || ἐναντία^{1}: ἐν αὐτῷ C^{a} || μὴ K^{a2}X^{a}: om. cett. codd. et Gaza || 14 ἔρχηται Y^{a3} || 15 δὲ om. C^{a} || 16 γὰρ om. C^{a}.

de l'âge et des lieux. Aussi faut-il gouverner[8] au plus près en période de changements. Ce qu'on vient de dire en général à propos des saisons a des conséquences identiques dans des cas particuliers. En effet, les changements de vents, d'âge et de lieux sont dans une certaine mesure des changements de saison. Et c'est la raison pour laquelle ils aggravent les maladies, les calment, les amènent à la phase critique[9] et les déclenchent, comme le font les saisons et les levers d'astres tels Orion[10], l'Ourse[11], les Pléiades[12], le Chien[13], qui agissent comme les changements des vents, des eaux, des périodes de beau temps, de mauvais temps ou de fortes chaleurs.

4. Pourquoi, aux changement de saison, ne faut-il pas[14] user de vomissements? Est-ce afin d'éviter un trouble supplémentaire s'ajoutant aux différences qui surviennent dans les excrétions du fait des changements de saison?

5. Pourquoi les gens anémiés[15] et ceux qui souffrent de la faim, ont-ils les pieds qui enflent[16]? Est-ce dans les deux cas du fait de la consomption? Ils s'étiolent, les uns à cause de la faim consécutive à l'absence complète de nourriture, et les sujets anémiés parce qu'ils ne tirent aucun profit des aliments qu'ils absorbent.

6. Pourquoi, alors que les maladies dues à la bile sévissent en été[17] (on a de la fièvre surtout en été), les maladies aiguës dont la bile est responsable sont-elles surtout fréquentes en hiver? Est-ce dû au fait qu'étant accompagnées de fièvre, elles sont aiguës parce qu'elles sont violentes et que la violence est contre nature? En effet, certains endroits du corps devenant humides, il s'ensuit une inflammation chaude. L'inflammation[18] étant un excès de chaleur produit les fièvres. Ainsi, en été, les maladies sont sèches et chaudes, en hiver, humides et chaudes, donc aiguës: car elles emportent rapidement les malades. En effet, la coction ne veut pas s'effectuer, en raison de l'abondance de l'excrétion.

8. L'emploi métaphorique de διακυβερνᾶν est platonicien (*Timée*, 42e; *Lois*, 709b). Il ne se rencontre pas ailleurs dans le corpus aristotélicien.

μάλιστα διακυβερνᾶν. Ὁ δὲ καθόλου περὶ τῶν ὡρῶν εἴρηται, καὶ κατὰ μέρος τὸ αὐτὸ αἴτιον. Αἱ γὰρ τῶν πνευμάτων μεταβολαὶ καὶ τῶν ἡλικιῶν καὶ τόπων ὥρας τινός εἰσι μεταβολαί. Διὸ καὶ ταῦτα ἐπιτείνει καὶ παύει καὶ κρίνει καὶ ποιεῖ, ὥσπερ αἱ ὧραι, καὶ ἐπιτολαὶ τῶν ἄστρων, ὥσπερ Ὠρίων καὶ Ἀρκτοῦρος καὶ Πλειὰς καὶ Κύων, ὥσπερ πνευμάτων καὶ ὑδάτων καὶ εὐδιῶν καὶ χειμώνων καὶ ἀλέας.

4. Διὰ τί ἐν ταῖς μεταβολαῖς τῶν ὡρῶν ἐμέτοις οὐ δεῖ χρῆσθαι; Ἢ ἵνα μὴ γένηται συντάραξις διαφόρων γινομένων τῶν περιττωμάτων διὰ τὰς μεταβολάς.

[859b] 5. Διὰ τί καὶ οἱ κιβδηλιῶντες καὶ ὑπὸ λιμοῦ τοὺς πόδας οἰδοῦσιν; Ἢ διὰ τὴν σύντηξιν ἀμφότεροι; Συντήκονται δ' οἱ μὲν διὰ λιμὸν διὰ τὸ ὅλως μὴ λαμβάνειν τροφήν, οἱ δὲ κιβδηλιῶντες διὰ τὸ μηδὲν ἀπολαύειν ἧς λαμβάνουσι τροφῆς.

6. Διὰ τί τῶν ἀπὸ χολῆς νοσημάτων ἐν τῷ θέρει (πυρέττουσι γὰρ μάλιστα ἐν τῷ θέρει) τὰ ὀξέα ἀπὸ χολῆς ὄντα ἐν τῷ χειμῶνι γίνεται μᾶλλον; Ἢ διότι μετὰ πυρετοῦ ὄντα ὀξέα ἐστὶ διὰ τὸ βίαια εἶναι, ἡ δὲ βία παρὰ φύσιν. Ὑγραινομένων γάρ τινων τόπων θερμὴ φλεγμασία γίνεται· ἡ δὲ φλεγμασία ὑπερβολὴ θερμότητος οὖσα ποιεῖ τοὺς πυρετούς. Ἐν μὲν οὖν τῷ θέρει ξηραὶ καὶ θερμαί εἰσιν αἱ νόσοι, ἐν δὲ τῷ χειμῶνι ὑγραὶ καὶ θερμαί, διὸ ὀξεῖαι· ταχέως γὰρ ἀναιροῦσιν· οὐ γὰρ θέλει πέττεσθαι διὰ τὸ πλῆθος τοῦ περιττώματος.

18 καθόλου om. Ap. || 21 καὶ κρίνει καὶ ποιεῖ om. C^{a} || 22 ἀστέρων Ap. || 23 ὥσπερ del. Hett αἴτιοι (?) Gaza || 25 οὐ sup. lin. Y^{a4}: om. cett. codd. || 26 γινομένων Y^{a} Ap.: γενομένων cett. codd. || 27 διὰ τὰς μεταβολάς: ἐν τῇ μεταβολῇ Ap. X^{a} || post μεταϐολάς add. *unde fit ut cibum alii parum concoquant alii parum cupiant* Gaza.

[859b] 1 καὶ om. C^{a} || post καὶ add. οἱ Ap. $Y^{a2}X^{a}$ || 4 ἀπολαμϐάνουσι Ap. X^{a} || 5 post νοσημάτων add. ὄντων Forster Hett ex Gaza || πυρέττουσι — 6 θέρει om. Gaza || 6 μάλιστα: μᾶλλον X^{a} || 7 διότι: ὅτι C^{a} om. Y^{a1} διότι in marg. Y^{a2} || πυρετῶν $Y^{a}C^{a}$ $Ap.^{b}$ || 9 δὲ: γὰρ C^{a} || 10 φλεγμασία: θερμασία Ap. X^{a} || 11 αἱ edd.: om. codd. || 12 διόξεῖαι (sic) Y^{a1} ὀ sup. lin. Y^{a2}.

7. Pourquoi donc la pestilence est-elle la seule maladie qui frappe plus spécialement[19] ceux qui s'approchent des malades pour les soigner? Est-ce parce que c'est la seule maladie qui soit commune à tous sans exception, et qu'en conséquence elle propage l'infection à tous ceux qui se trouvent en état déficient[20]? En effet, en raison de l'accumulation de chaleur[21] que la maladie produit chez ceux qu'ils soignent, ils sont rapidement atteints par le fléau en question.

8. Pourquoi[22], après un hiver à dominance de vent du nord, si le printemps a été pluvieux avec vent du sud, l'été favorise-t-il fièvres et ophthalmies? Est-ce parce que l'été reçoit les corps alors qu'ils renferment une abondante humidité étrangère et que la terre et l'endroit habité sont pleins d'humidité et tels qu'on imagine les lieux toujours malsains? En tout cas, il se produit d'abord des ophthalmies, parce que l'excrétion qui entoure la tête se dissout, puis viennent des fièvres. Il faut, en effet, se dire qu'une même chose peut devenir très chaude ou très froide, comme l'eau ou une pierre, dont l'une bout et l'autre brûle davantage. Dans l'air, un étouffement survient quand l'air s'échauffe par suite de son épaisseur, et dans les corps se produisent de la même manière étouffement et échauffements. Dans le corps, l'échauffement, c'est la fièvre, dans les yeux, les ophthalmies. D'une manière générale, même le changement, s'il est violent, perturbe le corps, lorsque, l'air[23] étant humide, survient brusquement l'été chaud et sec. La situation est encore plus grave si l'été est pluvieux. Car le soleil a une matière à faire bouillir dans les corps comme dans la terre et l'air. Voilà pourquoi se produisent fièvres et ophthalmies.

9. Pourquoi[24], si l'on a eu durant l'hiver du vent du sud et de la pluie, et au printemps de la sécheresse et du vent du nord, le printemps et l'été sont-ils porteurs de maladies? Est-ce parce que, au cours de l'hiver, par suite de la douceur de la température[25] et de l'humidité, les corps sont à l'unisson de la saison? Ils sont nécessairement humides et

7. Διὰ τί ποτε ὁ λοιμὸς μόνη τῶν νόσων μάλιστα τοὺς πλησιάζοντας τοῖς θεραπευομένοις προσαναπίμπλησιν; Ἢ ὅτι μόνη τῶν νόσων κοινή ἐστιν ἅπασιν, ὥστε διὰ τοῦτο πᾶσιν ἐπιφέρει τὸν λοιμόν, ὅσοι φαύλως ἔχοντες προϋπάρχουσιν; Καὶ γὰρ διὰ τὸ ὑπέκκαυμα τῆς νόσου τῆς παρὰ τῶν θεραπευομένων γινομένης ταχέως ὑπὸ τοῦ πράγματος ἁλίσκονται.

8. Διὰ τί τοῦ χειμῶνος βορείου γενομένου, ἐὰν τὸ ἔαρ ἔπομβρον γένηται καὶ νότιον, τὸ θέρος νοσῶδες γίνεται πυρετοῖς καὶ ὀφθαλμίαις; Ἢ ὅτι τά τε σώματα ἐκδέχεται τὸ θέρος πολλὴν ἔχοντα ἀλλοτρίαν ὑγρότητα, καὶ ἡ γῆ καὶ ὁ τόπος ἐν ᾧ ἂν οἰκῶσι, γίνεται ἔφυδρος καὶ τοιοῦτος οἷοι λέγονται οἱ ἀεὶ νοσώδεις τόποι; Πρῶτον μὲν οὖν ὀφθαλμίαι γίνονται τηκομένης τῆς περὶ τήν κεφαλὴν περιττώσεως, ἔπειτα πυ- [860a] ρετοί. Δεῖ γὰρ νοῆσαι ὅτι τὸ αὐτὸ καὶ θερμότατον γίνεται καὶ ψυχρότατον, οἷον ὕδωρ καὶ λίθος ὁ μὲν ζεῖ, τὸ δὲ καίει μᾶλλον. Ἔν τε οὖν ἀέρι πνίγη γίνεται θερμαινομένου τοῦ ἀέρος διὰ πάχος, καὶ ἐν τοῖς σώμασιν ὡσαύτως πνίγη καὶ καύματα, τὸ δ' ἐν σώματι καῦμα πυρετός ἐστιν, ἐν δ' ὀφθαλμοῖς ὀφθαλμίαι. Ὅλως δὲ καὶ ἡ μεταβολὴ ἰσχυρὰ οὖσα τὰ σώματα φθείρει, ὅταν τοῦ ἀέρος ὑγροῦ ὄντος εὐθὺς ἐπιλαμβάνῃ τὸ θέρος θερμὸν ὂν καὶ ξηρόν. Ἔτι δὲ χαλεπώτερον, ἐὰν καὶ τὸ θέρος ἔπομβρον γένηται. Ἔχει γὰρ ὁ ἥλιος ὕλην ἣν ποιήσει ζεῖν καὶ ἐν τοῖς σώμασι καὶ ἐν τῇ γῇ καὶ ἀέρι· διὸ γίνονται πυρετοὶ καὶ ὀφθαλμίαι.

9. Διὰ τί, ἐὰν ὁ χειμὼν νότιος γένηται καὶ ἔπομβρος, τὸ δ'ἔαρ αὐχμηρὸν καὶ βόρειον, νοσῶδες γίνεται καὶ τὸ ἔαρ καὶ τὸ θέρος; Ἢ ὅτι ἐν μὲν τῷ χειμῶνι διὰ τὴν ἀλέαν καὶ ὑγρότητα ὁμοίως τὰ σώματα διάκειται τῇ ὥρᾳ; Ὑγρὰ

15 ὁ edd.: ἡ codd. λέγ⟨εται⟩ καὶ ἀρσε⟨νικῶς⟩ ὁ λοιμός in marg. Y[a2] || 19 παρὰ: περὶ C[a] || 22 καὶ νοτίον γένηται C[a] || 25 ἐν om. Y[a1] || ἀναγίνεται C[a] || 26 ἀεὶ om. C[a] || 27 περιπτώσεως X[a].

[860a] 3 ἔαρι K[a] || 5 ἐν τοῖς σώμασι Ap. || 6 ἰσχυρὰ: *calida* Gaza || 7 ἔαρος K[a] || ἐπιλαμζάνει C[a] || 8 ὂν: ἂν X[a] || 10 ζεῖν: ζῆν Y[a] ει sup. lin. eadem manu || καὶ om. C[a] || 14 ἢ X[a]C[a] om. cett. codd.

sans consistance. Quand un printemps froid les surprend en cet état, il les fige et les durcit par sa sécheresse, si bien que les femmes qui doivent accoucher au printemps font des fausses-couches[26] à cause de l'inflammation et de la gangrène consécutive au froid sec (car l'humidité ne s'évapore pas), et que les enfants qui viennent à terme sont faibles et estropiés en raison du froid excessif. Il est arrivé, en effet, que des enfants qui sont portés alors par beau temps, soient bien constitués et bien nourris dans le sein de leur mère. Quant aux autres[27], étant donné qu'au printemps le phlegme n'est pas purgé, parce qu'il est en quantité excessive, comme il l'est quand il fait chaud, mais qu'il se coagule sous l'effet du froid, lorsque survient l'été et la chaleur qui fait fondre par sa violence, s'ils sont bilieux et secs, comme leur corps n'est pas humide mais a une nature desséchée, ils ont bien des humeurs qui se forment mais elles sont réduites, si bien qu'ils sont victimes d'ophthalmies sèches et, s'ils ont beaucoup de phlegme, ils sont sujets à des bronchites et à des catarrhes du poumon. Les femmes de leur côté éprouvent des maux d'entrailles à cause de l'humidité et de la froideur de leur nature. Et les vieillards font des apoplexies[28] lorsque l'humidité qui se dégage tombe en quantité sur eux et qu'elle se condense par suite de la faiblesse de leur chaleur innée.

10. Pourquoi[29], si l'été est sec avec du vent du nord et l'automne au contraire humide avec du vent du sud, survient-il en hiver des maux de tête, des bronchites et des toux, et pour finir des phtisies? Est-ce parce que l'hiver hérite d'une matière abondante, si bien que c'est pour lui tout un travail que de condenser l'humidité et de faire du phlegme? Donc, lorsque l'humidité se trouve dans la tête, elle produit des lourdeurs et, si elle est abondante et froide,

26. Ἔκτρωσις est le terme hippocratique. Ailleurs Aristote emploie ἐκτρωσμός (*Hist. des An.*, VII, 3, 583b12) ou ἔκτρωμα (*Génération des Animaux*, IV, 5, 773b18).

27. Je me suis efforcé de ne pas couper cette très longue phrase qui va de la ligne 23 à la ligne 31.

γὰρ ἀνάγκη εἶναι καὶ οὐ συνεστηκότα. Οὕτω δ' ἐχόντων, τὸ ἔαρ ψυχρὸν ὂν ἔπηξε καὶ ἐσκλήρυνεν αὐτὰ διὰ τὸν αὐχμόν, ὥστε ταῖς μὲν κυούσαις ὁ τόκος ὁ ἐαρινὸς εἰς ἐκτρώσεις γίνεται διὰ τὴν θερμασίαν καὶ τὸν σφακελισμὸν τὸν γινόμενον ὑπὸ τῆς ξηρᾶς ψυχρότητος, ἅτε οὐκ ἐκκρινομένης τῆς ὑγρότητος, τὰ δὲ κυόμενα παιδία ἀσθενῆ γίνεται καὶ πηρὰ διὰ τὴν ὑπερβολὴν τοῦ ψύχους· συμβέβηκε γὰρ τότε γεννώμενα ἐν εὐδίᾳ καὶ συστῆναι καὶ τραφῆναι ἐν τῇ τεκούσῃ. Τοῖς δ' ἄλλοις, ἅτε ἐν τῷ ἔαρι οὐκ ἀποκαθαρθέντος τοῦ φλέγματος διὰ τὴν ὑπερβολήν, ὃ συμβαίνει ὅταν ἀλεεινὸν γένηται, ἀλλὰ διὰ ψῦχος συστάντος, ὅταν ἐπιλάβῃ τὸ θέρος καὶ ἡ ἀλέα τήκουσα βίᾳ, τοῖς μὲν χολώδεσι καὶ ξηροῖς, διὰ τὸ μὴ διερὰ εἶναι τὰ σώματα αὐτοῖς, ἀλλὰ τὴν φύσιν αὖον ἔχειν, γίνονται μὲν ὑγρότητες, αὗται δὲ λεπταί, ὥστε ὀφθαλμίαις ξηραῖς ἁλίσκονται, οἱ δὲ φλεγματώδεις βράγχοις καὶ εἰς τὸν πνεύμονα κατάρροις. Ταῖς γυναιξὶ δὲ δυσεντερίαι γίνονται διὰ τὴν ὑγρότητα καὶ ψυχρότητα τῆς φύσεως, τοῖς δὲ γεραιτέροις ἀποπληξίαι, ὅταν ἀθρόον λυθὲν ὑγρὸν ἐπιπέσῃ καὶ δι' ἀσθένειαν τοῦ συμφύτου θερμοῦ παγῇ.

10. Διὰ τί, ἐὰν μὲν τὸ θέρος αὐχμηρὸν γένηται καὶ βόρειον, τὸ δὲ μετόπωρον ἐναντίον, ὑγρὸν καὶ νότιον, ἐν τῷ χειμῶνι κεφαλαλγίαι τε γίνονται καὶ βράγχοι καὶ βῆ-
[860b] χες, καὶ τελευτῶσιν εἰς φθίσεις; Ἢ ὅτι λαμβάνει ὕλην πολλὴν ὁ χειμών, ὥστ' αὐτῷ ἔργον ἐστὶ πῆξαι τὴν ὑγρότητα καὶ φλέγμα ποιῆσαι; Ἐν μὲν οὖν ταῖς κεφαλαῖς ὅταν ὑγρασία γένηται, βάρη ποιεῖ, ἐὰν δ' ᾖ πολλὴ καὶ

18 ὥστε: ὥσπερ K^a ὅθεν X^a || τόκος: τόπος Ap. || δ² om. Ap.ᵃ Y^{a1} sup. lin. Y^{a2} || γίνεσθαι Y^a Ap. C^a || 21 κυούμενα Y^a || γίνεσθαι Y^a || 23 ἐν εὐδίᾳ om. X^{a1} || 24 ἔαρι Y^aK^a: ἀέρι cett. codd. *in vere* antiq. vers. || διὰ suppl. Sylb. ex Gaza || 27 βίᾳ in marg. scrips. Y^{a1} || 28 αὐτοῖς: ἑαυτοῖς Ap. || 33 ὑγρὸν λυθὲν Ap.ᵇ || 35 μὲν om. Y^aC^a || βόρειον: νότιον C^aY^{a1} sup. lin. corr. Y^{a4} *sicca fuerit et austrina* antiq. vers. || 36 ante ὑγρὸν add. καὶ C^a || νότιον: βόρειον C^aY^{a1} sup. lin. corr. Y^{a4} || 37 post χειμῶνι add. *quae proxima est* Gaza.

[860b] 3 φλέγματα C^a.

des gangrènes[30]. Et si la quantité l'empêche de se condenser, elle s'écoule dans la partie qui fait suite à la tête et d'où proviennent la toux, les bronchites et les phénomènes de consomption.

11. Pourquoi[31], si l'été apporte vent du nord et sécheresse, ainsi que l'automne, est-ce bon pour les catarrheux et les femmes? Est-ce parce que la nature des uns et des autres penche vers un excès, si bien que la saison, en les ramenant vers l'état opposé, les remet en équilibre? Ils guérissent sur le champ, à moins qu'ils ne commettent d'eux-mêmes quelque imprudence, et ils abordent l'hiver sans humidité[32] et avec des réserves de chaleur[33] contre le froid.

12. Pourquoi[34] le vent du nord et la sécheresse rendent-ils les bilieux malades en été et en automne? Est-ce parce que le corps de ces gens-là et les saisons présentent la même tendance, si bien que c'est comme du feu sur du feu[35]? En effet, lorsque les corps se dessèchent, avec évacuation de ce que l'organisme a de plus doux, et qu'ils s'échauffent outre mesure, les consomptions amènent nécessairement des ophthalmies sèches, et l'état bilieux fait que les humeurs restent en place: quand celles-ci s'échauffent des fièvres aiguës surviennent, attendu que la bile est sans mélange, et dans certains cas se produit un accès de folie[36], chez ceux en qui la bile noire est naturellement présente. Car celle-ci vient en surface du fait que les humeurs contraires sont desséchées.

13. Pourquoi dit-on que changer d'eau est nocif et que changer d'air ne l'est pas? Est-ce parce que l'eau est une nourriture[37] et qu'on profite de l'eau qui fait plaisir, ce qui n'arrive pas avec l'air? De plus, il existe plusieurs espèces d'eaux qui diffèrent les unes des autres, ce qui n'est pas le cas de l'air, et c'est là une raison supplémentaire. En effet, même quand on change de lieu, on se trouve toujours

30. Même emploi de σφακελισμός à la ligne 860a19 (cf. *Parties des Animaux*, III, 9, 672a33, b5). Le mot est fréquent dans la collection hippocratique. Il peut avoir également le sens de «convulsion».

31. Voir *Des Airs* etc. 10 et *Aphorismes*, III, 14.

32. C'est-à-dire sans humidité excessive.

ψυχρά, σφακελισμούς· ἐὰν δὲ διὰ πλῆθος μὴ πήξῃ, ῥεῖ εἰς τὸν ἐχόμενον τόπον, ὅθεν αἱ βῆχες καὶ οἱ βράγχοι καὶ αἱ φθόαι γίνονται.

11. Διὰ τί, ἐὰν βόρειον γένηται τὸ θέρος καὶ αὐχμῶδες, καὶ τὸ μετόπωρον, συμφέρει τοῖς φλεγματώδεσι καὶ ταῖς γυναιξίν; Ἢ ὅτι ἡ φύσις ἐπὶ θάτερα ἀμφοῖν ὑπερβάλλει, ὥστε εἰς τοὐναντίον ἡ ὥρα ἑλκύσασα καθίστησιν εἰς τὴν εὐκρασίαν; Καὶ παραχρῆμά τε ὑγιαίνουσιν, ἐὰν μή τι δι' ἑαυτοὺς ἁμαρτάνωσι, καὶ εἰς τὸν χειμῶνα οὐχ ὑγροὶ ἀφικνοῦνται, ἔχοντες ὑπεκκαύματα τῷ ψύχει.

12. Διὰ τί τοῖς χολώδεσι νοσῶδές ἐστι τὸ βόρειον καὶ αὐχμῶδες θέρος καὶ μετόπωρον; Ἢ ὅτι ἐπὶ ταὐτὸ ῥέπει αὐτοῖς τὸ σῶμα καὶ αἱ ὧραι, ὥστε ὥσπερ πῦρ ἐπὶ πυρὶ γίνεται; Ξηραινομένων γὰρ τῶν σωμάτων, καὶ τοῦ γλυκυτάτου μὲν ἐξικμαζομένου ἐξ αὐτῶν, ὑπερθερμαινομένων δὲ λίαν, ἀνάγκη διὰ μὲν τὰς συντήξεις ὀφθαλμίας ξηρὰς γίνεσθαι, διὰ δὲ τὸ χολῶδες τοὺς ὑπολειπομένους εἶναι χυμούς, ὑπερθερμαινομένων δὲ καὶ τούτων πυρετοὺς ὀξεῖς γίνεσθαι, ἅτε ὑπ' ἀκράτου τῆς χολῆς, ἐνίοις δὲ μανίας, οἷς ἂν μέλαινα χολὴ φύσει ἐνῇ· αὕτη γὰρ ἐπιπολάζει ἀναξηραινομένων τῶν ἐναντίων χυμῶν.

13. Διὰ τί τὸ τὰ ὕδατα μεταβάλλειν νοτῶδές φασιν εἶναι, τὸ δὲ τὸν ἀέρα οὔ; Ἢ ὅτι τοῦτο γίνεται τροφή, καὶ ἔχοντες καὶ ἀπολελαυκότες τοῦ ὕδατος ἀπέρχονται, τοῦ δ' ἀέρος οὐδέν; Ἔτι ὕδατος μέν πολλὰ εἴδη ἐστὶ καὶ διάφορα καθ' αὑτά, ἀέρος δ' οὔ, ὥστε καὶ τοῦτο αἴτιον. Ἐν μὲν γὰρ τῷ ἀέρι σχεδὸν τῷ αὐτῷ συμβαίνει διατελεῖν καὶ ἀπο-

5 διὰ om. C^a || 6 αἱ ex καὶ corr. Y^a || 8 post τί add. δὲ Y^a || 11 ἐκλύσασα P^c || 12 παραχρῆμα: παρὰ C^a || 13 ἁμαρτάνουσι C^aP^c || οὐχ om. Gaza || 16 ὅτι om. C^a || 20 συντήξεις: συμπήξεις Gaza || 21 χολώδεις coni. Forster Hett. || 22 καὶ om. C^a || 25 χειμῶνι C^a || 28 ἐπέρχονται P^c || 29 διάφορα: διαφοραὶ Y^aC^a διαφορὰ Ap. *varia* Gaza || 31 τῷ αὐτῷ: τὸ αὐτὸ Ap. || 32 νοσώδης om. C^a.

entouré à peu près du même air, alors qu'on rencontre d'autres eaux. Voilà pourquoi on a raison de dire que le changement d'eau est facteur de maladie.

14. Pourquoi le changement d'eau est-il plus nocif que le changement de mets? Est-ce parce que nous consommons l'eau en plus grande quantité? Car si la plus grande partie de l'eau se trouve dans la boisson, il y en a aussi dans les mets solides et les aliments bouillis[38].

15. Pourquoi[39] le changement est-il cause de maladies? Est-ce parce que tout changement, de saison ou d'âge, est un mouvement? En effet, les extrêmes sont mobiles, par exemple même les commencements et les fins. En sorte que même les aliments, s'ils sont différents, se nuisent les uns aux autres. Les uns sont tout juste assimilés[40], les autres ne le sont pas encore. De plus, de même que la nourriture variée est mauvaise pour la santé[41] (car la digestion est troublée et n'est pas uniforme), de même, quand on change d'eau, on utilise une nourriture liquide diversifiée. Et cette nourriture a une importance plus grande que la nourriture sèche parce qu'elle est plus abondante et que les aliments solides eux-mêmes fournissent de la nourriture humide.

16. Pourquoi le changement d'eau fait-il que ceux qui ont des poux, en ont davantage? Est-ce parce que l'absence de coction de l'humide[42], qui résulte du trouble que cause la variété de l'eau chez ceux qui en changent souvent, produit de l'humidité, et cela surtout dans la région qui s'y prête le mieux? Or le cerveau est humide. C'est pourquoi la tête l'est aussi toujours plus que le reste. Ce qui le montre c'est que c'est surtout sur elle que sont les poils[43]. L'humidité de cet endroit produit des poux. On le voit d'après les enfants: ils ont, en effet, la tête humide et ils ont souvent des coryzas ou des saignements de nez, et c'est à cet âge qu'on a le plus de poux[44].

17. Pourquoi est-ce surtout des Pléiades au zéphyr[46] que sont emportés ceux qui sont atteints de longues maladies, et les vieux plus que les jeunes? Est-ce parce qu'il existe deux causes principales de destruction, l'excès et le froid? Car la

δημοῦντας, ἐν δ' ὕδασιν ἄλλοις· διὸ καλῶς δοκεῖ νοσώδης ἡ τοῦ ὕδατος μεταβολὴ εἶναι.

14. Διὰ τί μᾶλλον ἡ τοῦ ὕδατος ἢ ἡ τῶν σιτίων μεταβολὴ νοσώδης; Ἢ ὅτι πλεῖστον ἀναλίσκομεν τὸ ὕδωρ; Ἔν τε γὰρ τοῖς σιτίοις ὑπάρχει καὶ ὄψοις, καὶ ἐν τῷ πόματι τὸ πλεῖστον ὕδωρ.

[861a] 15. Διὰ τί δὲ ἡ μεταβολὴ νοσώδης; Ἢ ὅτι πᾶσα μὲν ἡ μεταβολὴ καὶ ὥρας καὶ ἡλικίας εὐκίνητον; Εὐκίνητα γὰρ τὰ ἄκρα, οἷον καὶ αἱ ἀρχαὶ καὶ αἱ τελευταί. Ὥστε καὶ αἱ τροφαὶ ἕτεραι οὖσαι ἀλλήλας φθείρουσιν· αἱ μὲν γὰρ ἄρτι, αἱ δ' οὔπω προσπεφύκασιν. Ἔτι δ' ὥσπερ ἡ ποικίλη τροφὴ νοσώδης (ταραχώδης γὰρ καὶ οὐ μία πέψις), οὕτω συμβαίνει μεταβάλλουσι τὸ ὕδωρ ποικίλῃ πόματος χρῆσθαι τῇ τροφῇ· καὶ ἡ τοιαύτη τροφὴ κυριωτέρα τῆς ξηρᾶς ἐστὶ τῷ πλεῖστον εἶναι καὶ ἐξ αὐτῶν τῶν σιτίων τὸ ὑγρὸν γίνεσθαι τροφήν.

16. Διὰ τί ἡ τῶν ὑδάτων μεταβολὴ τοῖς ἔχουσι φθεῖρας ποιεῖ πολλοὺς ἔχειν; Ἢ ὅτι ἀπεψία γινομένη τοῦ ὑγροῦ διὰ τὴν ταραχήν, ἣ γίνεται διὰ τὴν ποικιλίαν τοῦ ὕδατος πυκνὰ μεταβάλλουσιν, ὑγρότητα ἐμποιεῖ, καὶ μάλιστα ἐν τῷ ἐπιτηδείως ὑπάρχοντι τόπῳ; Ὁ δ' ἐγκέφαλος ὑγρός· διὸ καὶ ἡ κεφαλὴ ἀεὶ μάλιστα. Δηλοῖ δέ, ὅτι αἱ τρίχες ἔνεισι μάλιστα ἐν αὐτῇ. Ἡ δὲ τοῦ τόπου τούτου ὑγρότης φθειρῶν ποιητική. Δηλοῖ δ' ἐπὶ τῶν παίδων· ὑγροκέφαλοί τε γάρ εἰσι, καὶ πολλάκις ἢ κορυζῶσιν ἢ αἷμα ποιεῖ ῥεῖν, καὶ φθεῖρας πλείους οἱ ἐν ταύτῃ ἡλικίᾳ ἔχουσιν.

17. Διὰ τί ἀπὸ Πλειάδος μέχρι ζεφύρου οἱ τὰς μακρὰς νόσους κάμνοντες μάλιστα ἀναιροῦνται, καὶ οἱ γέροντες μᾶλλον τῶν νέων; Πότερον ὅτι δύο ἐστὶ τὰ φθαρτικώτατα,

34 ἡ^{2} om. Ap.^{a} X^{a} || 35 ἢ Ap.: om. cett. codd. || 36 τοῖς om. C^{a}.
[861a] 1 δὲ om. C^{a} || 3 καὶ^{1} om. X^{a} || 7 τὸ C^{a} om. cett. codd. || ποικίλῃ πόματος: ποικίλου χρώματος P^{c} || 8 τῷ: τὸ C^{a1} || 9 ante τροφήν add. τὴν C^{a} || 10 αἱ ... μεταζολαὶ Y^{a} Ap. C^{a} X^{a2} qui 11 ποιοῦσι corr. || 11 τοῦ ὑγροῦ om. C^{a} || 13 ἐπιτηδείῳ P^{c} et dubitanter Bekker || 14 διὸ: ἐστι C^{a}.

vie est chaleur, et cette saison-là réunit ces deux causes: en effet, elle est froide et l'hiver y est à son paroxysme. Le reste est déjà le printemps. Ou bien est-ce parce que les malades qui souffrent de longues affections ressemblent aux vieillards? Car une longue maladie se présente comme la vieillesse: dans les deux cas le corps est sec et froid, ici par l'effet de l'âge, là par celui de la maladie. L'hiver et les gelées sont un excès de froid et de sécheresse. Donc, pour les corps auxquels il suffit d'un déséquilibre léger, l'hiver est comme du feu sur du feu, et c'est pour cela qu'il est destructeur.

18. Pourquoi[47] en terrains marécageux[48], les plaies de la tête guérissent-elles rapidement, et celles des jambes péniblement? Est-ce parce que l'humide est alourdi par le fait qu'il est terreux, et que ce qui est lourd a tendance à descendre? Donc ce qui est en haut se trouve épuré[49] grâce au passage du lourd dans le bas, et le bas est plein d'excrétions et de matières corruptibles.

19. Pourquoi, lorsque l'hiver a été accompagné de vent du nord et le printemps de vent du sud et de pluie, si l'été a été trop sec, l'automne est-il mortel pour tout le monde et particulièrement pour les petits enfants, et pourquoi est-ce pour les autres le moment où apparaissent des dysenteries et des fièvres quartes chroniques? Est-ce parce que, quand la pluie survient modérément en été, toute l'humidité accumulée au cours du printemps mouillé et qui bouillonne en nous, se trouve refroidie et se calme, mais que, dans le cas contraire, les petits enfants, en raison de leur nature humide et chaude, subissent un bouillonnement excessif du fait de la maladie, parce qu'ils ne sont pas réfrigérés? Ceux qui ne sont pas atteints en été le sont en automne, dans la mesure

46. Vent d'ouest qui souffle au cours du printemps (cf. *Météor.*, II, 6, 363b12, 364a18).

47. Ce problème est repris dans la section XIV, 6.

48. Le *Parisinus gr.* 1884 écrit ὑλώδεσι, en terrain boisé. Th. Gaza traduit un texte différent, *in plenis impurisque corporibus*, voisin de celui de Barthélémy de Messine, *in ulceribus*.

ὑπερβολή τε καὶ ψῦχος; Τὸ γὰρ ζῆν θερμόν, ἡ δ' ὥρα αὕτη ἄμφω ταῦτ' ἔχει· ψυχρά τε γάρ ἐστι, καὶ ἀκμαιότατος ὁ χειμών· τὸ λοιπὸν γὰρ ἔαρ ἐστίν. Ἢ ὅτι ὁμοίως μὲν διάκεινται τοῖς γέρουσι τῶν καμνόντων οἱ τὰς μακρὰς κάμνοντες ἀσθενείας; Οἷον γὰρ ἤδη γῆρας ἡ μακρὰ ἀσθένεια συμβαίνει· τὸ γὰρ σῶμα ἀμφοῖν ξηρὸν καὶ ψυχρόν ἐστι, τῶν μὲν δι' ἡλικίαν, τῶν δὲ διὰ νόσον. Ὁ δὲ χειμὼν καὶ οἱ πάγοι ὑπερβολή ἐστι ψυχρότητος καὶ ξηρότητος. Μικρᾶς οὖν δεομένοις αὐτοῖς ῥοπῆς γίνεται οἷον πῦρ ἐπὶ πυρὶ ὁ χειμών, καὶ φθείρει διὰ ταῦτα.

18. Διὰ τί ἐν τοῖς ἑλώδεσι τὰ μὲν ἐν τῇ κεφαλῇ ἕλκη ταχὺ ὑγιάζεται, τὰ δ' ἐν ταῖς κνήμαις μόλις; Ἢ ὅτι βαρεῖα ἡ ὑγρότης διὰ τὸ γεώδης εἶναι, τὰ δὲ βαρέα εἰς τὸ κάτω ἀποχωρεῖ; Τὰ μὲν οὖν ἄνω ἔκκριτα διὰ τὸ ἀποκεχωρηκέναι εἰς τὰ κάτω, τὰ δὲ κάτω πολλῆς γέμει περιττώσεως καὶ εὐσήπτου.

[861b] 19. Διὰ τί, ἐὰν τοῦ χειμῶνος γενομένου βορείου καὶ τοῦ ἔαρος νοτίου καὶ ἐπόμβρου τὸ θέρος λίαν αὐχμηρὸν γένηται, θανατῶδες γίνεται τὸ μετόπωρον πᾶσι, μάλιστα δὲ τοῖς παιδίοις, καὶ τοῖς ἄλλοις δὲ δυσεντερίαι καὶ τεταρταῖοι χρόνιοι γίνονται ἐν αὐτῷ; Ἢ ὅτι μετρίου μὲν ἐπιγενομένου ὕδατος θερινοῦ καταψυχθὲν τὸ ζέον ὑγρὸν ἐν ἡμῖν λωφᾷ, ὅσον ἠθροίσθη ἐν τῷ ἦρι γενομένῳ τῷ ὑγρῷ, εἰ δὲ μή, τὰ μὲν παιδία διὰ τὸ ὑγρὰ εἶναι φύσει καὶ θερμὰ ὑπερζεῖ τῷ πάθει, διὰ τὸ μὴ καταψυχθῆναι; Ὅσα δὲ μὴ τοῦ θέρους, τοῦ μετοπώρου ὅσον ἐκζεῖ. Αἱ δὲ περιττώσεις ἐὰν μὴ

25 χειμών: καιρός P^c || 30 ξηρότητος καὶ ψυχρότητος $Ap.^a$ || ξηρότητος: ὑγρότητος P^c || 31 οὖν: οὐδὲν Ap. || 33 ἐν^1 sup. lin. Y^a || ὑλώδεσι P^c ἑλκώδεσι Gaza *in ulceribus quidem in capite ulcera* antiq. vers. || 36 ἔκκριτα: εὐίατα Gaza qui *curari facile possunt* scrips. εὔπεπτα coni. Prantl ex 909a38 || διὰ — 37 τὰ κάτω om. C^a || 37 γέμει om. X^a || 38 περιπτωσεως X^a ut semper.

[861b] 5 χρόνοι C^a || 7 γενομένῳ bis hab. Ap. || 8 εἶναι post θερμὰ transp. Y^a Ap. X^a || 10 ὅσον del vel οἷον suspic. Hett.

où ils se mettent à bouillonner. Si les excrétions qui se produisent autour du poumon et de la trachée-artère[50] ne sont pas résorbées aussitôt (car c'est dans le haut qu'il s'en forme d'abord, parce que c'est l'air qui nous échauffe: c'est pour cela que des ophthalmies surviennent avant les fièvres quand l'été amène des maladies), donc, disons-nous, si les excrétions qui se produisent dans le haut du corps ne se résorbent pas aussitôt, elles descendent dans le ventre sans avoir subi de coction, et c'est la dysenterie, parce que l'humide est en trop grande quantité pour être extrait. Et si ces affections s'arrêtent, des fièvres quartes frappent ceux qui y ont échappé. Car la masse de ce qui n'a pas subi de coction se maintient très durablement et fait partie intégrante du corps, comme la bile noire.

20. Pourquoi, si l'été a été pluvieux avec des vents du sud et si l'automne est de même, l'hiver provoque-t-il des maladies[51] ? Est-ce parce que l'hiver reçoit les corps pleins d'humidité et que de plus le changement est grand après une forte chaleur et qu'il se fait sans transition, puisque l'automne lui-même est chaud, si bien que certains contractent nécessairement des maladies aiguës, ceux dont les chairs ne sont pas poreuses[52]? Chez ceux-là, en effet, les excrétions liquides s'accumulent davantage dans le haut, parce que ces régions-là offrent plus d'espace, tandis que celles du bas sont disposées autrement. Donc, ceux dont les chairs sont serrées ne reçoivent pas beaucoup d'excrétions. Lorsque l'excrétion qui se trouve dans les parties hautes du corps se refroidit, il se produit ce qui arrive aux gens ivres quand ils ont froid[53], et on voit apparaître les maladies dont nous avons parlé. Quand des fièvres se manifestent chez les sujets aux chairs plus poreuses, il arrive que ces fièvres qui résultent d'une insuffisance de coction, se transforment en fièvres ardentes[54], du fait que chez les gens ainsi constitués, plus que chez ceux dont les chairs sont denses, les liquides se répandent dans tout le corps, et comme leur chair se resserre sous l'effet de l'hiver, les liquides échauffés amènent des fièvres. Car l'excès de chaleur de tout le corps

εὐθὺς ἀνέλωσι, περὶ πνεύμονα καὶ ἀρτηρίαν γινόμεναι (ἄνω γὰρ πρῶται σινίστανται διὰ τὸ ὑπὸ τοῦ ἀέρος ἡμᾶς θερμαίνεσθαι· διὰ γὰρ ταῦτα καὶ ὀφθαλμίαι πυρετῶν πρότερον γίνονται ἐν τῷ νοσερῷ θέρει), ἐὰν οὖν μὴ ἐν τοῖς ἄνω, καθάπερ εἴρηται, τὰ περιττώματα εὐθὺς ἀνέλῃ, καταβαίνουσιν εἰς τὰς κοιλίας ἄπεπτα ὄντα, τοῦτο δ' ἐστὶ δυσεντερία, διὰ τὸ μὴ ἐκκρίνεσθαι ὑπὸ πλήθους τὸ ὑγρόν. Καὶ ἐὰν παύσωνται, τεταρταῖοι γίνονται τοῖς σωζομένοις· ἡ γὰρ τοῦ ἀπέπτου ὑπόστασις μονιμωτάτη ἐστὶ καὶ σύντονος γίνεται τῷ σώματι, καθάπερ ἡ μέλαινα χολή.

20. Διὰ τί, ἐὰν τὸ θέρος ἔπομβρον γένηται καὶ νότιον, καὶ τὸ μετόπωρον, ὁ χειμὼν νοσερὸς γίνεται; Ἢ ὅτι σφόδρα ὑγρὰ τὰ σώματα ὁ χειμὼν λαμβάνει, καὶ ἡ μεταβολὴ ἔτι μεγάλη γίνεται ἐξ ἀλέας πολλῆς καὶ οὐκ ἐκ προσαγωγῆς, διὰ τὸ καὶ τὸ μετόπωρον γίνεσθαι ἀλεεινόν, ὥστε τοῖς μὲν γίνεσθαι ἀνάγκη τὰ ὀξέα νοσήματα, μὴ ἀραιοῖς οὖσιν; Τοῖς γὰρ τοιούτοις ἄνω μᾶλλον τὰ ὑγρὰ περιττώματα ἀθροίζεται, διὰ τὸ τούτους μὲν τοὺς τόπους ἔχειν χώραν, τοὺς δὲ κάτω ἑτέρους εἶναι. Οἱ οὖν ὄντες πυκνόσαρκοι οὐ πολλὰ περιττώματα δέχονται. Ψυχομένης οὖν τῆς περιττώσεως τῆς ἐν τοῖς ἄνω μέρεσι τοῦ σώματος, ὥσπερ τοῖς οἰνωμένοις ὅταν ῥιγῶσι, τὰ εἰρημένα νοσήματα συμβαίνει γίνεσθαι. Τοῖς δ' ἀραιοτέροις πυρετῶν γινομένων, τοὺς ἀπὸ πλείστης ἀπεψίας γινομένους πυρετοὺς καύσους συμβαίνει γίνεσθαι, διὰ τὸ τοῖς τοιούτοις ἐσκεδάσθαι μὲν μᾶλλον κατὰ πᾶν τὸ σῶμα τὰ ὑγρὰ ἢ τοῖς πυκνοσάρκοις, συνισταμένης δὲ τῆς σαρκὸς αὐτῶν ὑπὸ τοῦ χειμῶνος θερμαινόμενα τὰ ὑγρὰ πυρετοὺς ποιεῖν. Ἡ γὰρ παντὸς τοῦ σώματος ὑπερ-

11 εὐθὺ Y[a] Ap. || 13 πυρετοῦ Ap. C[a]X[a] || πρότερον om. C[a] || 15 περιπτώματα X[a] || 17 post διὰ add. δὲ Y[a] γὰρ C[a] δὴ suspic. Ruelle || 18 post σωζομένοις *etiam si illud intestinorum vitium omnino quieverit* add. Gaza || 19 σύντομος C[a] || 26 ἀνάγκῃ suspic. Ruelle || 28 τὸ om. C[a] || 29 πολλὰ om. C[a] || 31 ὥσπερ — 32 ῥιγῶσι om. Gaza || 32 νοσήματα om. Ap. in marg. X[a] || 34 γενομένους Y[a] || καύστους Ap. || 35 ante τοῖς add. ἐν C[a].

est la fièvre[55]. Quand cette chaleur s'accroît encore par suite de l'abondance de l'humidité qui est en eux, la fièvre devient une fièvre ardente.

21. Pourquoi lorsque beaucoup de brume s'élève de la terre sous l'influence du soleil, l'année propage-t-elle la pestilence? Est-ce parce que c'est là nécessairement la marque d'un été humide et pluvieux et le signe que la terre est fatalement humide? C'est donc comme si l'on habitait un endroit marécageux. Un tel endroit est malsain. Et les corps ont alors nécessairement des excrétions abondantes, si bien que l'été venu ils renferment une matière propice aux maladies.

22. Pourquoi les années sont-elles malsaines quand il y a pullulement[56] de petites grenouilles semblables aux crapauds[57]? Est-ce parce que chaque être prospère dans le lieu qui correspond à sa nature[58]? Et à l'évidence ces animaux sont naturellement humides, si bien que leur présence indique que l'année est pluvieuse et humide. Les années de ce genre apportent des maladies. En effet, comme les corps sont humides, ils ont beaucoup d'excrétions, ce qui est à l'origine de maladies.

23. Pourquoi[59] les vents du sud secs et sans pluie sont-ils à l'origine de fièvres? Est-ce parce qu'ils apportent une humidité et une chaleur extérieures à l'organisme[60]? Ils sont, en effet, par nature humides et chauds et c'est ce qui provoque la fièvre. Car la fièvre provient d'un excès de l'un et de l'autre. Donc, lorsque ces vents soufflent sans apporter d'eau, ils favorisent en nous cette disposition, mais quand ils sont accompagnés d'eau, celle-ci nous rafraîchit. Les vents du sud qui soufflent de la mer sont même favorables aux plantes[61]. Car ils ont été refroidis par la mer quand ils arrivent près d'elles[62]. La nielle[63] est due à une humidité et une chaleur étrangères.

24. Pourquoi par vents du sud, les gens sont-ils plus lourds et ont-ils moins de force[64]? Est-ce parce que, à partir d'une petite quantité, se forme une importante humidité par dissolution[65] sous l'effet de la chaleur et, à partir

[862a] βάλλουσα θερμότης ἐστὶ πυρετός· ἐπιτεινομένη δὲ διὰ τὸ πλῆθος τῆς ἐνυπαρχούσης αὐτοῖς ὑγρότητος καῦσος γίνεται.

21. Διὰ τί, ὅταν ἐκ γῆς ἀτμὸς ἀνίῃ πολὺς ὑπὸ τοῦ ἡλίου, τὸ ἔτος λοιμῶδες γίνεται; Ἢ ὅτι ὑγρὸν ἀνάγκη καὶ ἔπομβρον τὸ ἔτος σημαίνειν, καὶ τὴν γῆν ὑγρὰν ἀνάγκη εἶναι; Οἷον οὖν ἐν ἑλώδει τόπῳ ἡ οἴκησις γίνεται. Νοσώδης δ' ἡ τοιαύτη ἐστίν. Καὶ τὰ σώματα δὴ τότε ἀνάγκη περίττωμα πολὺ ἔχειν, ὥστε ἐν τῷ θέρει ἔχειν ὕλην νοσώδη.

22. Διὰ τί γίνεται τὰ ἔτη νοσώδη, ὅταν γένηται φορὰ τῶν μικρῶν βατράχων τῶν φρυνοειδῶν; Ἢ ὅτι ἕκαστον εὐθενεῖ ἐν τῇ οἰκείᾳ χώρᾳ τῆς φύσεως; Καὶ ταῦτα δὴ φύσει ἐστὶν ὑγρά, ὥστε ἔπομβρον καὶ ὑγρὸν σημαίνει τὸν ἐνιαυτὸν γίνεσθαι. Τὰ δὲ τοιαῦτα ἔτη νοσώδη ἐστίν· ὑγρὰ γὰρ τὰ σώματα ὄντα πολὺ ἔχει τὸ περίττωμα, ὅ ἐστι τῶν νόσων αἴτιον.

23. Διὰ τί οἱ νότοι οἱ ξηροὶ καὶ μὴ ὑδατώδεις πυρετώδεις εἰσίν; Ἢ ὅτι ὑγρότητα καὶ θέρμην ἀλλοτρίαν ποιοῦσιν; Εἰσὶ γὰρ ὑγροὶ καὶ θερμοὶ φύσει, τοῦτο δ' ἐστὶ περετῶδες· ὁ γὰρ πυρετὸς ἐξ ἀμφοτέρας τῆς τούτων ἐστὶν ὑπερβολῆς. Ὅταν μὲν οὖν ἄνευ ὕδατος πνέωσι, ταύτην ἐν ἡμῖν ποιοῦσι τὴν διάθεσιν, ὅταν δ' ἅμα ὕδατι, τὸ ὕδωρ καταψύχει ἡμᾶς. Οἱ δ' ἐκ θαλάττης νότοι καὶ συμφέρουσι τοῖς φυτοῖς· ἐψυγμένοι γὰρ ἀπὸ τῆς θαλάττης ἀφικνοῦνται πρὸς αὐτά. Αἱ δ' ἐρυσίβαι γίνονται ὑπὸ ὑγρότητος καὶ θέρμης ἀλλοτρίας.

24. Διὰ τί ἐν τοῖς νότοις βαρύτερον ἔχουσι καὶ ἀδυνατώτερον οἱ ἄνθρωποι; Ἢ ὅτι ἐξ ὀλίγου πολὺ ὑγρὸν γίνεται, διατηκόμενον διὰ τὴν ἀλέαν, καὶ ἐκ πνεύματος κούφου

[862a] 4 ἐκ γῆς ἀτμὸς: ἀπὸ τῆς ἀτμῆς P^{c} || ἀτμὸς post ἀνίῃ Ap. X^{a} om. C^{a} || ἀνίει C^{a} || 5 λιμῶδες C^{a} || 7 οὖν om. C^{a} || ὑλώδει P^{c} || 9 νοσώδει C^{a} || 10 γίνεται Ap.^{a} || φορὰ: φθορὰ P^{c} || 11 εὐθενεῖ Y^{a}: εὐσθενεῖ cett. codd. || 12 δὴ φύσει: διὰ φύσιν P^{c} || φύσει: φύσις X^{a} || 13 σημαίνειν Y^{a} Ap. X^{a} || 20 ἀμφοτέρων $Y^{a}P^{c}$ || 24 ἐψυγμένος Y^{a} Ap. || ἐφικνεῖται $Y^{a}C^{a}$.

d'un souffle léger, une humidité pesante? De plus, notre force réside dans les articulations et celles-ci sont relâchées par les vents du sud. Les craquements des parties accolées le montrent. En effet, le visqueux qui se trouve dans les articulations, une fois figé, nous empêche de nous mouvoir, mais quand il est trop liquide il gêne l'extension.

25. Pourquoi est-on plutôt malade en été et les malades meurent-ils plus en hiver? Est-ce parce que en hiver, comme la chaleur s'accumule à l'intérieur des corps par suite de leur densité, et comme nous souffrons davantage si nous ne pouvons pas opérer de coction, alors que les excrétions se concentrent en nous, le principe de la maladie a nécessairement de la force, et parce que dans ces conditions il est naturel qu'elle soit fatale? En été au contraire, comme tout le corps est poreux et refroidi, et qu'il supporte mal les efforts, les principes des maladies sont nécessairement plus nombreux du fait des fatigues et de la crudité de ce que l'on absorbe (c'est, en effet, l'époque des fruits nouveaux), mais ils n'ont pas une force comparable. C'est pourquoi on peut y porter remède[66].

26. Pourquoi est-ce surtout dans les cent jours qui suivent les solstices que l'on meurt? Est-ce parce que chaque excès se fait sentir jusque là, celui de la chaleur et celui du froid? Or l'excès apporte aux organismes affaiblis maladies et corruptions.

27. Pourquoi le printemps et la fin de l'automne[67] sont-ils des époques de maladies? Est-ce parce que les changements sont propices aux maladies? Mais l'automne finissant est plus malsain que le printemps, parce que nous souffrons davantage du chaud qui se refroidit que du froid qui se réchauffe. Or au printemps le froid s'échauffe et à l'automne le chaud se refroidit.

28. Pourquoi les affections sont-elles en plus petit nombre en hiver qu'en été, mais causent-elles plus de morts? Est-ce parce qu'en été les indispositions sont dues à des causes minimes, ce qui n'est pas le cas en hiver? Car nous opérons alors une meilleure coction et nous nous portons mieux;

ὑγρὸν βαρύ; Ἔτι δ' ἡ δύναμις ἡμῶν ἐν τοῖς ἄρθροις ἐστί, ταῦτα δὲ ἀνίεται ὑπὸ τῶν νοτίων. Δηλοῦσι δ' οἱ ψόφοι τῶν κεκολλημένων. Τὸ γὰρ γλίσχρον ἐν τοῖς ἄρθροις πεπηγὸς μὲν κινεῖσθαι κωλύει ἡμᾶς, ὑγρὸν δὲ λίαν ὂν συντείνεσθαι.

25. Διὰ τί ἀρρωστοῦσι μὲν μᾶλλον τοῦ θέρους; ἀποθνήσκουσι δὲ μᾶλλον οἱ ἀρρωστοῦντες τοῦ χειμῶνος; Ἦ ὅτι τοῦ χειμῶνος διὰ τὴν πυκνότητα ἐντὸς τῶν σωμάτων συνεσταλμένου τοῦ θερμοῦ, καὶ πονοῦντες μᾶλλον, εἰ μὴ πέττοιμεν, τῶν ἐν ἡμῖν συνισταμένων περιττωμάτων, ἰσχυρὰν ἀνάγκη τὴν ἀρχὴν [862b] εἶναι τῆς νόσου, τοιαύτην δ' οὖσαν φθαρτικὴν εἰκός ἐστιν αὐτὴν εἶναι; Ἐν δὲ τῷ θέρει, μανοῦ καὶ κατεψυγμένου παντὸς τοῦ σώματος καὶ ἐκλελυμένου πρὸς τοὺς πόνους ὄντος, ἀρχὰς νόσων ἀνάγκη πλείους μὲν γίνεσθαι διά τε κόπους καὶ ἀπεψίαν τῶν εἰσφερομένων (καὶ γὰρ οἱ νέοι καρποὶ τότε εἰσίν), ἀλλ' οὐχ οὕτως ἰσχυράς. Διὸ εὐβοήθητοι.

26. Διὰ τί μετὰ τὰς τροπὰς ἀμφοτέρας μέχρι ἑκατὸν ἡμερῶν ἀποθνήσκουσι μάλιστα; Ἦ ὅτι ἄχρι τοσούτου ἑκατέρα ἡ ὑπερβολὴ διέχει, ἥ τε τοῦ θερμοῦ καὶ τοῦ ψυχροῦ; Ἡ δ' ὑπερβολὴ τοῖς ἀσθενέσι ποιεῖ τὰς νόσους καὶ τὰς φθοράς.

27. Διὰ τί τὸ ἔαρ καὶ τὸ φθινόπωρον νοσώδη; Ἦ ὅτι αἱ μεταβολαὶ νοσώδεις; Τὸ δὲ μετόπωρον τοῦ ἔαρος νοσωδέστερον, ὅτι μᾶλλον τοῦ θερμοῦ ψυχομένου ἢ τοῦ ψυχροῦ θερμαινομένου νοσοῦμεν. Ἐν μὲν οὖν τῷ ἔαρι τὸ ψυχρὸν θερμαίνεται, ἐν δὲ τῷ μετοπώρῳ τὸ θερμὸν ψύχεται.

28. Διὰ τί ἐν τῷ χειμῶνι ἐλάττω μὲν τὰ ἀρρωστήματα ἢ ἐν τῷ θέρει, θανάσιμα δὲ μᾶλλον; Ἦ ὅτι ἐν μὲν τῷ θέρει ἀπὸ μικρᾶς προφάσεως τὰ ἀρρωστήματα, ἐν δὲ τῷ χειμῶνι οὔ; Πεπτικώτεροι γὰρ καὶ ὑγιεινότεροι ἡμῶν αὐτῶν,

30 δὲ om. C^a || 33 κωλύει κινεῖσθαι Ap. X^a || ἡμᾶς om. Ap.^{a1} || 34 μὲν om. C^a || 35 ἢ add. Sylb. om. codd. || ὅτι in marg. X^a: om. cett. codd. || ὅτι τοῦ χειμῶνος om. Ap. || ante τῶν add. διὰ Forster.

[862b] 4 τε om. Ap.^{b} || 8 ὅτι om. Y^a Ap. X^a || ἡ om. C^a || 11 ἢ add. Sylb. om. codd. || 14 ἔαρι: ἀέρι Y^{a1} || 16 post ἐν add. μὲν Ap. X^a || 18 τὰ om. Ap. X^a || 19 καὶ om. $Y^{a1}C^a$.

aussi est-il naturel que les affections dues à une cause plus importante soient plus graves et moins curables. Nous assistons au même phénomène avec les athlètes et d'une façon générale avec les gens de santé florissante: ou ils n'attrapent pas de maladies, ou ils sont vite emportés. Car il faut une cause importante pour les rendre malades.

29. Pourquoi à la fin de l'automne et en hiver les fièvres ardentes[68] se produisent-elles surtout dans les périodes froides, et pourquoi en été est-on secoué de frisson en pleine chaleur[69]? Est-ce parce que chez l'homme la bile est chaude et le phlegme froid[70]? Donc en été le froid se disperse et une fois diffusé il occasionne des frissons et des tremblements, tandis qu'en hiver le chaud est dominé par la saison et se trouve refroidi. Quant aux fièvres ardentes, elles sont plus pernicieuses en hiver et à la fin de l'automne parce que, en raison du froid, le chaud se concentre à l'intérieur et que la fièvre ardente vient de l'intérieur et ne siège pas en surface. Il est donc naturel que les fièvres ardentes surviennent en cette saison. On pourrait s'en convaincre plus précisément en observant les gens qui prennent des bains froids en hiver et ceux qui se lavent à l'eau chaude en cette saison: ceux qui se lavent à l'eau froide frissonnent quelques instants pendant qu'ils se lavent, mais ne souffrent pas du froid le reste de la journée, tandis que ceux qui ont utilisé de l'eau chaude continuent d'avoir aussi froid. Car chez ceux qui se lavent à l'eau froide, la chair se resserre et la chaleur se concentre à l'intérieur, alors que chez ceux qui se lavent à l'eau chaude, la chair se dilate et la chaleur se répand jusqu'à la partie externe.

68. Voir, plus haut, problème 20, 861b34.

69. Même sens de καῦμα dans les *Météorologiques*, I, 4, 342a10.

70. Sur le sens de φλέγμα voir, entre autres textes, les *Parties des Animaux*, II, 7, 653a2.

ὥστε εἰκότως τὰ ἀπὸ μείζονος προφάσεως γινόμενα μείζω καὶ ἀναιρετικώτερα. Ταὐτὸ δὲ τοῦτο καὶ ἐπὶ τῶν ἀθλητῶν καὶ ὅλως ἐπὶ τῶν ὑγιεινῶς διακειμένων ὁρῶμεν· ἢ γὰρ οὐ λαμβάνονται νόσῳ, ἢ ταχὺ συναπίασιν· μεγάλης γὰρ αἰτίας δέονται.

29. Διὰ τί τοῦ μὲν φθινοπώρου καὶ τοῦ χειμῶνος οἱ καῦσοι μᾶλλον γίνονται ἐν ταῖς ψυχραῖς ὥραις, τοῦ δὲ θέρους τὰ ῥίγη ἐνοχλεῖ καυμάτων ὄντων; Ἢ ὅτι τῶν κατὰ τὸν ἄνθρωπον ἡ χολὴ μέν ἐστι θερμόν, τὸ δὲ φλέγμα ψυχρόν; Ἐν μὲν οὖν τῷ θέρει τὸ ψυχρὸν ἀναλύεται, καὶ διαχυθὲν ῥίγη καὶ τρόμους παρασκευάζει· ἐν δὲ τῷ χειμῶνι τὸ θερμὸν ὑπὸ τῆς ὥρας κρατεῖται κατεψυγμένον. Οἱ δὲ καῦσοι μᾶλλον ἐνοχλοῦσι τοῦ χειμῶνος καὶ τοῦ φθινοπώρου, ὅτι διὰ τὸ ψῦχος τὸ θερμὸν εἴσω συστέλλεται, ὁ δὲ καῦσος ἔσωθέν ἐστι καὶ οὐκ ἐπιπολῆς· εἰκότως οὖν οἱ καῦσοι ταύτην τὴν ὥραν γίνονται. Καταμάθοι δ' ἄν τις τοῦτο ἀκριβέστετον ἐπὶ τῶν ψυχρολουτρούντων τοῦ χειμῶνος καὶ τῶν τοῦ χειμῶνος λουομένων τῷ θερμῷ, ὅτι οἱ μὲν τῷ ψυχρῷ λουόμενοι, ἀπορριγώσαντες ὀλίγον χρόνον ἕως λούονται, τὴν λοιπὴν ἡμέραν
[863a] οὐδὲν πάσχουσιν ὑπὸ τοῦ ψυχροῦ, οἱ δὲ τῷ θερμῷ ὕδατι χρησάμενοι δυσριγοτέρως διάγουσι. Τῶν μὲν γὰρ τῷ ψυχρῷ λουομένων πυκνοῦται ἡ σὰρξ καὶ συστέλλεται εἴσω τὸ θερμόν, τῶν δὲ θερμολουτρούντων ἡ σὰρξ ἀραιοῦται καὶ τὸ θερμὸν ἕως τοῦ ἔξω τόπου περισπᾶται.

25 μὲν om. Y^{a1} sup. lin. Y^{a2} || καῦστοι C^{a} || 26 post γίνονται addend. cens. τουτέστιν Ruelle || θέρους δὲ $C^{a}P^{c}$ || 27 τῶν om. C^{a} || 29 τὸ om. Ap.^{a1} || 34 ante ἐστι add. μὲν C^{a} || ἐπιπολλῆς Ap.^{b} || 35 τοῦτο δ' ἄν τις Ap. X^{a} || 36 ψυχολουτρούντων C^{a} || 38 λούωνται Ap. $C^{a}X^{a}$.

[863a] 2 δυσριγωτέρως Ap. || διάγωσι C^{a} || 4 ἀρεοῦται C^{a} || 5 θερμὸν om. C^{a} || post περισπᾶται add. ὅσα βοηθηματικὰ πρὸς ἴασιν $Y^{a}C^{a}$ Ap. ὅσα βοηθήματα πρὸς ἴασιν $X^{a}K^{a}$ ὅσα βοηθηματικὰ προϐλήματα πρὸς ἴασιν QO^{a}.

30. Quelle est[71] la vertu du cataplasme? Est-elle due à sa tendance à s'épandre et à son pouvoir de provoquer sueur et exhalaison?

31. Qu'est-ce[72] qui indique qu'il y a du pus? Est-ce ceci: s'il y a changement quand on verse l'eau chaude, c'est qu'il y a du pus, sinon, c'est qu'il n'y en a pas?

32. Dans quel cas faut-il brûler, dans quel cas faut-il couper? Est-ce quand la plaie est large et ne se referme pas vite, qu'il faut brûler pour que la croûte qui se forme là puisse tomber[73]? Car de cette façon, il n'y aura pas de suppuration interne[74].

33. Quelle est la vertu d'un hémostatique? Est-ce de dessécher la plaie et d'arrêter la sécrétion qui s'ensuit sans provoquer d'escarre ni de pourrissement de la chair? Car un tel remède peut arrêter la formation de phlegme[75] et favoriser la cicatrisation. En effet, comme il n'y a pas d'écoulement, il n'y aura pas de formation de phlegme, et la plaie étant sèche se refermera[76]. Au contraire, tant qu'il y aura écoulement de liquide, elle ne se refermera pas. Voilà donc pourquoi la plupart de ces remèdes sont âcres: c'est qu'ils sont astringents.

34. Dans quel cas faut-il couper, dans quel cas brûler? Dans quel cas ne le faut-il pas, mais faut-il employer des médicaments? Les affections des aisselles et de l'aîne ne sont-elles pas à traiter par un médicament? Car les incisions peuvent y avoir des conséquences, les unes douloureuses, les autres dangereuses. On brûle les excroissances qui sont larges et présentent une protubérance importante, et celles qui se produisent dans les parties veineuses et non charnues. On coupe celles qui se terminent en pointe et qui ne sont pas dans des parties dures.

35. Pourquoi[77] une blessure faite avec du bronze se guérit-elle plus facilement qu'une blessure faite par du fer? Est-ce parce que le bronze est plus lisse, si bien qu'il déchire moins et que le coup est moins grave? Est-ce que si le fer reçoit un tranchant plus affilé, la coupure est plus facile à guérir et moins douloureuse? Cependant le bronze a des

30. Τίς καταπλάσματος ἀρετή; Ἢ διὰ τὸ χυτικὸν εἶναι κἂν ἱδρῶτα ποιοῖ καὶ ἀποπνοήν;

31. Τῷ δῆλον ὅταν ἔμπυον; Ἢ ἐὰν καταχεομένου τοῦ θερμοῦ ἀλλαγῇ, ἔμπυον, εἰ δὲ μή, οὔ;

32. Ποῖα δεῖ καίειν ἢ ποῖα δεῖ τέμνειν; Ἢ ὅσα μὲν ἔχει στόμα μέγα καὶ οὐ ταχὺ συμφύεται, ταῦτα καίειν δεῖ, ὅπως ἡ ἐσχάρα ἐκεῖ πέσῃ; Οὕτω γὰρ οὐκ ἔσται ὕπουλα.

33. Τίς ἐναίμου ἀρετή; Ἢ τὸ ξηραντικὸν εἶναι καὶ τῆς ἐπιούσης περιττώσεως σταλτικὸν ἄνευ ἐσχαρώσεως καὶ σήψεως τῆς σαρκός; Οὕτω γὰρ ἂν ἀφλέγμαντον εἴη καὶ συμφυτικόν. Μὴ ἐπιρρέοντος μὲν γὰρ ἀφλέγμαντον ἔσται ξηρὸν δ' ὂν συμφύσεται· ἕως δ' ἂν ὑγρορροῇ, οὐ συμφύσεται. Διὰ τοῦτο οὖν δριμέα τὰ πλεῖστα, ὥστε ἀποστύφειν.

34. Ποῖα τέμνειν δεῖ καὶ ποῖα καίειν, καὶ ποῖα οὔ, ἀλλὰ φαρμάκοις; Ἢ τὰ μὲν ἐπὶ ταῖς μασχάλαις καὶ βουβῶσι φαρμάκῳ; Μετὰ γὰρ διαίρεσιν τὰ μὲν ἐπίπονα, τὰ δὲ ἐπικίνδυνα. Καίειν δὲ τὰ πλατέα τῶν φυμάτων καὶ πολὺ πρόβλημα ἔχοντα, καὶ ἐν φλεβώδεσι καὶ μὴ εὐσάρκοις. Τέμνειν δε τὰ εἰς ὀξὺ συνηγμένα καὶ τὰ μὴ ἐν στερεοῖς.

35. Διὰ τί, ἐὰν χαλκῷ τις τμηθῇ, ῥᾷον ὑγιάζεται ἢ σιδήρῳ; Πότερον ὅτι λειότερον, ὥσθ' ἧττον σπαράττει καὶ ποιεῖ πληγήν; Ἢ εἴπερ ἀκμὴν μᾶλλον ὁ σίδηρος λαμβάνει, ῥάων καὶ ἀπαθεστέρα ἡ διαίρεσις; Ἀλλὰ μὴν φαρμακῶδες

6 διὰ τὸ χυτικὸν: τὸ διαχυτικὸν scrips. Sylb. *quod dissolutivum est* antiq. vers. || 7 κἂν ἱδρῶτα ποιοῖ edd.: καὶ ἀνιδρωτὶ ποιῇ Y^{a} καὶ ἀνιδρωτὶ ποιεῖ Ap. X^{a} καὶ ἂν ἱδρωτοποιῇ C^{a} καὶ ἱδρῶτα ποιεῖ Ap.^{a2} || ἀναπνοήν P^{c} || 8 τῷ: τὸ C^{a} || 9 ἔμπυον om. C^{a} || 15 ἀφλέγματον X^{a} || ante εἴη add. ἂν Ap. X^{a} || 16 ἀφλεγμάντος Ap.^{b} ἀφλέγματον $C^{a}X^{a}$ || 17 ἕως — συμφύσεται om. Ap. X^{a1} || ὑγροροῇ Y^{a} || συμφύεται C^{a} || 18 πλεῖστα: πάντα Ap. || 19 ἀλλὰ θεραπεύειν φαρμάκοις in marg. X^{a} || 23 πρόϐλημα (sic) Y^{a1} προϐλήματα $X^{a}P^{c}$ || καὶ φλεϐώδη καὶ μὴ εὐσάρκους Ap.

vertus médicamenteuses, et agir dès le début est important. Donc le remède est appliqué en même temps que se produit la coupure, ce qui fait que la cicatrisation est plus rapide.

36. Pourquoi les brûlures faites avec du bronze se guérissent-elles plus vite? Est-ce parce que le bronze est moins dense et moins consistant? Or la chaleur est plus forte dans les corps plus durs.

37. Est-ce la décoction d'orge qui est la plus légère et la plus efficace contre les maladies ou est-ce la décoction de blé? Certains estiment que c'est cette dernière et font valoir que les gens qui manipulent les farines de blé ont de plus belles couleurs que ceux qui travaillent les farines d'orge[78]. Ils disent ensuite que l'orge est plus humide et que ce qui est plus humide exige une coction plus longue. N'est-ce pas plutôt que rien n'empêche que certains aliments soient plus difficiles à digérer et certains autres plus utiles en raison de leur légèreté? Car l'orge est non seulement plus humide que le blé, elle est également plus froide. Or il faut que la potion et la nourriture servie au malade fiévreux soient telles qu'elles lui fournissent une alimentation légère et qu'elles le refroidissent. C'est ce que fait la décoction d'orge; car du fait qu'elle est plus liquide que consistante, elle apporte peu de nourriture et elle refroidit.

38. Pourquoi[79] le pourpier et le sel calment-ils l'agacement des dents[80]? Est-ce parce que le premier a une certaine humidité? On s'en rend compte quand on le mâche et qu'on le triture pendant un certain temps. Car l'humidité est exclue. Et la matière visqueuse qui s'y trouve mêlée entraîne l'acidité. C'est, en effet, l'acidité qui constitue le point commun: car le jus de la plante possède une certaine acidité. Quant au sel, en fondant, il entraîne aussi l'acidité. Pourquoi alors la cendre et le nitre n'ont-ils pas le même effet? Est-ce parce qu'ils sont astringents et ne font pas fondre?

ὁ χαλκός, ἡ δ' ἀρχὴ ἰσχυρόν. Τὸ οὖν εὐθὺς ἅμα τῇ τομῇ θᾶττον τὸ φάρμακον ποιεῖ τὴν σύμφυσιν.

36. Διὰ τί δὲ καὶ τὰ διὰ χαλκοῦ καύματα θᾶττον ὑγιάζεται; Ἢ ὅτι μανότερον καὶ ἧττον σωματικόν; Ἐν δὲ τοῖς στερεωτέροις πλείων ἡ θερμότης.

37. Πότερον ἡ πτισάνη κουφοτέρα ἡ κριθίνη καὶ βελτίων πρὸς τὰ ἀρρωστήματα ἢ ἡ πυρίνη; Δοκεῖ γάρ τισιν αὕτη [863b] σημεῖον ποιουμένοις τοὺς μεταχειριζομένους, ὅτι πολὺ εὐχρούστεροι οἱ περὶ τὴν τῶν ἀλεύρων ἐργασίαν ἢ τὴν τῶν ἀλφίτων. Εἶθ' ὅτι ὑγροτέρα ἡ κριθή, τὸ δὲ ὑγρότερον πλέονος πέψεως. Ἢ οὐθὲν κωλύει ἔνια ἔχειν δυσπεπτότερα καὶ ἔνια πρὸς κουφότητα χρησιμώτερα; Οὐ γὰρ μόνον ὑγροτέρα ἐστὶν ἡ κριθὴ τοῦ πυροῦ, ἀλλὰ καὶ ψυχροτέρα. Δεῖ δὲ τὸ ῥόφημα καὶ τὸ προσφερόμενον τοιοῦτον εἶναι τῷ πυρέττοντι, ὃ τροφήν τε βραχεῖαν ποιήσει καὶ καταψύξει, ἡ δὲ πτισάνη τοῦτο ἔχει ἡ κριθίνη· διὰ γὰρ τὸ ὑγρότερον ἢ σωματωδέστερον εἶναι ὀλίγον δίδωσι, καὶ τοῦτο ψυκτικόν.

38. Διὰ τί τὴν αἱμωδίαν παύει ἡ ἀνδράχνη καὶ ἅλες; Ἢ ὅτι ἡ μὲν ὑγρότητά τινα ἔχει; Φανερὰ δ' αὕτη μασωμένοις τε, καὶ ἐὰν συνθλασθῇ χρόνον τινά· ἕλκεται γὰρ ἡ ὑγρότης. Τὸ δὴ γλίσχρον εἰσδυόμενον ἐξάγει τὸ ὀξύ. Καὶ γὰρ ὅτι συγγενής, ἡ ὀξύτης σημαίνει· ἔχει γάρ τινα ὀξύτητα ὁ χυμός. Ὁ δ' ἅλς συντήκων ἐξάγει καὶ τὴν ὀξύτητα. Διὰ τί οὖν ἡ κονία καὶ τὸ νίτρον οὔ; Ἢ ὅτι στύφει καὶ οὐ τήκει;

29 ἀρχή: ἀκμὴ P^c et Sylb. || ἰσχυρόν Y^a: ἰσχυρά cett. codd. || ante οὖν add. μὲν Ap. X^a || 30 σύμφυσιν: φύσιν Ap. X^a || 31 διὰ χαλκοῦ in marg. u: χαλκῷ X^a κατὰ Y^{a1} κάτω Y^{a2} et cett. codd. || 34 πρισσάνη C^a || βελτίω Y^a.

[863b] 1 πολὺ: πολλοὶ Ap. C^a || 2 τὴν^2 om. C^a || 3 ὑγροτέρα: ὑγρότερον Y^a Ap. X^a || πλέονος Bekker: πλέον οὗ Y^a πλέον οὐ cett. codd. πλέονας in marg. X^a || post πλέονος add. δεῖται Sylb. ex Gaza οὔσῃς Ruelle || 4 κωλύειν Ψ^a || 5 μόνον γὰρ C^a || 8 πισσάνη C^a || 12 μασσώμενοι Y^{a1} μασώμενοι Y^{a2} || 13 συνθλασθῇ in marg. u: συντεθῇ cett. codd. || 14 δὴ: δε Ap. || 15 ὀξύτης τὴν αἱμασίαν σημαίνει in marg. C^a || τινα om. Ap. X^a post ὀξύτητα C^a || 16 χυμός: θυμός P^c || 17 λίτρον Y^a || στύφει: ψύχει C^a.

39. Pourquoi[81] faut-il combattre les courbatures par un bain en été et l'hiver par des onctions? Est-ce que, dans le second cas, l'onction se justifie par les frissons et les changements qu'elle amène? Car il faut dissiper ces douleurs par de la chaleur qui assure une protection contre le froid[82]. Or l'huile est chaude. En été au contraire on a besoin d'humidité. Car cette saison est sèche et les frissons ne sont pas à redouter puisque tout tourne en grosse chaleur. En été on mange peu et l'on boit à pleines coupes. Manger peu est toujours indiqué. Mais on boit davantage en cette saison. On boit généralement en été à cause de la sécheresse, et si la frugalité est de toutes les saisons, elle se pratique surtout en été. Car cette saison favorise l'échauffement par les aliments solides.

40. Pourquoi[83], parmi les remèdes, certains relâchent-ils le ventre et non la vessie, tandis que les autres relâchent la vessie et non le ventre? Est-ce que toutes les substances humides par nature et imbibées d'eau, si elles sont médicamenteuses, relâchent la vessie? C'est là, en effet, que se dépose la partie non digérée des liquides. Car la vessie est le réceptacle du liquide qui n'a pas été digéré dans l'estomac[84]. Ce liquide ne demeure pas dans la vessie, mais s'évacue avant d'avoir fait ou subi quoi que ce soit. Au contraire toutes les substances terreuses par nature, qui sont employées comme médicaments, relâchent le ventre. C'est là, en effet, que se rendent les substances terreuses. En conséquence, si la substance utilisée a la faculté de déclencher un mouvement, elle apporte une perturbation.

41. Pourquoi certaines substances mettent-elles en mouvement le haut du ventre[85], d'autres le bas, par exemple l'ellébore[86] agit sur le haut, la scammonée sur le bas, alors que d'autres ont les deux effets comme l'élatérion[87] et le jus de thapsie? Est-ce parce que parmi les remèdes qui dérangent le ventre, les uns sont chauds, les autres froids, si bien que les premiers, par leur chaleur, aussitôt qu'ils sont dans le haut du ventre sont entraînés de là vers la région du haut, et c'est de cet endroit qu'ils agissent comme dissolvants

39. Διὰ τί τοὺς μὲν θερινοὺς κόπους λουτρῷ ἰᾶσθαι δεῖ, τοὺς δὲ χειμερινοὺς ἀλείμματι; Ἢ τοὺς μὲν ἀλείμματι διὰ τὰς φρίκας καὶ τὰς γινομένας μεταβολάς; Θέρμῃ γὰρ λύειν δεῖ, ἣ ποιήσει ἀλεάζειν· τὸ δ' ἔλαιον θερμόν. Ἐν δὲ τῷ θέρει καθυγραίνειν· ἡ γὰρ ὥρα ξηρά, καὶ οὐ φοβεραὶ αἱ φρῖκαι διὰ τὴν εἰς ἀλέαν ἔκκλισιν. Ὀλιγοσιτία δὲ καὶ κωθωνισμὸς θέρους, τὸ μὲν ὅλως, τὸ δὲ μᾶλλον, ὁ μὲν πότος θέρους ὅλως διὰ τὴν ξηρότητα, ἡ δ' ὀλιγοσιτία κοινὸν μέν, μᾶλλον δὲ θέρους· ἐκθερμαίνεται γὰρ διὰ τὴν ὥραν ὑπὸ τῶν σιτίων.

40. Διὰ τί τῶν φαρμάκων τὰ μὲν τὴν κοιλίαν λύει, τὴν δὲ κύστιν οὔ, τὰ δὲ τὴν μὲν κύστιν λύει, τήν κοιλίαν δ' οὔ; Ἢ ὅσα μέν ἐστιν ὑγρὰ τὴν φύσιν καὶ ὕδατος μεστά, ταῦτα ἂν ᾖ φαρμακώδη, λύει τὴν κύστιν; Ἐκεῖ γὰρ ὑφίσταται τὰ ἄπεπτα τῶν ὑγρῶν· ὑποδοχὴ γάρ ἐστιν ἡ κύστις τοῦ μὴ πεττομένου ὑγροῦ ἐν τῇ κοιλίᾳ, ὃ οὐ μένει, ἀλλὰ πρὶν ποιῆσαί τι ἢ παθεῖν ὑποχωρεῖ. Ὅσα δ' ἐκ γῆς τὴν φύσιν ἐστίν,
[864a] **ἂν ᾖ φαρμακώδη, ταῦτα δὲ τὴν κοιλίαν λύει· εἰς ταύτην γὰρ ἡ φορὰ τῶν γεωδῶν. Ὥστε ἂν ᾖ κινητικόν, ταράττει.**

41. Διὰ τί δὲ τὰ μὲν τὴν ἄνω κοιλίαν, τὰ δὲ τὴν κάτω κινεῖ, οἷον ἐλλέβορος μὲν τὴν ἄνω, σκαμμωνία δὲ τὴν κάτω, τὰ δ' ἄμφω, οἷον ἐλατήριον καὶ τῆς θαψίας ὁ ὀπός; Ἢ ὅτι τὰ μέν ἐστι θερμά, τὰ δὲ ψυχρὰ τῶν φαρμάκων τῶν τὴν κοιλίαν κινούντων; Ὥστε τὰ μὲν διὰ τὴν θερμότητα εὐθὺς ἐν τῇ ἄνω κοιλίᾳ ὄντα φέρεται ἐξ αὐτῆς πρὸς τὸν ἄνω τόπον, κἀκεῖθεν συντήξαντα μάλιστα μὲν τὰ ἀλλοτριώτατα

20 ἀλείμματι[1]: ἀλείμμασιν Y^{a} Ap. X^{a} || ἀλείμματι[2]: ἀλείμμασι X^{a} || 21 γενομένας Y^{a}C^{a} || 22 λούειν Y^{a} Ap. C^{a} || 24 αἱ om. Ap. X^{a1} || εἰς sup. lin. Y^{a} om. C^{a} in marg. u || ἔκκλησιν Y^{a1} ἔκλησιν C^{a} ἔγκλισιν in marg. u || καὶ om. Ap. X^{a} || 32 ᾖ: εἴη C^{a} || 33 ἄπεπτα: ἄσηπτα Y^{a} Ap. X^{a} et Gaza *imputrida* antiq. vers. || 34 ὃ οὐ edd.: οὐ Y^{a} Ap. X^{a} οὗ C^{a} ὅπερ οὐ in marg. u.

[864a] 1 εἰς — 2 ταράττει om. Ap. C^{a} || κινητόν Ap.^{b} || 4 οἷον: ἢ ὅτι Ap.^{a} || 5 ὀπός: ὀψός C^{a} || 6 θερμὰ τὰ δὲ in marg. u: om cett. codd. || 7 post κινούντων add. τὰ δὲ θερμά P^{c}.

surtout sur les matières les plus étrangères et les moins assimilables, et si le remède est puissant ou si la dose est trop forte pour la nature du patient, il entraîne vers l'estomac ces matières et toute espèce de sécrétion, et sous l'effet de la chaleur le souffle abondant que produit le médicament est cause de trouble et sa pression provoque les vomissements? Au contraire, ceux des remèdes qui sont froids par nature sont entraînés vers le bas par leurs poids avant de subir ou de faire quoi que ce soit, et c'est de là qu'ils partent pour exercer la même action que ceux du haut. Car montant de là par les conduits en entraînant tous les produits d'excrétion et de dissolution qu'ils peuvent maîtriser, ils les font passer par le même chemin. Quant aux médicaments qui participent des deux à la fois, comme ils ont l'une et l'autre puissance, ils produisent les deux effets, comme ceux que, de nos jours, les médecins préparent en mélangeant les deux.

42. Pourquoi[88] les médecines purgent-elles, alors que d'autres substances plus amères, plus astringentes et présentant au plus haut point les autres qualités du même ordre, ne purgent pas? Est-ce parce que les purgatifs n'agissent pas par ces qualités-là, mais parce qu'ils ne sont pas digérés? En effet, tous les produits qui en raison d'un excès de chaleur ou de froid, même si leur volume est réduit, résistent à la digestion, ceux qui sont capables de maîtriser la chaleur animale au lieu d'être dominés par elle, et qui sont admis par les deux parties du ventre et s'y répandent facilement, ces produits-là sont des médecines. Car lorsqu'ils pénètrent et se répandent dans le ventre, ils suivent les conduits qu'emprunte la nourriture[89] pour se rendre dans les vaisseaux, et comme ils ne sont pas digérés mais qu'ils résistent, ils s'évacuent en entraînant ce qui leur fait obstacle: c'est ce qu'on appelle la purgation. Le cuivre, l'argent et les matières de ce genre ne peuvent pas être digérés par la chaleur animale, mais ils ne se répandent pas facilement dans les parties du ventre. Au contraire, l'huile, le miel, le lait et les aliments semblables sont purgatifs, non par leur qualité

καὶ ἥκιστα συμπεφυκότα, ἂν δ' ἰσχυρὸν ᾖ τὸ φάρμακον ἢ πλέον δοθῇ τῆς φύσεως, ἀνάγει εἰς τὴν ἄνω κοιλίαν ταῦτά τε καὶ ἐάν τι περίττωμα ᾖ, καὶ διὰ τὴν θερμότητα ταράττον τὸ πνεῦμα πολὺ γινόμενον ὑπ' αὐτοῦ, προσιστὰν τοὺς ἐμέτους ποιεῖ. Τὰ δὲ ψυχρὰ τὴν φύσιν αὐτῶν διὰ βάρος καὶ πρὶν παθεῖν τι ἢ ποιῆσαι κάτω φέρεται, κἀκεῖθεν ὁρμῶντα τὸ αὐτὸ δρᾷ τοῖς ἄνω· κατὰ γὰρ τοὺς πόρους ἀνιόντα ἐκεῖθεν, καὶ κινήσαντα ὧν ἂν κρατήσῃ περιττωμάτων καὶ συντηγμάτων, λαβόντα τὴν αὐτὴν ἄγει ὁδόν. Ὅσα δ' ἀμφοῖν μετέχει καί ἐστι μικτὰ τῶν φαρμακωδῶν ἐκ θερμοῦ καὶ ψυχροῦ, ταῦτα δὲ δι' ἑκατέραν τὴν δύναμιν ἀπεργάζεται ἄμφω, ὥσπερ καὶ νῦν παρασκευάζουσιν οἱ ἰατροὶ μιγνύντες ἀλλήλοις.

42. Διὰ τί τὰ φάρμακα καθαίρει, ἄλλα δὲ πικρότερα ὄντα καὶ στρυφνότερα καὶ τοῖς ἄλλοις τοῖς τοιούτοις ὑπερβάλλοντα οὐ καθαίρει; Ἢ διότι οὐ διὰ τὰς τοιαύτας δυνάμεις καθαίρει, ἀλλ' ὅτι ἄπεπτά ἐστιν; Ὅσα γὰρ δι' ὑπερβολὴν θερμότητος ἢ ψυχρότητος, μικρὰ ὄντα τοὺς ὄγκους, ἄπεπτά ἐστι καὶ οἷα κρατεῖν ἀλλὰ μὴ κρατεῖσθαι ὑπὸ τῆς τῶν ζῴων θερμότητος, εὐδιάχυτα ὄντα ὑπὸ τῶν δύο κοιλιῶν, ταῦτα φάρμακά ἐστιν. Ὅταν γὰρ εἰς τὴν κοιλίαν εἰσέλθωσι καὶ διαχυθῶσι, φέρονται καθ' οὕσπερ ἡ τροφὴ πόρους εἰς τὰς φλέβας, οὐ πεφθέντα δέ, ἀλλὰ κρατήσαντα, ἐκπίπτει φέροντα τὰ ἐμπόδια αὐτοῖς· καὶ καλεῖται τοῦτο κάθαρσις. Χαλκὸς δὲ καὶ ἄργυρος καὶ τὰ τοιαῦτα ἄπεπτα

11 ἀνάγει in marg. X[a]: κατάγει cett. codd. || 12 τι Bekker: τὸ codd. || ᾖ Y[a]: ἢ cett. codd. om. C[a] || 13 ταράττον τὸ: ταράττεται P[c] || προσιστὰν corr. ex προσιστᾶν Y[a1] || 15 ποιήσει Y[a] ποιήσειν Ap. || 16 δρᾶν P[c] || 17 νικήσαντα Ap.[a] || 21 καὶ νῦν om. C[a] || παρασκευάζουσιν: σκευάζουσιν Y[a] Ap. κατασκευάζουσιν C[a] || 23 τὰ om. P[c] || πικρότερα: πυκνώτερα P[c] || 25 ἢ — 26 καθαίρει om. C[a] || 25 δυνάμεις om. X[a] || 26 ὅσα — 28 ἐστι om. Ap. in marg. X[a] || 28 εἰσι C[a] || 31 διαχθῶσι C[a] || 32 post ἔζας add. φέρεται X[a] || πεμφθέντα C[a] || 33 τὰ om. X[a].

mais par leur quantité. En effet leur grande quantité les fait échapper à la digestion, et ils purgent, s'ils sont purgatifs. Car il y a deux causes à l'absence de digestion, la qualité ou la quantité. C'est pourquoi aucun des produits qu'on vient de citer n'est une médecine. Car aucun non plus ne purge par sa propre vertu. L'aigreur et l'amertune sont caractéristiques des médicaments, ainsi que la mauvaise odeur, et elles font que la médecine est le contraire de l'aliment nourricier. Ce qui subit une coction par la nature s'assimile au corps et on l'appelle une nourriture[90]. Au contraire ce qui n'est pas naturellement fait pour être dominé, ce qui pénètre dans les vaisseaux en y apportant le trouble par un excès de chaleur ou de froideur, voilà ce qu'est la nature d'une médecine.

43. Pourquoi le poivre relâche-t-il la vessie quand il est absorbé en quantité, et relâche-t-il le ventre quand on le prend par petites doses[91], alors que la scammonée à forte dose relâche le ventre et, quand elle est en petite quantité et qu'elle est vieille, relâche la vessie? Est-ce parce que chacun de ces produits agit plus particulièrement sur un organe? Le poivre, en effet, est diurétique, tandis que la scammonée est purgative[92]. Donc le poivre pris en abondance se rend dans la vessie et et ne se répand pas dans le ventre; quand il est en petite quantité, il est dominé, il a un effet dissolvant et devient une médecine pour le ventre. La scammonée, elle, parvenue en abondance à cet endroit est dominée au point de se répandre, et une fois répandue elle devient une purge, pour la raison qui a été donnée plus haut[93]. Quand elle est en petite quantité, elle est absorbée avec la boisson dans les conduits et, avant d'avoir pu apporter le moindre trouble, elle est rapidement emportée vers la vessie, et là, par la vertu qui est la sienne, elle entraîne les résidus de sécrétion et de dissolution qui surnagent. Lorsqu'elle est en grande

90. Cf. le traité hippocratique, *De l'Aliment*.

91. Ces effets du poivre ne sont évoqués nulle part ailleurs dans le corpus aristotélicien.

μέν ἐστιν ὑπὸ τῆς τῶν ζῴων θερμότητος, ἀλλ' οὐκ εὐδιάχυτα ταῖς κοιλίαις. Ἔλαιον δὲ καὶ μέλι καὶ γάλα καὶ τὰ [864b] τοιαῦτα τῆς τροφῆς καθαίρει, ἀλλ' οὐ τῷ ποιῷ ἀλλὰ τῷ ποσῷ· ὅταν γὰρ διὰ πλῆθος ἄπεπτα γένηται, τότε καθαίρει, ἄνπερ καθαίρῃ. Διὰ δύο γὰρ αἰτίας ἄπεπτά ἐστιν, διὰ τὸ ποιὰ αὐτὰ εἶναι ἢ διὰ τὸ ποσά. Διόπερ οὐ φάρμακόν ἐστιν οὐδὲν τῶν εἰρημένων· οὐδὲ γὰρ διὰ δύναμιν καθαίρει. Στρυφνότης δὲ καὶ πικρότης συμβέβηκε τοῖς φαρμάκοις καὶ δυσωδία, τῷ ἐναντίον εἶναι τῇ τροφῇ τὸ φάρμακον. Τὸ μὲν γὰρ πεφθὲν ὑπὸ τῆς φύσεως, τοῦτο προσφύεται τοῖς σώμασι καὶ καλεῖται τροφή· τὸ δὲ μὴ πεφυκὸς κρατεῖσθαι, εἰσιὸν δ' εἰς τὰς φλέβας καὶ δι' ὑπερβολὴν θερμότητος ἢ ψυχρότητος ταράττον, αὕτη δὲ φαρμάκου φύσις ἐστίν.

43. Διὰ τί τὸ μὲν πέπερι πολὺ μὲν ὂν τὴν κύστιν λύει, ὀλίγον δὲ τὴν κοιλίαν, ἡ δὲ σκαμμωνία πολλὴ οὖσα τὴν κοιλίαν λύει, ὀλίγη δὲ καὶ παλαιὰ τὴν κύστιν; Ἢ διότι ἑκάτερον ἑκατέρας ἐστὶ κινητικώτερον; Τὸ μὲν γὰρ πέπερι οὐρητικόν ἐστιν, ἡ δὲ σκαμμωνία καθαρτικόν. Τὸ μὲν οὖν πέπερι πολὺ μὲν ὂν φέρεται εἰς τὴν κύστιν καὶ οὐ διαχεῖται εἰς τὴν κοιλίαν, ὀλίγον δ' ὂν κρατηθὲν διαλύει καὶ γίνεται φάρμακον αὐτῆς. Ἡ δὲ σκαμμωνία πολλὴ μὲν οὖσα εἰς τοῦτο κρατεῖται ὥστε διαχυθῆναι, διαχυθεῖσα δὲ γίνεται φάρμακον διὰ τὴν εἰρημένην ἐν τοῖς ἀνωτέρω αἰτίαν· ὀλίγη δὲ οὖσα μετὰ τοῦ ποτοῦ ἀναπίνεται εἰς τοὺς πόρους, καὶ ταχὺ πρὶν ταράξαι καταφέρεται εἰς τὴν κύστιν, καὶ ἐκεῖ

35 μὲν om. C^a || εὐδιάχυτα: ἐκδιάχωντα P^c || 36 δὲ om. C^a.

[864b] 1 post ἀλλὰ add. οὐ C^a $Ap.^b$ || 2 εὔπεπτα $Ap.^{b1}$ || post τότε add. καὶ Y^a Ap. X^a || 3 ἤνπερ (sic) Ap. || ἄνπερ καὶ καθαίρῃ in marg. X^a || 4 αὐτὰ om. C^a || ἢ: καὶ in marg. u || 5 οὐδὲ: οὐ Y^aC^a || 6 πικρότης: πυκνότης Ap. P^c || 7 τῷ ἐναντίον om. C^a || τῇ om. Y^aC^a || πεμφθὲν C^aP^c || 9 εἰσιόντα Y^aC^a εἰσιόν τε Ruelle || 10 ψυχρότητος ἢ θερμότητος C^a || 15 κινητικώτερον Y^a $Ap.^b$: κινητικώτερα cett. codd. || 16 καθαρτικόν Sylb.: καταρκτικόν P^c κατωρεκτικόν Ap. κατωρετικόν cett. codd. κατωτερικόν Buss. Ruelle ex antiq. vers. *deorsum ferrens* || 18 ἐν τῇ κοιλίᾳ Y^a Ap. X^a || 20 διαχυθὲν Y^aP^c || 22 ἀναπίνεται: ἀναπέμπεται P^c || τοὺς om. Y^a Ap. P^cX^{a1}.

quantité, nous l'avons dit[94], et qu'elle séjourne longtemps, elle produit, par la force qu'elle en tire, une purgation abondante et terreuse.

44. Pourquoi en présence des mêmes inflammations, les uns les soignent-ils par le froid, les autres les font-ils mûrir par la chaleur? En fait les derniers font intervenir une chaleur extérieure, tandis que ceux qui utilisent le froid concentrent la chaleur interne.

45. Pourquoi faut-il renouveler les cataplasmes? Est-ce parce qu'ainsi[95] la sensation est plus forte? Les remèdes auxquels on s'habitue, comme on s'habitue aux aliments, ne sont plus des remèdes mais deviennent une nourriture, et il en va de même pour les cataplasmes.

46. Pourquoi[96] est-il bon pour la santé de réduire son alimentation et d'accroître son activité? Est-ce parce que une abondance d'excrétion est cause de maladie, et que c'est ce qui se produit en cas d'excès de nourriture et de manque d'exercice?

47. Pourquoi[97] les médicaments qui sont amers et qui sentent mauvais sont-ils d'ordinaire des purgatifs? Est-ce parce que toutes les substances malodorantes et amères résistent à la coction? C'est d'ailleurs pourquoi les médicaments sont amers et malodorants. Car ce qui en fait des médecines c'est d'être indigestibles et d'agir par leur amertume. Et si la dose est trop forte, ils sont nuisibles. Toutes les substances qui sont nuisibles, même à petite dose, ne sont pas désignées sous le nom de médicaments, mais de poisons mortels. Celles qui ne purgent pas par leur seul vertu ne sont pas non plus des médicaments. Car beaucoup de produits alimentaires ont le même effet à une certaine dose, comme le lait, l'huile, le moût: tous ces produits sont purgatifs parce qu'ils ne sont pas faciles à digérer, et ils ont une effet laxatif justement[98] chez les sujets qui ont du mal à les digèrer. Car les mêmes aliments sont digérés par les uns et non par les autres. C'est pourquoi les mêmes substances ne sont pas des médicaments pour tout le monde, et certaines gens ont des remèdes qui leur sont propres. D'une

τῇ αὑτῆς δυνάμει ἀπάγει τὰ περιττώματα καὶ τὰ συντήγματα ὅσα ἐξ ἐπιπολῆς ἐστίν. Ἡ δὲ πολλή, ὥσπερ εἴρηται, διὰ τὴν ἰσχὺν πολὺν χρόνον ἐμμείνασα κατάγει πολλὴν κάθαρσιν καὶ γεώδη.

44. Διὰ τί τὰς αὐτὰς φλεγμασίας οἱ μὲν ψύχοντες ὑγιάζουσιν, οἱ δὲ θερμαίνοντες πέττουσιν; Ἀλλ' οἱ μὲν ἀλλοτρίᾳ θερμότητι, οἱ δὲ καταψύχοντες τὴν οἰκείαν συνάγουσιν.

45. Διὰ τί μεταβάλλειν δεῖ τὰ καταπλάσματα; Ἢ ὅτι ὡς μᾶλλον αἰσθάνηται; Τὰ γὰρ συνήθη ὥσπερ ἐπὶ τῶν ἐδεσμάτων οὐκέτι φάρμακα ἀλλὰ τροφὴ γίνεται, οὕτω καὶ ἐπὶ τῶν τοιοῦτων.

46. Διὰ τί ὑγιεινὸν τὸ τῆς τροφῆς μὲν ὑποστέλλεσθαι, [865a] πονεῖν δὲ πλείω; Ἢ ὅτι τοῦ νοσεῖν αἴτιον περιττώματος πλῆθος, τοῦτο δὲ γίνεται, ἡνίκα τροφῆς ὑπερβολὴ ἢ πόνων ἔνδεια;

47. Διὰ τί τὰ φάρμακα καὶ τὰ πικρὰ ὡς ἐπὶ τὸ πολὺ καὶ τὰ δυσώδη καθαίρει; Ἢ ὅτι ἅπαντα τὰ δυσώδη καὶ πικρὰ ἄπεπτά ἐστιν; Διὸ καὶ τὰ φάρμακα πικρὰ καὶ δυσώδη· τῷ γὰρ ἄπεπτα εἶναι καὶ κινητικὰ μετὰ πικρότητος φάρμακά ἐστιν. Καὶ ἐὰν δοθῇ πλείω, διαφθείρει. Ὅσα δέ, κἂν μικρὰ δοθῇ, διαφθαρτικά, ταῦτα οὐ φάρμακα λέγεται εἶναι ἀλλὰ θανατηφόρα. Οὐδ' ὅσα μὴ τῷ ποιῷ καθαίρει, οὐκ ἔστι φάρμακα. Καὶ γὰρ τῆς τροφῆς πολλὰ μὲν ταὐτὸ ποιεῖ, ἐὰν ποσὰ δοθῇ, οἷον γάλα, ἔλαιον, γλεῦκος· ἅπαντα δὲ ταῦτα διὰ τὸ μὴ εἶναι εὔπεπτα καθαίρει, καὶ τούτοις οἷς μὴ εὔπεπτα καθαίρει καὶ τούτους. Ἔστι γὰρ ἄλλα ἄλλοις εὔπεπτα καὶ δύσπεπτα. Διὸ οὐ πᾶσι

24 τὰ² om. C^a || 25 ἐξ om. Y^a Ap. X^a || 29 ἀλλ' om. Gaza || 32-33 ὅτι ὡς: ὅπως coni. Richards ex Gaza qui *ut* scrips. || 35 τῶν τοιούτων: τούτων C^a || 36 ante τὸ add. μὲν C^a || στέλλεσθαι P^c.

[865a] 1 ποιεῖν C^a || 2 ante ἢ add. ᾗ Y^aC^a || 3 τὸ om. Ap. C^a || 4-5 πικρὰ καὶ δυσώδη Ap. X^a || 6 τῷ: τὸ C^a || 7 φάρμακα P^c et Casaubon: φάρμακον codd. || 8 οὐ: οὖν C^a || 11 ποσὰ: πᾶσα C^a|| πολλὰ P^c || 12 ἄπεπτα C^aP^c.

manière générale il faut que le remède non seulement ne puisse pas être digéré, mais encore qu'il ait un rôle moteur, à la façon de l'exercice: celui-ci, qu'il vienne du dehors ou du dedans, par le mouvement qu'il déclenche, expulse ce qui est étranger.

48. Pourquoi[99] les graines et les plantes qui sentent bon sont-elles diurétiques? Est-ce parce qu'elles sont chaudes et digestibles et que les substances de ce genre sont diurétiques? Car la chaleur qui est en elles les rend vite légères et l'odeur n'est pas quelque chose de matériel, puisque même les plantes fortement odorantes, comme l'ail, sont diurétiques, mais ont surtout un pouvoir dissolvant. Or les graines qui sentent bon sont chaudes.

49. Pourquoi, quand on a affaire à des plaies malsaines et mauvaises, faut-il utiliser des remèdes secs, âcres et aigres, et pour les plaies saines et en voie de guérison, des médicaments humides et eux seuls? Est-ce parce qu'il faut retirer quelque chose des plaies malsaines? Ce quelque chose est l'humidité étrangère qui est à éliminer. C'est ce que font les médicaments mordants, âcres et astringents, et le sec plus que l'humide. Au contraire les plaies saines n'ont besoin que de cicatriser.

50. Pourquoi[100] dans les maladies qui viennent du phlegme les abus sexuels sont-ils de mise? Est-ce parce que le sperme est l'émission d'une excrétion et qu'il ressemble par sa nature au phlegme, si bien que le coït, en enlevant une grande quantité de substance analogue au phlegme, a un effet bénéfique? D'autre part est-il[101] préférable de donner à manger en début de maladie ou plus tard? Est-ce, au début, pour éviter que l'inflammation ne tombe sur un malade préalablement affaibli? On doit donc ou bien le laisser maigrir tout de suite, ou bien le nourrir de la façon suivante: il faut commencer à le soutenir par les potages.

99. Ce problème figure également dans la section XX, 16, 924b18 et sq. Il a été repris par l'auteur du problème 12 de la section XII, 907b4 et sq. La relation entre saveurs et propriétés est signalée par Hippocrate, *Régime*, II, 39.

ταὐτὰ φαρμακώδη, ἀλλ' ἐνίοις ἴδια. Ὅλως γὰρ τὸ φάρμακον δεῖ οὐ μόνον μὴ πέττεσθαι ἀλλὰ καὶ κινητικὸν εἶναι, ὥσπερ καὶ τὸ γυμνάσιον ἔξωθεν ἧκον ἢ ἔσωθεν τῇ κινήσει ἐκκρίνει τὰ ἀλλότρια.

48. Διὰ τί τὰ μὲν εὐώδη οὐρητικὰ καὶ σπέρματα καὶ φυτά; Ἢ ὅτι θερμὰ καὶ εὔπεπτα, τὰ δὲ τοιαῦτα οὐρητικά; Ταχὺ γὰρ λεπτύνει ἡ ἐνοῦσα θερμότης, καὶ ἡ ὀσμὴ οὐ σωματώδης, ἐπεὶ καὶ τὰ ὀσμώδη, οἷον σκόροδα, διὰ τὴν θερμότητα οὐρητικά, μᾶλλον μέντοι συντηκτικά· θερμὰ δὲ τὰ εὐώδη σπέρματα.

49. Διὰ τί δεῖ πρὸς μὲν τὰ μὴ καθαρὰ καὶ φαῦλα τῶν ἑλκῶν ξηροῖς καὶ δριμέσι καὶ στρυφνοῖς χρῆσθαι φαρμάκοις, πρὸς δὲ τὰ καθαρὰ καὶ ὑγιαζόμενα ὑγροῖς καὶ μόνοις; Ἢ διότι ἀπὸ μὲν τῶν μὴ καθαρῶν δεῖ ἀφαιρεῖν τι; Τοῦτο δ' ἐστὶν ὑγρότης ἀλλοτρία, ἣν ἀφαιρεῖν δεῖ. Τὰ δηκτικὰ δὲ καὶ δριμέα καὶ στρυφνὰ τοιαῦτα, καὶ τὸ ξηρὸν μᾶλλον τοῦ ὑγροῦ. Τὰ δὲ καθαρὰ συνεπουλώσεως δεῖται μόνον.

50. Διὰ τί συμφέρει πρὸς τὰ ἀπὸ φλέγματος νοσήματα λαγνεία; Ἢ ὅτι τὸ σπέρμα περιττώσεως ἀπόκρισις καὶ φύσει ὅμοιον φλέγματι, ὥστε ἀφαιροῦσα πολὺ φλεγματῶδες ὠφελεῖ ἡ συνουσία; Πότερον δὲ τροφὴν προσφέρειν ἀρχομένῳ βέλτιον ἢ ὕστερον; Ἢ ἀρχομένῳ, ὅπως μὴ προεξησθενηκότι ἡ φλεγμασία ἐπιπίπτῃ; Ἢ οὖν ἀπισχναντέον εὐθύς, ἢ οὕτω προσοιστέον· ἀναλαμβάνειν χρὴ πρῶτον τοῖς ῥοφή-
[865b] μασιν· πρᾳότερα γὰρ καὶ λειότερα καὶ εὐτηκτότερα, καὶ ἐκδέξασθαι τὴν τροφὴν ἐκ τούτου ῥᾴδιόν ἐστιν ἀσθενεῖ σώ-

15 ταυτὰ Ap. ταῦτα X^a || 16 κινητικὰ C^a 19 διουρητικὰ Ap. C^aX^a || 21 σωματώδη Ap. || 26 στρυφναῖς Y^a || 27 μόνοις: μάνοις corr. Monro λείοις coni. Bonitz || 28 διότι: ὅτι C^a || μὲν om. C^a || 33 σπέρμα: ἔγμα Y^aC^a $Ap.^b$ P^c || περιττώσεως: περιττώματος $Y^aC^aP^c$ || ἀπόκρισις om. $Ap.^a$ || 34 ὥστε καὶ ἀφαιροῦσα in marg. X^a || 35 πρότερον Y^{a1} Ap. X^a || δὲ Sylb. ex Gaza: om. Y^aC^a γὰρ cett. codd. || 36 προσεξησθενηκότι C^a || 37 ἐπιπίπτει Y^{a1} Ap. C^a || ἐπισχνατέον C^a || 38 ἀναλαμβάνειν χρὴ: ἀναλαμβάνει P^c.

[865b] 1 εὐτηκτότερα: εὐπεπτώτερα P^c.

Car cet aliment est plus doux, plus coulant, plus facile à dissoudre, et il est plus aisé à un corps affaibli d'en tirer sa nourriture. En effet, il ne faut pas[102] au début que les aliments soient traités dans le ventre: leur dissolution et leur échauffement est une épreuve pénible pour le corps.

51. Pourquoi, pour savoir si sa coction est achevée ou non, faut-il observer les indices que fournit l'urine, en interrompant la miction plutôt qu'en faisant uriner d'une façon continue? Est-ce parce que c'est le signe que l'élaboration est achevée si l'urine est roussâtre? Or cette coloration apparaît surtout quand il y a rétention. Ou est-ce parce que tout liquide reflète mieux les couleurs quand il est en petite quantité que quand il est abondant[103]? Car lorsque le liquide a une large surface, on voit se réfléchir la forme des objets, mais quand il a une surface réduite on aperçoit les couleurs, par exemple sur la rosée, les gouttelettes de pluie et les larmes au bord des cils. Donc une émission continue est plus abondante, mais quand elle s'étale elle prend mieux la couleur, en sorte que, si l'urine est déjà colorée du fait de la coction, elle le paraît encore davantage par la réflexion et par le reflet de miroir dû à la division[104].

52. ... parce qu'il faut pour la santé que la chair ne soit pas serrée mais poreuse[105]. Car de même qu'une cité, un lieu, sont salubres quand ils sont bien aérés (c'est d'ailleurs pourquoi la mer est salubre), de même un corps qui est bien aéré est en meilleure santé. Il faut, en effet, ou bien qu'il n'y ait aucune excrétion, ou bien que l'on s'en débarrasse le plus vite possible, et que le corps soit toujours[106] dans une disposition telle qu'après l'avoir reçue il expulse aussitôt l'excrétion, et qu'il soit en mouvement et non en repos. Car ce qui reste immobile se corrompt[107], comme l'eau qui croupit, et ce qui est corrompu produit des maladies. Au contraire les matières excrétées s'en vont avant d'être corrompues. Donc cette expulsion n'a pas lieu quand la chair est resserrée (car c'est comme si les pores étaient bouchés) mais elle se produit quand elle est poreuse. Et c'est pourquoi il ne faut pas se promener nu au soleil: car la chair se

ματι. Οὐ γὰρ ἐν τῇ κοιλίᾳ δεῖ παθεῖν τὰ σῖτα πρῶτον, διαχυθῆναί τε καὶ θερμανθῆναι, μετὰ πόνου τῷ σώματι ταῦτα πέπονθεν.

51. Διὰ τί δεῖ σκοπεῖν τὰ περὶ τὸ οὖρον σημεῖα, ἀπολαμβάνοντα τὴν οὔρησιν, εἰ ἤδη πέπεπται ἢ μή, μᾶλλον ἢ συνεχῶς οὐροῦντα; Ἢ διότι σημεῖον μὲν τοῦ πεπέφθαι, ἐὰν ᾖ πυρρόν; Τοῦτο δὲ γίνεται μᾶλλον διαλαμβάνουσιν. Ἢ διότι ἔνοπτρον γίνεται ἅπαν μᾶλλον ὑγρὸν χρόας ὀλίγον ἢ πολὺ ὄν; Ἐν μὲν γὰρ τῷ πολλῷ ὑγρῷ τὰ σχήματα ἐνορᾶται, ἐν δὲ τῷ ὀλίγῳ τὰ χρώματα, οἷον καὶ ἐπὶ τῆς δρόσου καὶ τῶν ῥανίδων καὶ ἐπὶ τῶν δακρύων τῶν ἐπὶ ταῖς βλεφαρίσιν. Συνεχῶς μὲν οὖν ἀφιέμενον γίνεται πλεῖον, διασπώμενον δὲ δέχεται μᾶλλον· ὥστε κἂν ᾖ αὐτὸ τοιοῦτον ἤδη διὰ τὴν πέψιν, καὶ φαίνεται μᾶλλον τῆς ἀνακλάσεως γινομένης καὶ ἐνόπτρου ἔνοπτον διὰ τὴν διαίρεσιν.

52. ... ὅτι οὐ δεῖ πυκνοῦν τὴν σάρκα πρὸς ὑγείαν, ἀλλ' ἀραιοῦν· ὥσπερ γὰρ πόλις ὑγιεινὴ καὶ τόπος εὔπνους (διὸ καὶ ἡ θάλασσα ὑγιεινή), οὕτω καὶ σῶμα τὸ εὔπνουν μᾶλλον ὑγιεινόν. Δεῖ γὰρ ἢ μὴ ὑπάρχειν μηθὲν περίττωμα, ἢ τούτου ὡς τάχιστα ἀπαλλάττεσθαι, καὶ ἀεὶ οὕτως ἔχειν τὸ σῶμα ὥστε λαμβάνον εὐθὺς ἐκκρίνειν τὴν περίττωσιν, καὶ εἶναι ἐν κινήσει καὶ μὴ ἠρεμεῖν. Τὸ μὲν γὰρ μένον σήπει, ὥσπερ ὕδωρ τὸ μὴ κινούμενον, σηπόμενον δὲ νοσοποιεῖ· τὸ δὲ ἐκκρινόμενον πρὸ τοῦ διαφθαρῆναι χωρίζεται. Τοῦτο οὖν πυκνουμένης μὲν τῆς σαρκὸς οὐ γίνεται (ὡσπερεὶ γὰρ ἐμφράττονται οἱ πόροι), ἀραιουμένης δὲ συμβαίνει. Διὸ καὶ

3 οὗ coni. Buss. || τῇ om. Ap. X^a || πρῶτα Y^a $Ap.^b$ || 6 σημεῖον Y^a || 7 πέπεσται Ap. || 8 ἢ [1] in marg. u et Gaza: om. C^a καὶ cett. codd. || μὲν om. C^a || 9 πυρόν Y^{a1} Ap. || δὲ om. C^a || 10 ante ἔνοπτρον add. τὸ C^a || ἔνοπτον Y^a || ἅπαν om. Y^{a1} || 13 καὶ ἐπὶ τῶν ῥανίδων C^a || ῥανίδων: *sanguine* Gaza || δακρύων τῶν edd.: δακρυόντων codd. || 15 αὐτὸ Sylb.: αὐτὸ τὸ Y^a Ap. P^c τὸ αὐτὸ X^a τὸ αὐτὸ τὸ C^a || 17 ἔνοπτον om. Y^a $Ap.^b$ || αἵρησιν Ap. || 18 ὅτι: διὰ τί Sylb. ex Gaza *cur* || 23 post εὐθὺς add. ποι X^a || κρίνειν Ap. X^a || 24 σήπει: σήπεται scribend. cens. Buss. coll. V, 34, 844a 33 et XXXVII, 3, 966a 20 *putrefit* antiq. vers.

resserre et devient tout à fait dure[108], tandis que le corps est plus humide. En effet, l'intérieur demeure en l'état, mais la surface se rétracte, comme font les viandes rôties plus que les viandes bouillies[109]. Il ne faut même pas se promener la poitrine nue: car le soleil prélève alors sur les parties les mieux constituées du corps ce qui doit le moins être retiré, alors que c'est plutôt dans les parties internes que cela devrait se produire. En tout cas, comme ces dernières sont éloignées, il n'est pas possible d'en faire sortir de la sueur sinon en s'épuisant, tandis que c'est facile à partir de la surface parce que celle-ci est à portée.

53. Pourquoi donc pour les engelures l'eau froide est-elle bonne et l'eau chaude également[110]. Est-ce parce que les engelures viennent d'un excès d'humidité? Or le froid concentre et durcit l'humide, le chaud le vaporise et fournit une issue à l'air en rendant la chair poreuse.

54. Pourquoi le froid fait-il apparaître et cesser les engelures et le chaud fait-il de même pour les brûlures? Est-ce pour la même raison? Ils les font apparaître parce qu'ils amènent une fusion; ils les font cesser parce qu'ils dessèchent.

55. Dans les fièvres[111], il faut donner à boire souvent et par petites doses. Car la grande quantité s'écoule sans s'arrêter, tandis que la petite, mais répétée souvent, humecte et passe dans les chairs. C'est comme dans la terre: si l'eau arrive en grande quantité elle ruisselle, par petites quantités elle se contente d'imbiber le sol. Même chose dans les fièvres. En effet, si l'on conduit les eaux courantes par petites quantités, le fossé les boit; si au contraire on amène tout d'un coup la même masse d'eau, celle-ci s'en va par où on la dirige. Ensuite, que[112] le fiévreux reste autant que

108. Ici, comme à V, 34, 884a38 et XXXVII, 3, 966a26, la correction de ἀποσαρκοῦται en ἀποστρακοῦται paraît s'imposer si l'on rapproche cette phrase de II, 32, 869b25 où le verbe ὀστρακοῦν est employé à propos du durcissement de l'épiderme.

109. Cf. *Météorologiques*, IV, 2, 380b16 et sq.; 3, 381a23 et sq.

110. Les problèmes 53 et 54 sont à rapprocher des *Epidémies*, V, 57; VII, 76.

οὐ δεῖ ἐν τῷ ἡλίῳ γυμνὸν βαδίζειν· συνίσταται γὰρ ἡ σὰρξ καὶ κομιδῇ ἀποστρακοῦται, καὶ ὑγρότερον τὸ σῶμα γίνεται· τὸ μὲν γὰρ ἐντὸς διαμένει, τὸ δ' ἐπιπολῆς ἀπαλλάττεται, ὥσπερ καὶ τὰ κρέα τὰ ὀπτὰ τῶν ἑφθῶν μᾶλλον. Οὐδὲ τὰ στήθη γυμνὰ ἔχοντα βαδίζειν· ἀπὸ γὰρ τῶν ἄριστα ᾠκοδομημένων τοῦ σώματος ὁ ἥλιος ἀφαιρεῖ ἃ ἥκιστα δεῖται ἀφαιρέσεως, ἀλλὰ μᾶλλον τὰ ἐντός. Ἐκεῖθεν μὲν οὖν διὰ τὸ πόρρω εἶναι, ἐὰν μὴ μετὰ πόνου, οὐκ ἔστιν ἱδρῶτα ἀγαγεῖν, ἀπὸ τούτου δὲ διὰ τὸ πρόχειρον ῥᾴδιον.

53. Διὰ τί ποτε τοῖς χιμέτλοις καὶ τὸ ψυχρὸν ὕδωρ [866a] συμφέρει καὶ τὸ θερμόν; Ἢ ὅτι τὰ χίμετλα δι' ὑπερβολὴν γίνεται ὑγροῦ; Τὸ μὲν οὖν ψυχρὸν συνίστησι καὶ τραχύνει τὸ ὑγρόν, τὸ δὲ θερμὸν ἐκπνευματοῖ καὶ ἔξοδον ποιεῖ τῷ πνεύματι, ἀραιοῦν τὴν σάρκα.

54. Διὰ τί τὸ ψυχρὸν καὶ ποιεῖ καὶ παύει τὰ χίμετλα, καὶ τὸ θερμὸν τὰ πυρίκαυστα; Ἢ διὰ τὸ αὐτό; Ποιεῖ μὲν συντήκοντα, παύει δὲ μᾶλλον ξηραίνοντα.

55. Ἐν τοῖς πυρετοῖς διδόναι δεῖ τὸ ποτὸν πολλάκις καὶ κατ' ὀλίγον. Τὸ μὲν γὰρ πολὺ παραρρεῖ, τὸ δ' ὀλίγον μέν, πολλάκις δέ, διαβρέχει καὶ εἰς τὰς σάρκας χωρεῖ. Οἷα γὰρ τὰ ἐν τῇ γῇ, ἐὰν μὲν κατὰ πολὺ ἔλθῃ τὸ ὕδωρ, παραρρεῖ, ἐὰν δὲ κατ' ὀλίγον, βρέχει μόνον, τὸ αὐτὸ καὶ ἐν τοῖς πυρετοῖς. Τὰ γὰρ ῥέοντα ὕδατα ἐάν τις κατ' ὀλίγον ἄγῃ, ὁ ὀχετὸς ἐκπίνει· ἐὰν δὲ τὸ ἴσον ἀθρόον ἄγῃ, ὅπου ἂν ἄγῃ, χωρεῖ. Ἔπειτα κατακείσθω ἀκίνητος ὡς μάλιστα, ἀκίνητος μέν, ὅτι καὶ τὸ πῦρ φανερῶς, ἐάν τις μὴ κινῇ, καταμαραίνεται. Πρὸς πνεῦμα δὲ μὴ κατακείσθω, διότι ὁ

30 καὶ[1] om. C^a || ἀποστρακοῦται scripsi: ἀποσαρκοῦται codd. *concalescit* Gaza || 31 ἐντὸς ὑγρὸν διαμένει in marg. X^a.

[866a] 2 οὖν om. C^a || 6 πυρίκαυτα Y^a in marg. X^a πυρικαύματα C^a || 7 μᾶλλον om. X^a || 8 ante ἐν *an* hab. Gaza || ante πολλάκις add. μάλιστα P^c || 10 πολλάκις δὲ om. $Y^aC^aP^c$ || 11 τῇ om. P^c || κατὰ ex παρὰ scrips. $Ap.^a$ || 13 ὕδατα om. Ap. || 14 ὁ om. C^a || ἄγει $Ap.^b$ ||15 ἂν Bekker: ἐὰν codd. || ἄγει $Ap.^b$ || ἔπειτα κατακείσθω: ἐπικατακείσθω P^c || 16 ἐγκινῇ in marg. X^a || 17 καταμαραίνεται: καταλαμβάνεται P^c.

possible immobile: il faut qu'il ne bouge pas, parce que le feu le montre bien; si on ne le remue pas, il s'éteint. Qu'il ne reste pas, d'autre part, exposé aux courants d'air, parce que le vent réveille le feu et que le feu qui est attisé de petit devient grand. Il faut l'envelopper pour la raison que, si vous ne donnez pas d'air au feu, il s'éteint. Ne pas lui enlever ses vêtements jusqu'à ce que la moiteur apparaisse. Car l'eau éteint le feu bien visible. En ce domaine c'est comme dans la nature. Contre les fièvres intermittentes, il faut préparer le patient à l'avance en lui donnant des bains et en lui appliquant des fomentations aux pieds; il faut aussi qu'il reste tranquille bien enveloppé, pour être le plus chaud possible, avant que l'accès ne le prenne. En effet, là où le feu est violent une lampe ne pourra pas brûler. Car le grand feu attire à lui le petit[113]. Il faut préparer dans le corps un feu important, pour la raison que la fièvre est un petit feu, de telle sorte que le feu violent attire à lui le petit.

56. Dans les fièvres quartes, il faut non pas faire diminuer la chaleur, mais introduire du feu dans le corps. Il faut aussi faire des exercices. Le jour où l'accès prend, après avoir pris un bain, il ne faut pas chercher le sommeil. Il est bon également de suivre un régime échauffant, pour la raison que la fièvre quarte est faible. Car si elle n'était pas faible, elle ne surviendrait pas au bout de quatre jours. Vous voyez? Là où le feu est fort, une lampe ne peut pas brûler. Car le grand feu attire à lui le petit[114]. Il faut introduire beaucoup de feu dans le corps, du fait que la fièvre ne comporte qu'un petit peu de feu. Le régime journalier consiste à introduire dans le corps d'une part le feu et d'autre part l'humidité.

57. Les maladies[115] viennent les unes du feu, les autres de l'humidité. On soigne les maladies qui viennent du feu par de l'humidité, et celles qui viennent de l'humidité par du feu: car celui-ci dessèche l'humidité.

ἄνεμος τὸ πῦρ ἐξεγείρει καὶ ῥιπτιζόμενον τὸ πῦρ ἐξ ὀλίγου πολὺ γίνεται. Περιστέλλεσθαι δὲ τούτου ἕνεκεν, ὅτι πυρὶ ἐὰν ἀναπνοὴν μὴ διδῷς, σβέννυται. Καὶ τὰ ἱμάτια μὴ ἀπογυμνούσθω, ἕως ἂν νοτὶς ἐγγένηται· τὸ φανερὸν γὰρ πῦρ τὸ ὑγρὸν σβέννυσιν. Κατὰ ταῦτα δὲ καὶ ἐν τῇ φύσει. Ἐπὶ δὲ τῶν διαλειπόντων πυρετῶν προπαρασκευάζειν δεῖ καὶ ἐκλύοντα, καὶ πυριάματα πρὸς τοὺς πόδας παρατιθέντα, καὶ περιεσταλμένον ἀναπαύεσθαι, ὅπως ὅτι θερμότατος ᾖ πρὸ τοῦ τὴν λῆψιν εἶναι. Καὶ γὰρ ὅπου πολὺ πῦρ, λύχνος οὐ δυνήσεται καίεσθαι· τὸ γὰρ πῦρ τὸ πολὺ τὸ ὀλίγον ἄγει πρὸς ἑαυτό. Τούτου ἕνεκα πολὺ πῦρ ἐν τῷ σώματι παρασκευάζειν δεῖ, ὅτι ὀλίγον ὁ πυρετὸς πῦρ ἔχει, ὥστε τὸ πολὺ πῦρ τὸ ὀλίγον πρὸς ἑαυτὸ ἄγει.

56. Τεταρταίοις πυρετοῖς δεῖ μὴ λεπτύνειν, ἀλλὰ πῦρ ἐν τοῖς σώμασιν ἐμποιεῖν εἰσάγοντα. Δεῖ δὲ καὶ τοῖς γυμνασίοις χρῆσθαι. Ἧι δ' ἡμέρᾳ ἡ λῆψις, λουσάμενον ὕπνον μὴ ζητεῖν. Διὰ δὲ τοῦτο καὶ συμφέρει θερμαίνουσα δίαιτα, ὅτι ἀσθενὴς ὁ τεταρταῖος πυρετός· εἰ γὰρ μὴ ἦν ἀσθενής, οὐκ ἂν τεταρταῖος ἐγένετο. Ὁρᾷς; Ὅπου πῦρ πολύ, λύχνος οὐ δύναται καίεσθαι· τὸ γὰρ πολὺ τὸ ὀλίγον πρὸς ἑαυτὸ [866b] ἁρπάζει. τούτου δ' ἕνεκεν πολὺ πῦρ ἐν τῷ σώματι ἐμποιεῖν, ὅτι ὀλίγον ὁ πυρετὸς πῦρ ἔχει. Ἔστι δὲ τὸ καθ' ἡμέραν διαίτημα τὸ μὲν πῦρ τὸ δὲ νοτίδα εἰς τὸ σῶμα εἰσάγοντα.

57. Εἰσὶ δὲ νόσοι αἱ μὲν ἀπὸ πυρός, αἱ δὲ ἀπὸ νοτίδος. Ἰατρεύονται δ' αἱ μὲν ἀπὸ πυρὸς νόσοι νοτίδι, αἱ δ' ἀπὸ νοτίδος πυρί· νοτίδα γὰρ ξηραίνει.

18 ῥιπιζόμενον Ap. P[c] || 19 περιστελλέσθω coni. Bonitz || 20 δίδωσι Y[a] || 23 προκατασκευάζειν P[c] || ἐκλύοντα Ap. X[a]: ἐκλούοντα cett. codd. et Gaza || 24 περιάμματα K[a] || παραθέντα P[c] || 25 θερμότατος Sylb.: θερμότερος codd. || 26 καὶ — 27 καίεσθαι om. C[a] || 27 λύχνος — 30 πῦρ om. Ap. || 28 πρὸς αὐτὸ ἄγει X[a] || 29 ὅτι: διότι C[a] || 30 τὸ[2] om. C[a] || ἑαυτὸ: αὐτὸν P[c] || 31 ante τεταρταίοις add. τοῖς P[c] || 32 ἐμποιεῖν: ποιεῖν C[a]P[c] || 34 δὲ: γὰρ C[a] || συμφέρει: συμβαίνει P[c].

[866b] 1 ἁρπάζει: ἕλκει C[a] || τούτου: τοῦτο X[a] || ἐμποιεῖ Y[a]C[a] || 4 εἰσὶ δὲ — 6 ξηραίνει non vertit Gaza || 5 νοτίδι Ap.[a]: νοτίᾳ cett. codd.

SECTION II

NOTICE

La section II contient quarante-deux problèmes consacrés exclusivement à la sueur. Ces problèmes ne présentent pas tous le même intérêt, car plusieurs ne font que reprendre des questions déjà traitées. Douze d'entre eux reproduisent même textuellement ou avec de légères variantes des développements précédents. C'est le cas des questions 17, 23, 24, 28, 31, 32, 33, 36, 37, 39, 40 et 42. La section II est ainsi l'une de celles où les répétitions sont les plus nombreuses.

C'est également une section où l'absence de plan est particulièrement frappante. On ne peut discerner dans la succession des questions posées aucune progression logique. On n'y trouve même pas une définition claire et précise de la sueur. C'est que l'objet des problèmes n'est pas de donner des définitions, mais de réunir un certain nombre de faits et d'en dégager quelques notions très simples. De ce point de vue la section II ne manque pas d'intérêt. Les problèmes qu'elle renferme permettent de ses faire une idée de ce qu'est la sueur, de son origine, de sa raison d'être et de ses effets.

La sueur a son principe à l'intérieur du corps. C'est un résidu humide et salé dont la formation est nécessaire à la santé. Son élimination, qui est souvent bénéfique pour l'organisme, est due au mouvement du souffle inné et à la chaleur intérieure du corps. Ce résidu se liquifie en se refroidissant au sortir des pores. La sueur affecte surtout le haut du corps et accompagne tout exercice physique. Elle

s'intensifie quand on s'arrête après un effort. Elle s'écoule au dehors grace à la dilatation des pores, et c'est sur le visage et dans le dos qu'elle est la plus abondante. Son apparition est toujours fonction de l'état du corps, ainsi que des conditions extérieures.

Toutes ces indications, dispersées dans les différents problèmes, sont conformes aux doctrines aristotéliciennes. Plusieures d'entre elles figurent dans des traités dont l'authenticité n'est pas douteuse. Ainsi la salure de la sueur est signalée dans les *Météorologiques*[1], où Aristote rappelle au passage la métaphore d'Empédocle qui disait de la mer qu'elle était «la sueur de la terre»[2]. La formation de la sueur est expliquée dans les *Problèmes* à peu près de la même façon que dans les *Parties des Animaux*, où Aristote déclare que les vaisseaux qui sont à l'intérieur des chairs «deviennent de plus en plus petits, jusqu'à ne plus permettre le passage du sang. A travers ces vaisseaux minuscules où le sang ne peut plus circuler, seule s'effectue l'excrétion de l'humeur qu'on appelle la sueur, et cela lorsque le corps est plein de chaleur et que l'orifice de ces petits vaisseaux s'entrouvre plus largement»[3]. De même les remarques sur le processus de la coction ou sur les conditions dans lesquelles survient la putréfaction se retrouvent presque textuellement dans les *Météorologiques*[5] et dans le traité de la *Génération des Animaux*[6].

On pourrait évidemment penser que l'auteur des *Problèmes* avait entre les mains les traités d'Aristote et qu'il y a puisé les renseignements qu'il donne. Mais plusieurs constatations conduisent à écarter cette hypothèse et à attribuer les textes sur la sueur à Aristote. Des considérations de forme d'abord: le vocabulaire courant, l'emploi des particules de

1. Voir II, 1, 353b13; 3, 357b14.
2. *Météor.*, II, 3, 357a25.
3. *Part. des An.*, III, 5, 668b4 et sq.
4. *Problèmes*, II, 33, 870a1 et sq.
5. *Météorologiques*, IV, 1, 379a16-18.
6. *Génération des Animaux*, V, 4, 784b7-8.

liaison, la longueur des phrases, certains détails du style, sont conformes aux habitudes d'Aristote dans ses traités scientifiques. Mais surtout, quand on compare les textes des *Problèmes* aux passages correspondants des traités authentiques, on a l'impression que les premiers ne sont que des ébauches, de simples notes prises au hasard des lectures ou des observations. Ainsi les quelques lignes des *Parties des Animaux*[7] que nous avons citées plus haut, où Aristote explique la formation de la sueur, contrastent très nettement par leur clarté et leur précision, avec les questions de la section II consacrées au même sujet. Il paraît difficile de soutenir que l'auteur de ces questions s'est inspiré des *Parties des Animaux*.

Le même conclusion me paraît s'imposer si l'on rapproche les indications dispersées dans les *Problèmes* sur la salure de la sueur, de celles qui sont présentées dans les traités d'Aristote. Dans les *Météorologiques*[8] celui-ci, qui manifestement a réfléchi longuement à la question, déclare que le problème n'est pas entièrement résolu. Il est tout aussi prudent dans les *Parties des Animaux*[9]. Au contraire le rédacteur du problème 3 de la section II[10] n'hésite pas à proposer une solution. La sueur, dit-il, est salée pour la même raison que l'urine: il s'agit dans l'un et l'autre cas du résidu qui subsiste une fois que la partie douce de la nourriture est passée dans le sang. Cettte explication, probablement empruntée à un ouvrage ancien, ne satisfait pas pleinement l'auteur des traités scientifiques.

On notera enfin un détail qui semble bien prouver l'antériorité de cette section des *Problèmes* par rapport aux ouvrages biologiques d'Aristote. On n'y trouve aucune

7. III, 5, 668b14.

8. II, 3, 357a28-32: «En physiologie, on ne voit pas bien comment d'une boisson douce provient la sueur salée, si ce n'est par la disparition d'un élément, en l'espèce la partie douce, ou par l'adjonction de quelque autre corps, comme dans le cas des eaux filtrées à travers la cendre».

9. III, 5, 668a33-b15.

10. Voir 866b19 et sq.

mention des sueurs de sang dont il est question dans l'*Histoire des Animaux*[11] et surtout dans les *Parties des Animaux*, où Aristote déclare «Il arrive à certaines gens d'avoir des sueurs sanglantes, à cause de leur mauvais état de santé: leur corps devient flasque et mou, leur sang est trop fluide faute de coction, parce que la chaleur des petits vaisseaux est trop faible pour effectuer cette coction»[12]. Si les *Problèmes* étaient postérieurs à ce traité, on s'expliquerait mal qu'ils ne fissent aucune allusion à un fait de cette importance!

La conclusion qui semble s'imposer est que la plupart des problèmes de la section II ont été rédigés avant les traités biologiques. Ils ont sans doute pour base des notes prises dans les ouvrages de médecine et d'histoire naturelle dont disposait Aristote.

Des traces de traités de ce genre apparaissent à plusieurs reprises. Ainsi le problème 21 fait référence[13] aux médecins d'autrefois, sans autre précision. Mais quand un peu plus loin[14] on lit: «La colère est un bouillonnement de chaleur autour du cœur», on pense aussitôt au passage du traité *De l'Ame*[15] où Aristote déclare «le physicien voit dans la colère un bouillonnement du sang dans la région du cœur». La formule employée, sans nom d'auteur, est sans doute une citation d'un naturaliste connu. On peut penser que c'est à l'œuvre de ce «physicien» qu'est empruntée la remarque des *Problèmes*, sans qu'on puisse malheureusement connaître l'identité de ce prédécesseur d'Aristote.

Ailleurs au contraire la source utilisée est manifestement hippocratique. Ainsi les problèmes 34 et 35, où il est question de l'importance des sueurs dans le diagnostic des maladies, ou les dernières lignes de la question 4 sur le

11. III, 19, 521a12-14.
12. *Parties des An.*, III, 5, 668b4-8.
13. 868a33.
14. 869a6.
15. *De l'Ame*, I, 1, 403a31.

mélange des humeurs[16], sont à rapprocher de plusieurs passages de la Collection hippocratique.

Quant à l'image de la clepsydre qui apparait dans le premier problème[17], elle pourrait bien être empruntée à Empédocle dont Aristote, dans son traité *De la respiration*[18] cite un long passage sur l'utilisation de l'instrument que nous appelons aujourd'hui une pipette.

L'examen du vocabulaire de la section II montre, d'autre part, que figurent dans la plupart des ces problèmes de nombreux termes qu'Aristote n'a pas utilisés ailleurs mais qui se rencontrent chez des écrivains qui l'ont précédé et auxquels, par conséquent, il a pu les emprunter. C'est le cas, par exemple, de ἀποφράττειν (868a21, 870a10), ἐξέρυθρος (869a8) ou νοσοποιεῖν (870a1) qui tous les trois sont hippocratiques; φορτηγεῖν (870a36) qu'emploie Hérodote; ἀπομάχεσθαι (870b23) qui est chez Thucydide et Xénophon; τὸ σιμόν (870a30, 36) avec le sens de *montée* qu'on trouve chez Aristophane; περίζλημα (870a27) qui ici comme chez Démocrite[19], désigne un vêtement[20].

Tout ce faisceau de faits incite à penser que cette section, comme la précédente, renferme essentiellement des notes prises par Aristote, à l'époque où, dès les premières années

16. 886b34.

17. 886b12.

18. *De la Respiration*, 7, 473b7.

19. Cité par Athénée, *Banquet des Sophistes*, 525d.

20. Voici la liste alphabétique des autres mots de cette section qu'Aristote n'a pas utilisés dans ses traités: ἁλίζειν (869a17 où ce verbe est synonyme de ἀθροίζειν), ἀπάντλησις (869b38), ἀποστλεγγίζειν (867b4), ἀποχετεύειν (867b13), ἀφιδροῦν (868a37), ἀφίδρωσις (867a8), διαφυλακτικός (867b17), δίομβρος (870b25), δυσδιάλυτος (870b31), δυσεξάγωγος (868a11), ἔμφραξις (870b19), εὐίδρωτος (867b25), εὐσωματώδης (869b14), ἤθισις (870b18), κακώδης (867b10), κατάμιξις (868b4), κατειλεῖν (899a21), ἱδρωτικωτέρως (870b7), ἱδρωτοποιεῖσθαι (870b31), ἱδρωτοποιία (870b38), ὁμοιοσχημονεῖν (866b34), ὀργάζειν (869b27), ὀστρακοῦν (869b25), παλαίειν 867a8), περιοχή (870a10), προμαλάσσειν (869b30), προσοικοδομεῖν (866b17), πυριατήριον (867a30, 869a19, b20, 22), σκαίρειν (868b9), συμπονεῖν (867a1), συνεκπέττειν (868a30), συνεξάγειν (868b7), ὕφυγρος (867b15).

de son séjour à l'Académie, il entreprit des recherches sur l'anatomie et la physiologie.

Il a par la suite utilisé lui-même quelques-unes de ces notes dans ses traités de biologie. Mais c'est surtout Théophraste qui s'en est inspiré[21] pour rédiger son traité *De la Sueur*[22]. Les rapprochements qui s'imposent entre cette œuvre et la section II des *Problèmes* sont si nombreux que la parenté entre ces deux ouvrages est évidente[23]. Certains passages sont même strictement identiques.

Il est impossible de dire avec une certitude absolue lequel des deux auteurs a copié l'autre. Cependant une étude minutieuse des passages parallèles permet de constater que le traité de Théophraste est beaucoup plus soigné que les notes des *Problèmes*: il est en général mieux construit et mieux écrit. Aussi paraît-il probable qu'il est postérieur à la section II et que Théophraste pour le rédiger a utilisé les documents laissés par son maître, tout en y ajoutant des compléments importants[24]. Si un auteur postérieur à Aristote s'était inspiré de l'œuvre de Théophraste, certains développements des *Problèmes* seraient certainement de meilleure qualité.

Nous pensons donc que les problèmes de la section II reproduisent presque tous des notes prises par Aristote lui-même. Certaines présentaient peut-être dès l'origine plusieurs rédactions qui ne différaient guère.

Cependant, lorsque s'est constitué le recueil par matières que nous lisons aujourd'hui, des répétitions ont été encore introduites et quelques textes plus récents ont été ajoutés aux problèmes primitifs. Certaines questions paraissent

21. Nous verrons plus loin qu'à l'inverse plusieurs problèmes de la section V s'inspirent d'une œuvre de Théophraste, *De Lassitudine*.

22. Le chapitre 10 du traité de Théophraste, *De Odoribus* rappelle le problème 13.

23. Nous indiquerons en note, pour chaque problème concerné, le passage correspondant du traité de Théophraste.

24. Les rapports entre les *Problèmes* et certains opuscules de Théophraste ont été signalés dès le XVIe siècle par H. Estienne et F. Sylburg.

même avoir été rédigées à l'époque où les *Problèmes* ont pris leur forme actuelle. C'est probablement le cas pour le paragraphe 37 qui renvoie «au problème précédent», et pour la question 39 qui fait référence à la trente-septième. Ce genre de renvoi n'a de sens que dans un classement par matière. Il semble bien enfin que la question 38, où sont évoqués les effets de la pesanteur, n'ait pu elle aussi être rédigée que tardivement.

SECTION II

LA SUEUR

1. Pourquoi[1] est-ce non pas quand on accélère son souffle ou quand on le retient que la sueur se produit, mais plutôt quand on le laisse aller normalement? Est-ce parce que le souffle, lorsqu'il est retenu, emplit les vaisseaux au point d'empêcher le sueur de sortir, à la façon de l'eau[2] des clepsydres[3] que l'on empêche de se vider[4] une fois pleines? Lorsque la sueur sort, elle est abondante, parce qu'elle s'est accumulée pendant qu'elle était retenue.

2. Pourquoi[5] les parties du corps qui sont dans l'eau chaude ne transpirent-elles pas, même si elles ont chaud? Est-ce parce que l'eau les empêche de fondre? Or la sueur est de l'eau mal intégrée à la chair et qui empêche celle-ci de fondre, quand cette eau se dégage sous l'action de la chaleur.

3. Pourquoi la sueur[6] est-elle salée? Est-ce parce qu'elle se forme à la suite d'un mouvement et d'une augmentation de température dont le résultat est de séparer tout ce qui est étranger dans l'assimilation de la nourriture qui aboutit au sang et aux chairs? Car ce résidu est vite placé à part, parce qu'il n'est pas capable de nourrir, et il s'évapore au dehors. Il est salé parce que la partie la plus douce et la plus légère a été absorbée dans le corps[7], tandis que celle qui lui est la plus étrangère et qui résiste le mieux à la coction s'en va. Cette partie, dans le dépôt du bas-ventre, est appelée urine, et dans la chair, sueur. Les deux sont salées pour la même raison.

4. Pourquoi[8] le haut du corps transpire-t-il plus que le bas? Est-ce le chaud qui est en haut, y monte et y demeure, qui apporte en haut l'humidité? Ou bien est-ce parce que le

B. ΟΣΑ ΠΕΡΙ ΙΔΡΩΤΑ.

[866b] 1. Διὰ τί οὔτε συντείνουσιν οὔτε κατέχουσι τὸ πνεῦμα γίνεται ἱδρώς, ἀλλὰ μᾶλλον ἀνιεῖσιν; Ἢ ὅτι τὸ πνεῦμα κατεχόμενον πληροῖ τὰς φλέβας, ὥστε κωλύει ἐξιέναι, ὥσπερ τὸ ὕδωρ τὸ ἐκ τῶν κλεψυδρῶν, ὅταν πλήρεις οὔσας ἐπιλάβῃ τις; Ὅταν δ' ἐξέλθῃ, πολὺς γίνεται διὰ τὸ ἐν αὐτῇ τῇ ἐπιληψίᾳ ἀθροισθῆναι κατὰ μικρόν.

2. Διὰ τί οὐχ ἱδροῦσι τὰ ἐν θερμῷ ὕδατι μέρη, οὐδ' ἂν θερμὰ ᾖ; Ἢ διότι κωλύει τὸ ὕδωρ τήκεσθαι; Ὁ δ' ἱδρὼς τὸ κακῶς προσῳκοδομημένον ἐστὶν ἐν τῇ σαρκί, ὃ κωλύει τήκεσθαι, ὅταν ἐκκρίνηται διὰ θερμότητα.

3. Διὰ τί ὁ ἱδρὼς ἁλμυρόν; Ἢ διότι γίνεται ὑπὸ κινήσεως καὶ θερμότητος ἀποκρινούσης ὅσον ἀλλότριον ἔνεστιν ἐν τῇ προσφύσει τῆς τροφῆς πρὸς αἷμα καὶ τὰς σάρκας; Τοῦτο γὰρ τάχιστα ἀφίσταται διὰ τὸ μὴ οἰκεῖον εἶναι καὶ ἔξω ἐξικμάζει. Ἁλμυρὸς δ' ἐστὶ διὰ τὸ τὸ γλυκύτατον καὶ κουφότατον εἰς τὸ σῶμα ἀνηλῶσθαι, τὸ δ' ἀλλοτριώτατον καὶ ἀπεπτότατον ἀπολύεσθαι. Τὸ τοιοῦτον δ' ἐν μὲν τῇ κάτω ὑποστάσει οὖρον καλεῖται, ἐν δὲ σαρκὶ ἱδρώς· ἄμφω δ' ἁλμυρὰ διὰ τὴν αὐτὴν αἰτίαν.

4. Διὰ τί τὰ ἄνω ἱδροῦσι μᾶλλον τῶν κάτω; Πότερον τὸ θερμὸν ἄνω καὶ ἀνέρχεται καὶ ἔστιν ἄνω, τοῦτο δ' ἄνω

[866b] 8 Tit. ante ὅσα add. ἀριστοτέλους φυσικὰ προβλήματα κατ' εἶδος συναγωγῆς Y[a] Ap. || ἱδρῶτος P[c] ἱδρώτων Q.

9 οὔτε ... οὔτε Bekker: οὐδὲ ... οὐδὲ codd. || τὸ om. C[a] || 10 ἀνιεῖσιν Bekker: ἀνίησιν C[a] ἀνεῖσιν cett. codd. || τὸ om. C[a] || 13 ἐπιλάβῃ: μεταλάβῃ C[a] || 14 τῇ add. Buss. || 16 τὸ ὕδωρ κωλύει Ap. X[a] || τήκεσθαι — 17 σαρκί bis scrips. Ap.[a] || 17-18 ὃ κωλύει τήκεσθαι Bekker: κωλύει τήκεσθαι X[a] om. cett. codd. et Gaza || 19 ὑπὸ: ἀπὸ P[c] || 23 ἐξικμάζειν Ap. X[a]P[c] ἰκμάζει C[a] || δ': γὰρ Ap. || τὸ[2] Ap.[b]: om. cett. codd.

souffle produit la sueur et que le souffle est dans les parties hautes? Ou parce que la sueur est un liquide qui n'a pas subi de coction, et qu'un tel liquide se trouve dans le haut? Car c'est en haut que s'effectue le mélange des humeurs[9].

5. Pourquoi[10], lorsqu'on fait des exercices avec les bras, la sueur est-elle très abondante, si pour le reste nous gardons les mêmes postures? Est-ce parce que c'est là que nous avons le plus de force? Car l'endroit où nous retenons notre souffle est très proche de celui où s'exerce notre force. Or c'est quand nous faisons des efforts que nous avons le plus de force. Et pour les faire nous retenons davantage notre souffle. Et puis, en nous frottant le bras nous faisons un effort plus grand que lorsque nous frottons une autre partie. Car en étant frottés et en frottant, du fait que nous retenons notre souffle, nous faisons de l'exercice.

6. Pourquoi[11] la sueur de la tête n'a-t-elle pas d'odeur ou en a-t-elle moins que celle du corps? Est-ce parce que la région de la tête est bien aérée? Et sa porosité est prouvée par la pousse des cheveux[12]. Or sentent mauvais les endroits qui ne sont pas aérés, et ce qui s'y trouve.

7. Pourquoi[13] les sportifs transpirent-ils davantage[14] s'ils luttent en prenant des moments de repos que s'ils le font sans interruption? Est-ce parce que la sueur s'accumule pendant les arrêts? Ensuite la reprise de la lutte fait sortir cette sueur. Au contraire l'exercice continu la sèche comme fait le soleil.

8. Pourquoi sue-t-on davantage lorsqu'on est resté longtemps sans transpirer[15]? Est-ce parce que les sueurs sont dues non seulement à l'humidité mais aussi au fait que les pores s'ouvrent davantage et que les corps sont perméables? Donc, quand on n'a pas de sueurs, les pores se ferment, mais quand on en a, ils s'entrouvrent.

9. Pourquoi[16], alors que le soleil chauffe davantage ceux qui sont nus que ceux qui sont habillés, transpire-t-on plus

9. Le mélange qui forme le tempérament (cf. I, 3, 859a16 et la note). Th. Gaza rend κρᾶσις par *habitus corporis*.

10. Cf. Théophraste, *De Sudore*, 34.

φέρει τὸ ὑγρόν; Ἢ ὅτι πνεῦμα ποιεῖ τὸν ἱδρῶτα, τοῦτο δ' ἐν τοῖς ἄνω; Ἢ διότι ἄπεπτον ὑγρὸν ὁ ἱδρώς ἐστι, τοιοῦτο δ' ἐν τοῖς ἄνω; Ἡ γὰρ κρᾶσις ἄνω.

5. Διὰ τί τὰς χεῖρας γυμναζομένοις μάλιστα ἱδρὼς γίνεται, ἐὰν τὰ ἄλλα ὁμοιοσχημονῶμεν; Ἢ διότι ἰσχύομεν μάλιστα τούτῳ τῷ τόπῳ; Τούτῳ γὰρ τὸ πνεῦμα κατέχομεν τῷ ἔγγιστα τοῦ ἰσχύοντος· πονοῦντες δὲ μᾶλλον ἰσχύομεν· οὕτω δ' ἔχοντες τὸ πνεῦμα μᾶλλον κατέχομεν. [867a] Εἶτα καὶ τῇ τριβομένῃ συμπονοῦμεν μᾶλλον ἢ ὅταν ἄλλο μέρος τριβώμεθα· τῇ γὰρ καθέξει τοῦ πνεύματος καὶ τριβόμενοι γυμναζόμεθα καὶ τρίβοντες.

6. Διὰ τί ὁ ἱδρὼς ἐκ τῆς κεφαλῆς ἢ οὐκ ὄζει ἢ ἧττον τοῦ ἐκ τοῦ σώματος; Ἢ ὅτι εὔπνους ὁ τῆς κεφαλῆς τόπος; Δηλοῖ δὲ μανὸς ὢν τῇ τῶν τριχῶν ἐκφύσει. Δυσώδεις δ' οἱ τόποι καὶ τὰ ἐν αὐτοῖς γίνεται, ὅσα μὴ εὔπνοα.

7. Διὰ τί οἱ γυμναζόμενοι ἐὰν διαναπαυσάμενοι παλαίωσιν, μᾶλλον ἱδροῦσιν ἢ ἐὰν συνεχῶς; Ἢ διὰ τὸ ἀθροίζεσθαι διαναπαυομένων; Ἔπειτα τοῦτον τὸν ἱδρῶτα ἐξάγει ὕστερον ἡ πάλη. Ἡ δὲ συνεχὴς ἀναξηραίνει ὥσπερ ὁ ἥλιος.

8. Διὰ τί μᾶλλον ἱδροῦσιν, ὅταν μὴ διὰ πολλοῦ χρόνου χρῶνται ταῖς ἀφιδρώσεσιν; Ἢ διότι οἱ ἱδρῶτες γίνονται οὐ μόνον δι' ὑγρότητα, ἀλλὰ καὶ διὰ τὸ τοὺς πόρους ἀνεῷχθαι μᾶλλον καὶ ἀραιὰ τὰ σώματα εἶναι; Τοῖς μὲν οὖν μὴ χρωμένοις συμμεμύκασιν οἱ πόροι, τοῖς χρωμένοις δ' ἀναστομοῦνται.

9. Διὰ τί τοῦ ἡλίου μᾶλλον θερμαίνοντος τοὺς γυμνοὺς ἢ τοὺς ἀμπεχομένους, ἱδροῦσι μᾶλλον οἱ ἀμπεχόμενοι;

31 τοιοῦτον Ap.^{b} || 33μάλιστα: μᾶλλον Ap. || 35 τόπῳ: τρόπῳ P^{c} || 36 τῷ: τὰ C^{a} || τῷ — 37 κατέχομεν om. Ap. X^{a1} in marg. X^{a2} || 37 ἔχοντος C^{a} in marg. X^{a2}.

[867a] 1 post τριζομένῃ add. χειρὶ Hett ex Theophr. *De Sud.* 34 || 2 τρίζωμεν Ap. X^{a} || 4 οὐκ om. C^{a} || 5 τοῦ om. C^{a} || 7 εὔπνοα: ἔμπνοια C^{a} || 10 διαναπαυόμενον Ap. || 14 τοὺς om. C^{a} || 15 ἀραιὰ: ὑγρὰ C^{a} || 16 post τοῖς add. δὲ Ap.^{a}.

quand on est habillé? Est-ce parce que le soleil en brûlant ferme les pores? Ou parce qu'il sèche les vapeurs? Ce qui se produit moins quand on est habillé.

10. Pourquoi[17] est-ce le visage qui transpire le plus? Est-ce surtout les parties poreuses et humides qui transpirent? La sueur les traverse. Or la tête semble être une source de l'humidité: d'où également la présence des cheveux, à cause de l'abondance de l'humide. Cet endroit est poreux et maigre. Il est donc naturel que l'humide le traverse.

11. Pourquoi[18] n'est-ce pas face à un feu violent que l'on transpire le plus, ni devant un feu qui décroît continûment, mais devant un feu qui devient de plus en plus ardent? En effet, les habitués des étuves[19] transpirent plus que si la chaleur était tout d'un coup intense. Est-ce parce qu'une question de proportion intervient dans chaque cas? Si donc une quantité donnée agit, une quantité plus grande n'aura pas plus d'effet ou aura plutôt l'effet contraire, parce que l'action s'accomplit dans la mesure où il existe une certaine proportion. Voilà donc pourquoi par une chaleur plus forte on ne transpire pas davantage: c'est qu'à chaque cas correspond une proportion différente et que ce qui a agi ne continue plus à le faire lorsque s'ajoute quelque chose de plus. Car ce n'est pas la même cause qui dans chaque cas prépare la voie qui met dans les dispositions convenables et produit l'effet, c'en est une autre. C'est donc la petite quantité plutôt qu'une plus grande qui ouvre la voie et prépare le corps à transpirer. Et il faut une proportion différente et plus importante pour avoir un effet. La cause qui agissait n'agit plus; il faut après elle une autre qui soit dans la porportion convenable.

12. Pourquoi, lorsqu'on se frotte avec le strigile[20], la sueur coule-t-elle plus abondamment que si on la laisse en place? Est-ce parce que, dans ce dernier cas, il y a refroidissement par la sueur extérieure? Ou parce que la sueur qui est à l'extérieur fait comme un couvercle sur les pores[21] et empêche ainsi le sortie de la sueur qui est à l'intérieur?

13. Pourquoi[22] la rue[23] ainsi que certains parfums

Πότερον ὅτι τοὺς πόρους συμμύειν ποιεῖ ἐκκαίων ὁ ἥλιος; Ἢ διότι τὰς ἀτμίδας ξηραίνει; Ἀμπεχομένοις δὲ ταῦτα ἧττον συμβαίνει.

10. Διὰ τί ἱδροῦσι μάλιστα τὰ πρόσωπα; Ἢ ὅσα ἀραιὰ καὶ ὑγρὰ μάλιστα; Διὰ δὲ τούτων ὁ ἱδρὼς διαπορεύεται. Δοκεῖ δὲ πηγὴ εἶναι ἡ κέφαλὴ τοῦ ὑγροῦ· διὸ καὶ αἱ τρίχες, διὰ τὸ πολὺ ὑγρόν. Ὁ δὲ τόπος ἀραιὸς καὶ ἰσχνός· δίεισιν ἄρα κατὰ φύσιν.

11. Διὰ τί οὔτ' ἀθρόου ὄντος τοῦ πυρὸς μᾶλλον ἱδροῦσιν, οὔτ' ἐλάττονος ἀεί, ἀλλὰ πλείονος ἐπεισφερομένου; Οἱ γὰρ ἐν τοῖς πυριατηρίοις ἱδροῦσι μᾶλλον ἢ εὐθὺς εἰ εἴη τοσοῦτον. Ἢ ὅτι τὸ σύμμετρον ἕκαστον ἐργάζεται; Οὐκοῦν εἰ τοσοῦτον ποιεῖ, τὸ πλεῖον οὐ ποιήσει πλεῖον ἢ μᾶλλον τοὐναντίον, ὅτι τῷ σύμμετρον εἶναι ἐργάζεται τὸ ἔργον. Διὰ μὲν οὖν τοῦτο οὐχὶ πρὸς πλεῖον μᾶλλον ἱδροῦσι, διὰ δὲ τὸ πρὸς ἕκαστον ἄλλην εἶναι συμμετρίαν, καὶ τὸ πεποιηκὸς μηκέτι ποιεῖν προστιθεμένου μᾶλλον. Οὐ γὰρ ταὐτὸ προοδοποιεῖται εἰς ἕκαστον καὶ ἐπιτηδείως ἔχειν παρασκευάζει, καὶ ἤδη τοῦτο ἐργάζεται, ἀλλ' ἕτερον. Τὸ μὲν οὖν ὀλίγον μᾶλλον ἢ πολὺ προωδοποίησε καὶ παρεσκεύασε τὸ σῶμα πρὸς [867b] τὸ ἱδροῦν· ἄλλης δὲ δεῖ συμμετρίας καὶ πλείονος πρὸς τὸ ποιῆσαι. Τοῦτο δὲ οὐκέτι ποιεῖ ὃ πεποίηκεν, ἀλλὰ μετ' αὐτὸ ὕστερον ἄλλο τῆς συμμετρίας γινόμενον.

12. Διὰ τί ἀποστλεγγισαμένοις μᾶλλον ῥεῖ ὁ ἱδρὼς ἢ ἐῶσιν ἐπιμεῖναι; Πότερον διὰ τὸ καταψύχεσθαι ὑπὸ τοῦ ἔξω; Ἢ ὅτι ὥσπερ πῶμα γίνεται ὁ ἔξω ἱδρὼς ἐπὶ τοῖς πόροις, ὥστε κωλύει τοῦ ἔσωθεν τὴν ὁρμήν;

13. Διὰ τί τὸ πήγανον δυσώδεις τοὺς ἱδρῶτας ποιεῖ, καὶ

28 τοῦ πυρὸς ὄντος C^a || 29 ἐπιφερομένου X^{a}P^c || 31 post εἰ add. τὸ Y^a || 32 ποιήσει τὸ πλεῖον in marg. X^a || 33 post τῷ add. τὸ Y^a || ἔριον Ap.^{b} || 34 πλείονα C^a.

[867b] 1 ἄλλης: ἄλλοις Ap.^{a} || 4 ἀποστελγισαμένοις Y^{a}C^a || 5 ἐμμεῖναι Ap.^{b} || τὸ: τοῦ C^a || καταψύξασθαι C^a || 6 πόμα C^a || 8 ποιεῖ τοὺς ἱδρῶτας Ap.^{a1}.

donnent-ils une mauvaise odeur aux sueurs? Est-ce parce que le mélange de ces substances, dont l'odeur est lourde[24], à des humeurs résiduelles rend leur odeur plus désagréable?

14. Pourquoi[25] transpirons-nous plus dans le dos que par devant? Est-ce parce que sur le devant se trouve à l'intérieur du corps un endroit vers lequel est dérivé l'humide, tandis qu'il n'y en a pas par derrière, et qu'il faut bien que l'excrétion sorte? La même cause explique aussi que nous transpirions moins du ventre que de la poitrine. C'est également parce que le dos et les parties postérieures gardent mieux la sueur que le devant, du fait que le devant se refroidit plus que l'arrière. C'est là précisément la raison pour laquelle les aisselles transpirent très vite et très fort: car elle se refroidissent très peu. D'autre part la région du dos est plus charnue que le devant: aussi est-elle plus humide. Il y a plus d'humidité dans les parties postérieures: en effet, la moelle, qui se trouve dans le rachis, fournit beaucoup d'humidité[26].

15. Pourquoi ne transpirons-nous pas des parties du corps sur lesquelles nous restons étendus? Est-ce parce que la région par laquelle s'établit le contact étant chaude empêche la sueur de sortir? Car elle la fait sécher. De plus elle est comprimée et, sous la pression, le sang se trouve refoulé: dans ces conditions la région se refroidit davantage. Ce qui le montre c'est l'engourdissement: car cette affection est un refroidissement et elle est consécutive soit à une compression soit à un coup[27].

16. Pourquoi[28] transpirons-nous davantage en dormant? Est-ce par suite de l'antipéristase[29]? Car la chaleur accumulée intérieurement chasse l'humide.

17. Pourquoi est-ce du visage qu'on transpire le plus[30],

24. A βαρύτης le problème XX, 33 ajoute καὶ δριμύτης.

25. Cf. Théophraste, *De Sudore*, 32.

26. La moelle est étudiée dans l'*Hist. des An.*, I, 1, 487a4, III, 20, 521b4 et sq., et surtout dans les *Parties des An.*, II, 2, 647b13; 651b20-652a23.

ἔνια τῶν μύρων; Ἢ ὅτι ὧν ἐν τῇ ὀσμῇ βαρύτης ἔνι, ταῦτα κεραννύμενα ταῖς περιττωματικαῖς ὑγρότησι κακωδεστέραν ποιεῖ τὴν ὀσμήν;

14. Διὰ τί ἱδροῦμεν τὸν νῶτον μᾶλλον ἢ τὰ πρόσθεν; Ἢ ὅτι ἐν μὲν τῷ πρόσθεν ἐστὶ τόπος ἐντός, εἰς ὃν ἀποχετεύεται τὸ ὑγρόν, ἐν δὲ τῷ ὄπισθεν οὐκ ἔστιν, ἀλλ' ἔξω τὴν ἔκκρισιν ἀναγκαῖον γίνεσθαι; Τὸ δ' αὐτό ἐστιν αἴτιον καὶ ὅτι τὴν κοιλίαν ἧττον ἱδροῦμεν ἢ τὸ στῆθος. Ἔτι δ' ὅτι μᾶλλον διαφυλακτικόν ἐστι τοῦ ἱδρῶτος τὰ νῶτα καὶ τὰ ὄπισθεν ἢ τὰ πρόσθεν διὰ τὸ μᾶλλον τὰ ἔμπροσθεν τῶν ὄπισθεν ἀποψύχεσθαι. Ὅπερ ἐστὶν αἴτιον καὶ τοῦ τὰς μασχάλας ἱδροῦν τάχιστα καὶ μάλιστα· ἥκιστα γὰρ ψύχονται. Ἔτι δὲ σαρκωδέστερά ἐστι τὰ περὶ τὸν νῶτον τῶν πρόσθεν, ὥστε ὑγρότερα. Πλείων δ' ὑγρότης ἐστὶν ἐν τοῖς ὄπισθεν· ὁ γὰρ μυελὸς κατὰ τὴν ῥάχιν ὢν ὑγρασίαν πολλὴν παρέχει.

15. Διὰ τί ἐφ' ἃ κατακείμεθα, οὐχ ἱδροῦμεν; Ἢ ὅτι θερμὸς ὢν ὁ τόπος ᾧ ἁπτόμεθα, κωλύει διεξιέναι τὸν ἱδρῶτα; Ἀναξηραίνει γὰρ αὐτόν. Ἔτι δὲ θλίβεται, θλιβόμενον δὲ διαχεῖται τὸ αἷμα, οὗ συμβαίνοντος καταψύχεται μᾶλλον. Σημεῖον δ' ἡ νάρκη· κατάψυξίς τε γάρ ἐστι τὸ πάθος, καὶ γίνεται ἐκ θλίψεως ἢ πληγῆς.

16. Διὰ τί οἱ καθεύδοντες μᾶλλον ἱδροῦσιν; Ἢ διὰ τὴν ἀντιπερίστασιν; Ἀθροισθὲν γὰρ τὸ θερμὸν ἐντὸς ἐξελαύνει τὸ ὑγρόν.

17. Διὰ τί τὸ πρόσωπον μάλιστα ἱδροῦσιν ἀσαρκότατον

12 ἱδρῶμεν τὰ νῶτα μᾶλλον ἢ τὸ πρόσθεν P^c || 13 τὸ ex τῷ Ap.^{b} || 14 οὐκ ἔστιν: οὐκέτι C^a || 16 post ἢ add. ὅτι Ap. X^a || τὸ om. C^a || 17 μᾶλλον om. C^a || φυλακτικὸν C^a || 18 πρόσθεν: ἐμπρόσθεν C^{a}P^c || τῶν ὄπισθεν in marg. X^a || 19 τοῦ: τὸ C^a || 20 ἱδροῦν: ἱδροῦντας P^c || 21 πρόσθεν: ἔμπροσθεν Ap. X^{a}P^c || 23 ὄπισθεν: ἔμπροσθεν P^c || ante γὰρ add. μὲν C^a || 26 post ἁπτόμεθα add. *cum plus quam modicum fit* Gaza || διεξιέναι: διϊέναι Y^a Ap. X^a || post ἀναξηραίνει add. *atque absumit* Gaza || δὲ om. Ap.^{a} || 34 μάλιστα: μᾶλλον C^a || ἀσάρκωτον Ap. C^{a}X^a.

alors qu'il est très peu charnu? Est-ce parce que ce sont les parties humides et poreuses qui transpirent le plus, et que telle est la tête? Car elle contient une très grande quantité d'humidité qui lui est propre. Les vaisseaux qui en partent le prouvent, ainsi que les écoulements qui en proviennent, ou l'humidité du cerveau[31] et le nombre élevé de pores. Les cheveux montrent bien aussi que les pores sont nombreux et qu'ils aboutissent à l'extérieur. Ce n'est donc pas des parties basses que vient la sueur mais de la tête. C'est pourquoi on transpire d'abord et surtout du front. Car celui-ci est juste au-dessous du sommet du crâne. Or le liquide s'écoule vers le bas et non vers le haut.

18. Pourquoi[32], lorsqu'on est en sueur et qu'on se refroidit sous de l'eau ou un courant d'air, a-t-on la nausée[33]? Est-ce parce que, sous l'effet du froid, l'humide stagne et s'accumule, alors qu'auparavant, il ne s'arrêtait pas du fait qu'il s'épanchait? Ou est-ce dû au souffle qui d'ordinaire en sortant[34] devient de la sueur par suite du refroidissement, mais qui, refroidi à l'intérieur avant de sortir, forme un liquide dont l'intervention produit la nausée?

19. Pourquoi est-ce surtout la tête et les pieds qui transpirent quand ils ont chaud? Est-ce parce que la partie qui s'échauffe attire à soi l'humidité et que cette humidité n'a pas où s'employer du fait que ces régions sont osseuses? Elle s'échappe donc vers l'extérieur.

20. Pourquoi[35] les gens qui font des efforts transpirent-ils quand ils s'arrêtent? Il faudrait, si l'effort était en cause, que ce fût durant l'effort. Est-ce parce que, en plein effort, les vaisseaux gonflés par le souffle font que les pores se bouchent, et que l'effort une fois terminé ils s'affaissent, si bien que l'humidité traverse plus facilement les pores devenus plus larges? Ou bien est-ce parce que durant l'effort le mouvement fait sortir de l'humidité naturelle un souffle, et du fait de la chaleur que dégage le mouvement l'humide devient du souffle en surface, alors que, quand l'effort

ὄν; Ἢ ὅτι εὐίδρωτα μὲν ὅσα ὕφυγρα καὶ ἀραιά, ἡ δὲ κεφαλὴ τοιαύτη; Ὑγρότητα γὰρ οἰκείαν ἔχει πλείστην. Δηλοῦσι δ' αἱ φλέβες τείνουσαι ἐντεῦθεν, καὶ οἱ κατάρροι ἐξ αὐτῆς, καὶ ὁ ἐγκέφαλος ὑγρός, καὶ οἱ πόροι πολλοί. Σημεῖον δ' αἱ τρίχες ὅτι πολλοὶ οἱ πόροι εἰσί, περαίνοντες [868a] ἔξω. Οὔκουν ἐκ τῶν κάτω ὁ ἱδρώς, ἀλλ' ἐκ τῆς κεφαλῆς γίνεται. Διὸ ἱδροῦσι καὶ πρῶτον καὶ μάλιστα τὸ μέτωπον· ὑπόκειται γὰρ πρῶτον· τὸ δ' ὑγρὸν κάτω ῥεῖ ἀλλ' οὐκ ἄνω.

18. Διὰ τί οἱ ἱδροῦντες ἐὰν ψυχθῶσιν ἢ ὕδατι ἢ πνεύματι, ναυτιῶσιν; Πότερον τὸ ὑγρὸν ψυχθὲν ἔστη ἀθρόον, ἔμπροσθεν οὐκ ἠρεμοῦν διὰ τὸ ῥεῖν; Ἢ καὶ τὸ πνεῦμα διιὸν ἔξω γινόμενον ἱδρὼς διὰ τὴν ψύξιν, τοῦτο ἔσω ψυχθὲν πρὶν ἐξελθεῖν ὑγρὸν ἐγένετο, καὶ προσπεσὸν ποιεῖ τὴν ναυτίαν;

19. Διὰ τί ποτε ἐκ τῆς κεφαλῆς καὶ τῶν ποδῶν μάλιστα οἱ ἱδρῶτες γίνονται θερμαινομένων; Ἢ ὅτι τὸ θερμαινόμενον ἐφέλκει ἐφ' ἑαυτὸ τὸ ὑγρόν, τὸ δ' ὑγρὸν οὐκ ἔχει ὅπῃ καταναλίσκηται διὰ τὸ εἶναι τοὺς τόπους τούτους ὀστώδεις; Ἐκπίπτει οὖν ἔξω.

20. Διὰ τί οἱ πονοῦντες, ὅτε παύσονται, ἱδροῦσιν; Ἔδει γάρ, εἴπερ ὁ πόνος αἴτιος, ὅταν πονῶσιν. Πότερον ὅτι πονούντων μὲν ὑπὸ τοῦ πνεύματος αἱ φλέβες ἐμφυσώμεναι τοὺς πόρους συμμεμυκέναι ποιοῦσι, παυσαμένων δὲ συνίζουσιν, ὥστε δι' εὐρυτέρων τῶν πόρων ῥᾷον διέρχεται τὸ ὑγρόν; Ἢ ὅτι πονούντων μὲν ἀποκρίνει ἡ κίνησις ἐκ τοῦ συμπεφυκότος ὑγροῦ πνεῦμα, καὶ διὰ θερμότητα τὴν ἀπὸ τῆς κινήσεως γίνεται τὸ ὑγρὸν πνεῦμα ἐπιπολῆς, ὅταν δὲ παύσηται πονῶν, ἅμα καὶ ἡ θερμότης λήγει, καὶ ἐκ

36 γὰρ om. C^a || 37 κατάροι Ap. P^c.

[868a] 7 οὐχ ἠρεμοῦν Y^a || ἢ καὶ: ἢ ὅτι καὶ in marg. X^a || 8 ἱδρὼς: ὑγρὸν C^a || 10 ἐκ τῶν ποδῶν καὶ τῆς κεφαλῆς Ap. X^a || 11 οἱ om. X^a || 15 ὅταν παύσωνται Bekker: ὅτε παύσονται codd. || 16 πόνος: ονως (sic) Y^{a1} ὢν ὡς C^a || πονούντων: πονοῦντος Y^a Ap. X^{a1} || 17 ἐκφυσώμεναι C^a ἐκφυσόμεναι P^c || 19 δι' om. C^a || 21 πεφυκότος C^aP^c.

s'arrête, la chaleur cesse en même temps, et du souffle condensé nait une humidité qu'on appelle la sueur?

21. Vaut-il mieux[36] provoquer la transpiration en été ou en hiver? Est-ce lorsque les corps sont plus humides et transpireraient plus difficilement sans un effort particulier, si bien qu'il vaudrait mieux que ce fût en hiver[37] où le changement est grand et où les excrétions ne subissent pas une coction complète? A l'inverse, quand de plus on a froid en hiver, suer est contre nature. Il est donc évident que c'est plutôt en été. Et en effet, toutes les humeurs se corrompent en été. Aussi est-ce alors qu'il faut les expulser. Voilà pourquoi même les anciens le disaient tous.

22. Pourquoi[38], alors que le corps est en flux perpétuel et que l'écoulement se fait à partir des excrétions, le corps ne s'allège-t-il pas à moins qu'il ne transpire? Est-ce parce que l'excrétion est trop faible? En effet[39], lorsqu'il y a changement d'un liquide en air, une quantité plus grande provient d'une plus petite. Car le liquide qui se transforme en air augmente de volume. Si bien que l'expulsion prend plus de temps. Cela pour la raison donnée[40] et parce que l'expulsion se fait par des conduits plus petits. D'autre part, le visqueux et le gluant sont évacués avec le liquide parce qu'ils y sont mêlés, mais ils ne peuvent le faire avec l'air. C'est là surtout ce qui incommode. Et voilà pourquoi les vomitifs allègent plus que les sueurs, du fait qu'ils entraînent ces matières avec eux, parce qu'ils sont plus épais et plus consistants et aussi parce que l'endroit où se trouvent le visqueux et le gluant est loin de la chair, d'où la difficulté à les déplacer, mais proche de l'estomac: car c'est là qu'ils se forment ou tout près. Et c'est pourquoi il est difficile de les faire sortir autrement.

23. Pourquoi[41] transpire-t-on moins durant l'effort que

36. Même question dans les problèmes 33, 869b32, et 42, 870b27.

τοῦ πνεύματος πυκνουμένου ὑγρότης γίνεται, ὁ καλούμενος ἱδρώς;

21. Πότερον δεῖ μᾶλλον τοῦ θέρους παρασκευάζειν τὸ ἱδροῦν ἢ τοῦ χειμῶνος; Ἢ ὅτε μᾶλλον ὑγροὶ καὶ χαλεπώτεροι ἄνευ ἐπιμελείας γένοιντ' ἄν, ὥστε τοῦ χειμῶνος ἂν δέοι μᾶλλον, ᾗ μεγάλη ἡ μεταβολὴ καὶ τὰ περιττώματα οὐ συνεκπέττεται; Πάλιν ψυχθέντος ἔτι παρὰ φύσιν τὸ τοῦ χειμῶνος. Δῆλον ἄρα ὅτι τοῦ θέρους μᾶλλον. Καὶ γὰρ τὰ ὑγρὰ σήπεται μᾶλλον ἅπαντα τοῦ θέρους· διὸ τότε δεῖ ἀπαντλεῖν. Διὰ τοῦτο δὲ καὶ οἱ ἀρχαῖοι πάντες οὕτως ἔλεγον.

22. Διὰ τί ἀεὶ τοῦ σώματος ῥέοντος καὶ τῆς ἀπορροῆς γινομένης ἐκ τῶν περιττωμάτων οὐ κουφίζεται τὸ σῶμα, ἐὰν μὴ ἀφιδρώσῃ; Ἢ ὅτι ἐλάττων ἡ ἔκκρισις; Ὅταν γὰρ ἐξ ὑγροῦ μεταβάλλῃ εἰς ἀέρα, πλεῖον γίνεται ἐξ ἐλάττο-
[868b] νος· τὸ γὰρ ὑγρὸν διακρινόμενον πλεῖον. Ὥστε πλείονι χρόνῳ ἡ ἔκκρισις. Διὰ δὲ τοῦτο καὶ ὅτι δι' ἐλαττόνων πόρων ἡ ἔκκρισίς ἐστιν. Ἔτι τὸ γλίσχρον καὶ τὸ κολλῶδες μετὰ μὲν τοῦ ὑγροῦ ἐκκρίνεται διὰ τὴν κατάμιξιν, μετὰ δὲ τοῦ πνεύματος ἀδυνατεῖ. Μάλιστα δὲ τοῦτ' ἐστὶ τὸ λυποῦν. Διὸ καὶ οἱ ἔμετοι τῶν ἱδρώτων κουφίζουσι μᾶλλον, ὅτι συνεξάγουσι τοῦτο ἅτε παχύτεροι καὶ σωματωδέστεροι ὄντες, καὶ ὅτι τῇ μὲν σαρκὶ πόρρω ὁ τόπος οὗτος, ἐν ᾧ τὸ γλίσχρον καὶ τὸ κολλῶδες, ὥστε ἔργον μεταστῆσαι, τῇ δὲ κοιλίᾳ ἐγγύς· ἢ γὰρ ἐν αὐτῇ ἐγγίνεται ἢ πλησίον· διὸ καὶ δυσεξάγωγον ἄλλως.

23. Διὰ τί ἧττον ἱδροῦσιν ἐν αὐτῷ τῷ πονεῖν ἢ ἀνέντες;

26 παρασκευάζειν: παρακμάζειν P^c || 28 γένοιτ' C^a || χειμῶνος: θέρους coni. Forster Hett || ἂν²: οὐκ ἂν in marg. X^a || 29 δέῃ Ap. X^a || ᾗ: ἡ C^aX^a || συνεκπέττεται: συνεκπίπτεται P^c || τὸ om. Ap. $X^{a1}P^c$ in marg. X^{a2} || 31 ante τοῦ add. τὸ Ap.ᵃ || 34 ἔλεγον οὕτως C^a || 37 ἀφυδρώσῃ Ap.ᵃ || ἡ om. C^aX^a || ὅταν — b2 ἔκκρισις om. C^a || 38 μεταβάλῃ Y^aP^c.

[868b] 2 δὲ: τε Bekker δὴ Sylb. || πόνων C^a || 5 ἀδυναμεῖ Ap.ᵃ || 7 παχύτεροι: κουφότεροι C^a || 12 τῷ πονεῖν: τὸ ποιεῖν P^c.

lorsqu'on l'interrompt? Est-ce parce que en faisant effort on agit, et quand on a cessé l'effort on a fini d'agir? Il est donc naturel que l'excrétion soit plus abondante: car auparavant elle se faisait, maintenant elle existe. Ou bien est-ce parce que, quand on fait effort, les pores de la chair se ferment, du fait qu'on retient son souffle, et que lorsque l'effort s'arrête, ils s'ouvrent? Et c'est pour cela qu'on transpire moins quand on retient son souffle[42].

24. Pourquoi[43], n'est-ce pas quand nous courons que la sueur est la plus abondante, et quand le corps est en mouvement, mais lorsqu'on s'arrête? Est-ce parce qu'alors, de même qu'avec la main ou un autre moyen on peut retenir l'eau qui coule en s'accumulant de tous côtés, et que, lorsqu'on la laisse aller, elle est plus abondante qu'avant, de même, ainsi que fait la main, l'air peut arrêter l'eau comme dans le cas de la clepsydre[44], et la renvoyer vers la vessie? Celle-ci la retient à l'intérieur[45]. Donc, de la même façon, lorsque le mouvement est important[46], l'air reste enfermé. C'est pourquoi également les vaisseaux se distendent parce que l'humidité ne peut pas sortir. Comme l'humide est enfermé en grande quantité, lorsque le souffle relâche son action, le liquide sort en masse.

25. Pourquoi transpire-t-on moins lorsqu'on mange après avoir bu? Est-ce parce que les aliments absorbent l'humidité comme une éponge plongée dans un liquide? Il est possible de modérer le flux d'une façon non négligeable, comme dans les courants d'eau, par l'ingestion de nourriture qui comprime les conduits.

26. Pourquoi[47], quand on est angoissé, transpire-t-on des pieds mais non du visage? Il serait plus logique que ce fût surtout lorsque le corps tout entier est en sueur que les pieds suent aussi. Car cette région est très froide et pour cette raison les pieds transpirent le moins. Et les médecins, dans les maladies, recommandent surtout d'envelopper les pieds, parce qu'ils se refroidissent facilement, si bien que d'eux peut partir aisément un refroidissement qui gagne le reste du corps. Est-ce parce que l'angoisse n'est pas un

Ἢ ὅτι πονοῦντες μὲν ποιοῦσιν, πεπονηκότες δὲ πεποιήκασιν; Εἰκότως οὖν ἐκκρίνεται πλέον· ὁτὲ μὲν γὰρ γίνεται, ὁτὲ δ᾽ ἐστίν. Ἢ ὅτι πονούντων μὲν συγκλείονται τῆς σαρκὸς οἱ πόροι διὰ τὴν κάθεξιν τοῦ πνεύματος, ὅταν δ᾽ ἀνῶσιν, ἀνοίγονται; Διὸ καὶ τὸ πνεῦμα κατέχοντες ἧττον ἱδροῦσιν.

24. Διὰ τί οὐχὶ ὅταν τροχάζωμεν, ὁ ἱδρὼς πλείων, καὶ ὅταν ἐν κινήσει ᾖ τὸ σῶμα, ἀλλ᾽ ὅταν παύσωνται; Ἢ ὅτι τότε μὲν ὥσπερ ὑπὸ τῆς χειρὸς ἢ ἄλλου τινός, ἔστιν ὕδωρ ῥέον ἀποφρᾶξαι πανταχόθεν συναθροιζόμενον, ὅταν δ᾽ ἀφεθῇ, πλέον ἢ ὅσον ἐξ ἀρχῆς, ὡς δ᾽ ὑπὸ τῆς χειρός, οὕτω καὶ ὑπὸ τοῦ πνεύματος ἔστιν ἀποληφθῆναι, ὥσπερ ἐν τῇ κλεψύδρᾳ, καὶ πάλιν πρὸς τὴν κύστιν; Ἀπολαμβάνει γὰρ ἐντός. Ὁμοίως οὖν πολλῆς κινήσεως οὔσης τὸ πνεῦμα ἐναπολαμβάνεται· διὸ καὶ αἱ φλέβες διατείνονται τοῦ ὑγροῦ οὐ δυναμένου ἐξιέναι. Ἀπολαμβανόμενον δ᾽ ἀθρόον τὸ ὑγρόν, ὅταν ἀνεθῇ τὸ πνεῦμα, ἀθρόον ἐξέρχεται.

25. Διὰ τί, ὅταν πίωσιν, ἧττον ἱδροῦσιν ἐπιφαγόντες; Ἢ διότι τὰ σιτία ἐπισπᾶται μὲν τὴν ὑγρότητα καθαπερεὶ σπόγγος ἐμπεσών; Ἔστι δὲ κωλῦσαι τὴν ὁρμὴν οὐ μικρὸν μέρος, ὥσπερ ἐν τοῖς ῥεύμασι, τὸ ἐπιλαβεῖν τοὺς πόρους προσενεγκάμενον τὴν τροφήν.

26. Διὰ τί οἱ ἀγωνιῶντες ἱδροῦσι τοὺς πόδας, τὸ δὲ πρόσωπον οὔ; Μᾶλλον γὰρ εὔλογον, ὅταν πᾶν ἱδρῶσι τὸ σῶμα, τότε μᾶλλον καὶ τοὺς πόδας· ψυχρότατος γὰρ ὁ τόπος, διὸ ἥκιστα ἱδροῦσιν. Καὶ οἱ ἰατροὶ ἐν ταῖς ἀρρωστίαις μάλιστα περιστέλλειν τοὺς πόδας παραγγέλλουσιν, ὅτι εὔψυκτοί εἰσιν,
[869a] ὥστε ἀρχὴν ῥᾳδίως ῥίγους ποιοῦσι καὶ τῷ ἄλλῳ σώματι. Ἢ

13 ποιοῦσι: πονοῦσι P[c] || πεπονηκότες δὲ πεποιήκασιν corr. Bekker: πεποιηκότες δὲ πεπονήκασιν codd. || 15 σαρκὸς: γαστρὸς C[a] || 18 οὐχὶ om. Ap. X[a] || ante πλείων add. οὐ Ap. X[a] || πλείω Y[a] || 19 παύσηται in marg. X[a] || 23 τοῦ om. C[a] || πνεύματός ἐστιν (sic) Y[a] || 25 νικήσεως Ap.[a] || 29 πίνωσιν C[a] || 30 μὲν om. Y[a] Ap. X[a] || 32 ῥεύμασι: ῥήμασι Y[a]C[a] Ap.[b] || τὸ: τῷ coni. Forster Hett || 35 ἄλογον P[c] || 37 post διὸ add. καὶ X[a].

[869a] 1 ῥίγους ποιοῦσι: πονοῦσι P[c].

transfert de chaleur du haut vers le bas comme dans la peur (d'où le relâchement du ventre quand on a peur), mais un accroissement de chaleur comme dans la colère? Car la colère est un bouillonnement[48] de la chaleur autour du cœur. Et quand on est angoissé on ne souffre ni de peur ni de froid mais de l'appréhension de l'avenir.

27. Pourquoi[49] a-t-on le visage qui rougit, sans pour cela transpirer? Est-ce parce que l'on a trop chaud, au point que la chaleur superficielle dessèche l'humidité qui est sur le visage, tandis qu'elle liquéfie celle qui est sur les pieds, du fait que[50] celle-ci est en petite quantité mais tout de même plus abondante que celle qui s'y trouvait naturellement avant?

28. Pourquoi[51] transpire-t-on plus pendant le sommeil que durant la veille? Est-ce parce que le principe de la sueur est interne et que les parties intérieures sont plus chaudes, si bien que la chaleur interne en se répandant fait sourdre l'humidité intérieure, parce qu'il y a toujours, semble-t-il, quelque chose qui s'écoule du corps, mais sans qu'on s'en aperçoive, faute d'un endroit approprié pour le recevoir? La preuve c'est que les régions creuses du corps transpirent sans arrêt.

29. Pourquoi transpire-t-on davantage dans les étuves[52] quand il fait froid? Est-ce parce que la chaleur ne passe pas au dehors du fait que le froid forme une enveloppe[53] (elle est arrêtée par lui), mais refoulée et maintenue à l'intérieur, elle dissout les humeurs qui sont en nous et en fait de la sueur?

30. Pourquoi[54] la sueur est-elle plus bénéfique, même si elle survient en plus petite quantité, quand elle se produit lorsqu'on court tout nu que lorsqu'on court habillé? Est-ce que, d'une façon générale, se fatiguer vaut mieux que ne pas se fatiguer, et est-ce que la sueur qui accompagne

48. Même emploi de ζέσις dans le traité *De l'Ame*, I, 1, 403a31: «Le physicien (ὁ φυσικός) voit dans la colère un bouillonnement du sang dans la région du cœur». Il s'agit ici probablement d'une note prise dans un ouvrage ancien.

ὅτι καὶ ἡ ἀγωνία ἐστὶ θερμότητος οὐ μετάστασις ὥσπερ ἐν τῷ φόβῳ ἐκ τῶν ἄνω τόπων εἰς τοὺς κάτω (διὸ καὶ αἱ κοιλίαι λύονται τῶν φοβουμένων), ἀλλ' αὔξησις θερμοῦ, ὥσπερ ἐν τῷ θυμῷ; Καὶ γὰρ ὁ θυμὸς ζέσις τοῦ θερμοῦ ἐστὶ τοῦ περὶ τὴν καρδίαν· καὶ ὁ ἀγωνιῶν οὐ διὰ φόβον καὶ διὰ ψύξιν πάσχει, ἀλλὰ διὰ τὸ μέλλον.

27. Διὰ τί τὸ πρόσωπον ἐξέρυθροι γίνονται, οὐχ ἱδροῦσι δέ; Ἢ διὰ τὸ μᾶλλον θερμαίνεσθαι, ὥστε τὸ μὲν ἐν τῷ προσώπῳ ὑγρὸν ξηραίνει ἡ θερμότης ἐπιπολάζουσα, τὸ δ' ἐν τοῖς ποσὶ συντήκει διὰ τὸ ἐλάττων μὲν εἶναι, πλείων δὲ τῆς ἐμφύτου καὶ προϋπαρχούσης;

28. Διὰ τί καθεύδοντες ἱδροῦσι μᾶλλον ἢ ἐγρηγορότες; Ἢ ὅτι ἔσωθεν ἡ ἀρχὴ τοῦ ἱδρῶτος, θερμότερα δὲ τὰ ἐντός, ὥστε καὶ ἐκκρίνει διαχέουσα ἡ ἐντὸς θερμότης τὸ ἐντὸς ὑγρόν, ὅτι ἀεὶ ἔοικεν ἀπορρεῖν τι τοῦ σώματος, ἀλλὰ διὰ τὸ μηθὲν εἶναι πρὸς ὃ προσπῖπτον ἁλισθήσεται λανθάνει; Σημεῖον δέ· τὰ γὰρ κοῖλα τοῦ σώματος ἀεὶ ἱδροῖ.

29. Διὰ τί ἐν τοῖς πυριατηρίοις μᾶλλον ἱδροῦσιν, όταν ᾖ ψῦχος; Ἢ ὅτι τὸ θερμὸν οὐ βαδίζει ἔξω διὰ τὴν τοῦ ψυχροῦ περίστασιν (κωλύεται γὰρ ὑπὸ τούτου), ἀλλ' ἐντὸς κατειλούμενον καὶ μένον διαλύει τὰ ἐν ἡμῖν ὑγρά, καὶ ἱδρῶτα ποιεῖ ἐξ αὐτῶν;

30. Διὰ τί ὠφελιμώτερός ἐστιν ὁ ἱδρώς, κἂν ἐλάττων ἐπέλθῃ, ὁ γυμνοῦ τροχάζοντος γενόμενος ἢ ὁ ἐν ἱματίῳ; Ἢ τὸ μὲν πονεῖν τοῦ μὴ πονεῖν βέλτιόν ἐστι καθόλου, καὶ ὁ ἱδρὼς δ' ὁ μετὰ πόνου τοῦ ἄνευ πόνου βελτίων ἐστί, καὶ

3 post τόπων add. καὶ τῷ ἄλλῳ σώματι ἢ ὅτι ἀγωνία ἐστι C^a || 5 ξέσις in marg. X^a || 7 μέλλον: μέλος Y^aC^a et Gaza || 11 ἐλάττων et πλείων corr. Bekker: ἐλάττω et πλείω codd. || 15 καὶ om. Y^a Ap. C^a || διαχέουσα: διακρίνουσα $Ap.^b$ || 16 ante ὅτι add. ἢ Bonitz || ὅτι: ὥστε Ap. X^a || 17 πίπτον C^a || 19 πυρατηρίοις C^a || ante ὅταν hab. ἢ codd.: del. edd. || 20 om. Sylb. || ψυχροῦ: ψύχους Ap. X^a || 21 ἐντὸς: ἐκτὸς Ap. || 24 ὠφελιμώτατός C^a || κἂν ἐλάττων ἐπέλθῃ om. C^a || 26 μὴ om. C^a || 27 τοῦ ἄνευ — πόνου om. $Ap.^a$.

l'effort est meilleure que celle qui vient sans peine, celle que provoque un plus grand effort meilleure que celle qui suit un moindre effort? Or la sueur du coureur nu est consécutive à une fatigue. Car si l'on court sans un violent effort, on ne peut transpirer quand on est nu. Lorsqu'on est vêtu[55], même si l'on court à une allure très modérée, on transpire vite à cause de la chaleur que garde le vêtement[56]. D'autre part, les gens qui courent nus en été sont plus bronzés que ceux qui courent tout habillés, parce que, de même que tous les habitants des régions mieux aérées sont plus colorés que ceux qui demeurent dans les endroits privés d'air, de même chaque individu, lorsqu'il se trouve comme en plein vent, est alors plus coloré que lorsqu'il est confiné et enveloppé d'une forte chaleur, ce qui est le cas surtout de celui qui court tout habillé. C'est pour cela aussi que les gens qui dorment longtemps ont moins de couleurs que ceux qui dorment modérément: car le dormeur est lui aussi privé d'air.

31. Pourquoi[57], quand on est angoissé, sue-t-on des pieds mais non du visage, alors que, dans les autres circonstances de la vie, nous transpirons surtout du visage et très peu des pieds? Est-ce parce que l'angoisse est une peur au début d'une action et que la peur est un refroidissement[58] du haut du corps? Et c'est pourquoi ceux qui sont angoissés ont le visage qui pâlit, ils s'agitent et sautillent d'un pied sur l'autre. Car c'est ce que font les gens angoissés, comme à la gymnastique. Aussi est-il normal qu'ils transpirent des parties avec lesquelles ils font effort. Ils se tordent également les mains, les ferment et les ouvrent, trépignent et ne restent pas un instant en repos. Ils sont poussés à faire des gestes, parce que la chaleur qui est en eux s'accumule dans la région de la poitrine qui est la mieux structurée[59]. Comme

55. Cf. Théophraste, *De Sudore*, 39.

56. Un passage comme celui-ci montre bien que le sens premier de ἀλέα devait être «protection contre le froid». Voir la note à I, 39, 863b22.

57. Cette question est la reprise et le développement du problème 26, 868b34. Voir aussi Théophraste, *De Sudore*, 36.

ὁ μᾶλλον δὲ μετὰ πόνου τοῦ ἧττον βελτίων; Μᾶλλον δ᾽ ἐστὶ μετὰ πόνου ὁ γυμνοῦ τροχάζοντος γινόμενος. Ἐὰν γὰρ μὴ πολλῇ συντονίᾳ τροχάσῃ, οὐ δύναται ἱδρῶται γυμνὸς ὤν· ἐν ἱματίῳ γὰρ κἂν πάνυ μετρίως τροχάσῃ, ταχὺ ἱδροῖ διὰ τὴν ἀπὸ τοῦ ἱματίου ἀλέαν. Καὶ εὐχρούστεροι δὲ γίνονται οἱ γυμνοὶ τρέχοντες τοῦ θέρους τῶν ἐν ἱματίοις, ὅτι ὥσπερ ἅπαντες οἱ ἐν τοῖς εὐπνουστέροις τόποις οἰκοῦντες εὐχρούστεροί εἰσι τῶν ἐν τοῖς καταπεπνιγμένοις οἰκούντων, οὕτω καὶ αὐτὸς αὑτοῦ ὁ ἄνθρωπος, ὅταν ὥσπερ ἐν εὐπνοίᾳ ᾖ, τότε εὐχρούστερός ἐστιν ἢ ὅταν καταπεπνιγμένος ᾖ καὶ περιεχόμενος ὑπό τινος ἀλέας πολλῆς, ὃ συμβαίνει μᾶλλον [869b] τῷ ἐν ἱματίῳ τρέχοντι. Διὰ ταῦτα δὲ καὶ οἱ πολὺν χρόνον καθεύδοντες ἀχρούστεροί εἰσι τῶν μέτριον χρόνον καθευδόντων· καταπέπνικται γὰρ καὶ ὁ καθεύδων.

31. Διὰ τί οἱ ἀγωνιῶντες ἱδροῦσι τοὺς πόδας, τὸ δὲ πρόσωπον οὔ, ἐν τῷ ἄλλῳ βίῳ ἱδρούντων ἡμῶν μάλιστα μὲν τὸ πρόσωπον, ἥκιστα δὲ τοὺς πόδας; Ἢ ὅτι ἡ ἀγωνία φόβος τίς ἐστι πρὸς ἀρχὴν ἔργου, ὁ δὲ φόβος κατάψυξις τῶν ἄνω; Διὸ καὶ ὠχριῶσι τὰ πρόσωπα οἱ ἀγωνιῶντες. Κινοῦνται δὲ καὶ σκαίρουσι τοῖς ποσίν· ποιοῦσι γὰρ τοῦτο οἱ ἀγωνιῶντες καὶ καθάπερ γυμνάζονται· διόπερ εἰκότως ἱδροῦσι ταῦτα οἷς πονοῦσιν. Καὶ τρίβουσι δὲ τὰς χεῖρας καὶ συγκαθιᾶσι καὶ ἐκτείνονται καὶ ἐξάλλονται καὶ οὐδέποτε ἠρεμοῦσιν· ὁρμητικοὶ γάρ εἰσι πρὸς τὸ ἔργον διὰ τὸ τὸ θερμὸν αὐτῶν ἠθροῖσθαι εἰς τὸν περὶ τὸ στῆθος τόπον ὄντα εὐσωματωδέστερον· ὅθεν πάντῃ διάττοντος αὐτοῦ τε καὶ τοῦ αἵματος συμβαίνει πυκνὴν καὶ ποικίλην γίνεσθαι κίνησιν.

28 ὁ om. C^a || 30 πολλὴ C^a || 38 ἁλέας Y^a ut saepe.

[869b] 1 διὰ om. Y^a Ap. C^a || καὶ om. C^a || 2 χρόνων Y^a || εὐχρούστεροι Ap. C^aX^a || 6 ἡ om. C^a || 9 κινοῦνται — 10 ἀγωνιῶντες om. C^a || 10 διὸ Ap. X^a || 11 πόνουσι: ποιοῦσι Ap. || 12 καὶ ἐκτείνονται om. X^a || ἐξάλονται Ap.^{b} || οὐδέπω C^a || 14 ὄντα: ὅταν C^a || εὐσηματωδέστερον C^a εὐσηματωδέστατον Y^a ἐνσηματωδέστατον Ap. || 15 πάντη: παντὸς Ap. X^a || 16 ποικίλην καὶ πυκνὴν Ap. X^a.

de là la chaleur, avec le sang, se répand partout, il se produit un mouvement continu et varié. Si l'on transpire surtout des pieds, c'est parce que ceux-ci sont constamment en action, tandis que les autres parties du corps ont des périodes de répit par suite des changements de posture et de mouvement.

32. Pourquoi[60], dans les étuves, transpire-t-on davantage non pas quand le feu est intense, ni quand il décroit peu à peu, mais quand il augmente graduellement? En effet, lorsque la chaleur pénètre peu à peu dans les étuves, on sue plus que si le feu avait tout de suite dès le départ une grande intensité. Est-ce que le feu violent dès le début, s'emparant d'une chair dont la surface est sèche, brûle la peau et la rend dure comme une coquille, et que la chair ainsi traitée retient la sueur? Au contraire un feu léger relâche davantage la chair, la rend poreuse et en pétrit pour ainsi dire l'intérieur afin d'amener l'excrétion et l'expulsion de la sueur. Quand la chair est dans cette disposition, le feu qui s'introduit avec plus de force et pénètre dans les profondeurs de la chair grâce à la porosité de celle-ci, vaporise les humeurs préalablement amollies et, séparant leurs parties légères, les fait sortir en même temps que le souffle.

33. Vaut-il mieux[61] provoquer la transpiration en été qu'en hiver? Est-ce qu'en hiver la chaleur concentrée à l'intérieur opère une coction et vaporise les liquides qui sont en nous (ce qui fait que tous ces liquides, ou la plus grande partie, étant absorbés, il n'est pas besoin d'une sécrétion spéciale), alors qu'en été, en raison de la porosité de la chair, la chaleur qui s'échappe opère une moindre coction des liquides qui sont en nous, et c'est pourquoi il faut un moyen de les évacuer? Car s'ils demeurent dans le corps, ils se corrompent du fait de la saison et amènent des maladies. En effet, tout ce qui est corrompu le devient sous l'effet d'une chaleur étrangère[62]: la chaleur propre, elle, effectue la coction. Donc, en été, c'est la chaleur étrangère qui l'emporte (aussi est-ce surtout en cette saison que tout se corrompt), tandis qu'en hiver c'est la chaleur propre qui

Μάλιστα δ' ἱδροῦσι τοὺς πόδας, ὅτι οὗτοι μὲν συνεχῶς πονοῦσιν, τὰ ἄλλα μέρη τοῦ σώματος ἀναπαύσεως τυγχάνει ταῖς τῶν σχημάτων καὶ κινήσεων μεταβολαῖς.

32. Διὰ τί ἐν τοῖς πυριατηρίοις οὔτ' ἀθρόου τοῦ πυρὸς ὄντος μᾶλλον ἱδροῦσιν, οὔτ' ἐλάττονος ἀεὶ γινομένου, ἀλλὰ πλείονος; Ἐπεισφερομένου γὰρ τὰ πυριατήρια μᾶλλον ἱδροῦσιν ἢ εἴπερ εὐθὺς ἐξ ἀρχῆς τοσοῦτον ἦν τὸ πῦρ. Ἢ τὸ μὲν πολὺ ἐκ πρώτης ξηρὰν λαμβάνον τὴν ἐπιπολῆς σάρκα καὶ δέρμα καίει καὶ ὀστρακοῖ, γενομένη δὲ τοιαύτη στέγει τοὺς ἱδρῶτας; Τὸ δ' ὀλίγον μᾶλλον τὴν σάρκα ἀνιὲν αὐτήν τε ἀραιοῖ, καὶ τὰ ἐντὸς καθάπερ ὀργάζει πρὸς τὴν διάκρισιν καὶ ἐξαγωγήν· οὕτω δ' ἐχούσης αὐτῆς, ἐπεισενεχθὲν πλέον πῦρ καὶ εἰσδυόμενον εἰς βάθος τῆς σαρκὸς δι' ἀραιότητα ἐξατμίζει τε τὰ προμαλαχθέντα ὑγρά, καὶ τὰ λεπτὰ αὐτῶν ἀποκρῖνον ἐξάγει μετὰ τοῦ πνεύματος.

33. Πότερον δεῖ μᾶλλον τοῦ θέρους παρασκευάζειν τὸ ἱδροῦν ἢ τοῦ χειμῶνος; Ἢ τοῦ μὲν χειμῶνος συστελλόμενον ἐντὸς τὸ θερμὸν ἐκπέττει καὶ πνευματοῖ τὰ ἐν ἡμῖν ὑγρὰ (διὸ πάντων αὐτῶν ἢ τῶν πλείστων ἀναλισκομένων οὐδὲν δεῖται συγγενοῦς ἀποκρίσεως), τοῦ δὲ θέρους δι' ἀραιᾶς τῆς σαρκὸς ἐκπίπτοντος τοῦ θερμοῦ ἧττον πέττεται τὰ ἐν ἡμῖν ὑγρά, διὸ δεῖται ἀπαντλήσεως; Ἐμμείναντα γὰρ διὰ τὴν [870a] ὥραν σήπεται καὶ νοσοποιεῖ. Σήπεται γὰρ πᾶν τὸ σηπόμενον ὑπ' ἀλλοτρίου θερμοῦ, ὑπὸ δὲ τοῦ οἰκείου πέττεται. Ἐν μὲν οὖν τῷ θέρει τὸ ἀλλότριον ἰσχύει (διὸ σήπεται πάντα μᾶλλον ἐν αὐτῷ), ἐν δὲ τῷ χειμῶνι τὸ οἰκεῖον· διὸ οὐ σήπει ὁ χειμών.

17 ἱδροῦσι: ἱδροῦν Y^aC^a || 20 οὔτε Sylb.: οὐδὲ codd. || 22 ἐπεισφερομένου: ἐπεὶ ἀφαιρόμενα C^a || ante τὰ add. εἰς Richards Hett || 24 ἐπιπολῆς: ἐπὶ πολλῆς $Ap.^b$ || 25 στέγει Forster ex antiq. vers. *tegit*: τέγγει codd. τένδει propos. Buss. || 30 τά τε C^a || δεῖ: δὴ C^a || παρασκευάζειν: παρακμάζειν P^c || 34 ἐκπίπτει P^c ἐμπέττει Ap. || 36 δὲ om. Ap. || ἀρεᾶς X^a || 38 ἐκμείναντα P^c.

[870a] 4 μᾶλλον πάντα C^aP^c.

domine: voilà pourquoi la saison froide n'amène pas de putréfaction.

34. Pourquoi, puisque les sueurs sont produites par la chaleur interne ou par celle qui vient de l'extérieur, frissonne-t-on parfois quand on transpire? Est-ce parce que, quand sous l'influence de la chaleur interne les sueurs passent d'un large espace à un plus étroit, elles s'accumulent en surface, bouchent complètement les circuits[63] du chaud, et alors le frisson survient? De plus[64], lorsque la chair est totalement imbibée et que le chaud sort à travers elle, la chaleur qui s'abat de l'extérieur rend d'abord la peau poreuse, et ensuite la chaleur intérieure naturelle passe à travers et produit le frisson[65].

35. Pourquoi les sueurs chaudes sont-elles considérées comme meilleures que les sueurs froides[66]? Est-ce parce que toute sueur est l'expulsion d'une certaine excrétion? Or il est naturel qu'une petite quantité d'excrétion s'échauffe et qu'une plus grande ne s'échauffe pas autant, si bien que la sueur froide peut être le signe d'une excrétion abondante. C'est pourquoi elle annonce des maladies plus longues.

36. Pourquoi[67], alors que les sueurs sont dues à de la chaleur, transpire-t-on moins devant un grand feu? Est-ce parce que, quand le corps est très chauffé, les liquides se dissolvent en air, ou bien parce que le liquide qui sort, se dissolvant rapidement, nous ne le sentons pas?

37. Pourquoi[68], alors que le soleil nous chauffe davantage si nous ne sommes pas habillés, des sueurs se produisent-elles quand on est couvert de vêtements? A ce problème encore nous répondrons de la même façon qu'au précédent[69].

38. Pourquoi, alors que les mouvements rapides[70] semblent échauffer davantage et les mouvements lents échauffer moins, les marches en montée, bien qu'elles soient plus lentes, produisent-elles des sueurs plus abondantes et coupent-elles le souffle, comme si elles échauffaient plus que les descen-

34. Διὰ τί τῶν ἱδρώτων γινομένων ὑπὸ τῆς ἐντὸς θερμασίας ἢ ὑπὸ τῆς ἐκτὸς προσπιπτούσης, πρὸς ἐνίων ἱδρώτων φρίττομεν; Ἢ διότι ὑπὸ μὲν τῆς ἐντὸς θερμασίας ὅταν ἐκπίπτωσιν ἐκ πολλοῦ τόπου εἰς ὀλίγον, συστελλομένοις πρὸς τὴν περιοχὴν παντελῶς τὰς τοῦ θερμοῦ περιόδους ἀποφράττουσιν, εἶτα ἡ φρίκη ἐγγίνεται; Ἔτι τῆς σαρκὸς παντελῶς διαβρόχου γινομένης καὶ τοῦ θερμοῦ διεξιόντος, ἡ δ' ἐκτὸς θερμασία προσπίπτουσα ἀραιοῖ τὸν χρῶτα πρῶτον, εἶτα τὸ ἐντὸς τῆς φύσεως θερμὸν ἀποκρινάμενον τὴν φρίκην ἐποίησεν.

35. Διὰ τί τῶν ἱδρώτων οἱ θερμοὶ κρίνονται βελτίους εἶναι τῶν ψυχρῶν; Ἢ ὅτι πᾶς μὲν ἱδρὼς περιττώματός τινος ἔκκρισίς ἐστιν; Εἰκὸς δὲ τὸ μὲν ὀλίγον περίττωμα ἐκθερμαίνεσθαι, τὸ δὲ πλεῖον μὴ ὁμοίως, ὥστε ὁ ψυχρὸς ἱδρὼς πολλοῦ περιττώματος ἂν εἴη σημεῖον· διὸ καὶ μακροτέρας τὰς νόσους δηλοῖ.

36. Διὰ τί τῶν ἱδρώτων διὰ θερμασίαν γινομένων πρὸς τὸ πολὺ πῦρ ἧττον ἱδροῦμεν; Ἢ διότι ἤτοι σφόδρα θερμαινομένου τοῦ σώματος εἰς πνεύματα ὑγρὰ διαλύεται, ἢ ἐκπίπτοντος τοῦ ὑγροῦ καὶ ταχὺ περιξηραινομένου τὴν αἴσθησιν οὐ λαμβάνομεν;

37. Διὰ τί τοῦ ἡλίου μᾶλλον θερμαίνοντος, ἐὰν μηδὲν περίβλημα ἔχωμεν, ἱδρῶτες γίνονται τοῖς ἱματίοις περιστελλομένοις; Καὶ περὶ τούτου ταὐτὰ ἐροῦμεν τῷ προτέρῳ.

38. Διὰ τί τῶν ὀξειῶν κινήσεων μᾶλλον θερμαίνειν δοκουσῶν, τῶν δὲ νωθρῶν ἧττον, αἱ πρὸς τὸ σιμὸν πορεῖαι νωθρότεραι οὖσαι ἱδρῶτάς τε μᾶλλον ἐκκρίνουσι καὶ τὸ πνεῦμα προσιστᾶσιν, ὡς θερμαίνουσαι μᾶλλον τῶν κατάν-

9 συστελλομένης P^c συστελλόμενοι Forster Hett || 10 τὰς om. Ap. C^a || 12 διεξιόντος: ἐξιόντος Ap. δὴ ἐξιόντος X^a || 14 ἀποκρινούμενον C^a || 15 εἶναι om. C^a || 20 δῆλοι: ποιεῖ Ap. P^c || 22 ἱδρῶμεν Y^aC^a δρῶμεν Ap. || 24 περιξηραινομένου: ξηραινομένου Ap. X^a περιξαιρομένου C^a || 27 ἔχοιμεν Y^a Ap. C^aP^c || ante ἱδρῶτες add. *nihil paene sudant* Gaza || 28 ταῦτα $Y^aC^aP^c$ || 29 ὀξειῶν edd.: ὀξέων codd. || 32 προσιστᾶσιν Bekker: προιστᾶσιν $Y^aC^aP^c$ προιστῶσιν Ap. X^a προσιστῶσιν Ap.^{a2} || κατάντων: κατ' αὐτῶν C^aP^c.

tes? Est-ce parce que, pour les corps pesants, se diriger vers le bas est naturel et vers le haut contre nature? Donc la nature de la chaleur qui nous porte vers le bas n'est accompagnée d'aucune peine, celle qui nous fait monter ne cesse de soulever un fardeau. Si bien que ce mouvement échauffe, fait couler plus de sueur et coupe le souffle. A cela s'ajoute que dans ces marches l'inclinaison du corps gêne le souffle et l'empêche d'aller droit.

39. Pourquoi, puisque les sueurs se produisent dans la mesure où l'on se couvre davantage, ne transpire-t-on pas le plus quand on se couvre le plus possible de vêtements? Sur cette question encore, la réponse sera la même que plus haut[71].

40. Pourquoi, bien que les corps en été soient plus secs qu'en hiver, sommes-nous davantage sujets aux suées en été? Est-ce parce que en été, les corps étant poreux, la chaleur naturelle n'est pas retenue en grande quantité (elle convertit les liquides en air), tandis qu'en hiver, comme l'extérieur des corps se trouve resserré, la chaleur naturelle qui est retenue en quantité ne convertit pas les liquides en air? D'autre part, en été, nous absorbons beaucoup de liquide, alors qu'en hiver c'est le contraire.

41. Pourquoi les sueurs qui se produisent spontanément chez les sujets en bonne santé paraissent-elles plus mauvaises que celles qui viennent d'efforts effectués? Est-ce parce que les efforts, en évacuant sans arrêt l'humidité superflue, rendent la chair plus sèche, si bien que les cavités des pores sont en bon état et qu'il n'y a nul obstacle au filtrage de la chaleur, alors que les sueurs dites spontanées, qui sont nécessaires lorsque, les pores naturels se trouvant remplis d'une humidité excessive, la chaleur n'est pas entièrement

71. Renvoi au problème 37 qui lui-même renvoie à la question 36.

των; Ἢ ὅτι τοῖς βάρεσιν εἰς τὸ κάτω φέρεσθαι κατὰ φύσιν ἐστίν, εἰς δὲ τὸ ἄνω παρὰ φύσιν; Ἡ οὖν τοῦ θερμοῦ φύσις ἡ φέρουσα ἡμᾶς πρὸς μὲν τὰ κατάντη οὐθὲν συμπονεῖ, πρὸς δὲ τὰ σιμὰ φορτηγοῦσα διατελεῖ. Ὥστε διὰ μὲν τὴν τοιαύτην κίνησιν ἐκθερμαίνεται, καὶ μᾶλλον τοὺς ἱδρῶτας ἐκκρίνει, καὶ τὸ πνεῦμα προσίστησιν. Συμβάλλεται δέ τι [870b] ἐν ταῖς πορείαις καὶ ἡ τοῦ σώματος σύγκαμψις πρὸς τὸ μὴ εὐθυπορεῖν τὸ πνεῦμα προσιστᾶσα.

39. Διὰ τί τῶν ἱδρώτων γινομένων, ὅσῳ ἂν ἐπιβάλληταί τις μᾶλλον, οὐχ οἱ τὰ πλεῖστα τῶν ἱματίων ἐπιβαλλόμενοι ἱδροῦσιν; Καὶ περὶ τούτου ταὐτὰ ἐροῦμεν τῷ ἐπάνω.

40. Διὰ τί τῶν σωμάτων ξηροτέρων ὄντων τοῦ θέρους ἢ τοῦ χειμῶνος ἱδρωτικωτέρως διακείμεθα τοῦ θέρους; Ἢ ὅτι τοῦ μὲν θέρους ἀραιῶν τῶν σωμάτων ὄντων τὸ τῆς φύσεως θερμὸν οὐ πολὺ κατέχεται (διαλύει οὖν τὰ ὑγρὰ εἰς πνεῦμα), τοῦ δὲ χειμῶνος πεπυκνωμένων ἐκτὸς τῶν σωμάτων, πολὺ κατειλημμένον τὸ τῆς φύσεως θερμὸν εἰς πνεῦμα οὐ διαλύει τὰ ὑγρά; Ἔτι δὲ καὶ τοῦ μὲν θέρους πολὺ προσφερόμεθα τὸ ὑγρόν, τοῦ δὲ χειμῶνος τοὐναντίον.

41. Διὰ τί οἱ ἀπὸ τοῦ αὐτομάτου γινόμενοι τοῖς ὑγιαίνουσιν ἱδρῶτες φαυλότεροι δοκοῦσιν εἶναι τῶν ὑπὸ τῶν πόνων; Ἢ ὅτι οἱ μὲν πόνοι ἀπαντλοῦντες ἀεὶ τὸ περιττεῦον ὑγρὸν ξηροτέραν τὴν σάρκα παρασκευάζουσιν, ὥστε τὰς κοιλίας τῶν πόρων ὑγιεινὰς εἶναι τῇ τοῦ θερμοῦ ἠθίσει μηδεμίαν ἔμφραξιν γίνεσθαι, οἱ δ' αὐτόματοι μὲν προσαγορευόμενοι ἱδρῶτες, γινόμενοι δ' ἐξ ἀνάγκης, ὅταν ὑπὸ πλείονος ὑγρασίας συγχεομένων τῶν τῆς φύσεως πό-

35 κατάντη: κάτω P[c] || 36 φορτίζουσα Ap. X[a] || 37 καὶ sup. lin. Y[a] || 38 προίστησι Y[a] προσιστᾶσα coni. Ruelle.

[870b] 1 σύγκαψις Ap.[b] X[a]P[c] || 2 προσιστᾶσα Bekker: προιστῶσα C[a] προιστᾶσα cett. codd. || 4 τὰ om. X[a] || ἐπιϐαλλομένων Ap.[a] μεταϐαλλόμενοι C[a] || 5 ταῦτα C[a] || 10 ἐκτὸς: ἐντὸς P[c] || 11 κατειλημμένων Y[a1]X[a] || 12 τὸ ὑγρόν Ap. X[a] || 13 χειμῶνος δὲ Y[a] Ap. X[a]P[c] || 14 γενόμενοι X[a] || 18 εἰθίσει C[a] διηθίσει X[a] διηθήσει P[c].

retenue mais peut encore entrer en lice et chasser l'humide, ces sueurs apparaissent à juste titre comme des symptômes de maladie[72]? Car le corps est alors refroidi par une humidité dont la proportion dépasse la normale, et la chair, trop imbibée d'humidité, présente la disposition la plus préjudiciable à la santé.

42. Pourquoi[73] les sueurs sont-elles moins abondantes en hiver et ne cherchons-nous pas à en provoquer autant, alors que les corps sont plus humides en hiver? Est-ce que nous transpirons moins parce qu'en hiver les liquides gèlent et deviennent tout à fait consistants? Ils sont donc plus difficiles à dissoudre. Nous pensons d'autre part qu'il ne faut pas provoquer la sudation en hiver, parce que nous supposons que cette précaution est bonne pour la santé, tandis qu'en provoquant des sueurs on dissout et on trouble l'organisme. De plus, en rendant celui-ci plus poreux qu'il ne convient, en expulsant la chaleur interne, on diminue cette chaleur, en sorte qu'on ne peut plus résister aussi bien au froid environnant. Quant à l'humidité extérieure, elle pénètre plus facilement dans le corps, lorsque les pores sont dilatés par la sudation.

72. Cf. plus haut le problème 35, 870a19-20.

73. Cette question est à rapprocher des problèmes 21 (868a26), 33 (869b32) et 40 (870b6).

ρων τὰ θερμὰ μὴ παντελῶς καταλαμβάνηται, ἀλλ' ἔτι ἀπομάχεσθαι καὶ ἐκκρίνειν αὐτὸ δύνηται, εὐλόγως νόσου σημεῖα φαίνεται; Τότε γὰρ ὑπὸ πλείονος ὑγρασίας ἢ τοῦ συμμέτρου κατὰ φύσιν ψύχεται, ἥ τε σὰρξ δίομβρος γενομένη τὴν κακίστην πρὸς ὑγείαν διάθεσιν λαμβάνει.

42. Διὰ τί τοῦ χειμῶνος ἱδρῶτες ἧσσον γίνονται, καὶ ἡμεῖς οὐχ ὁμοίως παρασκευάζειν βουλόμεθα, ὑγροτέρων ὄντων τῶν σωμάτων τοῦ χειμῶνος; Ἢ ἧσσον μὲν ἱδροῦμεν, ὅτι τὰ ὑγρὰ τοῦ χειμῶνος πέπηγε καὶ συνέστηκε σφόδρα; Δυσδιαλυτώτερα οὖν. Οὐχ ὑπολαμβάνομεν δὲ δεῖν ἱδρωτοποιεῖσθαι τοῦ χειμῶνος, διότι ἡ τοιαύτη διάθεσις ὑγιεινή, ὁ δὲ τοὺς ἱδρῶτας ἐμποιῶν τήκει καὶ συγχεῖ τὴν ἕξιν· ἔτι τε καὶ ἀραιοτέραν τοῦ προσήκοντος ἐμποιῶν τό τε ἐντὸς θερμὸν ἀποκρίνων ἔλαττον ποιεῖ, ὥστε μὴ ὁμοίως δύνασθαι τῷ περιέχοντι ψυχρῷ ἀντιτετάχθαι· τό τ' ἐκτὸς ὑγρὸν ῥᾳδιέστερον παρεμπεσεῖται τοῖς σώμασιν, ἀραιῶν τῶν πόρων διὰ τὰς ἱδρωτοποιίας ὄντων.

22 τὰ θερμὰ: τὸ θερμὸν Sylb. Buss. || 23 δυνήσεται P[c] || 24 ὑγρασίας: ἐργασίας X[a] || 25 δίομϐρος: διάϐροχος P[c] || 26 ὑγιείαν Y[a] ut saepe || 28 ἡμᾶς C[a] || 29 ἢ om. X[a] || 31 δυσλυτώτερα Ap. X[a] || οὖν: ὄντα C[a] || δεῖ C[a] ἰδεῖν P[c] || ἱδροτοποιεῖσθαι Ap.[b] P[c] || 37 τὸν πόρον Ap. || 38 ἱδρωποσίας Ap. || ὄντων add. Sylb. om. codd.

SECTION III

Notice

Plutarque dans ses *Propos de table* ou *Symposiaques*[1] cite un texte selon lequel on s'énivre moins quand on boit d'un seul trait, et il l'attribue à un traité d'Aristote sur l'ivresse. Le passage en question se trouve en réalité dans la section III des *Problèmes*, au début de la question 21[2]. Comme, dans le même ouvrage, Plutarque fait plusieurs autres emprunts à cette section[3], on est en droit de penser que c'est elle qu'il désigne sous le titre de traité sur l'ivresse[4].

Cette partie des *Problèmes* est, en effet, consacrée tout entière à l'abus du vin et à ses conséquences. La question 7 explique brièvement pourquoi les enfants n'aiment pas le vin. Mais tous les autres problèmes traitent de l'ivresse, totale ou partielle, et de ses effets sur la démarche, l'élocution, la vue, le goût, le sommeil, ou distinguent minutieusement l'ivresse que provoque le vin pur de celle que donnent le vin plus ou moins coupé d'eau, le vin sec ou le vin doux et liquoreux.

Comme dans les sections précédentes, plusieurs paragraphes de la section III se répètent : sur un total de 36 problèmes, 11 sont en double. Une question est même reprise trois fois :

1. III, 3, 650B.
2. 874a22-28.
3. Nous les signalerons en note à la traduction.
4. Les catalogues anciens des œuvres d'Aristote ne signalent aucun traité portant ce titre. Mais plusieurs auteurs de l'antiquité citent un περὶ μεθῆς d'Aristote (cf. Rose[3], *fragts* 102-111).

les problèmes 3, 14 et 22 examinent pourquoi l'ivresse est plus prononcée, les maux de tête plus violents, quand on a bu du vin légèrement coupé que lorsqu'on a consommé du vin pur. Mais aucun des problèmes en double n'est la réplique textuelle d'un autre. Les variantes sont pour la plupart importantes. La même question est reprise sous une forme plus développée, souvent même avec une explication différente. La question est formulée de la même façon, mais les réponses varient et parfois se complètent. On croirait lire des variations sur un même thème.

La plupart de ces textes ont été rédigés avec soin. On sent même un certain souci de la forme, qui n'est pas habituel dans ce genre d'ouvrages. Les phrases sont en moyenne plus longues que dans les autres sections[5]. A une exception près, elles sont toutes soigneusement reliées entre elles par une particule judicieusement choisie, un pronom ou une conjonction. Quant au vocabulaire, il est toujours précis et varié. Il comporte un assez grand nombre de termes qui ne figurent pas dans les œuvres d'Aristote et qui témoignent de lectures étendues[6]. Tous ces mots sont bien intégrés au texte. L'auteur était à coup sûr un bon écrivain[7].

5. Voir, par exemple, le problème 5.

6. En voici la liste: ἀγρυπνία (874b19), ἀκραίπαλος (873b11), ἀκρατοποτεῖν 871a28, b21, 874b23), ἀκροθώραξ (871a13, 875a29, 33), ἄνοδμος (873a2), ἀπεμεῖν (871a21), ἀπονάρκωσις (875b7, 37), ἀποξυλίζειν (873b4), ἀριδάκρυος (874b8), ἀριστᾶν (872b23, 876a6), διαπίνειν (872b27), διεγείρεσθαι (876a22), ἐμετιᾶν (873b23), ἐνουρεῖν (876a15, 25), ἐπιπλάττειν (875a31, 36), ἐπιστάζειν (871b18), εὐκρατῶς (875a22), κάθυπνος (876a21), καλάμινος (871b29), καρδιώττειν (873b29), κάρος (873b14), κατάκρουσις (874b12), κατακρουστικός (873b26), καταρροφεῖν (876a27), κραιπάλη (873a32, 37, b15, 16, 17, 19, 23), κραιπαλᾶν (871a16, 873b5, 874a28), κυκεών (872b26), κωθωνίζεσθαι (872b28, 874b11), κωνεῖον (874b1), λεαντικός (872b34), οἰνοποσία (871a1), προσαναφέρεσθαι (871b19), προσχαίνειν (874a35, 36), πυκνάκις (872a22, 874a9), ῥευματικός (871b25), σπογγώδης (875b22), τραχυντικός (872b36), τροφώδης (871b19), τυφοῦν (873a23), ὑδρωπικός (871b24), φιλοποσία (872a6), φιλοπότος (874a32). Quelques-uns de ces mots figurent également dans la section II.

7. C'est vraisemblablement le même auteur qui a rédigé la plupart des questions de la section VIII consacrée aux effets du froid.

Qui était-il? Certainement pas Aristote. Sans doute rencontre-t-on par-ci par-là des thèmes qui sont souvent développés chez Aristote. Mais ce sont toujours des notions banales dans la science antique, comme l'idée que le chaud s'alimente de l'humide, que la vieillesse est froide, ou que la chaleur est détruite par consomption ou par étouffement. Pour les autres sujets traités, en particulier pour le principal qui est l'ivresse, cette section apparaît comme totalement à part dans le corpus aristotélicien.

Plusieurs des explications avancées sont même en contradiction très nette avec l'enseignement d'Aristote. Ainsi la question 7 sur les enfants et le vin, et surtout sur le tempérament des Scythes, est en désaccord avec les traités biologiques du Stagirite. De même le développement sur la vision dans le problème 9 ne correspond pas aux théories d'Aristote en la matière, pas plus que la localisation de l'ivresse dans la tête[8]. Quant à l'explication du sommeil qui est donnée dans le problème 25bis, elle ne s'accorde pas avec celle qu'on trouve dans le traité sans doute authentique *Du Sommeil*. Tout aussi déroutant, du point de vue aristotélicien, apparaît le rôle attribué à l'âme dans le langage par le problème 31. Et l'on n'ose pas imaginer qu'Aristote aurait pu écrire que l'homme en état d'ébriété ne dit pas de sottises ... puisqu'il est incapable de porter un jugement, οὐ κρίνων δὲ οὐ παροίνει[9]. Sans doute Aristote n'aurait-il pas non plus employé une expression aussi lourde et compliqué que ὅμοιον ὥσπερ ἂν εἰ[10].

Ces quelques remarques autorisent à penser que les questions qui figurent dans cette section ne sont pas d'Aristote. La plupart d'entre elles semblent avoir été rédigées vers la fin du troisième siècle avant J.C. Elles furent alors intégrées dans le recueil des problèmes d'Aristote classés par ordre

8. Problème 25, 874b12.
9. Problème 27, 875a33.
10. Problème 1, 871a5.

alphabétique, qui plus tard prit place dans l'édition des œuvres d'Aristote publiée par Andronicos[11].

Tous les problèmes de cette section, ou presque, paraissent donc l'œuvre d'un auteur unique. Celui-ci n'était sans doute pas un médecin de profession, bien qu'il emploie volontiers des termes techniques. La façon dont il fait allusion aux praticiens[12] semble bien indiquer qu'il n'appartenait pas à la corporation. Mais il avait certainement une forte teinture médicale. Celle-ci transparaît dans plusieurs de ses propos. Ses remarques sur l'influence bénéfique des bains contre l'ankylose et les courbatures[13] s'inspirent manifestement de traités hippocratiques comme *Du Régime*[14] ou *Du Régime des maladies aiguës*[15]. Et les indications qu'il donne sur les vertus laxatives du chou[16] ou diurétiques de l'huile[17] sont puisées vraisemblablement dans des ouvrages médicaux, dont certains étaient peut-être l'œuvre d'Erasistrate.

L'auteur utilise aussi quelques passages des problèmes rédigés par Aristote. Ainsi la question 9, dans un exposé assez embrouillé sur la vision, renferme une indication[18] empruntée au problème 6 de la section XV[19], qui selon toute vraisemblance est authentique. De même la phrase du problème 21 sur le rôle de la vessie[20] semble un souvenir de la section I[21], et celle sur l'extinction d'un petit feu par un plus grand rappelle des passages de la même section[22]. D'autre part trois mots qui ne se retrouvent pas en dehors des *Problèmes* peuvent avoir été empruntés à la section X

11. Voir l'Introduction p. 000.
12. Cf. 17, 873b2.
13. Problème 16, 873a34.
14. Livre II, 66, 4-7.
15. Chapitre 65-68.
16. Problème 17, 873b1.
17. Problème 35, 876a27.
18. 872a34-35.
19. 911b5-20.
20. 874a25.
21. Problème 40, 863b38.
22. Cf. I, 55, 866a27; 56, 866a37.

qui a toutes chances d'être authentique: il s'agit de ἀπεμεῖν (871a21), τροφώδης (871b19) et διεγείρεσθαι (876a22).

Le rédacteur de cette section n'avait pas seulement une culture médicale. Il s'intéressait également au théâtre, puisqu'il mentionne l'auteur tragique Chérémon[23] et l'acteur Satyros de Clazomène[24]. L'anecdote relative à ce dernier s'intègre d'ailleurs assez mal au problème où elle est placée. Mais le témoignage de Plutarque[25] qui la cite, prouve qu'elle figurait bien dans le recueil des *Problèmes* d'Aristote. Cependant elle se trouvait sans doute, à cette époque-là, à une autre place[26].

Car le texte de cette section a été remanié au moment de la mise au point de l'édition qui devait se substituer à celle d'Andronicos[27]. La preuve de ce remaniement est fournie d'abord par plusieurs formules de renvoi qu'on trouve à l'intérieur de cette section: de 10, 872b5 à 9, 872a34-35; de 13, 873a1 à 12, 872b30; de 26, 874b32 à 5, 871a33. De tels renvois ne sont utiles que dans un classement par matières.

Mais c'est surtout le témoignage de Plutarque qui me paraît décisif. Il permet d'établir avec certitude que celui-ci ne disposait pas du même recueil que nous. On trouve, en effet, dans ses œuvres sept références à des textes relatifs à l'ivresse, qui sont présentés tous comme des textes d'Aristote. Cinq de ces allusions correspondent effectivement à des développements qui figurent dans la section III[28]. Mais il en reste deux qui n'ont aucun rapport avec elle. Ce sont deux passages des *Propos de table*: l'un (III, 3, 650A) concerne l'ivresse des vieillards et des femmes, alors qu'il

23. Problème 16, 873a25.

24. Problème 27, 875a34.

25. *Du contrôle de la colère*, 9, 458F.

26. Il est souvent question de la colère dans les *Problèmes*: cf. II, 26; V, 15; VIII, 3; XXVII, 3; XXVIII, 3; XXXI, 3.

27. Voir Introduction, p. 000.

28. Ce sont: *Propos de table*, III, 3, 650B (cf. *Probl.*, III, 12, 874a22-28); III, 7, 655E (cf. *Probl.*, III, 12 et 13); III, 8 (cf. *Probl.*, III, 2, 871a8-16; 27, 875a29-41); *Des Oracles de la Pythie*, 23, 406B (cf. *Probl.*, III, 16, 873a26); *Du contrôle de la colère*, 9, 458F (cf. *Probl.*, III, 27, 875a34 et sq.).

n'est nulle part question des femmes dans cette section; l'autre (III, 5, 652A) affirme que le vin est froid par nature, ce qui est en contradiction formelle avec les indications fournies par la section III.

Une conclusion me paraît donc s'imposer: c'est que Plutarque avait à sa disposition un recueil qui, sur certains points, était différent du nôtre. C'était, selon toute vraisemblance, celui qui figurait dans l'édition publiée dans le courant du premier siècle avant notre ère par Andronicos. Quant au texte que nous lisons aujourd'hui, ce ne peut être que celui d'une édition postérieure à Plutarque.

SECTION III

SECTION III

L'USAGE DU VIN ET L'IVRESSE

1. Pourquoi[1], alors que le vin est chaud, les gens ivres résistent-ils mal au froid[2] et sont-ils victimes très rapidement d'une pleurésie[3] et d'affections du même genre? Est-ce parce que, si une grande quantité de liquide se refroidit, beaucoup de froid en résulte au point que celui-ci l'emporte sur la chaleur naturelle? C'est comme si un vêtement se trouvait imprégné d'un liquide froid: même chose pour la chair à l'intérieur.

2. Pourquoi[4] n'est-ce pas ceux qui sont complètement ivres qui ont le vin mauvais[5], mais plutôt ceux qui ne sont qu'éméchés[6]? Est-ce parce que ces derniers ont trop bu pour rester sobre et pas assez pour être dérangés[7] comme le sont ceux qui ont beaucoup bu? De plus quand on est à jeun, on a un jugement plus droit, tandis que les gens complètement ivres n'essaient même pas de juger. Quand on est éméché, on porte des jugements, du fait qu'on n'est pas tout à fait ivre, mais on juge mal, parce qu'on n'est pas à jeun et vite on regarde les uns de haut et on se croit insulté par les autres.

3. Pourquoi a-t-on la tête plus lourde[8] quand on boit du vin légèrement coupé[9] que quand on le boit complètement pur[10]? Est-ce que, du fait de sa légèreté, le vin coupé d'eau pénètre mieux dans un plus grand nombre d'endroits et plus étroits, ce que fait moins le vin pur, si bien que le vin coupé est plus difficile à évacuer? Ou est-ce parce que on boit moins de vin pur, car on en est incapable, et qu'il arrive plus souvent qu'on le rejette? De plus ce vin étant plus chaud contribue à la digestion du reste et se digère lui-même. Pour le vin mouillé c'est le contraire.

Γ. ΟΣΑ ΠΕΡΙ ΟΙΝΟΠΟΣΙΑΝ ΚΑΙ ΜΕΘΗΝ.

[871a] 1. Διὰ τί οἱ μεθύοντες θερμοῦ ὄντος τοῦ οἴνου δύσριγοί εἰσι, καὶ τάχιστα ἁλίσκονται ὑπὸ πλευρίτιδος καὶ τῶν τοιούτων; Ἢ διότι πολὺ ὑγρὸν ἐὰν ψυχθῇ, πολὺ ψυχρὸν γίνεται, ὥστε κρατεῖν τῆς φυσικῆς θερμότητος; Γίνεται γὰρ ὅμοιον ὥσπερ ἂν εἰ ἐσθὴς βεβρεγμένη εἴη ὑγρῷ ψυχρῷ, οὕτως ἡ σὰρξ ἔνδοθεν.

2. Διὰ τί οὐχ οἱ σφόδρα μεθύοντες παροινοῦσιν, ἀλλ' οἱ ἀκροθώρακες μάλιστα; Ἢ ὅτι οὔθ' οὕτως ὀλίγον πεπώκασιν ὥστε ὁμοίως ἔχειν τοῖς νήφουσιν, οὔθ' οὕτως ὥστε διαλύεσθαι, ὅπερ πάσχουσιν οἱ πολὺ πεπωκότες; Ἔτι οἱ μὲν νήφοντες μᾶλλον ὀρθῶς κρίνουσιν, οἱ δὲ σφόδρα μεθύοντες οὐδ' ἐγχειροῦσι κρίνειν· οἱ δ' ἀκροθώρακες κρίνουσι μὲν διὰ τὸ μὴ σφόδρα μεθύειν, κακῶς δὲ διὰ τὸ μὴ νήφειν, καὶ ταχὺ τῶν μὲν καταφρονοῦσιν, ὑπὸ τῶν δὲ ὀλιγωρεῖσθαι δοκοῦσιν.

3. Διὰ τί μᾶλλον κραιπαλῶσιν οἱ ἀκρατέστερον πίνοντες ἢ οἱ ὅλως ἄκρατον; Πότερον διὰ τὴν λεπτότητα ὁ κεκραμένος μᾶλλον εἰσδύεται εἰς πλείους τόπους καὶ στενωτέρους, ὁ δ' ἄκρατος ἧττον, ὥστε δυσεξαγωγότερος ὁ κεκραμένος; Ἢ διότι ἐλάττω πίνουσιν ἄκρατον διὰ τὸ μὴ δύνασθαι, καὶ ἀπεμοῦσι μᾶλλον; Ἔτι δὲ συμπέττει τὰ λοιπὰ θερμότερος ὤν, καὶ αὐτὸς αὑτόν· ὁ δ' ὑδαρὴς τοὐναντίον.

[871a] 1 Tit. ante ὅσα add. ἀριστοτέλους Y^a Ap. || οἰνοποσίας καὶ μέθης Ap. C^a || 3 ἀναλίσκονται P^c || 4 ante πολὺ add. καὶ C^a || 6 εἰ: ἢ Ap. || ὑγρῷ: ἐν τῷ C^a || 8 παροινοῦσιν Y^{a3}: περιοινοῦσιν Y^{a1} et cett. codd. || 9 ἀκροθορίκες C^a || πεπόκασιν C^a || 11 πεποκότες C^a || 12 οὐδ': οὐκ Ap. || 13 ἀκροθορίκες C^a || 15 ὑπὸ om. C^a || 17 οἱ om. X^a || 18 στενοτέρους Y^a || 19 δυσεξαγωγότερον $Ap.^a$ || 21 λοιπὰ: πολλὰ Ap. || 22 ὑδαρὸς $Ap.^b$ P^c.

4. Pourquoi[11] le sperme des ivrognes est-il infécond la plupart du temps? Est-ce parce que leur tempérament est imprégné d'humidité? Or les spermes liquides ne sont pas féconds: seuls le sont ceux qui sont consistants et épais.

5. Pourquoi[12] les ivrognes tremblent-ils et ce d'autant plus qu'ils boivent du vin pur[13]? Or le vin est source de chaleur et le tremblement vient surtout du froid (ce sont les gens qui ont froid qui tremblent le plus). On a déjà vu bien des individus qui, ne prenant que du vin pur comme nourriture, étaient saisis de violents tremblements, au point de bousculer ceux qui voulaient les retenir, et qui, plongés dans le bain chaud, y restaient insensibles. Est-ce parce que le tremblement est dû à un refroidissement et que celui-ci se produit soit lorsque la chaleur interne est maintenue à l'intérieur sous l'action du froid extérieur, comme en hiver, soit quand la chaleur naturelle disparaît, éteinte par son contraire, tantôt sous l'effet du temps, comme pour la vieillesse, tantôt par l'excès de la chaleur étrangère, ce qui arrive à qui se brûle au soleil ou à un feu? C'est ce qui se produit également pour ceux qui abusent du vin pur. Car celui-ci étant chaud, si sa force s'accroît trop[14] par son mélange avec la chaleur propre du corps, il éteint celle-ci. Or une fois le corps éteint et refroidi, les tremblements arrivent à se produire. Mais indépendamment de tout ce qui vient d'être dit, il existe un autre mode de refroidissement[15]. Lorsqu'est épuisée la matière qui nourrit la chaleur en chaque individu, cette chaleur arrive à disparaître elle aussi. Dans les objets inanimés, le fait est évident pour la lampe (car lorsque l'huile est consumée, la lumière s'éteint). Pour les êtres animés la même chose arrive du fait de la vieillesse et des maladies longues et déprimantes. En effet, une fois épuisé ou réduit l'aliment de la chaleur, il se produit que celle-ci est éliminée. Car le chaud se nourrit d'humidité[16], non pas de n'importe laquelle mais d'une humidité fluide et abondante. Aussi chez les patients qui souffrent des maladies dont nous venons de parler[17] et chez les vieillards, si l'humidité en question est détruite on

4. Διὰ τί τῶν οἰνοφλύγων τὸ σπέρμα οὐ γόνιμον ὡς ἐπὶ τὸ πολύ; Ἢ ὅτι ἡ κρᾶσις τοῦ σώματος ἐξύγρανται; Τὰ δ' ὑγρὰ σπέρματα οὐ γόνιμα, ἀλλὰ τὰ συνεστῶτα καὶ πάχος ἔχοντα.

5. Διὰ τί οἱ οἰνόφλυγες τρέμουσιν, καὶ μᾶλλον ὅσῳ ἂν ἀκρατοποτῶσιν; Ἔστι δ' ὁ μὲν οἶνος θερμαντικόν, ὁ δὲ τρόμος γίνεται μάλιστα ἀπὸ ψυχροῦ (διὸ οἱ ῥιγῶντες μάλιστα τρέμουσιν)· πολλοῖς δ' ἤδη χρωμένοις μόνον ἀκράτῳ τροφῆς χάριν τρόμοι ἰσχυροὶ συνέβησαν, ὥστε ἀπορρίπτειν τοὺς θλίβοντας, καὶ τῷ θερμῷ ὕδατι λουόμενοι ἀναισθήτως εἶχον. Ἢ ὅτι γίνεται μὲν ὁ τρόμος διὰ κατάψυξιν, γίνεται δὲ ἢ περιισταμένου ἐντὸς τοῦ θερμοῦ διὰ τὸ ἐκτὸς ψῦχος, οἷον τοῦ χειμῶνος, ἢ σβεννυμένου τοῦ κατὰ φύσιν θερμοῦ, σβεννυμένου μὲν τῷ ἐναντίῳ, ἢ διὰ χρόνον, οἷον γῆρας, ἢ τῇ τοῦ ἀλλοτρίου θερμοῦ ὑπερβολῇ, ὃ συμβαίνει τῷ ἐν τῷ ἡλίῳ ἢ πυρὶ καιομένῳ; Συμβαίνει δὲ τοῦτο καὶ τοῖς τῷ ἀκράτῳ οἴνῳ χρωμένοις. Ὢν γὰρ θερμός, ὅταν ὑπερ-
[871b] τείνηται δυνάμει τῇ τοῦ σώματος οἰκείᾳ θερμότητι μιγνύμενος, ἀποσβέννυσιν αὐτό· σβεσθέντος δὲ καὶ ψυχθέντος τοῦ σώματος συμβαίνει τοὺς τρόμους γίνεσθαι. Ἔστι δὲ καὶ παρὰ πάντα τὰ εἰρημένα ἄλλος τρόπος καταψύξεως. Ἀναιρεθείσης δὲ τῆς ὕλης, ᾗ τὸ θερμὸν ἑκάστῳ τρέφεται, συμβαίνει καὶ τὸ θερμὸν φθείρεσθαι. Τοῦτο δ' ἐπὶ μὲν τῶν ἀψύχων ἐπὶ τοῦ λύχνου ἐστὶ φανερόν (τοῦ γὰρ ἐλαίου ἀναλωθέντος συμβαίνει σβέννυσθαι τὸ φῶς), ἐπὶ δὲ τῶν ἐμψύχων τό τε γῆρας ταὐτὸ ποιεῖ τοῦτο καὶ τῶν νόσων αἱ μακραὶ καὶ συντηκτικαί. Ἀναιρουμένης γὰρ ἡ λεπτυ-

24 ἐξύγραται Cᵃ || 28 ἀκροτοποτῶσιν Yᵃ || τρόμος: τρόπος Cᵃ || 32 θλίζοντας: ἰζολίτας YᵃCᵃ ʽλοζολίτας Ap. ἴζοντας Ruelle *vestes coangustante* antiq. vers. || 35 ἢ — 36 ἐναντίῳ om. Ap.ᵃ || 37 τῇ om. Xᵃ¹ || 39 post θερμός add. τις Yᵃ Ap. τις ὁ οἶνος Xᵃ || ὑπερτείνῃ τῇ coni. Bonitz Hett.

[871b] 4 παρὰ om. Yᵃ Ap. Xᵃ¹ in marg. Xᵃ² || ἄλλον τρόπον Cᵃ || 5 ante ἀναιρεθείσης hab ς Ap. Xᵃ || δὲ: γὰρ dubitanter Bekker || 6 μὲν om. Ap. Xᵃ || 8 ἀναλωθέντος: ἀναδοθέντος Ap.ᵇ.

change de caractère (si elle devient âcre et se dessèche au lieu d'être fluide et onctueuse), elle finit par disparaître. La preuve de ce qu'on avance, ce sont les moyens utilisés pour soigner les malades qui s'en vont de consomption: si on leur instille un liquide nourricier, c'est le retour à la vie et leur aspect[18] montre que leur dépérissement était dû à la déficience de ce liquide. Il semble que ce soit là la cause de ce qui arrive à ceux qui s'énivrent de vin pur. En effet, le vin, qui est chaud, s'ajoutant à la chaleur naturelle, augmente la consommation des réserves constituées dans le corps par la chaleur qui lui est propre. Aussi arrive-t-il que certains deviennent hydropiques, d'autres ont des fluxions[19], d'autres sont atteints au ventre. Car les liquides qui restent en eux sont âcres et ceux qui pénètrent de l'extérieur dans leur organisme sont fluides[20] du fait de la faiblesse de leur chaleur propre et n'épaississent pas. Cette chaleur est faible, parce que la matière qui lui permet encore de subsister est comme celle du feu de paille: celui-ci, par suite de la faiblesse de la matière qui le nourrit, est plus faible que le feu de bois.

6. Pourquoi[21], alors que le vin est chaud, les gens ivres résistent-ils mal au froid et sont-ils très vite victimes d'une pleurésie ou des autres affections de ce genre? Est-ce parce que, si une grande quantité de liquide se refroidit, il en résulte beaucoup de froid, si bien que celui-ci l'emporte sur

18. Ce passage est probablement corrompu. Mais les manuscrits ne présentent aucune variante. Th. Gaza ne donne qu'une traduction lointaine.

19. Même sens de ῥευματικός dans la section XXXI, 5, 957b25.

20. Th. Gaza n'a pas traduit ἁπαλά.

21. Ce chapitre ne fait que développer le problème 1.

νομένης τῆς τοῦ θερμοῦ τροφῆς ἐκλύειν αὐτὸ συμβαίνει. Ὑγρῷ μὲν γὰρ τρέφεται τὸ θερμόν, τούτῳ δὲ οὐ τῷ τυχόντι, ἀλλὰ λείῳ καὶ πλείονι. Διὸ τοῖς νοσοῦσι τὰς εἰρημένας νόσους καὶ πρεσβυτέροις φθειρομένου τοῦ τοιούτου καὶ ἀλλοιουμένου (δριμὺ γὰρ καὶ αὐχμηρὸν ἀντὶ λείου καὶ λιπαροῦ γίνεται) συμβαίνει ἐκλείπειν αὐτό. Σημεῖον δὲ τῶν εἰρημένων ἐστὶν αἱ γινόμεναι βοήθειαι τοῖς μαράνσει τὸν βίον ἐκλείπουσιν· ὅ τι γὰρ ἂν ἐπιστάξῃ τις αὐτοῖς τῶν τροφωδῶν ὑγρῶν, προσαναφέρεσθαι συμβαίνει, τὸ δ' ὀπτικὸν αὐτῶν ὡς τῇ τοῦ τοιούτου ἐκλείψει γινομένης τῆς διαλύσεως. Ἔοικε δὲ τοῖς ἀκρατοποτοῦσι τοῦτ' εἶναι αἴτιον. Ὢν γὰρ θερμὸς ὁ οἶνος μετὰ τῆς φύσει ὑπαρχούσης θερμότητος μᾶλλον ἀναλίσκει τὰ ἐν τῷ σώματι ὑπάρχοντα ἐφόδια τῷ οἰκείῳ θερμῷ. Διὸ συμβαίνει τοὺς μὲν ὑδρωπικοὺς αὐτῶν γίνεσθαι, τοὺς δὲ ῥευματικούς, τοὺς δ' εἰς τὴν κοιλίαν. Τά τε γὰρ λοιπὰ αὐτοῖς ὑγρὰ δριμέα ἐστί, καὶ τὰ εἰσιόντα δι' ἀσθένειαν τοῦ οἰκείου θερμοῦ ἁπαλὰ ὄντα οὐ παχύνεται. Ἀσθενὲς δ' ἐστὶ τὸ θερμὸν τῷ τὴν ὕλην εἶναι τοιαύτην ἐν ᾧ ἔτι σώζεται, καθάπερ τὸ καλάμινον πῦρ· καὶ γὰρ τοῦτο διὰ τὴν τῆς ὕλης ἀσθένειαν ἀσθενέστερόν ἐστι τοῦ ξυλίνου.

6. Διὰ τί οἱ μεθύοντες θερμοῦ ὄντος τοῦ οἴνου δύσριγοί εἰσι, καὶ τάχιστα ἁλίσκονται ὑπὸ πλευρίτιδος καὶ τῶν τοιούτων νόσων; Ἢ ὅτι τὸ πολὺ ὑγρὸν ἐὰν ψυχθῇ, πολὺ ψυχρὸν γίνεται, ὥστε κρατεῖν τῆς φυσικῆς θερμότητος,

11 ἐκλύειν: ἐκλείπειν Gaza *dissolvi* antiq vers. || 12 τούτῳ: τοῦτο Ap. X[a] || 13 πλείονι: πίονι malit Bekker corr. Hett || 18 ἐπιστάξῃ Hett || 19 τροφῶν C[a] || δὲ ὀπτικὸν: ζωτικὸν Richards Hett om. Gaza || 20 ante τῇ add. ἐν X[a] || 21 post διαλύσεως lac. indic. Buss. ex Gaza || αἴτιον — 23 τὰ om. C[a] || 22 θερμότητος bis Ap.[b] || 23 ἀναλίσκει τὰ: ἀναλίσκεται Y[a1] || 24 ἱδρωπικοὺς Ap.[b] || 25 post ῥευματικούς add. *alios alia deiectio* Gaza lac. indic. Buss. qui deesse cens. τοὺς μὲν εἰς τὴν κύστιν vel similia quaedam || τὴν om. Ap.[a] || 26 ὑγρὰ αὐτοῖς Ap. X[a] || 29 ἔτι: τι C[a] || 33 ὑπὸ πλευρίτιδος ἁλίσκονται Ap. X[a] || 34 τὸ om. C[a] || 35 κρατεῖ Y[a].

la chaleur naturelle, et parce que, en toutes choses, plus il y a d'humidité, plus il y a naturellement de froid? La preuve: la chaleur a des causes extérieures, l'humidité non. Si des objets sont moins chauds, il est évident que la chaleur les abandonne plus vite que l'humidité; en conséquence lorsqu'il ne reste que des liquides froids, il est naturel que les gens ivres aient plus froid et qu'ils souffrent des affections propres au froid.

7. Pourquoi les enfants, qui sont chauds, n'aiment-ils pas le vin[22], alors que les Scythes et les hommes courageux, qui sont chauds, aiment le vin? Est-ce parce que ces derniers sont chauds et secs[23] (tel est, en effet, le tempérament de l'homme adulte), tandis que les enfants sont humides et chauds, et parce que le passion du vin est l'envie d'un liquide? Leur humidité empêche donc les enfants d'avoir soif. Car l'envie correspond à un besoin[24].

8. Pourquoi[25], en état d'ébriété, sommes-nous plus sensibles aux eaux salées et aux eaux qui ont mauvais goût, et le sommes-nous moins à jeun? Est-ce parce que ce qui a un caractère particulier est insensible à ce qui a le même caractère, et également ce qui est disposé de la même façon, tandis que les contraires sont très sensibles aux contraires? En conséquence, l'homme ivre a en lui des sucs qui sont doux (tel paraît bien le vin) et il est plus sensible aux sucs désagréables, tandis que l'homme à jeun renferme des sucs âcres et salés. Une fois la nourriture digérée les matières résiduelles surnagent. Elles ne sont pas affectées par leurs semblables et elles font qu'il en soit de même pour celui qui contient ces sucs.

9. Pourquoi[26], lorsqu'on est complètement ivre, a-t-on l'impression que tout tourne, et pourquoi dès l'approche de l'ivresse ne peut-on pas distinguer les objets éloignés? C'est d'ailleurs pour certains un signe auquel on reconnaît l'ivresse. Est-ce parce que la vue est fréquemment mise en mouvement par la chaleur du vin? Dans ces conditions il

πάντα δὲ τὰ ὑγρότερα ψυχρότερά ἐστι τὴν φύσιν; Σημεῖον δέ· θερμαίνεται μὲν γὰρ τοῖς ἐκτός, ὑγραίνεται δ' οὔ. Εἰ δ' ἧττόν ἐστι θερμά, καὶ ἀπολείπει δῆλον ὅτι θᾶττον αὐτὰ ἡ θερμότης ἢ ὑγρότης, ὥστε λειφθέντων ψυχρῶν ὑγρῶν [872a] **εἰκότως ῥιγοῦσί τε μᾶλλον οἱ μεθύοντες καὶ τὰ τοῦ ῥίγους οἰκεῖα πάσχουσι πάθη.**

7. Διὰ τί οἱ μὲν παῖδες θερμοὶ ὄντες οὐ φίλοινοί εἰσι, Σκύθαι δὲ καὶ οἱ ἄνδρες οἱ ἀνδρεῖοι θερμοὶ ὄντες φίλοινοι; Ἢ ὅτι οἱ μὲν θερμοὶ ὄντες καὶ ξηροί (ἡ γὰρ τοῦ ἀνδρὸς ἕξις τοιαύτη), οἱ δὲ παῖδες ὑγροὶ καὶ θερμοί, ἡ δὲ φιλοποσία ἐστίν ἐπιθυμία ὑγροῦ τινός; Ἡ οὖν ὑγρότης κωλύει διψητικοὺς εἶναι τοὺς παῖδας· ἔνδεια γάρ τις ἐστὶν ἡ ἐπιθυμία.

8. Διὰ τί μεθύοντες μᾶλλον διαισθανόμεθα τὰ ἁλυκὰ καὶ τὰ μοχθηρὰ ὕδατα, νήφοντες δὲ ἧττον; Ἢ ὅτι τὸ οἰκεῖον ὑπὸ τοῦ οἰκείου ἐστὶν ἀπαθές, καὶ τὸ ὁμοίως διακείμενον, τὰ δ' ἐναντία τῶν ἐναντίων ἐστὶν αἰσθητικώτατα; Ὁ μὲν οὖν μεθύων γλυκεῖς ἐν αὑτῷ χυμοὺς ἔχει (τοιοῦτο γὰρ ὁ οἶνος δοκεῖ), καὶ τῶν φαύλων χυμῶν αἰσθητικώτερός ἐστιν, ὁ δὲ νήφων δριμεῖς καὶ ἁλυκούς. Τῆς τροφῆς οὖν πεπεμμένης οἱ περιττωματικοὶ ἐπιπολάζουσιν. Οὗτοί τε οὖν εἰσὶν ἀπαθεῖς ὑπὸ τῶν ὁμοίων, καὶ τὸν ἔχοντα ποιοῦσιν.

9. Διὰ τί τοῖς μεθύουσι σφόδρα κύκλῳ πάντα φαίνεται φέρεσθαι, καὶ ἤδη ἁπτομένης τῆς μέθης ἀθρεῖν τὰ πόρρω οὐ δύνανται; Διὸ καὶ σημεῖον τῆς μέθης αὐτὸ ποιοῦνταί τινες. Ἢ ὅτι κινεῖται ὑπὸ τῆς θερμότητος τοῦ οἴνου ἡ ὄψις πυκνάκις; Διαφέρει οὖν οὐθὲν τὴν ὄψιν κινεῖν ἢ τὸ ὁρώμενον·

36 ψυχρότερά X[a]: θερμότερά cett. codd. et Gaza || 39 λειφθέντων Sylb.: ληφθέντων codd.

[872a] 1 τε om. C[a] || τὰ: κατὰ C[a] || 3 cap. 7 notatur η' in Ap. et sic deinceps usque ad finem sectionis || 7 διψητικούς: διαψυκτικοὺς Ap. || 9 ἀλικὰ Ap. || 12 αἰσθητικώτερα C[a] || ὁ om. Ap.[a] || 15 ἀλικοὺς Ap. || 16 πεπεμένης Ap.[a] || 17 ante ἀπαθεῖς add. οἱ C[a] || 19 post ἁπτομένης inser. μᾶλλον Bonitz ex 874a 6 || 20 δύναται Y[a] Ap.[b] || 22 πυκνάκις: πολλάκις C[a1] || τὴν ὄψιν οὐθὲν Ap. X[a].

est indifférent que ce soit la vue qui bouge ou l'objet qui est vu. Le résultat est le même quant au phénomène dont nous venons de parler. Et puisque la vue des gens ivres se trompe sur les objets proches, il est normal qu'à plus forte raison elle le fasse pour ceux qui sont éloignés. C'est pourquoi ces derniers échappent complètement à la vue, et que ceux qui sont près on ne les voit pas à l'endroit où ils se trouvent. Le fait qu'ils paraissent tourner et qu'on ne distingue pas s'ils sont près ou loin, est dû à ce que la vue est incapable de porter loin en raison du mouvement circulaire. Car il n'est pas facile de faire en même temps des choses contraires. Or la vision au loin va tout droit, tandis que celle qui tourne décrit la figure que désigne le mot cercle. Donc, pour les raisons qu'on vient de donner, la vue ne porte pas au loin. Et si elle portait sur l'objet proche et sur un objet éloigné, l'homme ne les verrait pas. Car il laisserait de côté, l'instant d'après, l'objet aperçu au même endroit, et le laissant de côté, il ne le verrait pas, en raison de la figure que décrit le flux visuel. C'est, en effet, un cône, figure dont la base est un cercle[27], dans lequel la vue mise un mouvement voit l'objet, parce qu'elle ne le laisse jamais de côté, mais elle se trompe sur le lieu parce ce n'est pas le même rayon visuel qui l'atteint. Car le résultat doit être le même que ce soit l'objet qui se meuve vers l'œil on le rayon visuel vers l'objet.

10. Pourquoi, quand les gens en état d'ivresse voient un objet croient-ils parfois en voir plusieurs? Est-ce que, comme on l'a dit[28], dans le mouvement de la vue, il se produit que pas un instant le même rayon visuel ne demeure sur le même objet, et que ce qui est vu autrement au même instant paraît être vu plus tard? Car ce qui est vu est vu par le toucher[29] d'un rayon visuel, et il n'est pas possible que plusieurs rayons atteignent en même temps le même objet. Comme on ne peut avoir une notion précise du temps qui sépare le moment où la vision atteint l'objet et celui où l'objet aperçu change de place, il semble qu'il n'y ait qu'un seul et même instant où l'objet est touché et où il change de place. Aussi, quand plusieurs rayons visuels

ταὐτὸ γὰρ ποιεῖ πρὸς τὸ φαίνεσθαι τὰ εἰρημένα. Ἐπεὶ δὲ καὶ περὶ τὰ πλησίον ὄντα διαψεύδεσθαι τὴν ὄψιν συμβαίνει τῶν μεθυόντων, καὶ περὶ τὰ πόρρω μᾶλλον εἰκὸς ταῦτα πάσχειν. Διόπερ ἐκεῖνα μὲν ὅλως οὐχ ὁρᾶται, τὰ δ' ἐγγὺς οὐκ ἐν ᾧ τόπῳ ἐστὶν ὁρᾷ. Κύκλῳ δὲ φαίνεται φέρεσθαι, καὶ οὐκ ἐγγὺς καὶ πόρρω, ὅτι εἰς μὲν τὸ πόρρω διά τε τὴν κύκλῳ κίνησιν ἀδυνατωτέρα ἐστὶ φέρεσθαι ἡ ὄψις. Ἅμα γὰρ τἀναντία ποιεῖν οὐ ῥᾴδιον. Ἔστι δ' ἡ μὲν πόρρω ἐπ' εὐθείας φορά, ἡ δὲ κύκλῳ ἐν ᾧ τοὔνομα σημαίνει σχήματι. Διά τε οὖν τὰ εἰρημένα πόρρω οὐ φέρεται· καὶ εἰ φέροιτο τὸ ἐγγὺς καὶ πόρρω, οὐκ ἂν ταῦθ' ὁρῴη. Ἀπολείποι γὰρ ἂν ἐν θατέρῳ χρόνῳ αὐτῶν τὸ ὁρώμενον ἐν ταὐτῷ τόπῳ, ἀπολείπων δ' οὐκ ἂν ὁρῴη. Κύκλῳ δὲ φέρεται διὰ τὸ ὑπάρχον σχῆμα τῆς ὄψεως. Ἔστι γὰρ κῶνος, οὗ ἡ βάσις κύκλος, ἐν ᾧ κινουμένη ὁρᾷ μὲν τοῦτο διὰ
[872b] τὸ μηδέποτε ἀπολείπειν αὐτό, διέψευσται δὲ τῷ τόπῳ διὰ τὸ μὴ τὴν αὐτὴν ὄψιν ἐπιβάλλειν ἐπ' αὐτό. Ταὐτὸν γὰρ ἂν ἦν ἢ τοῦτο πρὸς τὴν ὄψιν κινεῖν ἢ τὴν ὄψιν πρὸς τοῦτο.

10. Διὰ τί τοῖς μεθύουσιν ἐνίοτε πολλὰ φαίνεται τὸ ἓν ὁρῶσιν; Ἢ καθάπερ εἴρηται, κινουμένης τῆς ὄψεως συμβαίνει μηθένα χρόνον τὴν αὐτὴν ἐπὶ ταὐτοῦ ἠρεμεῖν ὄψιν, τὸ δ' ἐν ταὐτῷ χρόνῳ ἑτέρως ὁρώμενον ὀψιαίτερον εἶναι δοκεῖ; Ἀφῇ γὰρ ὄψεως ὁρᾶται τὸ ὁρώμενον, ἅπτεσθαι δὲ πλείοσιν ἅμα τοῦ αὐτοῦ ἀδύνατον. Ὄντος δ' ἀναισθήτου τοῦ μεταξὺ χρόνου, ἐν ᾧ ἡ ὄψις ἥπτετο καὶ παρήλλαττε τὸ ὁρώμενον, εἷς εἶναι δοκεῖ χρόνος ἐν ᾧ τε ἧπται καὶ παρήλλαχεν· ὥστ' ἐν τῷ αὐτῷ χρόνῳ ταὐτοῦ πλειόνων ἁπτομένων

23 εἰρημένα: ὁρώμενα Bonitz || δὲ om. C^{a} || 24 συμζαίνει τὴν ὄψιν C^{a} || 27 οὐκ: οὐδ' Ap. X^{a} || 31 ἐπ' εὐθείας φορά corr. Bonitz: ἐπιθυμία σφοδρά codd. et Gaza ἐπ' ἰθὺ μία σφοδρά coni. Buss. || τοὔνομα: τὸ ὄμμα X^{a1} || 32 τε: τι X^{a} || 33 τὸ del. Hett || οὐκ ἂν P^{c}: οὐ καὶ cett. codd. || 34 ἀπολείπει Ap. X^{a} || ἐν om. C^{a} || 35 ἀπολείπων: ἀπολεῖπον Bonitz || 37 ὁρᾷ μὲν: ὁρῶμεν P^{c}.

[872b] 6 χρόνον om. C^{a} || δ' om. C^{a} || δὲ om. C^{a} || 10 ἐν ᾧ — ὁρώμενον om. Ap.^{b} || post ὄψις add. τε C^{a} || παρήλασε C^{a}.

atteignent en même temps le même objet, on croit voir plusieurs objets, parce qu'il est impossible que ces objets soient touchés de la même façon.

11. Pourquoi[30] les hommes en état d'ivresse sont-ils incapables de faire l'amour? Est-ce parce qu'il faut qu'une certaine région soit plus échauffée que le reste du corps? Ces gens-là sont incapables de faire l'amour à cause de la quantité de chaleur répandue dans tout leur corps. En effet, la chaleur produite par le mouvement est éteinte par celle, plus forte, qui l'entoure, parce que chez eux il y a une abondante humidité qui reste sans coction. De plus, le sperme vient de la nourriture, quand celle-ci est tout entière digérée: c'est quand on en est saturé qu'on est porté à faire l'amour. C'est d'ailleurs pourquoi certains recommandent, en vue de cet acte, de déjeuner copieusement et de dîner peu[31], afin qu'on ait en soi moins de nourriture non digérée que de digérée.

12. Pourquoi[32] le vin doux[33], le vin pur et le mélange aromatisé[34] absorbés en alternance préservent-ils de l'ivresse, et pourquoi est-on moins ivre quand on boit dans les grandes coupes[35]? Est-ce que tout cela a la même cause, l'élimination de la chaleur superficielle? Car il y a ivresse quand la chaleur s'installe dans les régions qui avoisinent la tête.

13. Pourquoi, alors que le vin sucré surnage[36], si, quand on est déjà ivre, on boit de ce vin, le vin pris auparavant se trouve digéré et fait moins de mal? Est-ce parce que le vin sucré est lénifiant et liquoreux (donc il obstrue les pores), tandis que le vin sec est âpre[37], et parce que ce dernier facilite la montée de la chaleur, alors que le vin doux la retient en bouchant les pores? Nous avons dit[38] que l'ivresse consiste dans l'échauffement des parties supérieures. D'autre

30. Cette question a été évoquée plus haut dans le problème 4. Elle est reprise dans le problème 33 avec un peu plus de détails. Cf. Plutarque, *Propos de table*, III, 5, 652D.

31. Prescription analogue chez Galien ou Rufus d'Ephèse (cf. Oribase, VI, 37-38).

ὄψεων πλείω δοκεῖ εἶναι τὰ ὁρώμενα, διὰ τὸ ταῦτα κατὰ τὸν αὐτὸν τρόπον ἀδύνατον εἶναι ἅπτεσθαι.

11. Διὰ τί οἱ μεθύοντες ἀφροδισιάζειν ἀδύνατοί εἰσιν; Ἢ ὅτι δεῖ τινὰ τόπον ἐκθερμανθῆναι μᾶλλον τοῦ ἄλλου σώματος; Τοῦτο δὲ ποιεῖν διὰ τὸ πλῆθος τῆς ἐν ὅλῳ τῷ σώματι θερμασίας ἀδυνατοῦσιν· ἀποσβέννυται γὰρ τὸ ὑπὸ τῆς κινήσεως γινόμενον θερμὸν ὑπὸ τοῦ περιέχοντος μᾶλλον, ὅτι πολύ ἐστιν ἐν αὐτοῖς τὸ ὑγρὸν καὶ ἄπεπτον. Ἔτι δὲ τὸ σπέρμα ἐκ τροφῆς, τροφὴ δὲ πᾶσα πέττεται· ἧς πληρωθέντες ὁρμητικοί εἰσι πρὸς τὰ ἀφροδίσια. Διὸ καὶ κελεύουσί τινες πρὸς τὴν πρᾶξιν τὴν τοιαύτην ἀριστᾶν μὲν πολύ, δειπνεῖν δ' ὀλίγον, ἵνα ᾖ αὐτοῖς ἐλάττω τὰ ἄπεπτα τῶν πεπεμμένων.

12. Διὰ τί ὁ γλυκὺς καὶ ὁ ἄκρατος καὶ ὁ κυκεὼν μεταξὺ διαπινόμενοι ἐν τοῖς πότοις νήφειν ποιοῦσιν, καὶ διὰ τί ἧττον μεθύσκονται ταῖς μεγάλαις κωθωνιζόμενοι; Ἢ πάντων τὸ αὐτὸ αἴτιόν ἐστιν, ἡ παράκρουσις τοῦ ἐπιπολῆς θερμοῦ; Τὸ γὰρ μεθύειν ἐστίν, ὅταν ᾖ τὸ θερμὸν ἐν τοῖς περὶ τὴν κεφαλὴν τόποις.

13. Διὰ τί τοῦ γλυκέος ἐπιπολαστικοῦ ὄντος, ἐάν τις μεθύων ἤδη ἐπιπίῃ γλυκύ, καταπέττεται ὁ ἐνυπάρχων οἶνος καὶ ἧττον ἐνοχλεῖ; Ἢ ὅτι τὸ μὲν γλυκὺ λεαντικόν τ' ἐστὶ καὶ γλίσχρον (ἐμφράττει οὖν τοὺς πόρους), τὸ δ' αὐστηρὸν τραχυντικόν, καὶ τὸ μὲν εὐπετῆ ποιεῖ τῷ θερμῷ τὴν ἀναφοράν, ὁ δὲ γλυκὺς στέγει αὐτό, τοὺς πόρους ἐμφράττων;
[873a] Ὅτι δὲ τῶν ἄνω θερμανθέντων ἐστὶν ἡ μέθη, εἴρηται. Ἔτι

11 post ὁρώμενον add. 8-10 ἅπτεσθαι — ὁρώμενον Ap.[a] || ἧπται: ἥπτετο K[a] || 12 ταὐτοῦ: ταυτῷ (sic) Ap. X[a] || 14 τρόπον: χρόνον K[a] || εἶναι om. C[a] || 16 post μᾶλλον add. δὲ C[a] || 19 θερμὸν γινόμενον Ap. X[a]P[c] || 22 post ὁρμητικοί add. δὲ Y[a3] || 26 καὶ om. C[a] || δ[2] Y[a]: om. cett. codd. || 29 κατάκρουσις coni. Bonitz ex 874b 12 || 30 ἐν om. Ap. X[a] || 32 γλυκέως Ap.[b] || 33 καταπάττεται Y[a] || 34 τε om. C[a].

[873a] 1 ἔτι: ἔστι Ap.

part, le vin sucré est inodore, ce qui n'est pas le cas du vin âpre: or, toute odeur alourdit la tête.

14. Pourquoi[39], quand on boit du vin coupé, mais assez proche du pur, a-t-on la tête plus lourde le matin que lorsqu'on boit du vin pur? Est-ce parce que le vin pur, qui est formé de parties épaisses, ne pénètre pas lui-même dans les pores du pourtour de la tête, mais ce qui y pénètre c'est sa puissance c'est à dire l'odeur et la chaleur? Au contraire le vin coupé, mélangé à l'eau qui est légère, pénètre lui-même; mais comme il a du corps et qu'il a beaucoup de la puissance du vin pur, il est plus difficile à digérer. En effet, les liquides sont ce qu'il y a de plus difficile à digérer et les substances matérielles le sont plus que les puissances qui sont en elles.

15. Pourquoi ceux qui ne font pas de gymnastique peuvent-ils boire davantage avant d'être ivres que ceux qui en font, et pourquoi se délivrent-ils plus facilement de leur ivresse? Est-ce parce que ceux qui gardent en eux-mêmes sécrétion et humidité ont besoin d'uriner? Ce qui fait qu'ils peuvent boire et ensuite être légers, car le liquide apporté par le vin ne reste pas en grande quantité. Ainsi donc ceux qui ne font pas de gymnastique sont humides et pleins d'excrétions, ceux qui en font sont secs, si bien que l'humidité du vin pénètre dans leur corps. Aussitôt donc ce mouvement de liquide contrarie la formation d'urine, et ensuite cette humidité qui demeure dans le corps produit de la lourdeur.

16. Pourquoi le vin rend-il les gens hébétés[40] ou excités? Ces dispositions sont opposées. Car dans la dernière on est davantage en mouvement, dans la première on l'est moins. Est-ce que, comme l'a dit Chérémon[41] «le vin est mélangé selon le caractère des gens qui en prennent»? On assiste à des effets contraires non pas sur les mêmes choses, mais sur des choses qui ne sont pas semblables: par exemple, le feu tantôt dessèche, tantôt liquéfie, mais pas les mêmes choses.

39. La question est la même dans les problèmes 3 et 22.

δ' ὁ μὲν γλυκὺς ἄνοδμος, ὁ δ' αὐστηρὸς οὔ· ὀσμὴ δὲ πᾶσα βαρύνει κεφαλήν.

14. Διὰ τί ἀπὸ τοῦ κεκραμένου μέν, ἀκρατεστέρου δέ, ἕωθεν μᾶλλον πονοῦσι τὴν κεφαλὴν ἢ ἀπὸ τοῦ ἀκράτου; Ἢ ὅτι ὁ μὲν ἄκρατος παχυμερὴς ὢς εἰς τοὺς περὶ τὴν κεφαλὴν πόρους στενοὺς ὄντας αὐτὸς μὲν οὐκ εἰσπίπτει, ἡ δὲ δύναμις αὐτοῦ, ἡ ὀσμὴ καὶ θερμότης; Ὁ δὲ κεκραμένος μιχθεὶς λεπτῷ τῷ ὕδατι αὐτὸς εἰσδύεται, ἔχων δὲ σῶμα, καὶ τῆς δυνάμεως πολὺ τῆς τοῦ ἀκράτου, δυσπεπτότερός ἐστιν. Τά τε γὰρ ὑγρὰ πάντων δυσπεπτότατα, καὶ τὰ σώματα τῶν ἐν αὐτοῖς δυνάμεων.

15. Διὰ τί μᾶλλον δύνανται πιεῖν εἰς μέθην οἱ ἀγύμναστοι τῶν γεγυμνασμένων, καὶ ῥᾷον ἀπαλλάττουσιν; Ἢ ὅτι οἱ ἔχοντες περίττωμα καὶ ὑγρὸν ἐν αὑτοῖς οὐρητικοὶ γίνονται; Ὅπερ ποιεῖ δύνασθαι πίνειν καὶ ὕστερον κούφως ἔχειν διὰ τὸ μὴ ἐμμένειν πολὺ ὑγρὸν οἰνῶδες. Οἱ μὲν οὖν ἀγύμναστοι ὑγροὶ καὶ περιττωματικοί εἰσιν, οἱ δὲ γεγυμνασμένοι ξηροί, ὥστ' εἰς τὸ σῶμα τούτοις ἡ ὑγρότης ἡ οἰνηρὰ ἀφικνεῖται. Εὐθύς τ' οὖν ἀντισπᾷ τῇ οὐρήσει ἡ φορὰ αὕτη, καὶ ὕστερον ἐμμένον τὸ ὑγρὸν τοῦτο ἐν τῷ σώματι βάρος ποιεῖ.

16. Διὰ τί ὁ οἶνος καὶ τετυφωμένους ποιεῖ καὶ μανικούς; Ἐναντία γὰρ ἡ διάθεσις· ὁ μὲν γὰρ μᾶλλον ἤδη ἐν κινήσει, ὁ δ' ἧττον. Ἢ ὥσπερ Χαιρήμων εἶπε, «τῶν χρωμένων γὰρ τοῖς τρόποις κεράννυται»; Τἀναντία οὖν ποιεῖ οὐ ταὐτὰ ἀλλὰ τὰ μὴ ὁμοίως ἔχοντα, ὥσπερ καὶ τὸ πῦρ τὰ μὲν ξηραίνει τὰ δὲ ὑγραίνει, ἀλλ' οὐ ταὐτά, καὶ τήκει τὸν κρύσταλλον καὶ πήγνυσι τοὺς ἅλας. Καὶ ὁ οἶνος

4 κρεμμαμένου C^a || ante ὢν add. πως C^a || τοὺς om. X^a || 9 τῷ om. C^a || 10 τοῦ om. C^a || δυσπεπτότερα C^a || πάντων om. Ap. πάντα X^a || 13 πιεῖν: ποιεῖν Ap. X^a || 15 ante περίττωμα add. τὸ C^a || 19 post ξηροί add. *siticulosique* Gaza || εἰς: εἰ $Ap.^b$ || 21 τῷ om. C^a || 22 βάρους X^a || 23 supra τετυφ scrips. *tumidos* (sic) Y^{a3} || 24 ἤδη om. Ap. X^{a1} || 25 ἢ om. C^a || 26 γὰρ om. C^a || 27 et 28 ταῦτα Ap. C^a.

Il fait fondre la glace et il solidifie le sel. De même le vin (dont la nature est liquide) excite les plus lents et les rend plus rapides, mais il ralentit les plus rapides. C'est pourquoi certains sujets chez qui prédomine la bile noire[42], sont complètement abattus[43] dans l'ivresse. De même que le bain[44] facilite les mouvements de ceux dont le corps est ankylosé et qui sont raides, et au contraire fatigue ceux qui sont agiles et humides, de même le vin, comme s'il baignait l'intérieur, a le même résultat.

17. Pourquoi le chou fait-il passer la pesanteur de tête? Est-ce parce que le jus qu'il renferme est doux et détergent (et c'est pourquoi les médecins l'utilisent en lavements[45]), et qu'il est lui-même froid? La preuve c'est que les médecins s'en servent contre les diarrhées tenaces après l'avoir fait bien cuire, en avoir enlevé les parties ligneuses et l'avoir fait refroidir. Ce qui se produit chez ceux qui ont la migraine, c'est que le jus du chou fait descendre dans l'abdomen les liquides vineux et non digérés qui sont en eux, tandis que le chou lui-même, restant dans l'estomac, rafraîchit le corps. Une fois celui-ci refroidi, il s'ensuit que les liquides légers sont portés vers la vessie. Si bien que d'une façon comme de l'autre, les liquides se trouvant sécrétés à travers le corps, et celui-ci se refroidissant, il est normal que l'ivresse ne donne pas la migraine. Car le vin est liquide et chaud. Il arrive en outre qu'une fois les liquides descendus et sécrétés dans le bas du corps, ils entraînent avec eux un souffle qui, lorsqu'il est seul à sortir du vin[46], monte à la tête et produit la torpeur et l'ivresse. Quand au contraire ce souffle se porte vers le bas et que le corps se refroidit pour les raisons qu'on a données[47], les effets pénibles de l'ébriété disparaissent. Car la pesanteur de tête est une espèce d'ébullition et le résultat d'une inflammation[48]. Elle est plus pénible que l'ébriété, car celle-ci met les gens hors d'eux, alors que la lourdeur de tête leur fait mal tout en leur laissant la

(ὑγρὸς γάρ ἐστι τὴν φύσιν) τοὺς μὲν βραδυτέρους ἐπιτείνει καὶ θάττους ποιεῖ, τοὺς δὲ θάττους ἐκλύει. Διὸ ἔνιοι τῶν μελαγχολικῶν τῇ φύσει ἐν ταῖς κραιπάλαις ἐκλελυμένοι γίνονται πάμπαν. Ὥσπερ γὰρ τὸ λουτρὸν τοὺς μὲν συνδεδεμένους τὸ σῶμα καὶ σκληροὺς εὐκινήτους ποιεῖ, τοὺς δ' εὐκινήτους καὶ ὑγροὺς ἐκλύει, οὕτως ὁ οἶνος, ὥσπερ λούων τὰ ἐντός, ἀπεργάζεται τοῦτο.

17. Διὰ τί ἡ κράμβη παύει τὴν κραιπάλην; Ἢ ὅτι τὸν [873b] μὲν χυλὸν γλυκὺν καὶ ῥυπτικὸν ἔχει (διὸ καὶ κλύζουσιν αὐτῷ τὴν κοιλίαν οἱ ἰατροί), αὐτὴ δ' ἐστὶ ψυχρά; Σημεῖον δέ· πρὸς γὰρ τὰς σφοδρὰς διαρροίας χρῶνται αὐτῇ οἱ ἰατροί, ἕψοντες σφόδρα καὶ ἀποξυλίζοντες καὶ ψύχοντες. Συμβαίνει δὴ τῶν κραιπαλώντων τὸν μὲν χυλὸν αὐτῆς εἰς τὴν κοιλίαν κατασπᾶν τὰ ἐν αὐτοῖς ὑγρά, οἰνηρὰ καὶ ἄπεπτα ὄντα, αὐτὴν δ' ὑπολειπομένην ἐν τῇ ἄνω κοιλίᾳ ψύχειν τὸ σῶμα. Ψυχομένου δ' ὑγρὰ λεπτὰ συμβαίνει εἰς τὴν κύστιν φέρεσθαι. Ὥστε κατ' ἀμφότερα τῶν ὑγρῶν ἐκκρινομένων διὰ τοῦ σώματος, καὶ καταψυχομένου, εἰκότως ἀκραίπαλοι γίνονται· ὁ γὰρ οἶνος ὑγρὸς καὶ θερμός ἐστιν. Ἔτι δὲ συμβαίνει τῶν ὑγρῶν κατασπωμένων καὶ ἐκκρινομένων κάτω καὶ πνεῦμα ἐπάγεσθαι αὐτοῖς, ὅπερ μόνον ἀπὸ τοῦ οἴνου εἰς τὴν κεφαλὴν φερόμενον τὸν κάρον καὶ τὴν κραιπάλην ποιεῖ. Κάτω δ' ὁρμήσαντος καὶ καταψυχομένου τοῦ σώματος διὰ τὰ εἰρημένα, λύεται ὁ τῆς κραιπάλης πόνος. Ἔστι γὰρ ἡ κραιπάλη ζέσις τις καὶ φλεγμασία λήγουσα. Λυπεῖ δὲ μᾶλλον τῆς μέθης, ὅτι ἐκείνη μὲν ἐξίστησιν, ἡ δὲ κραιπάλη ἐν αὐτοῖς οὖσι τὸν πόνον παρέχει·

30 βραδυτέρους: δακρυτέρους Y[a] Ap. || 31 διὸ: διότι C[a] || 34 ἀκινήτους C[a] || 35 λούων: λύων Ap. C[a] || 37 κραιπάλην: μέθην P[c].

[873b] 1 γλυκὺ Y[a1] || 3 σφοδρὰ Ap.[a] || αὐτῇ: αὐτῷ Ap.[b] || 4 ἕψονται P[c] || ἀποξυλίζοντες: ἀποχυλίζοντες in marg. u et Sylb. coll. Plin. *Hist. Nat.* XX,9 || 5 δὴ: δὲ Ap. X[a] || κραιπαλούντων C[a] || 10 διὰ τοῦ σώματος om. C[a] || 11 ὑγρός: ψυχρὸς C[a] || 12 κρινομένων Ap. X[a] || ὅπερ Bekker: ὅθεν codd. || 17 in marg. ὅρος κραιπάλης hab. Y[a2] || φλεγμασία: θερμασία Ap. || 19 ἑαυτοῖς Y[a] Ap. X[a] || οὖσα Ap.[a].

maîtrise de soi. C'est donc comme ceux qui, dans les accès de fièvre, éprouvent plus d'euphorie que de douleur, et une fois redevenus eux-mêmes et débarrassés de leur mal, se mettent à souffrir. Car les choses se présentent de la même façon dans le cas de lourdeur de tête et d'ébriété[49].

18. Pourquoi le vin trop étendu d'eau donne-t-il plus envie de vomir que le vin pur ou l'eau simple? Est-ce parce que ce qui fait surtout vomir c'est ce qui surnage dans l'estomac et ce qui est désagréable? Or le vin a tendance à s'enfoncer[50] et l'eau est subtile et n'est pas désagréable. Donc comme l'eau est légère[51], elle s'en va rapidement vers le bas et, du fait qu'elle n'est pas désagréable, elle ne fait pas mal au cœur. Quant au vin trop étendu d'eau, il n'est pas assez subtil pour s'écouler rapidement et, comme il contient peu de vin, il est désagréable. Il trouble la sensibilité parce qu'il y introduit plusieurs mouvements, celui qui vient du vin et celui qui vient de l'eau: les deux, en effet, sont ressentis à la fois. Au contraire le vin convenablement coupé fait disparaître la sensation de l'eau et donne l'impression d'un vin moelleux. Aussi est-il agréable à boire. Le vin trop mouillé est désagréable et reste en surface: c'est ce qui fait qu'il est émétique.

19. Pourquoi[52], en état d'ébriété, sommes-nous plus sensibles aux eaux salées et aux eaux qui ont mauvais goût, et le sommes-nous moins à jeun? Est-ce parce que ce qui est pénible est surtout sensible à qui n'en a pas envie et échappe à ceux qui ont envie? Donc celui à qui manque quelque chose est dans la même situation que celui qui désire. C'est le cas de quiconque est à jeun. L'ivrogne au contraire est saturé.

20. Pourquoi[53], lorsqu'on est complètement ivre a-t-on l'impression que tout tourne, et pourquoi dès l'approche de l'ivresse ne peut-on compter[54] les objets éloignés? C'est d'ailleurs pour certains un signe auquel on reconnaît

49. Sur la dissipation des effets de l'ivresse voir Pline, XX, 83-84, Dioscoride, II, 120-122.

καθάπερ οὖν καὶ ὑπὸ τῶν πυρετῶν οἱ λαμβανόμενοι παίζουσι μᾶλλον ἢ ἀλγοῦσι, παρ' αὑτοῖς δὲ γενόμενοι οἱ αὐτοί, κουφισθέντες τοῦ πάθους, ἀλγοῦσιν. Ταὐτὰ γὰρ καὶ ἐπὶ τῆς κραιπάλης καὶ ἐπὶ τῆς μέθης συμβαίνει.

18. Διὰ τί μᾶλλον ἐμετιᾶν ποιεῖ ὁ ὑδαρὴς οἶνος ἢ τὸ ὕδωρ καὶ ὁ ἄκρατος; Ἢ ὅτι ἐμεῖν μὲν μάλιστα ποιεῖ τὰ ἐπιπολαστικὰ καὶ ὅσα ἀηδῆ ἐστίν; Ἔστι δ' ὁ μὲν οἶνος κατακρουστικός, τὸ δ' ὕδωρ λεπτὸν καὶ οὐκ ἀηδές. Διὰ μὲν οὖν τὸ λεπτὸν [καὶ οὐκ ἀηδὲς] εἶναι κάτω διέρχεται ταχύ, διὰ δὲ τὸ μὴ ἀηδὲς οὐ ποιεῖ καρδιώττειν. Ὁ δὲ κεκραμένος λίαν οὐκ ἔστι λεπτὸς ὥστε διαρρεῖν ταχύ, διὰ δὲ τὸ μικρὸν ἔχειν οἴνου ἀηδής ἐστιν· ταράττει γὰρ τὴν αἴσθησιν τῷ πλείους ἐν αὐτῇ τὰς κινήσεις ἐμποιεῖν, τήν τ' ἀπὸ τοῦ οἴνου καὶ τοῦ ὕδατος· αἰσθηταὶ γὰρ ἄμφω γίνονται. Ὁ δ' εὔκρατος τὴν μὲν τοῦ ὕδατος αἴσθησιν ἀφανίζει, οἴνου δὲ μαλακοῦ ποιεῖ αἴσθησιν· διὸ ἡδέως πίνεται. Ἀηδὴς δ' ὢν ὁ ὑδαρὴς οἶνος ἐπιπολαστικός ἐστιν· τὸ τοιοῦτον ἐμετικόν ἐστιν.

19. Διὰ τί μεθύοντες μᾶλλον διαισθανόμεθα τὰ ἁλυκὰ [874a] καὶ τὰ μοχθηρὰ ὕδατα, νήφοντες δ' ἧττον; Ἢ ὅτι τὰ λυπηρὰ μᾶλλον δῆλα τοῖς μὴ ἐπιθυμοῦσι, τοὺς δ' ἐπιθυμοῦντας διαλανθάνει; Ὁ μὲν οὖν ἐνδεῶς ἔχων ὁμοίως τῷ ἐπιθυμοῦντι ἔχει, Ὁ δὲ νήφων οὕτως ἔχει· ὁ δὲ μεθύων πλήρης.

20. Διὰ τί τοῖς μεθύουσι σφόδρα κύκλῳ πάντα φαίνεται φέρεσθαι, καὶ ἤδη ἁπτομένης μᾶλλον τῆς μέθης ἀριθμεῖν τὰ πόρρω οὐ δύνανται; Διὸ καὶ σημεῖον τῆς μέθης τοιοῦνται

20 καὶ om. C[a] || παίζουσι om. C[a] || 22 ταῦτα C[a] || 24 ὑδαρὴς: βαρὺς C[a] || 25 ὁ ἄκρατος Ap.: τὸ ἄκρατον cett. codd. || μὲν om. Ap. || ποιεῖ in marg. Y[a2]: om. Y[a1] Ap. C[a]X[a] || 28 καὶ οὐκ ἀηδὲς del. Bekker ex Gaza || διὰ — 30 ταχὺ om. C[a] || 32 αὐτῇ: αὐτῷ C[a] || τὰς om. Y[a] Ap. C[a] || ἐμποιεῖ Y[a1] || 33 ἄκρατος in marg. Ap.[a] man. rec. || 37 μᾶλλον: μάλιστα Ap. X[a] || ἁλικὰ Ap.[a].

[874a] 3 λανθάνει Ap. X[a] || ἐνδεῶς coni. Bonitz: ἡδέως codd. et Gaza || ἔχων ὁμοίως om. Ap.[a] ἔχων ἡδέως Ap.[b] || ante ἐπιθυμοῦντι add. negationem Gaza || 4 post ἔχει *qui autem in tristitia est cupientis hic gerit affectum* add. Gaza || 7 δύναται X[a].

l'ivresse. Est-ce parce que la vue est fréquemment mise en mouvement par la chaleur du vin? Donc[55], de même que lorsqu'on fait pression sous l'œil, deux objets apparaîssent[56], de même en est-il pour les gens ivres. Car peu importe qu'il y ait pression sous l'œil ou mouvement de la vue, ni que le déclenchement soit extérieur ou intérieur. Dans les deux cas le résultat est le même pour la vision, à savoir que l'objet qu'on aperçoit paraîtra ne pas rester en place, et cela d'autant plus qu'il est plus éloigné. Car la vision est d'autant moins bonne que le rayon visuel se prolonge, et ce mouvement qui existe de près aboutit à un intervalle plus grand à l'extrémité. Si l'œil est violemment remué et uniformément vers le haut et vers le bas, il maîtrisera moins bien l'objet éloigné. Tout ce qui porte loin décrit une courbe, par exemple les flèches et les objets suspendus. Donc la vue elle-même éprouve quand elle s'affaiblit le même effet que si elle portait au loin. Peu importe que ce soit la vue ou l'objet vu qui soit en mouvement: le résultat est le même du point de vue de l'apparence.

21. Pourquoi[57], quand on boit une grande quantité d'un trait, l'estomac devient-il plus sec, alors qu'il doit y avoir plus d'humidité s'il y a plus de liquide[58]? Est-ce parce que l'estomac ne maîtrise pas le liquide qui arrive en grande quantité et d'un seul coup, mais celui-ci s'en va sans avoir rien subi vers l'endroit qui lui est réservé? Or le lieu du liquide non digéré est la vessie[59]. Quand il est en petite quantité, l'estomac le maîtrise et le digère, si bien que le liquide y reste et l'humecte.

22. Pourquoi[60] a-t-on la tête plus lourde quand on boit du vin convenablement coupé que quand on boit du vin pur? Est-ce que, du fait de sa légèreté, le vin mêlé d'eau pénètre dans un plus grand nombre de points, comme l'eau dans les vêtements, et est plus difficile à évacuer? L'eau est composée de parties plus subtiles, mais elle s'évacue facilement[61]. Ou est-ce parce qu'on boit moins de vin pur du fait qu'on ne peut en prendre davantage et qu'il arrive plus

αὐτό τινες. Ἢ ὅτι κινεῖται ὑπὸ τῆς θερμότητος τοῦ οἴνου ἡ ὄψις πυκνάκις; Ὥσπερ οὖν ὅταν ὑποθῇ τις ὑπὸ τὸν ὀφθαλμόν, δύο φαίνεται, οὕτω καὶ τοῖς μεθύουσιν. Οὐδὲν γὰρ διαφέρει, ἐὰν μὲν ὑποθῇ, κινῇ δὲ τὴν ὄψιν, οὐδ' ἐὰν ἔξωθεν ἢ ἔσωθεν· ἀμφοτέρως γὰρ τὸ αὐτὸ πάσχει ἡ ὄψις, ὥστ' οὐ δόξει μένειν τὸ ὁρώμενον, καὶ τὸ πόρρωθεν ἔτι μᾶλλον· ἔτι γὰρ ἧττον κρατεῖ ἀποτεινομένης τῆς ὄψεως, καὶ πλέον τὸ διάστημα ἐπὶ τῷ ἄκρῳ ποιεῖ ἡ ἐγγὺς αὕτη κίνησις. Ἂν δὲ σφόδρα κινῆται καὶ ὁμαλῶς ἄνω καὶ κάτω, ἧττον κρατήσει τοῦ πόρρω. Πάντα δ' ἀποτεινόμενα κύκλῳ φέρεται, οἷον οἱ ὀϊστοὶ καὶ τὰ καταρτώμενα. Καὶ ἡ ὄψις οὖν δι' ἀσθένειαν ταὐτὸ πάσχει ὥσπερ ἂν εἰ πόρρω ἐφέρετο. Διαφέρει δ' οὐθὲν τὴν ὄψιν κινεῖν ἢ τὸ ὁρώμενον· ταὐτὸ γὰρ ποιεῖ πρὸς τὸ φαίνεσθαι.

21. Διὰ τί, ὅταν ἀθρόως πίνωσι, ξηρότεραι αἱ κοιλίαι γίνονται, ὅτε δεῖ ὑγραίνεσθαι μᾶλλον ὑπὸ τοῦ πλείονος; Ἢ ὅτι τοῦ μὲν πολλοῦ καὶ ἀθρόου οὐ κρατεῖ ἡ κοιλία, ἀλλ' εἰς τὸν αὑτοῦ ἔρχεται τόπον ἀπαθές; Ἔστι δ' ὑγροῦ τόπος ἀπέπτου ἡ κύστις. Τοῦ δ' ὀλίγου κρατεῖ καὶ πέττει, ὥστε μένον ὑγραίνει.

22. Διὰ τί μᾶλλον κραιπαλῶσιν οἱ εὔκρατον πίνοντες ἢ οἱ ἄκρατον; Ἢ διὰ λεπτότητα εἰς πλείους τόπους ὁ κεκραμένος εἰσέρχεται, καθάπερ ἐν τοῖς ἱματίοις, καὶ ἔστι δυσεξαγωγότερος; Τὸ δ' ὕδωρ λεπτομερέστερον μέν, ἀλλ' εὐέξοδον. Ἢ διότι ἔλαττον πίνουσιν ἄκρατον διὰ τὸ μὴ δύ-

8 ὑπὸ: ἀπὸ Ap.^{b} || 9 ante τις add. τί Richards Hett ||10 γὰρ om. C^{a} || 11 ante κινῇ add. μὲν Y^{a} || κινεῖ Y^{a1}C^{a} || 15 ἐὰν Ap. || 18 οἱ add. Bekker: om. codd. || ἰστοὶ Y^{a} ἱστοὶ Ap. C^{a} *antennae* antiq. vers. || τὰ om. Ap.^{a} || καταρτώματα C^{a} || 19 ὥσπερ om. C^{a} || 20 οὐθὲν Y^{a} Ap.: οὐδὲν cett. codd. || 23 ὅτε: ὅτι P^{c} || ὅτε δεῖ: ὅτ' ἔδει propos. Buss. ex Sylb. || 25 αὑτοῦ: αὐτὸν Ap. C^{a}X^{a} || 29 post ἄκρατον repet. πίνοντες Y^{a}X^{a} || κεκραμμένος C^{a} || 30 τοῖς om. C^{a}.

souvent qu'on le rejette? De plus il contribue à la digestion du reste. C'est le même problème[62].

23. Pourquoi meurt-on sous l'effet du vin pur, si l'on est préalablement amaigri et si l'on boit beaucoup, et pourquoi, quand ils ne sont pas déjà maigres, beaucoup d'ivrognes se dessèchent-ils en buvant une grande quantité à la fois? Car il semble que le vin, comme la vie, appartienne par nature à la catégorie des choses chaudes, tandis que la mort est un refroidissement[63]. Ou bien est-ce comme l'effet de la ciguë[64], qui éteint petit à petit la chaleur propre du corps, mais un effet qui s'explique d'une autre façon? Car la ciguë par sa froideur fige l'humide et le chaud, alors que le vin par sa propre chaleur consume la chaleur naturelle. Donc de même que le petit feu est étouffé par le grand feu[65] et par le soleil, de même aussi la chaleur qui est dans les corps est éteinte par celle qui est dans le vin, si celle-ci est plus forte.

24. Pourquoi[66] les gens ivres ont-ils la larme plus facile? Est-ce parce qu'ils deviennent chauds et humides? Ils sont donc incapables de se maîtriser, si bien qu'ils sont remués par de petites choses.

25. Pourquoi[67] est-on moins ivre quand on boit dans les grands coupes? Tout cela a la même cause[68], l'élimination, à savoir l'élimination de la chaleur superficielle. Car l'ivresse se situe dans les régions qui entourent la tête[69].

25bis. Pourquoi les gens ivres n'ont-ils pas envie de dormir[70]? Est-ce parce que pour s'endormir il faut avoir en soi une humidité chaude[71]? Car la coction en est facile. Si

62. Que les problèmes 3 et 14. Cette remarque est sans doute une note d'un lecteur ancien: elle n'est pas chez Th. Gaza.

63. Même formule dans *De la Jeunesse*, 4, 469b19: «Ce que nous appelons la mort est la destruction de la chaleur».

64. Le mot κώνειον ne se rencontre pas chez Aristote. Mais il est classique: cf. Hippocrate, *Fistules*, IX, 6 etc.

65. Formule fréquente: cf. I, 55, 866a27; 56, 866a37.

66. La rédaction de ce problème est différente dans la traduction de Th. Gaza. Seule la question est libellée de la même façon.

νασθαι, καὶ μᾶλλον ἀπεμοῦσιν; Ἔτι δὲ συμπέττει τὰ λοιπά. Ταὐτὸ δ' ἐστὶ πρόβλημα.

23. Διὰ τί ὑπὸ τοῦ ἀκράτου ἀποθνήσκουσιν, ἐάν τις προϊσχνάνας πολὺ πίῃ, καὶ μὴ προϊσχνάναντες δὲ πολλοὶ τῶν φιλοπότων ἀθρόον πολὺ πίνοντες ξηροὶ γίνονται; Δοκεῖ γὰρ ὅ τ' οἶνος τῶν θερμῶν εἶναι τὴν φύσιν καὶ τὸ ζῆν, τὸ δ' [874b] **ἀποθνήσκειν κατάψυξις. Ἢ ὥσπερ καὶ ἀπὸ τοῦ κωνείου, σβεννυμένου κατὰ μικρὸν τοῦ θερμοῦ τοῦ οἰκείου, ἀλλὰ τρόπον ἕτερον; Τὸ μὲν γὰρ τῇ ψυχρότητι πήγνυσι τὸ ὑγρὸν καὶ θερμόν, ὁ δ' οἶνος τῇ θερμότητι τῇ αὑτοῦ μαραίνει τὴν φυσικὴν θερμότητα. Ὥσπερ οὖν ὑπὸ τοῦ πολλοῦ πυρὸς καὶ ἡλίου τὸ ὀλίγον πῦρ ἀποσβέννυται, οὕτω καὶ ἡ ἐν τοῖς σώμασι θερμότης ὑπὸ τῆς ἐν τῷ οἴνῳ, ἐὰν ὑπερβάλῃ.**

24. Διὰ τί οἱ μεθύοντες ἀριδάκρυοι μᾶλλον; Ἢ ὅτι θερμοὶ καὶ ὑγροὶ γίνονται; Ἀκρατεῖς οὖν εἰσίν, ὥστε ὑπὸ μικρῶν κινεῖσθαι.

25. Διὰ τί ἧττον μεθύσκονται ταῖς μεγάλαις κωθωνιζόμενοι; Πάντων γὰρ ταὐτὸ αἴτιον ἡ κατάκρουσις, τουτέστιν ἐπιπολῆς. Τὸ μὲν γὰρ μεθύειν ἐν τοῖς περὶ κεφαλὴν τόποις.

25bis. Διὰ τί τοῖς μεθύουσιν οὐκ ἐγγίνεται ὕπνος; Ἢ ὅτι δεῖ πρὸς τοὺς ὕπνους ὑγρότητα ἐνυπάρχειν θερμήν; Αὕτη γὰρ εὔπεπτος. Ἂν δὲ μὴ ἐνῇ ὑγρότης ὀλίγη ἢ δύσ-

34 ταὐτὸ δ' ἐστὶ πρόζλημα non uertit Gaza || 35 ante ὑπὸ add. οἱ Ap. X^a || ὑπὸ: ἀπὸ Ap. || προισχάνας $Y^{a1}C^a$ || 36 προισχάναντες $Y^{a1}C^a$ || πολλοὶ om. $Ap.^a$ || 37 πιόντες Y^{a1}.

[874b] 1 καὶ om. X^a || 3 ψυχρότητι: θερμότητι C^a || θερμὸν καὶ ὑγρὸν C^a *calorem extinguit humoremque indurat* Gaza || 4 τῇ^2 om. Ap. C^a || 6 οὕτω καὶ Y^a: οὕτως cett. codd. || 7 ὑπερζάλῃ Y^a: ὑπερζάλλῃ cett. codd. || 8 ἀρυδάκρυοι $Ap.^b$ || post ἢ add. ὅτι θερμοὶ καὶ ὑγροὶ μᾶλλον ἢ X^a || 11-13 om. Gaza || 12 γὰρ: γοῦν propos. Buss. || 13 ἐπιπολῆς: τοῦ ἐπιπολῆς θερμοῦ Sylb. || post μεθύειν add. ἔστιν ὅταν ᾖ τὸ θερμὸν Bonitz || 13a διὰ τί — ὕπνος in marg. Y^{a3} et Gaza: om. cett. codd. διὰ τί οἱ μέθυσοι οὐχ ὑπνίζονται Septal. et Sylb. in adn. || 14 ὑπάρχειν Ap. || 15 αὕτη edd.: αὖ $Y^aC^aX^{a1}$ ἄγαν $Ap.^a$ ἢ αὖ $Ap.^b$ ἂν X^{a2} || εὔπεπτον $Ap.^a$ || ante ὀλίγη add. ἢ Buss. || δύσπεπτος: εὔπεπτος C^a.

l'humidité intérieure n'est pas en quantité réduite et si elle est d'une coction difficile, le sommeil ne vient pas. C'est pourquoi quand on est fatigué ainsi qu'après les repas et après avoir bu, on est pris d'une forte envie de dormir sous l'effet de la chaleur. L'insommie frappe les sujets chez qui prédomine la bile noire et ceux qui ont une température[72] élevée, parce que chez les premiers l'humide est refroidi et que chez les seconds l'humidité est nulle ou faible. Il est donc évident qu'il faut avoir ces détails présents à l'esprit dans l'un et l'autre cas.

26. Pourquoi[73] les ivrognes tremblent-ils et ce d'autant plus qu'ils boivent du vin pur? Or le vin est source de chaleur et le tremblement vient surtout du froid (ce sont les personnes qui ont froid qui tremblent le plus). Mais on a déjà vu bien des gens, qui ne prenant que du vin pur comme nourriture, étaient prises de violents tremblements, au point de bousculer ceux qui voulaient les retenir, et, plongés dans le bain chaud, y rester insensibles. D'autres qui avec le même régime recouraient aux frictions et mangeaient de la viande, étaient atteints d'apoplexie. Chez eux les tremblements étaient moindres en raison de leur immobilité, mais ils souffraient beaucoup et ne pouvaient désormais trouver le repos. De plus la cause du tremblement est le refroidissement. Il est évident, en effet, comme on l'a dit[74], que cette affection frappe ceux qui ont froid ou ceux qui sont fort avancés en âge. Dans le premier cas elle est due au froid, dans le second à l'âge. Or le vin apporte beaucoup de chaleur, si bien qu'on s'attendrait à un effet contraire. Est-ce qu'il y a un empêchement à ce que le même effet soit produit par des contraires, s'ils n'agissent pas de la même manière? Par exemple, on est brûlé par des glaçons comme par du chaud, lorsque le gel fait se concentrer le chaud; ainsi il est des cas où la même affection est produite par des

72. Dans la langue classique πυρία désigne une étuve ou la chaleur d'une étuve (cf. *Part. des An.*, II, 4, 651a1).

73. Reprise du problème 5 un peu plus développé.

74. Renvoi au problème 5, 871a33 et sq.

πεπτος, οὐ γίνεται ὕπνος. Διὸ ἐν τοῖς κόποις καὶ μετὰ τὰ σιτία καὶ τοὺς πότους ὑπνωτικώτατοι γίνονται ὑπὸ τῆς θέρμης. Τοῖς δὲ μελαγχολικοῖς καὶ τοῖς μεγάλας πυρίας ἀγρυπνία, τοῖς μὲν ὅτι κατέψυκται τὸ ὑγρόν, τοῖς δ' ὅτι οὐκ ἔστιν ἢ ὀλίγον. Φανερὸν οὖν ὅτι εἰς ταῦτα βλεπτέον καθ' ἕτερον τῶν παθῶν.

26. Διὰ τί οἱ οἰνόφλυγες τρέμουσι, καὶ μᾶλλον ὅσῳ ἂν ἀκρατοποτῶσιν; Ἔστι δ' ὁ μὲν οἶνος θερμαντικός, ὁ δὲ τρόμος γίνεται μάλιστα ὑπὸ ψυχροῦ (διὸ οἱ ῥιγῶντες μάλιστα τρέμουσιν). Πολλοῖς δ' ἤδη χρωμένοις μόνῳ ἀκράτῳ τροφῆς χάριν τρόμοι τ' ἰσχυροὶ συνέβησαν, ὥστε ἀπορρίπτειν τοὺς θλίβοντας, καὶ τῷ θερμῷ ὕδατι λουόμενοι ἀναισθήτως εἶχον. Ἕτεροι δὲ τοῦτον τὸν τρόπον διαιτώμενοι καὶ τρίψεσι χρώμενοι καὶ τροφῇ κρέασι, πρὸς ἀποπληκτικὰς ἀρρωστίας ἤλασαν· οἷς τρόμοι μὲν διὰ τὴν ἀκινησίαν ἧττον ἐνέπιπτον, πόνος δ' ἰσχυρὸς καὶ τὸ μὴ δύνασθαι ἡσυχάζειν ἤδη. Ἔτι τοῦ μὲν τρόμου αἰτία ἡ ψυχρότης· φαίνονται γάρ, ὥσπερ εἴρηται, οἵ τε ῥιγῶντες τοῦτο πάσχοντες καὶ οἱ σφόδρα γέροντες. Ἀμφοτέρων δὲ τούτων τῶν μὲν τὸ πάθος ψυχρόν, τῶν δ' ἡ ἡλικία· ὁ δ' οἶνος θερμαντικώτατος, ὥσθ' ὑπεναντίον ἄν τι συμβαίνοι. Ἢ οὐθὲν κωλύει γίνεσθαι ταὐτὸ ὑπ' ἐναντίων, μὴ ὡσαύτως δὲ ποιούντων; Οἷον καὶ ὑπὸ τῶν πάγων ἀποκαίεται καὶ ὑπὸ θερμοῦ, ὅταν ὁ πάγος ἀθρόον ποιήσῃ τὸ
[875a] θερμόν· ὥστ' ἔστι μὲν ὡς ὑπ' ἐναντίων τὸ πάθος τὸ αὐτὸ συμβαίνειν, ἔστι δ' ὡς ὑπὸ τοῦ αὐτοῦ τὸ αὐτό. Ὁ δὲ τρόμος

16 ἐν τοῖς κόποις om. Gaza || κόλποις X^a || 17 πόνους Y^a Ap. X^a || 18 ante μεγάλας add. τὰς Ap. C^aX^a || μεγάλας πυρίας: μεγάλως πυριῶσιν Sylb. ex Gaza || post πυρίας addend. suspic. ἔχουσι Hett lac. indic. Buss. qui προσλαμβάνουσι vel simile quiddam deesse cens. || 19 ἀγρυπνίας C^aX^a || τὸ ὑγρὸν Gaza: τούτων codd. || 21 ἕτερον: ἑκάτερον coni. Buss. ex Gaza || 24 ὑπὸ: ἀπὸ Ap. || 30 οἷς add. Sylb.: om. codd. || ἔπιπτον C^a || 31 ἤδη om. X^a || ἔτι om. X^a || 36 συμβαίνοι edd.: συμβαίνει Y^a συμβαίνῃ cett. codd. || 37 ὑπὸ Sylb.: ἀπὸ codd. || 38 καὶ om. X^a.

[875a] 1 ὡς om. C^a || ὑπεναντίον $Y^{a1}C^a$ ὑπεναντίων Y^{a2} || τὸ πάθος om. X^{a1} || 2 συμβαίνει Buss.

contraires, et il en est d'autres où le même effet est produit par la même cause. Le tremblement vient d'un manque de chaleur, non pas de toute espèce de chaleur, mais de la chaleur propre à chacun. Or la chaleur est détruite soit par consomption soit par extinction[75], par extinction sous l'effet des contraires, le froid et l'humide, par consomption faute d'aliment, comme les lampes lorsqu'elles n'ont plus de combustible[76] ni d'huile, ou sous l'action d'une chaleur extérieure, comme le feu en plein soleil et les lampes auprès du feu. Ainsi donc ceux qui sont gelés par le froid tremblent parce que la chaleur est éteinte. C'est d'ailleurs pourquoi les frissons surviennent quand on est aspergé d'eau chaude. Le froid qui se trouve retenu à l'intérieur et qui produit une réaction, fait se dresser les poils. Et quand on commence à avoir de la fièvre, le frisson qui nous prend a la même cause[77]. Dans la vieillesse, le chaud se consume parce que la nourriture fait défaut. L'aliment de la chaleur est l'humide. Or la vieillesse est froide[78]. Quant aux ivrognes[79], ils tremblent parce que leur chaleur propre se consume, et même si certains autres éprouvent la même affection, la cause pour eux en est le vin et ils ne frissonnent pas de la même façon que ceux qui le font du fait de la vieillesse: c'est encore un troisième mode de déperdition de la chaleur. Lorsqu'en effet on introduit dans le corps un excès de vin, l'abondance de chaleur éteint ou affaiblit la chaleur propre qui fait notre force. Car il y a des cas où le moteur ne maîtrise pas le mobile, par exemple lorsqu'on ne tient pas fermement un morceau de bois long et large, son extrémité tremble. Cela est dû soit à ce que l'objet qu'on tient est trop grand, soit à ce que le moteur est trop faible. Ce qui arrive quand la chaleur s'éteint (il semble bien que ce soit elle la cause du mouvement chez les animaux[80]) c'est que la nature n'est pas la plus forte[81]. La preuve que l'affection qui frappe les ivrognes et les vieillards est due à un refroidissement, c'est que leur tremblement se produit sans qu'il fasse froid.

27. Pourquoi[82] l'homme éméché commet-il plus de sotti-

γίνεται μὲν ὑπ' ἐνδείας θερμοῦ, οὐ παντὸς ἀλλὰ τοῦ οἰκείου. Φθείρεται δὲ τὸ θερμὸν ἢ μαράνσει ἢ σβέσει, σβέσει μὲν ὑπὸ τῶν ἐναντίων, ὑπὸ ψυχροῦ καὶ ὑγροῦ, μαράνσει δ' ἐνδείᾳ τροφῆς, οἷον οἱ λύχνοι, ὅταν μὴ ἔχωσιν ὑπέκκαυμα μηδ' ἔλαιον, ἢ ὑπὸ θερμοῦ ἀλλοτρίου, οἷον τὸ πῦρ ἐν τῷ ἡλίῳ καὶ οἱ λύχνοι παρὰ τῷ πυρί. Οἱ μὲν οὖν ῥιγῶντες ὑπὸ ψυχροῦ σβεννυμένου τοῦ θερμοῦ τρέμουσιν. Διὸ καὶ τοῖς προσχεομένοις τὸ θερμὸν αἱ φρῖκαι γίνονται· ἐγκατακλειόμενον γὰρ τὸ ψυχρὸν εἴσω καὶ ἀντιπεριιστάμενον ἵστησι τὰς τρίχας· καὶ τῷ ἀρχομένῳ πυρέττειν τὸ γινόμενον ῥῖγος δι' ὁμοίαν αἰτίαν γίνεται. Ἐν δὲ τῷ γήρᾳ τὸ θερμὸν μαραίνεται τῆς τροφῆς ὑπολειπούσης. Τροφὴ μὲν γὰρ ὑγρὸν τῷ θερμῷ, τὸ δὲ γῆρας ψυχρόν. Οἱ δ' οἰνόφλυγες μαραινομένης μὲν τῆς οἰκείας θερμότητος τρέμουσι, κἂν εἴ τινες ἄλλοι τοῦτο πάσχουσι, διὰ τὸν οἶνον, οὐ τὸν αὐτὸν δὲ τρόπον τοῖς διὰ γῆρας, ἀλλ' ἔτι τρίτος ἦν τρόπος τῆς τοῦ θερμοῦ φθορᾶς. Ὅταν γὰρ ὑπερβάλλοντι χρῶνται ἐν τῷ σώματι, πολλὴ οὖσα ἡ θερμότης ἢ ἀποσβέννυσιν ἢ ἀσθενῆ ποιεῖ τὴν οἰκείαν θερμότητα ᾗ ἰσχύομεν· ἔστι γὰρ ὅταν μὴ κρατῇ τὸ κινοῦν τοῦ κινουμένου, οἷον ὅταν ξύλον μακρὸν καὶ μέγα μὴ εὐκρατῶς ἔχῃ τις, τὸ ἄκρον τρέμει. Γίνεται δὲ τοῦτο ἢ τῷ τὸ ἐχόμενον μεῖζον εἶναι ἢ τῷ τὸ κινοῦν ἔλαττον. Συμβαίνει δὲ σβεννυμένου τοῦ θερμοῦ (δοκεῖ γὰρ αἴτιον τοῦτο εἶναι τοῦ κινεῖσθαι τοῖς ζῴοις) μὴ κρατεῖν τὴν φύσιν. Σημεῖον δ' ὅτι διὰ ψυχρότητα γίνεται τὸ πάθος τοῖς οἰνόφλυξι καὶ τοῖς πρεσβύταις, ὅτι ἄνευ ῥίγους γίνεται ὁ τρόμος.

27. Διὰ τί ὁ ἀκροθώραξ μᾶλλον παροινεῖ τοῦ μᾶλλον μεθύοντος καὶ τοῦ νήφοντος; Ἢ ὅτι ὁ μὲν νήφων εὖ κρίνει,

7 μηδ' ἔλαιον: δι' ἔλαιον Ap. || 8 παρὰ: περὶ C^a || τὸ πῦρ Y^aC^a || 9 προχεομένοις Ap. X^a || 11 τὸ om. C^a || 15 ψυχρὸν: ξηρὸν Gaza Sylb. || 17 διὰ τὸν οἶνον om. Gaza || 21 post ἰσχύομεν add. *fit enim tum tremor* Gaza || 22 οἷον: ἢ Ap. X^a || ἐγκρατῶς coni. Richards Hett || 23 δὲ: γὰρ X^a || 25 δὲ: δὴ Y^a || τοῦ[2]: τὸ C^a || 28 πρεσζυτέροις Ap. X^a || τρόπος Y^a || 29 μᾶλλον om. C^aX^a || 29-30 μεθύοντος μᾶλλον Ap. || 30 τοῦ om. Ap.

ses que celui qui est plus soûl et que celui qui est à jeun? Est-ce parce que l'homme à jeun a un jugement sain, tandis que celui qui est complètement ivre, du fait que ses sens sont émoussés, ne peut supporter ce poids et il ne juge pas? Et ne jugeant pas, il ne dit pas de sottises. Au contraire celui qui n'est qu'éméché porte des jugements, mais sous l'effet du vin il juge mal, si bien qu'il dit des bêtises. C'est comme Satyros de Clazomène[83] qui aimait insulter les gens: il était poursuivi en justice et, pour qu'il ne parlât que de l'affaire et ne proférât pas d'injures, on lui boucha les oreilles, afin que n'entendant point, il ne se laissât pas entraîner à des insultes, et au moment où l'adversaire finissait, on le débarrassa. Mais il l'entendit encore un peu, ne put se retenir et lui parla mal, parce qu'il percevait bien, mais jugeait mal.

28. Pourquoi l'absorption de vin sucré[84], qui est agréable, ne donne-t-elle pas l'ivresse? Est-ce parce que le vin sucré n'a pas un suc qui lui soit propre, mais un suc emprunté? Donc celui qui s'y laisse aller sera plus amateur de douceur que de vin.

29. Pourquoi[85] les ivrognes prennent-ils particulièrement plaisir à se chauffer au soleil? Est-ce parce qu'ils ont besoin de coction? Mais c'est aussi parce qu'ils ont froid. Et c'est pourquoi les paralysies[86] et les engourdissements surviennent très vite après boire.

30. Pourquoi[87], quand les gens en état d'ivresse voient un objet croient-ils souvent en voir deux? Est-ce parce que les principes internes des rayons visuels sont mis en mouvement par le vin, comme tout le reste de la tête, et que ces principes, une fois en mouvement, les rayons visuels ne convergent pas vers un même point, mais c'est comme s'ils tombaient sur chacune des deux parties de l'objet aperçu? C'est pourquoi on a l'impression d'en voir deux. Le phénomène est le même que ce qui se passe si l'on presse l'œil par en bas[88]: on met en mouvement le principe de la vision et il s'ensuit que les rayons ne convergent pas vers le même point l'un que l'autre. Dans ce dernier cas le mouvement

ὁ δὲ παντάπασι μεθύων διὰ τὸ τὰς αἰσθήσεις ἐπιπεπλασμένας εἶναι, οὐ δυνάμενος τὸ βάρος φέρειν, οὐ κρίνει; Οὐ κρίνων δ' οὐ παροινεῖ. Ὁ δ' ἀκροθώραξ κρίνει τε καὶ διὰ τὸν οἶνον κακῶς κρίνει, ὥστε παροινεῖ, ὥσπερ καὶ Σάτυρον τὸν Κλαζομένιον ὄντα φιλολοίδορον, φεύγοντα δίκην, ἵνα ὑπὲρ τοῦ πράγματος λέγῃ καὶ μὴ λοιδορῆται, τὰ ὦτα ἐπέπλασαν, ἵνα μὴ ἀκούων εἰς λοιδορίαν τρέπηται· παυομένου δὲ τοῦ ἀντιδίκου ἀφεῖλον· μικρὰ δ' ἀκούσας ἔτι λέγοντος οὐκ ἀπέσχετο ἀλλὰ κακῶς ἔλεγε, διὰ τὸ αἰσθάνεσθαι μὲν κακῶς δὲ κρίνειν.

[875b] 28. Διὰ τί πρὸς τὸν γλυκὺν οἶνον ἡδίω ὄντα οὐ γίνονται οἰνόφλυγες; Ἢ ὅτι οὐκ ἴδιον χυμὸν ἔχει ὁ γλυκύς, ἀλλ' ἀλλότριον; Φιλόγλυκυς οὖν μᾶλλον ἢ φίλοινος ἔσται ὁ κεκρατημένος.

29. Διὰ τί οἱ οἰνόφλυγες ὑπὸ τοῦ ἡλίου θερμαινόμενοι μάλιστα χαίρουσιν; Ἢ ὅτι δέονται πέψεως; Ἔτι δὲ καὶ διὰ τὸ κατεψῦχθαι· διὸ καὶ αἱ ἀποπληξίαι καὶ αἱ ἀποναρκώσεις τάχιστα μετὰ τοὺς πότους γίνονται.

30. Διὰ τί τοῖς μεθύουσιν ἐνίοτε πολλὰ φαίνεται τὸ ἓν ὁρῶσιν; Ἢ ὅτι αἱ ἀρχαὶ τῶν ὄψεων ἔσω μὲν κινοῦνται ὑπὸ τοῦ οἴνου, καθάπερ ἡ ὅλη κεφαλή, κινουμένων δὲ τῶν ἀρχῶν οὐκ εἰς ταὐτὸ συμβάλλουσιν αἱ ὄψεις, ἀλλ' οἷον ἐπὶ μέρος ἑκάτερον τοῦ ὁρωμένου; Διὸ δύο φαίνεται. Ταὐτὸ δὴ τοῦτο γίνεται καὶ ἐάν τις κάτωθεν πιέσῃ τὴν ὄψιν· ἐκίνησε γὰρ τὴν ἀρχὴν τῆς ὄψεως, ὥστε μηκέτι εἰς ταὐτὸ συμβάλλειν τῇ ἑτέρᾳ. Ἡ μὲν οὖν τοιαύτη κίνησις ἔξωθεν γίνεται, ἡ

33 παροινεῖ: παροινῶν Y^{a1} || ὁ om. Y^{a1} || post κρίνει add. *quia non multum hauserit* Gaza || 34 παροινεῖν $C^{a}X^{a}$ || 36 ἐπέπλασεν Ap. || 37 δὲ om. Ap. || 38 ἀντιδίδου Ap.[b].

[875b] 1 ante οἰνόυγες add. οἱ C^{a} || 3 ᾿λόγλυκος Ap.[a] || μᾶλλον ἤ: ὁ $Y^{a1}C^{a}$ οὐ Y^{a3} μᾶλλον ὃ Ap. || 7 αἱ [1] om. Y^{a1} || ἀποναρκήσεις Ap.[a] || 10 ἔσω μὲν edd.: ἔξω μὲν C^{a} ἔξωθεν Y^{a} Ap. X^{a} ἔσωθεν Ap.[b] P^{c}.

vient donc de l'extérieur, dans celui que déclenche le vin, de l'intérieur. Il n'importe: le résultat est le même, quelle que soit l'origine du mouvement.

31. Pourquoi[89] chez les gens en état d'ivresse la langue est-elle pâteuse? Est-ce parce que, de même que dans l'ivresse le corps tout entier titube, la langue elle aussi vacille, elle balbutie et ne peut articuler les mots? Ou est-ce dû à ce que la chair de la langue est spongieuse? Donc, quand elle est humectée, elle gonfle. Lorsque cela arrive, comme elle est moins mobile du fait qu'elle épaissit en prenant du volume, elle ne peut pas articuler distinctement. Ou bien est-ce parce que nous ne pouvons pas parler ni sous l'eau faute d'air, ni lorsque nous avons du liquide dans la bouche? Donc, comme dans l'ivresse la langue se trouve dans beaucoup de liquide, nous articulons mal. Or mal articuler c'est trébucher. Est-ce parce que dans l'ivresse l'âme partage le trouble et trébuche[90]? Donc, si l'âme est dans cet état, il est normal que la langue le soit aussi. Car c'est de l'âme que part le principe du langage[91]. C'est pourquoi même en dehors de l'ivresse, lorsque l'âme est affectée, la langue l'est aussi, par exemple chez ceux qui ont peur.

32. Pourquoi[92] les ivrognes et les gens qui sont en contact avec la mer aiment-ils le soleil? Est-ce parce que les ivrognes ont besoin de coction et qu'en même temps certaines parties de leur corps se trouvent refroidies? C'est pourquoi des paralysies et des engourdissements surviennent après boire. Quant aux gens de mer, c'est parce qu'ils sont toujours dans l'humidité qu'ils sont ainsi.

33. Pourquoi[93] les hommes en état d'ivresse sont-ils incapables de faire l'amour? Est-ce parce qu'il faut pour le faire qu'une certaine région soit plus échauffée que le reste du corps, ce que ces gens là ne peuvent pas avoir par surabondance de chaleur? Donc la chaleur due au mouvement est éteinte par la chaleur qui l'entoure. Ou bien est-ce parce qu'il faut que les parties du bas soient échauffées, et que le vin est naturellement porté vers le haut, si bien qu'il

δὲ ἀπὸ τοῦ οἴνου ἔσωθεν. Διαφέρει δ' οὐθέν· ταὐτὰ γὰρ ποιήσει ὁπωσοῦν κινηθεῖσα.

31. Διὰ τί τῶν μεθυόντων ἡ γλῶττα πταίει; Πότερον ὅτι καθάπερ τὸ ὅλον σῶμα ἐν τῇ μέθῃ σφάλλεται, οὕτω καὶ ἡ γλῶττα σφαλλομένη πταίει καὶ οὐ δύναται τὴν λέξιν διαρθροῦν; Ἢ σπογγώδης ἐστὶν ἡ τῆς γλώττης σάρξ; Βρεχομένη οὖν ἐξαίρεται· τούτου δὲ συμβαίνοντος διὰ τὸ πάχος τὸ ἀπὸ τοῦ ὄγκου δυσκινητοτέρα οὖσα οὐ δύναται διακριβοῦν. Ἢ διότι οὔτ' ἐν τῷ ὑγρῷ δυνάμεθα λαλεῖν διὰ τὴν ἀπουσίαν τοῦ ἀέρος, οὔθ' ὅταν εἰς τὸ στόμα λάβωμεν ὑγρόν; Ἐν τῇ μέθῃ οὖν ἐν ὑγρῷ πολλῷ τῆς γλώττης οὔσης οὐκ ἀκριβοῦμεν· τὸ δὲ μὴ ἀκριβοῦν ἐστὶ τὸ πταίειν. Ἢ διότι ἐν ταῖς μέθαις ἡ ψυχὴ συμπαθὴς γινομένη πταίει; Τῆς ψυχῆς οὖν τοῦτο πασχούσης εἰκὸς καὶ τὴν γλῶτταν ταὐτὸ πάσχειν· ἀπ' ἐκείνης γὰρ ἡ τοῦ λέγειν ἀρχή. Διὸ καὶ χωρὶς τῆς μέθης, ὅταν ἡ ψυχὴ πάθῃ τι, συμπάσχει καὶ ἡ γλῶττα, οἷον τῶν φοβουμένων.

32. Διὰ τί οἱ οἰνόφλυγες καὶ οἱ περὶ τὴν θάλατταν χαίρουσιν ἡλίῳ; Ἢ διότι οἱ μὲν οἰνόφλυγες δέονται πέψεως, καὶ ἅμα συμβαίνει τινὰς τόπους κατεψῦχθαι; Διὸ καὶ ἀποπληξίαι καὶ ἀποναρκώσεις μετὰ τοὺς πότους. Οἱ δὲ θαλάττιοι διὰ τὸ ἀεὶ ἐν ὑγρῷ εἶναι τοῦτο ποιοῦσιν.

33. Διὰ τί οἱ μεθύοντες ἀδύνατοι ἀφροδισιάζειν; Ἢ ὅτι δεῖ μᾶλλόν τινα τόπον ἐκθερμανθῆναι τοῦ ἄλλου σώματος, [876a] οἱ δὲ διὰ τὸ πλῆθος τῆς θερμασίας ἀδυνατοῦσιν; Ἀποσβέννυται οὖν τὸ ἀπὸ τῆς κινήσεως θερμὸν γινόμενον ὑπὸ τοῦ περιέχοντος. Ἢ διότι δεῖ μὲν ἐκθερμανθῆναι τοὺς κάτω τόπους, ὁ δ' οἶνος ἄνω πέφυκε φέρεσθαι, ὥστ' ἐκεῖ ποιεῖ τὴν θερμασίαν, ἐντεῦθεν δ' ἀπάγει; Καὶ μετὰ τὰ σιτία ἥκιστα

17 ταῦτα Ap. Xᵃ || 21 λέξιν: γλῶσσαν Pᶜ || 22 σπογγώδης: μῦογγώδης (sic) Ap. μυώδης καὶ σπογγώδης coni. Sylb. || 23 ἐξαίρεται: ξηραίνεται Pᶜ || 26 οὔθ': οὐδ' Yᵃ Ap. || 37 πόνους Pᶜ || 38 αἰεὶ Yᵃ ut semper || 40 ἄλλου: ὅλου Pᶜ.

[876a] 2 γενόμενον Cᵃ || 5 θερμανσίαν Cᵃ.

y développe la chaleur, mais qu'il l'éloigne du bas? C'est après les repas qu'on est le moins porté à faire l'amour et l'on recommande de déjeuner copieusement et de dîner peu. Quand, en effet, la nourriture n'est pas digérée, le chaud et l'humide se portent vers le haut, quand elle l'est, ils vont vers le bas. Or c'est à partir d'eux que s'effectue la formation du sperme[94]. Les gens fatigués ont des pollutions nocturnes parce que la fatigue est humide et chaude. Donc, s'il y a excrétion dans cette région du corps, la perte séminale arrive[95]. C'est pour la même raison qu'elle se produit aussi dans les maladies où elle a lieu. Elle survient également de la même façon chez ceux qui ont peur et chez les mourants.

34. Pourquoi les jeunes urinent-ils plus souvent au lit quand ils sont ivres que les gens âgés? Est-ce que, du fait qu'ils sont chauds et humides, l'afflux d'excrétion est abondant, parce que le corps ne consomme pas le liquide, au point qu'il déborde? Quand on est plus âgé, le corps du fait de sa sécheresse attire à soi l'excès de liquide. Ou bien est-ce parce que les jeunes ont plus besoin de sommeil[96] que les vieux? Aussi les jeunes, une fois profondément endormis, ne sentent pas le flot d'urine qui s'écoule avant qu'ils ne s'éveillent; ce n'est pas le cas des vieillards, auxquels n'échappe non plus aucun mouvement extérieur, pas plus d'ailleurs qu'aux jeunes. Un point est évident: c'est surtout au plus profond du sommeil que les jeunes urinent au lit.

35. Pourquoi l'huile est-elle bonne contre l'ivresse et pourquoi en avaler permet-il de boire[97]? Est-ce parce qu'elle est diurétique[98] et qu'elle ouvre la voie à la boisson?

94. Aristote est beaucoup plus précis quand il étudie la nature du sperme qui est une matière résiduelle utile (*Gén. des An.*, I, 18, 725a4 et sq.).

95. Ce développement sur les pollutions nocturnes ne correspond à aucun texte d'Aristote.

96. On pourrait aussi comprendre «dorment plus profondément». Mais le sens habituel de ὑπνωτικός est «dormeur» (cf. 25bis, 874b17; XI, 17, 900b32; *Du Sommeil*, 3, 457a26.

ἀφροδισιαστικοί, καὶ κελεύουσιν ἀριστᾶν μὲν πολὺ δειπνεῖν δὲ ὀλίγον. Ἀπέπτων μὲν γὰρ ὄντων ἄνω φέρεται, πεπεμμένων δὲ κάτω τὸ θερμὸν καὶ τὸ ὑγρόν· ἡ δὲ τοῦ σπέρματος γένεσις ἐκ τούτων. Καὶ οἱ κοπιῶντες ἐξονειρώττουσιν, ὅτι ὑγρὸς καὶ θερμὸς ὁ κόπος· ἐὰν οὖν ἐν τῷ τόπῳ τούτῳ γένηται ἡ περίττωσις, συμβαίνει ἐξονειρώττειν. Διὰ ταὐτὸ δὲ καὶ ἐπὶ τοῖς ἀρρωστήμασιν, ὅσοις γίνεται, συμβαίνει. Καὶ τοῖς φοβουμένοις καὶ τοῖς ἀποθνήσκουσι συμβαίνει ὡσαύτως.

34. Διὰ τί νέοι ὄντες ἐνουροῦσι μᾶλλον, ὅταν μεθυσθῶσιν, ἢ πρεσβύτεροι; Ἢ διὰ τὸ θερμοὺς καὶ ὑγροὺς εἶναι πολὺ τὸ συρρυὲν γίνεται περίττωμα, διὰ τὸ μὴ ἀναλίσκειν τὸ σῶμα τὸ ὑγρόν, ὥσθ' ὑπερχεῖται; Πρεσβυτέροις δὲ γινομένοις διὰ ξηρότητα τὴν ὑπερβολὴν ἀντισπᾷ τὸ σῶμα. Ἢ ὅτι μᾶλλον ὑπνωτικώτεροί εἰσιν οἱ νέοι τῶν πρεσβυτέρων; Διὸ τοὺς μὲν νέους καθύπνους ὄντας λανθάνει ἡ ὁρμὴ τοῦ οὔρου ἐκπίπτουσα πρὶν διεγερθῆναι, τοὺς δὲ πρεσβυτέρους οὔ, καθάπερ οὐδὲ τῶν ἔξωθεν κινήσεων οὐδὲν ἧττόν τι λανθάνει αὐτοὺς ἢ τοὺς νέους. Δῆλον δέ· καὶ γὰρ αὐτοὶ οἱ νέοι ἐν τοῖς βαθυτάτοις ὕπνοις μάλιστα ἐνουροῦσιν.

35. Διὰ τί τὸ ἔλαιον πρὸς τὰς μέθας συμφέρει, καὶ τοῦ δύνασθαι πίνειν τὸ καταρροφεῖν; Ἢ διότι οὐρητικόν ἐστι καὶ τῷ πόματι προοδοποιεῖ;

7 πεπεμένων Ap. || 10 κόπος: τόπος P^{c} || 11 ὀνειρώττειν C^{a} || 13 συμβαίνει om. $Y^{a}P^{c}$ Gaza || 15 ἐνουρῶσι C^{a} || 16 καὶ ὑγροὺς om. X^{a} || 20 πρεσβύτων C^{a} || 22 πρὶν: πρὶν ἢ Ap. || πρεσβύτας C^{a} || 23 λανθάνειν Y^{a} || 28 πόματι: σώματι Ap.

SECTION IV

Notice

La section IV renferme 32 problèmes dont le sixième comporte deux questions, le seconde étant la conséquence de la réponse à la première. Ces problèmes sont consacrés à l'amour considéré sous son aspect purement physique[1]. L'idée qui revient le plus souvent est que, pour faire l'amour, l'intérieur du corps doit être chaud et humide. Les détails qui se succèdent concernent les effets de la copulation sur les yeux et sur le bas des reins, la pilosité du pubis, les conditions les meilleures pour faire l'amour, l'importance du souffle intérieur. Des indications sur le rôle du sperme dans la conception conduisent à parler de la génération spontanée. Puis on revient au plaisir que procure l'acte sexuel et aux excès qui peuvent l'accompagner. Le mécanisme de l'érection est expliqué en détails, ainsi que les raisons qui peuvent conduire à des amours contre nature. Enfin est signalée l'influence du tempérament et des saisons sur l'aptitude à faire l'amour. Tous ces sujets sont développés avec la précision d'un dictionnaire médical.

On ne s'étonnera donc pas qu'au début de la traduction qu'il a donnée de cette section, J. Barthélémy - Saint Hilaire ait déclaré que le sujet traité est assez délicat et «n'est pas sans écueils». Il ne va pas jusqu'à dire que ces textes sont

1. Le coït occupe une place constante dans la littérature médicale ancienne.

apocryphes, mais on sent bien qu'il hésite à en attribuer la paternité à Aristote.

Pour d'autres raisons que J. Barthélémy-Saint Hilaire, nous croyons pouvoir affirmer que la plupart des problèmes de cette section sont postérieurs à Aristote. Ils datent vraisemblablement du milieu du IIIe siècle avant notre ère. Il n'est pas impossible que certaines questions relatives au mécanisme de la génération soient des notes authentiques, mais ces notes sont probablement très rares. On peut penser, par exemple, que la question 18, relative à la chute des cils chez les débauchés, figurait dans le recueil primitif, et qu'Aristote a lui-même utilisé cette note dans les *Parties des Animaux* (II, 15, 658b19) et surtout dans l'*Histoire des Animaux* (III, 11, 518a20), où est repris le même développement. Mais il est impossible d'en apporter la preuve.

Il est incontestable en revanche que les réponses à plusieurs problèmes de cette section ont été empruntées à des ouvrages authentiques d'Aristote. Comme on peut s'y attendre, étant donné le sujet, des rapprochements s'imposent avec le traité de la *Génération des Animaux*. Ainsi la question 2 relative aux effets du coït sur les yeux s'inspire manifestement d'un passage du livre II, 7, 747a16. La sixième sur la lassitude qui suit l'acte sexuel est à rapprocher d'un texte du livre I, 18, 725b18. Dans la quatorzième, une allusion à la fécondation des poissons (878a39) montre que l'auteur connaissait le chapitre 5 du livre III. La question 15, sur le prurit (878b7) rappelle le livre I, 18, 723b34, où se trouve même le mot κνησμός qu'emploie l'auteur du problème. Quant à la comparaison de la génération avec la construction d'un édifice (21, 879a6), elle est empruntée au même traité[2].

L'Histoire des Animaux a été mise également à contribution. Ainsi l'idée que l'émission de sperme est précédée et accompagnée de l'expulsion d'un souffle[3] s'y rencontre

2. I, 22, 730b8; III, 1, 734b17.
3. 20, 878b39; 30, 880a3.

souvent, par exemple au livre VII, 7, 586a15. Les signes de la puberté, que décrit la question 4, sont énumérés dans le même livre VIII, 1, 581a11 et sq. Le problème 18, s'il n'a pas été écrit par Aristote lui-même, doit avoir pour source un passage du livre III, 11, 518b10-24, auquel d'ailleurs le texte de la section IV renvoie par la formule «l'explication a été donnée ailleurs»[4].

On peut aussi noter quelques emprunts à des passages des *Problèmes* qui ont toute chance d'être authentiques. La remarque selon laquelle les poils ne repoussent pas sur les cicatrices (4, 877a2) s'inspire des chapitres 27 et 29 de la section X. La question 31 est le développement du problème 24 de la même section X, où est mentionnée la lubricité des boiteux. La question 16 reproduit presque textuellement le début du problème 50 de la section I. Enfin la question 30 (880a30 et sq.), sur la lascivité des gens chez qui prédomine la bile noire (οἱ μελαγχολικοί), utilise un passage du début de la section XXX (953b33), dont l'authenticité ne semble pas faire de doute. Il est fort possible également que la section IV renferme quelques passages empruntés à des problèmes d'Aristote qui ne figurent plus dans le recueil actuel[5].

Mais sur plusieurs points les problèmes de la section IV fournissent des indications qui ne se trouvent pas chez Aristote. C'est le cas, par exemple, du rôle attribué aux yeux dans la génération[6]. D'autres affirmations sont même en contradiction flagrante avec les doctrines du Stagirite. Ainsi, soutenir que la femme émet du sperme aussi bien que l'homme,[7], c'est à l'évidence ne tenir aucun compte des nombreux passages où Aristote déclare catégoriquement que l'émission de liqueur séminale est réservée au seul

4. Nous signalerons au passage d'autres rapprochements avec les traités d'Aristote.

5. Voir l'Introduction p. 000.

6. Problème 2, 876b1.

7. Problème 2, 876b13 etc.

mâle[8]. C'est là un point sur lequel il n'a jamais changé d'avis. De même l'affirmation, plusieurs fois répétée, que la semence est produite par toutes les parties du corps[9] est la reprise d'une théorie qu'Aristote a longuement réfutée dans le livre I de la *Génération des Animaux*[10].

De telles discordances montrent que les œuvres d'Aristote n'ont pas été la seule source des problèmes de cette section. L'auteur s'inspire aussi du traité hippocratique *De la Génération* où est exposée la doctrine panspermatique[11]. Mais il a certainement utilisé également d'autres ouvrages médicaux aujourd'hui disparus. Cette diversité de sources explique qu'à côté de termes qui sont courants dans les traités biologiques d'Aristote, ou trouve dans cette section quelques expressions insolites[12] et un assez grand nombre de mots qui ne se rencontrent pas dans le corpus aristotélicien. En voici la liste: ἀγλευκής (877b25), ἀλλοχροεῖν (880a25), ἀμύλιον (879a10), ἀναζάλλειν (876a31), ἀναστρέφειν (876a33), ἀνυποδησία (877a5, 12), γονικός (879b28), γράσος (879a23), γρύζειν (876b18), ἐγρηγορεῖν (877a9), ἔκπικρος (880a24), ἐκπικροῦν (880a29), ἐνάλειμμα (876b13), εὔλυτος (876b31), θάλλειν (879a35), θάλπειν (879a33), λειφαιμεῖν (877a30), μάχλος (879a28), οὐρητιᾶν (878b33, 879a11), παραθερμαίνεσθαι (876b3), πλύντρον (880a27), προσεκσπᾶν (877a38), σκόλυμος (879a28), σπερμαίνειν (876b39), συμπονεῖν (876a39, b6, 18), συνεκθλίζειν (876b1), φθόρος (879b26).

La plupart de ces mots sont des termes techniques. Ils témoignent d'un évident souci de précision, mais aussi de lectures variées, et d'une science livresque très vaste. L'auteur de la plupart des problèmes connaissait Aristote et

8. Voir, par exemple, *Gén. des An.*, I, 19, 727a27 et sq.

9. Cf. 15, 878b3; 21, 879a5.

10. Chapitres 17 et 18.

11. Chapitre I, 1.

12. En voici quelques exemples: ἡ τῶν ἀφροδισίων χρῆσις (877a15), ἐκπονεῖν τὴν τροφήν (877a18), σπέρμα προέρχεται (877a25), τὸ σπέρμα ὁρμᾷ (879a2).

Hippocrate, mais aussi Hésiode dont il cite un vers du poème *Les Travaux et les Jours*[13]. D'autre part une comparaison avec le levier dans le problème 23[14] permet de supposer qu'il vivait au troisième siècle avant J.-C.: le mot ὑπομόχλιον, qu'il emploie pour désigner le bras de levier, est fréquent dans les *Mécaniques* qui doivent dater de cette époque.

C'était donc, apparemment, un homme cultivé, dont les phrases sont bien construites, avec une grande variété dans le choix des particules de liaison. Sans doute était-ce un médecin de l'entourage de Straton de Lampsaque qui fut scolarque du Lycée après la mort de Théophraste. C'est lui qui a rédigé également la plupart des problèmes réunis dans la section IX et peut-être même quelques-uns de la section VI.

On serait tenté de l'identifier avec l'auteur du traité *Sur la stérilité* qui constitue traditionnellement le dixième livre de l'*Histoire des Animaux* d'Aristote[15]. Mais cette identification, après examen, ne paraît pas acceptable. Car la question de la fatigue des amants, soulevée dans le problème 6 et reprise dans le problème 21, est résolue différemment dans le traité *Sur la stérilité*[16].

Quoi qu'il en soit, le texte que nous ont transmis les manuscrits remonte certainement à l'édition du deuxième siècle de notre ère. Un renvoi de 879a24 à 877b22 suppose un classement par matières.

13. Problème 25, 879a28.

14. 879a17, 21.

15. Voir notre édition de ce traité, Paris, Les Belles Lettres, t. III, 1959, pp. 147 et sq.

16. Cf. 5, 636b28 et sq.

SECTION IV

DES RAPPORTS SEXUELS

1. Pourquoi, lorsqu'on fait l'amour ou à l'article de la mort, lève-t-on les yeux, et quand on dort, les baisse-t-on? Est-ce parce que la chaleur qui sort par le haut entraine les yeux dans la direction précise où elle s'èlance, et que dans le sommeil elle s'accumule en bas (aussi les yeux prennent-ils la direction du bas)? Les yeux se ferment parce qu'ils n'ont plus d'humidité.

2. Pourquoi ceux qui abusent des plaisirs de l'amour ont-ils les yeux qui se creusent notablement[1], les fesses aussi, alors que les secondes sont proches et les premiers éloignés? Est-ce parce que, au moment même du coït, ils contribuent manifestement à l'acte en participant à l'émission du sperme? C'est donc là surtout que sort sous la pression toute la partie bien dissoute de la nourriture. Ou bien est-ce parce que ce qui est surchauffé fond plus facilement, que le coït produit de la chaleur et que les parties qui s'échauffent sont celles qui entrent en mouvement pendant l'acte en question? Or les yeux et la région du fondement contribuent manifestement à l'effort. Car il n'est pas possible d'éjaculer sans la contraction des parties qui avoisinent le fondement, et sans que les yeux se dirigent vers le haut. En effet, les parties qui entourent le fondement, en se rapprochant, exercent une pression, comme ferait la main, sur le liquide de la vessie, et la contraction des yeux agit sur les parties qui dépendent de l'encéphale[2]. Que les yeux et leur

1. Reprise textuelle d'une remarque du traité de la *Génération des Animaux*, II, 7, 747a16.

2. Allusion à la théorie selon laquelle le sperme provient du cerveau (cf. Hippocrate, *De la Génération*, I, 2).

Δ. ΟΣΑ ΠΕΡΙ ΑΦΡΟΔΙΣΙΑ.

[876a] 1. Διὰ τί ὁ ἀφροδισιάζων καὶ ὁ ἀποθνήσκων ἀναβάλλει τὰ ὄμματα, καθεύδων δὲ καταβάλλει; Ἢ διότι ἄνωθεν τὸ θερμὸν ἐξιὸν ἀναστρέφει ἵνα περ ὁρμᾷ, ἐν δὲ τῷ ὕπνῳ κάτω συνάγεται (διὸ ῥέπει κάτω); Συγκλείονται δ' οἱ ὀφθαλμοὶ παρὰ τὸ μὴ ὑπάρχειν ἔτι νοτίδα.

2. Διὰ τί τῶν πλείοσιν ἀφροδισίοις χρωμένων ἐπιδηλότατα ἐνδίδωσι τὰ ὄμματα καὶ τὰ ἰσχία, τὰ μὲν ἐγγὺς ὄντα, τὰ δὲ πόρρω; Πότερον ὅτι καὶ ἐν αὐτῇ τῇ συνουσίᾳ ἐπιδηλότατα συμπονεῖ ταῦτα τῇ ἐργασίᾳ συνιόντα περὶ [876b] τὴν πρόεσιν τοῦ σπέρματος; Συνεκθλίβεται οὖν μάλιστα ἐντεῦθεν ὅσον εὔτηκτον τῆς τροφῆς ἔνεστι διὰ τὴν θλῖψιν. Ἢ διότι παραθερμαινόμενα τήκεται μάλιστα, ὁ δ' ἀφροδισιασμὸς θερμότητα ἐργάζεται, μάλιστα δὲ ταῦτα θερμαίνεται, ἃ κινεῖται ἐν τῇ ἐργασίᾳ; Οἱ δ' ὀφθαλμοὶ καὶ τὰ περὶ τὴν ἕδραν ἐπιδήλως συμπονεῖ. Οὔτε γὰρ μὴ συναγαγόντι τὰ περὶ τὴν ἕδραν ἐνδέχεται προέσθαι, οὔτε μὴ τῶν ὀφθαλμῶν καταβληθέντων· τὰ μὲν γὰρ περὶ τὴν ἕδραν συνιόντα θλίβει, οἷον ἐκ κύστεως τῇ χειρὶ τὸ ὑγρόν, ἡ δὲ τῶν ὀφθαλμῶν συναγωγὴ τὰ ἀπὸ τοῦ ἐγκεφάλου. Ὅτι δὲ μεγάλην ἔχουσι τὰ ὄμματα τὴν δύναμιν καὶ ὁ τόπος αὐτῶν πρὸς γένεσιν, δηλοῖ ἡ τῶν ἀτέκνων καὶ γονίμων

[876a] 30 Tit. ante ὅσα add. ἀριστοτέλους Y[a] Ap. || περὶ om. K[a] || 31 ὁ [2] om. C[a]X[a] || 32 ἄνωθεν: ἄνω Y[a]C[a] || 33 ἀναστρέφειν X[a] || 35 παρὰ: διὰ Ap. περὶ P[c] || 36 πλείοσιν: *modice* Gaza || 37 ἐνδίδωσι Sylb.: συνδίδωσι codd. et Gaza *compatiuntur* antiq. vers.

[876b] 1 πρόεσιν: προαίρεσιν C[a] || 2 πόσον Ap.[b1] || 3 παραθερμαίνεται Ap. || 4 θερμότητι Y[a] || ταῦτα δὲ μάλιστα C[a] || 6 συνάγοντι Ap. || 7 τὴν om. C[a] || μὴ om. Hett || 12 τέκνων C[a] || γονίμων: ἀγόνων coni. Forster Hett.

région jouent un rôle important dans la génération, c'est ce que montre le test du collyre pour distinguer les femmes stériles des femmes fécondes: il suppose que doive passer par là la puissance qui va dans le sperme. Ces deux parties, le fondement et les yeux, sont toujours grasses. C'est donc leur action commune qui permet d'avoir part à la chaleur et grâce à celle-ci[3] d'affiner et de rendre abondante la sécrétion qui produit le sperme. Car s'il n'y avait pas de graisse, la chaleur n'aurait pas le même pouvoir de liquéfaction, ni si la graisse existante n'apportait pas son concours, comme elle le fait dans le ventre. Mais ce sont surtout les reins qui s'en ressentent en raison de leur proximité. Et le passage du sperme par ces régions est très nettement capable d'alléger ces parties. Car il leur enlève quelque chose, mais bien que proche, ne leur ajoute rien.

3. Pourquoi les gens qui font l'amour et les eunuques qui n'en usent pas ont-ils également les uns et les autres les yeux qui perdent de leur acuité? Est-ce parce qu'ils ont le haut du corps plus sec qu'il ne faudrait, les premiers du fait de leur dévergondage, les seconds en raison de leur infirmité[4], ce qui est surtout notable dans les parties dont la fonction suppose de la précision, comme c'est le cas de la vue? Les liquides étant attirés vers le bas, le haut se dessèche. Il est donc évident que l'acte sexuel a ce résultat. Quant aux eunuques[5], leurs jambes gonflent et leur ventre se relâche, ce qui montre que l'humide se déplace vers le bas.

4. Pourquoi l'homme est-il le seul à avoir des poils au pubis, quand il commence à pouvoir faire l'amour, ce qui ne se rencontre chez aucun des autres animaux qui ont des poils? N'est-ce pas qu'en avançant en âge, les animaux évoluent en sens contraire? Car la voix d'aiguë devient grave et la peau nue se couvre de poils[6]. Il est donc évident que les animaux qui ont des poils dès la naissance devraient les perdre et ne pas en avoir davantage quand ils deviennent capables d'émettre du sperme. Cela ne leur arrive pas parce que, en faisant du sperme, ils deviennent plus secs et plus

γυναικῶν τοῖς ἐναλείμμασι πεῖρα, ὡς δέον ταύτῃ διελθεῖν εἰς τὸ σπέρμα δύναμιν. Πίονα δ' ἄμφω τυγχάνει ὄντα πάντων ἀεί, ἀρχός τε καὶ ὄμματα· διὰ μὲν οὖν τὴν συνεργίαν κοινωνεῖ τῆς θερμασίας, διὰ δὲ ταύτην λεπτύνεται καὶ συναποκρίνεται πολὺ εἰς τὸ σπέρμα. Οὔτε γάρ, ἂν μὴ πῖον ᾖ, ὁμοίως γρύσει ἡ θερμότης, οὔτε πῖον ὂν μὴ συμπονοῦν, οἷον ἐν τῇ κοιλίᾳ· ἀλλ' οἱ νεφροὶ τῶν ἄλλων μάλιστα αἰσθάνονται διὰ τὴν γειτνίασιν. Καὶ αὐτὴ δ' ἡ τοῦ σπέρματος πάροδος παρὰ τοὺς τόπους τούτους οὖσα ἐπιδηλότατα ἱκανή ἐστι λεπτύνειν· ἀφαιρεῖ γάρ, ἀλλ' οὐ προστίθησι πλησιάζουσα.

3. Διὰ τί καὶ οἱ ἀφροδισιάζοντες καὶ οἱ εὐνοῦχοι οὐ χρώμενοι ἀφροδισίοις ὁμοίως ἀμφότεροι τὰ ὄμματα πρὸς ὀξυωπίαν βλάπτονται; Ἢ ὅτι τοῖς μὲν διὰ λαγνείαν, τοῖς δὲ διὰ τὴν πήρωσιν τὰ ἄνω ξηρὰ γίνεται μᾶλλον τοῦ δέοντος, ἐπιδηλότατα δ' ἐν τούτοις, ὅσων τὸ ἔργον ἐστὶν ἀκριβές, ἡ δ' ὄψις τοιοῦτον; Κατασπωμένων δὲ τῶν ὑγρῶν τὰ ἄνω ξηραίνεται. Ὁ μὲν οὖν ἀφροδισιασμὸς δῆλον ὅτι τοῦτο ποιεῖ· τοῖς δὲ εὐνούχοις τά τε σκέλη οἰδεῖ καὶ αἱ κοιλίαι εὔλυτοι ὡς κάτω μεθισταμένου τοῦ ὑγροῦ.

4. Διὰ τί ἄνθρωπος μόνον, ὅταν ἄρχηται δύνασθαι ἀφροδισιάζειν, ἡβᾷ, τῶν δ' ἄλλων ζῴων ὅσα τρίχας ἔχει οὐθέν; Ἢ ἐπειδὴ κατὰ τὰς ἡλικίας μεταβάλλει τὰ ζῷα εἰς τοὐναντίον; Φωνή τε γὰρ βαρεῖα ἐξ ὀξείας γίνεται, καὶ δασύνεται ἐκ ψιλῶν· δῆλον οὖν ὡς καὶ τὰ ἐκ γενετῆς δασέα ζῷα ψιλοῖτ' ἄν, οὐ δασύνοιτο, σπερματικὰ γινόμενα. Οὐ πάσχει δὲ τοῦτο διὰ τὸ τὰ σπερμαίνοντα ξηρότερα γίνεσθαι καὶ

13 ὡς: ὥστε C^a || 14 πίονα Gaza: πλείονα codd. || 18 γρύσει: τρήσει Ap. *solvet* antiq. vers. || 20 αὕτη Y^a Ap. X^a || 21 τούτους om. C^a || 25 ὅμως $Y^aC^aP^c$ || ἀμφοτέροις Ap. C^aX^a || 28 ὅσων Ap.^{b} man. rec.: ὅσον cett. codd. || 30 οὖν om. Ap. C^a || 31 τε om. Ap.^{a} || 33 δύναται X^a || ἀφροδισίαζειν: συνουσιάζειν P^c || 37 ζῷα om. C^a.

poreux, conditions à la pousse du poil. La preuve, c'est que les poils ne poussent pas sur les cicatrices[7]. En effet, les cicatrices sont imperméables, elles ne sont pas poreuses. Il n'y a pas non plus de poils chez les petits enfants ni chez les femmes, car ils sont les uns comme les autres humides et non pas secs.

5. Pourquoi marcher pieds nus n'est-il pas favorable à l'activité sexuelle? Est-ce parce que le corps, pour faire l'amour, doit être intérieurement chaud et humide? Ces conditions se rencontrent plutôt dans le sommeil que durant la veille. Et c'est pourquoi les pollutions nocturnes se produisent très vite et sans intervention, alors qu'à l'état de veille un effort est nécessaire. Tout le corps est dans la même situation[8] que les pieds, qui sont plus humides et plus chauds: car ils sont dans le même état que les parties internes. L'absence de chaussures a l'effet inverse: elle dessèche et refroidit. En conséquence, que faire l'amour soit impossible si l'on n'a pas chaud ou que ce soit difficile, il est fatal que marcher pieds nus ne soit pas favorable à la pratique de l'amour.

6. Pourquoi[9] l'être humain est-il de tous les animaux celui qui est le plus abattu après avoir fait l'amour? Est-ce parce que c'est celui qui émet le plus de sperme proportionnellement à la taille de son corps? Mais pourquoi[10] est-il celui qui émet le plus de sperme? Est-ce parce que c'est lui qui a le moins de peine à élaborer la nourriture et qu'il est par nature le plus humide et le plus chaud des animaux? Le premier point fait que le sperme est abondant, le second rend la nature propre à émettre du sperme, car le sperme possède ces qualités [de chaleur et d'humidité], tant qu'il se conserve en bon état.

7. Pourquoi, du moment que faire l'amour suppose de la chaleur et que la peur est cause de refroidissement[11] de même que l'approche de la mort, certains dans ces cas-là ont-ils une émission de sperme? Est-ce parce que, quand des régions du corps se refroidissent, d'autres ont leur chaleur qui augmente, parce qu'elles ont leur propre cha-

[877a] ἀραιότερα, ἐξ ὧν θρὶξ φύεται. Δῆλον δ' ἐκ τοῦ μὴ ἐν ταῖς οὐλαῖς φύεσθαι τρίχας· στεγαναὶ γὰρ αἱ οὐλαί, ἀλλ' οὐκ ἀραιαί. Μηδὲ τοῖς παιδίοις καὶ γυναιξίν· ὑγρὰ γὰρ καὶ ἄμφω, ἀλλ' οὐ ξηρά.

5. Διὰ τί ἡ ἀνυποδησία οὐ συμφέρει πρὸς ἀφροδισιασμούς; Ἢ ὅτι τὸ μέλλον ἀφροδισιάζειν σῶμα δεῖ τὰ ἐντὸς θερμὸν εἶναι καὶ ὑγρόν; Τοιοῦτον δ' ἐν τοῖς ὕπνοις μᾶλλον ἢ ἐν τῷ ἐγρηγορέναι· διὸ καὶ ταχὺ καὶ ἄνευ ἐργασίας οἱ ἐξονειρωγμοὶ γίνονται, ἐγρηγοροῦσι δὲ μετὰ πόνου. Ἅμα δὲ τὸ σῶμα τοιοῦτον καὶ οἱ πόδες ὑγρότεροι καὶ θερμότεροι· σημεῖον δέ, ὅτι καθευδόντων θερμοί, ὡς ἅμα τοῖς ἐντὸς οὕτως ἔχοντες. Ἡ δ' ἀνυποδησία τοὐναντίον ποιεῖ· ξηραίνει γὰρ καὶ ψύχει. Ὥστ', εἴτε ἀδύνατον μὴ θερμῶν ὄντων ἀφροδισιάσαι εἴτε χαλεπόν, ἀνάγκη ἀσύμφορον εἶναι πρὸς τὴν τῶν ἀφροδισίων χρῆσιν.

6. Διὰ τί ἐκλύεται μάλιστα τῶν ζῴων ἀφροδισιάσας ἄνθρωπος; Ἢ διότι πλεῖστον προΐεται σπέρμα κατὰ λόγον τοῦ σώματος; Διὰ τί δὲ πλεῖστον προΐεται; Ἢ ὅτι ἥκιστα ἐκπονεῖ τὴν τροφὴν καὶ φύσει ὑγρὸν καὶ θερμόν ἐστι τῶν ζῴων μάλιστα; Ὧν τὸ μὲν ποιεῖ σπέρμα πολύ, τὸ δὲ τήν φύσιν σπερματικὴν ποιεῖ· καὶ γὰρ τὸ σπέρμα τοιοῦτόν ἐστιν, ἕως ἂν σῴζηται.

7. Διὰ τί τοῦ ἀφροδισιάζειν γινομένου διὰ θερμότητα, τοῦ δὲ φόβου ὄντος ψυκτικοῦ καὶ τοῦ ἀποθνήσκειν, ἐνίοις, ὅταν γένωνται ἐν τούτοις τοῖς πάθεσι, σπέρμα προέρχεται; Ἢ ὅτι ψυχομένων ἐνίων τόπων ἕτεροι ὑποθερμαίνονται, τήν τ' οἰκείαν ἔχοντες θερμότητα καὶ δεχόμενοι τὴν τῶν καταψυχομένων τόπων, ὥστε καταψυχομένων μὲν συμβαίνει,

[877a] 2 στεγαναὶ — 3 ἀραιαί om. $Y^a P^c$ || 3 ὑγρὰ — 4 ξηρά K^a: om. cett. codd. || 5 ἀνυποδεσία C^a || 7 τοιαῦτο $C^a X^a$ || 8 ἐξεργασίας $Y^a C^a X^a$ || 9 ὀνειρωγμοὶ $C^a X^a$ || 12 ἀνυποδεσία C^a || 13 ψύχει — 14 ἀνάγκη om. C^a || 16 μάλιστα: μᾶλλον $Ap.^b$ || 17 ante ἄνθρωπος add. ὁ C^a $Ap.^b$ X^a || σπέρμα: σῶμα C^a || 25 γένηται C^a || προίεται C^a || 26 ἕτεροι — 28 τόπων om. C^a.

leur et qu'elles reçoivent celle des endroits qui se refroidissent, de sorte que ce qui arrive aux gens qui se refroidissent ainsi vient non pas certes de ce qu'ils ont froid, mais de ce qu'ils ont chaud? Le fait est sensible à l'œil: ceux qui ont peur ont le haut du corps qui se vide de sang, le bas qui devient moite, le ventre et la vessie qui se relâchent. Donc, comme le chaud dans la peur va vers le bas, et au moment de la mort du bas vers le haut, il crée de l'humidité par sa chaleur et produit la sortie du sperme.

8. Pourquoi[12], sans excitation, ne doit-on ni faire l'amour, ni vomir, ni èternuer, ni lâcher des vents? Est-ce parce que, sans excitation, nous sommes dans la situation des plantes arrachées de terre, auxquelles adhère quelque parcelle étrangère extraite en même temps, ou à qui manque quelque partie brisée à l'arrachage? Tout ce qui doit être supprimé mais qui subsiste mutilé apportera du trouble pendant plus longtemps. Et si l'on met en mouvement quelque chose d'étranger, cet intrus apportera un trouble, du fait qu'il ne sera pas à sa place. C'est ce qui arrivera à ceux qui accomplissent l'un des actes précités sans y avoir été excités.

9. Pourquoi les gens à jeun font-ils l'amour plus rapidement? Est-ce parce que les pores du corps sont plus vides quand on est à jeun, et plus pleins chez ceux qui sont repus? Ils empêchent donc l'humidité de passer dans le sperme. C'est évident avec la vessie: on ne peut pas, quand elle est pleine, faire l'amour[13] en vitesse.

10. Pourquoi les jeunes, quand ils commencent à faire l'amour, les premières fois, prennent-ils en grippe après l'acte celles avec lesquelles ils ont eu commerce? Est-ce parce que le changement qui se produit est grand? Car, se souvenant du malaise qui a suivi[14], ils fuient celle avec laquelle ils ont eu des rapports, comme si elle en était responsable.

11. Pourquoi ceux qui montent fréquemment à cheval sont-ils plus ardents à faire l'amour[15]? Est-ce parce que du fait de la chaleur et du mouvement, ils éprouvent la même

οὐ διὰ τὸ ψύχεσθαι μέντοι, ἀλλὰ διὰ τὸ θερμαίνεσθαι; Δῆλον δὲ καὶ τῇ ὄψει· τῶν γὰρ φοβουμένων τὰ ἄνω λειφαιμεῖ, τὰ δὲ κάτω ὑγραίνεται, καὶ κοιλία καὶ κύστις λύεται. Ὑπιὸν οὖν τὸ θερμὸν ἐν μὲν τῷ φόβῳ κάτω, ἐν δὲ τῷ θανάτῳ κάτωθεν ἄνω, ἐξυγραῖνον τῇ θερμότητι ποιεῖ τὴν τοῦ σπέρματος ἔξοδον.

8. Διὰ τί οὐ δεῖ μὴ ὀργῶντα οὔτ' ἀφροδισιάζειν οὔτ' ἐμεῖν οὔτε πτάρνυσθαι οὔτε φῦσαν ἀφιέναι; Ἢ ὅτι μὴ ὀργῶντες ὁμοίως ἔχομεν τοῖς ἐκ τῆς γῆς ἀνασπωμένοις, οἷς προσεκσπᾶταί τι ἀλλότριον ἢ ἐγκαταλείπεται ἀποσπασθέν; Ἅπαν δ' ὃ δεῖ μὲν ἐξαρθῆναι, κολοβὸν δ' ὑπολείπεται, [877b] πλείω χρόνον παρέξει πόνον. Ἐάν τέ τις κινήσῃ τι ἀλλότριον, τοῦτο πόνον παρέξει, οὐκ ἐν τῇ αὐτοῦ χώρᾳ ὄν· ἃ συμβήσεται τοῖς μὴ ὀργῶσι ποιοῦσί τι τῶν εἰρημένων.

9. Διὰ τί νήστεις θᾶττον ἀφροδισιάζουσιν; Ἢ διότι οἱ πόροι κενώτεροι οἱ τοῦ σώματος νήστεσι, πλήρεσι δὲ πλήρεις; Κωλύουσιν οὖν τὴν εἰς τὸ σπέρμα ὑγρότητα διεξιέναι. Δῆλον δ' ἐπὶ τῆς κύστεως· οὐ γὰρ δύνανται πλήρους οὔσης ταχὺ ἀφροδισιάζειν.

10. Διὰ τί οἱ νέοι ὅταν πρῶτον ἀφροδισιάζειν ἄρχωνται, αἷς ἂν ὁμιλήσωσι, μετὰ τὴν πρᾶξιν μισοῦσιν; Ἢ διὰ τὸ μεγάλην γίνεσθαι τὴν μεταβολήν; Τῆς γὰρ συμβαινούσης ὕστερον ἀηδίας μεμνημένοι, ὡς αἰτίαν ᾗ ἐπλησίασαν φεύγουσιν.

11. Διὰ τί οἱ ἱππεύοντες συνεχῶς ἀφροδισιαστικώτεροι γίνονται; Ἢ ὅτι διὰ τὴν θερμότητα καὶ τὴν κίνησιν ταὐτὸ πάσχουσιν ὅπερ ἐν τῇ ὁμιλίᾳ; Διὸ καὶ τῇ τῆς ἐπεχούσης

29 μέντοι edd.: μὲν Y^aC^a μόνον Ap. X^a || post ἀλλὰ add. καὶ Y^a Ap. X^a || 31 τὰ: τὸ C^a || 36 πτέρνυσθαι Ap.

[877b] 2 αὑτοῦ: αὐτοῦ Y^a Sylb. αὐτῇ Ap. || 4 νήστις Y^{a2} Ap. || 5 κενότεροι Y^a || 10 μισοῦμεν $Ap.^b$ || 14 συνεχῶς om. Ap. || 15 τὴν[1] om. X^a || 16 τῇ[2] om. Y^a Ap. C^a.

impression que dans le coït? Et c'est pourquoi, avec l'âge, le développement de la région entourant les parties sexuelles rend ces parties plus grosses[16]. Donc le corps des gens qui pratiquent sans cesse ce genre de mouvement devient perméable et pour eux la voie est ouverte à l'amour.

12. Pourquoi[17], lorsqu'on commence à pouvoir faire l'amour, la peau a-t-elle une odeur désagréable, alors que précédemment, avant la puberté, ni les hommes ni les femmes n'ont cette odeur? Est-ce parce que les matières qui ne sont pas cuites ont toujours des saveurs plus prononcées (plus acides ou plus salées ou plus amères) et des odeurs plus désagréables, tandis que celles qui ont subi une coction sont sucrées ou moins dépourvues de douceur et possèdent une odeur plus agréable ou moins déplaisante? Le fait est patent quand on considère tous les êtres, plantes et animaux. Or, une fois enlevé ce qui a subi la coction, ce qui reste n'a pas été cuit: par exemple, dans la cendre, le doux a disparu et la poussière qui reste est amère; de même la sueur est salée. La chaleur naturelle assure la coction, du sperme, qui bien que de volume réduit a beaucoup de puissance. Car cette petite quantité est ce qui reste d'une masse importante. Aussi, lorsqu'il sort, est-on la plupart du temps plutôt affaibli[18] et refroidi. En conséquence les sucs subissent une moindre coction, du fait que les pores s'entrouvrent à la suite de l'émission du sperme. Donc les sueurs sont plus salées et sentent plus mauvais que celles des enfants par insuffisance de coction. Et si la nature se trouve telle que le dépôt de sueur ait une odeur désagréable, c'est plutôt dans ce cas que le phénomène se manifeste et surtout dans les endroits, comme l'aisselle, où la sueur est très abondante[19], mais aussi ailleurs.

13. Pourquoi, si l'être vivant qui naît vient de notre sperme, cet être est-il notre progéniture, mais s'il se forme à partir d'autre chose, de quelque autre partie ou sécrétion, n'est-il pas nôtre[20]? Car beaucoup d'êtres naissent de

ἡλικίας ἐπιδόσει περὶ τὰ αἰδοῖα μείζω τὰ μόρια ταῦτα γίνεται. Ἀεὶ οὖν τῇ κινήσει ταύτῃ χρωμένων εὔροα τὰ σώματα γίνεται καὶ προωδοπεποιημένα πρὸς τὸν ἀφροδισιασμόν.

12. Διὰ τί, ὅταν ἄρξωνται ἀφροδισιάζειν δύνασθαι, οἱ χρῶτες ὄζουσι, πρότερον δ' οὐκ ὄζουσι πρὸ ἥβης οὔθ' οἱ ἄνδρες οὔθ' αἱ γυναῖκες; Ἢ ὅτι τὰ ἄπεπτα τούς τε χυμοὺς ἀεὶ χείρους ἔχει (ἢ γὰρ ὀξυτέρους ἢ ἁλμυρωτέρους ἢ πικροτέρους) καὶ τὰς ὀσμὰς δυσωδεστέρας, τὰ δὲ πεπεμμένα ἢ γλυκεῖς ἢ ἧττον ἀγλευκεῖς, καὶ τὰς ὀσμὰς εὐωδεστέρας ἢ ἧττον δυσώδεις; Τοῦτο δ' ἐστὶ δῆλον ἐπὶ πάντων θεωμένοις καὶ φυτῶν καὶ ζῴων. Ἀφαιρεθέντων δὴ τῶν εὐπέπτων, τὰ ὑπολειπόμενα ἄπεπτα, οἷον δὴ καὶ ἐπὶ τῆς τέφρας ἀναλωθέντος τοῦ γλυκέος πικρὰ ἡ κονία, καὶ ὁ ἱδρὼς ἁλμυρός. Πέττει δ' ἡ φυσικὴ θερμότης τὸ σπέρμα, ὃ μικρὸν ὂν πολλὴν ἔχει δύναμιν· ἐκ πολλοῦ γὰρ ὀλίγον συγκεκεφαλαίωται. Διὸ ὅταν ἀπέλθῃ, ἐκλύονται ὡς ἐπὶ τὸ πολὺ μᾶλλον καὶ καταψύχονται· ὥστ' ἀπεπτότεροι οἱ χυμοὶ γίνονται μᾶλλον, ἀναστομουμένων τῶν πόρων διὰ τὴν ἔκκρισιν αὐτοῦ. Ἁλμυρώτεροι οὖν ἢ οἱ τῶν παίδων ἱδρῶτες καὶ δυσωδέστεροι διὰ τὴν ἀπεψίαν· καὶ ἐὰν τύχῃ τοιαύτη ἡ φύσις οὖσα ὥστε δυσώδη ἔχειν τὴν ὑπόστασιν τοῦ ἱδρῶτος, τούτοις μᾶλλον ἐπισημαίνει καὶ ἐν τοῖς τόποις τούτοις μάλιστα, οἷον μασχάλῃ, ἐν ᾧ μάλιστα, καὶ τοῖς ἄλλοις.

[878a] 13. Διὰ τί, ἐὰν μὲν ἐκ τοῦ σπέρματος τοῦ ἡμετέρου γένηται τὸ ζῷον, τοῦτο ἡμέτερον ἔκγονόν ἐστιν, ἐὰν δ' ἐξ ἄλλου τινὸς ἢ μέρους ἢ ἀποκρίσεως, οὐχ ἡμέτερον; Γίνεται γὰρ σηπο-

17 ἐπιδόσει: ἐπίδοσιν Y[a1] ἐπίδοσις Y[a2] || 18 ἀεὶ — 19 γίνεται om. Ap. || 18 post τῇ add. αὐτῇ X[a] || 19 προοδοπεποιημένα Ap. P[c] || 20 δύνασθαι om. C[a] || 21 ante ἥβης add. τῆς C[a] || 25 ἧττον: ἥττονα C[a] || ἀγλυκεῖς Y[a1] γλυκεῖς C[a]P[c]X[a] || ante ἢ[2] add. ποιοῦσιν P[c]X[a] || 28 καὶ om. C[a] || 29 ὁ om. C[a] || 30 ante ὂν add. μὲν X[a] || 31 συγκεφαλαίωται Ap. P[c] || 32 ἐκλύονται: λύονται Ap. X[a] || τὸ om. Ap. X[a] || μᾶλλον om. Ap. || 33-34 μᾶλλον γίνονται Ap. X[a] || 35 ἢ Y[a]P[c] Gaza om. cett. codd. || 38 τοῖς om. Ap.[a].

[878a] 1 μὲν: μὴ C[a] || 2 ἔγγονόν Y[a1] || τινὸς om. C[a].

matières corrompues[21] comme il en naît du sperme[22]. Alors pourquoi, si cet être est tel que nous, est-il notre rejeton, et s'il est différent ne l'est-il pas? Car il faut tout ou rien. Est-ce d'abord parce que dans un cas l'être naît de nous-mêmes dans l'autre de quelque chose d'étranger, comme tout ce qui vient d'un résidu ou d'une excrétion; et parce que d'une façon générale aucune partie d'un animal n'engendre un animal à l'exception du sperme? Ce qui est nuisible à un individu et ce qui est mauvais pour lui ne lui appartient pas en propre pas plus que ce qui lui est étranger. Car ce n'est pas la même chose d'être une partie d'un être et de lui être étranger, ou d'être autre que lui et de lui être nuisible. Les excrétions et les putréfactions ne sont pas vraiment nôtres, elles sont autres et étrangères à notre nature propre. Car tout ce qui se forme dans le corps ne doit pas être considéré comme partie intégrante du corps, puisqu'il s'y forme aussi des tumeurs[23] qu'on enlève et qu'on fait disparaître. Et d'une façon générale tout ce qui est contre nature est étranger. Or beaucoup de choses, même parmi celles qui se forment en nous, sont contre nature. Donc si cette partie est la seule de notre corps à donner naissance à un être vivant, on ne devrait raisonnablement considérer comme notre progéniture que ce qui en provient. Et si autre chose se forme à partir du sperme, par exemple une larve, quand il se putréfie, ou s'il se corrompt dans la matrice et donne, par exemple, ce qu'on appelle des monstres[24], il ne faut pas parler de progéniture. Car, d'une façon générale, ce qui naît d'une semence gâtée, ne vient pas de notre être mais de quelque chose d'étranger, comme ce que produisent les excréments, par exemple ce qui sort du fumier. La preuve que tous ces êtres proviennent d'une matière corrompue, c'est que, en l'absence de corruption, le produit est naturellement semblable au sujet d'où est issu le sperme, si c'est d'un cheval, c'est un cheval, si c'est d'un homme, c'est un homme. Et nous ne magnifions pas le sperme lui-même ni l'ensemble du processus de la génération: car la semence devient selon le moment du liquide, un

μένων πολλὰ καὶ ἐκ τοῦ σπέρματος. Τί δὴ οὖν, ἐὰν μὲν τοιοῦτον οἷον ἡμεῖς, ἡμέτερον, ἐὰν δ' ἀλλότριον, οὔ; Ἢ γὰρ ἅπαντα προσήκει ἢ οὐθέν. Ἢ πρῶτον μέν, ὅτι οὕτω μὲν ἐξ ἡμετέρου γίνεται, ἐκείνως δ' ἐξ ἀλλότριου, ὅσα ἐξ ἀποκαθάρματος γίνεται καὶ ἐκκρίσεως, καὶ ὅλως οὐθὲν τῶν τοῦ ζῴου ζῷον γεννᾷ ἀλλ' ἢ τὸ σπέρμα; Τὸ δὲ βλάπτον καὶ τὸ κακὸν οὐθενός ἐστιν οἰκεῖον, οὐδὲ τὸ ἀλλότριον· οὐ γὰρ ταὐτὸ τούτου τι εἶναι καὶ τούτου ἀλλότριον ἢ ἕτερον ἢ κακόν. Αἱ δ' ἐκκρίσεις καὶ σήψεις οὐχ ἡμέτερα, ἀλλ' ἕτερα καὶ ἀλλότρια τῆς φύσεως ἡμῶν εἰσίν. Οὐ γὰρ ὅσα ἐν τῷ σώματι γίνεται, τοῦ σώματος θετέον, ἐπεὶ καὶ φύματα γίνεται, ἃ αἴρουσι καὶ ἐκβάλλουσιν. Καὶ ὅλως ὅσα παρὰ φύσιν, πάντα ἀλλότρια· παρὰ φύσιν δὲ πολλὰ καὶ τῶν συγγινομένων ἐστίν. Εἰ οὖν ἐκ μόνου τούτου τῶν ἡμετέρων γίνεται ζῷον, ὀρθῶς ἂν τὸ ἐκ τοῦτου γινόμενον ἔκγονον ἡμέτερον εἴη μόνον. Καὶ ἐκ τοῦ σπέρματος δ' ἄν τι ἄλλο γένηται, οἷον σκώληξ σαπέντος, ἢ καὶ ἐν τῇ μήτρᾳ διαφθαρέντος, οἷον ἃ λέγεται τέρατα, οὐκ ἔκγονα λεκτέον. Ὅλως γὰρ ἐκ διεφθαρμένου γινόμενα οὐκέτι ἐξ ἡμετέρου ὄντος γίνεται, ἀλλ' ἐξ ἀλλοτρίου, ὥσπερ τὰ ἐκ τῶν ἀποκρίσεων, οἷον τὸ ἐκ τῆς κόπρου. Σημεῖον δ' ὅτι ἐκ διεφθαρμένου πάντα τὰ τοιαῦτα γίνεται· μὴ ἐκ διαφθειρομένου γὰρ τοιοῦτον πέφυκε γίνεσθαι οἷον ἂν ᾖ ἐξ οὗ τὸ σπέρμα, ἐὰν ἐξ ἵππου, ἵππος, ἐὰν δὲ ἐξ ἀνθρώπου, ἄνθρωπος. Καὶ αὐτό τε οὐ τιμῶμεν τὸ σπέρμα, οὐδὲ πᾶν τὸ ἐν τῇ γενέσει περαινόμενον. Καὶ γὰρ ὑγρὸν καὶ ὄγκος τις καὶ σὰρξ γίνεται

4 μὲν: μὴ C^{a} || 5 ἀλλότριον: ἀλλοῖον coni. Bonitz || 8 οὐδὲν Ap. || 11 ἢ [1]: ὃ C^{a} || 15 αἴρουσι Bekker: φέρουσιν codd. ἀφαιροῦσιν scrips. Hett || 18 τούτου bekker: τούτων codd. || ἔγγονον $Y^{a1}C^{a}$ || 20 ἐν om. Ap. || 21 ἔγγονα $Y^{a1}C^{a}$ || 24 ἐκ om. $C^{a}X^{a}$ || διαφθειρομένου $Y^{a}C^{a}$ || 28 περαινόμενον: γινόμενον Ap. || 29 καὶ [1] — 30 ποτέ interclusionem distinx. Hett qui δὲ post ποτέ del. *nihil nobile est* add. Gaza.

certain volume, de la chair ...[25] du fait qu'elle n'a pas encore sa nature propre, mais seulement ce quelque chose de sa nature qui la prédispose à donner naissance à un être semblable à nous. Or d'une matière corrompue ne naît rien de tel. Voilà pourquoi ni d'une autre partie de nous-mêmes ni du sperme altéré on imparfaitement formé ne peut naître une progéniture qui soit nôtre.

14. Pourquoi peut-on moins bien faire l'amour dans l'eau? Est-ce parce que dans l'eau rien ne se liquéfie de ce qui fond sous l'action du feu, comme le plomb ou la cire? Or la semence se liquéfie manifestement à la chaleur. En effet, avant que le frottement ne l'échauffe, elle n'est pas liquide. Pour ce qui est des poissons, ils ne se fécondent pas par un frottement[26].

15. Pourquoi faire l'amour est-il très agréable et est-ce que ce plaisir appartient aux êtres vivants par une nécessité ou en vue d'une fin? Est-ce que l'amour est agréable parce que le sperme vient de tout le corps[27], comme certains le disent, ou parce que, sans venir de tout le corps, il passe par la partie où aboutissent tous les conduits de veines[28]? Donc, comme ce plaisir rappelle celui qu'on a dans le prurit[29], il s'ensuit qu'il semble se produire à travers tout le corps. Or le prurit est agréable quand il y a sortie d'une humeur pleine de souffle, qui demeurait contre nature prisonnière dans le corps. L'émission de semence est la sortie d'une humeur de ce genre, conformément à la nature. Elle est agréable[30] par nécessité et en vue d'une fin: par nécessité, parce que le chemin qui va dans le sens de la nature est agréable, du moment qu'on en a la sensation; en vue d'une fin, pour qu'il y ait génération d'êtres vivants. Car c'est surtout le plaisir qui pousse les animaux à s'unir.

16. Pourquoi [31] l'incontinence est-elle de mise contre certaines maladies qui viennent du phlegme? Est-ce parce que l'émission de sperme est une sortie d'excrétion, si bien qu'elle s'accompagne d'une évacuation importante de résidus? Or le phlegme est un résidu[32].

ποτέ ... δὲ διὰ τὸ μήπω ἔχειν τὴν φύσιν, ἀλλ' ἢ τοσοῦτον μόνον τῆς φύσεως, ὅτι οὕτω διάκειται ὥστε γενέσθαι ἐξ αὐτοῦ τοιοῦτον οἷον ἡμεῖς· ἐκ δὲ διεφθαρμένου οὐδὲ τοιοῦτον. Διὰ ταῦτα οὔτ' ἐξ ἑτέρου τῶν ἐν ἡμῖν οὔτ' ἐκ τούτου διεφθαρμένου ἢ ἀτελῶς ἔχοντος τὸ ἔκγονόν ἐστιν ἡμέτερον.

14. Διὰ τί ἐν τῷ ὕδατι ἧττον δύνανται ἀφροδισιάζειν οἱ ἄνθρωποι; Ἢ ὅτι ἐν ὕδατι οὐθὲν τήκεται, ὅσα ὑπὸ πυρὸς τήκεται, οἷον μόλιβδος ἢ κηρός; Ἡ δὲ γονὴ τηκομένη φαίνεται πυρί· πρὶν μὲν γὰρ ἡ τρῖψις ἐκθερμάνῃ, οὐ τήκεται. Οἱ δ' ἰχθύες οὐ τρίψει ὀχεύουσιν.

[878b] 15. Διὰ τί τὸ ἀφροδισιάζειν ἥδιστον, καὶ πότερον ἐξ ἀνάγκης ἢ ἕνεκά τινος ὑπάρχει τοῖς ζῴοις; Ἢ ἡδὺ μέν ἐστιν ἤτοι διὰ τὸ ἀπὸ παντὸς τοῦ σώματος ἀπιέναι τὸ σπέρμα, ὥσπερ τινές φασιν, ἢ καὶ ἀπὸ παντὸς μὲν μὴ ἀπιέναι, διὰ δὲ τοιούτου εἰς ὃ πάντες συντείνουσιν οἱ πόροι τῶν φλεβῶν; Οὔσης οὖν τῆς ἡδονῆς ὁμοίας τῆς ἐν τῷ κνησμῷ, τοῦτο συμβαίνει γίνεσθαι ὥσπερ δι' ὅλου τοῦ σώματος. Ὁ δὲ κνησμὸς ἡδύς ἐστιν, ὑγροῦ ἔξοδος πνευματώδους ἐγκατακεκλεισμένου παρὰ φύσιν. Ἡ δὲ γονὴ τοιούτου εἰς τὸ κατὰ φύσιν ἔξοδος. Ἔστι δὲ καὶ ἐξ ἀνάγκης ἡδὺ καὶ ἕνεκά τινος, ἐξ ἀνάγκης μὲν ὅτι ἡ εἰς τὸ κατὰ φύσιν ὁδὸς ἡδύ ἐστιν, ἐὰν ᾖ αἰσθητή, ἕνεκα δέ τινος ἵνα γένεσις ᾖ ζῴων· διὰ γὰρ τὴν ἡδονὴν μᾶλλον ὁρμᾷ πρὸς τὴν μῖξιν τὰ ζῷα.

16. Διὰ τί ἡ λαγνεία πρὸς νοσήματα ἔνια τῶν ἀπὸ φλέγματος συμφέρει; Ἢ ὅτι περιττώματός ἐστιν ἔξοδος, ὥστε συνεκκρίνεται πολλὴ περίττωσις; Τὸ δὲ φλέγμα περίττωμα.

30 ante δὲ lac. indicavi || 31 ὅτι: ὅ τι coni. Buss. || 32 post ἡμεῖς add. δὲ Xª || δὲ om. Ap. || 33 οὔτε ... οὔτε Bonitz: οὐδὲ ... οὐδὲ codd. || 34 ἢ edd.: τε YªCª καὶ Ap. τε καὶ Xª || εὐτελῶς Ap. || ἔγγονον Yª¹ Cª || 35 οἱ: οἷον Yª || 36 post ὕδατι add. μὲν Cª || οὐθὲν: οὐδὲν Hett.

[878b] 2 ἢ² om. Cª || 5 τοιοῦτο Cª τοιοῦτον Xª || ὅ: ὃν YªCª || συντείνουσιν: συμβαίνουσιν Ap. Pᶜ || 8 ἡδύς ἐστιν om. Gaza || 9 τοιούτου Gaza: τοιοῦτον codd. || 11 ἡ YªCªPᶜ || 13 ὁρμᾷ: ὁρᾷ Ap.

17. Pourquoi les relations sexuelles refroidissent-elles et dessèchent-elles le ventre? Est-ce qu'elles le refroidissent parce qu'il y a dégagement de chaleur dans la copulation? D'autre part le coït dessèche: il y a évaporation avec la sortie du chaud et celui-ci sort quand il y a refroidissement. De plus la chaleur qui accompagne le coït dessèche.

18. Pourquoi ceux qui perdent leurs cils sont-ils des débauchés[33]? Est-ce pour la même raison que les chauves? Car ces deux parties du corps ont la même origine. Cette raison, la voici[34]: tous les poils qui existent à la naissance et qui cessent de croître à mesure que l'âge avance, tous subissent cet effet de la débauche. Les cheveux, les sourcils et les cils sont des poils qui existent à la naissance[35]. Des trois, seuls les sourcils épaississent chez les vieillards (la cause en a été donnée ailleurs[36]), les deux autres pour une même raison. Cette raison est que l'incontinence refroidit les parties supérieures, qui ont peu de sang, si bien que cet endroit n'effectue pas la coction de la nourriture: ne recevant pas de nourriture, les poils tombent.

19. Pourquoi ne peut-on pas faire l'amour quand on a envie d'uriner[37]? Est-ce parce que les conduits sont pleins? Ce qui est rempli de liquide ne reçoit pas d'autre liquide.

20. Pourquoi les varices empêchent-elles ceux qui en souffrent d'engendrer, chez l'homme et chez les animaux qui en ont? Est-ce parce que la varice se forme par un déplacement de souffle? C'est aussi pourquoi elle est bénéfique contre les affections dues à la bile noire. L'acte sexuel s'accompagne d'une sortie de souffle. Donc, si la poussée du souffle[38] suit un trajet qui passe par l'emplacement d'une varice[39], elle ne fait pas jaillir le sperme, mais elle le refroidit. Elle diminue donc la rigidité de la verge[40].

33. Aristote, dans l'*Hist. des An.*, III, 11, 518a11, signale que plus on use des plaisirs de l'amour, plus les cils tombent vite.

34. Cette explication s'inspire du long passage de la *Gén. des An.* consacré à la cause de la calvitie (V, 3, 783b8-784a21).

35. Cf. *Hist. des An.*, III, 11, 518a18-24; VII, 4, 584a24.

17. Διὰ τί τὰ ἀφροδίσια τὴν κοιλίαν ψύχει καὶ ξηραίνει; Ἢ ψύχει μέν, ὅτι ἐκκρίνεται τὸ θερμὸν ἐν τῇ μίξει; Ξηραίνει δ' ἡ μῖξις· ἐξατμίζεται γὰρ τοῦ θερμοῦ ἐξιόντος, ἐξέρχεται δὲ ψυχομένου. Ἔτι καὶ ἡ θερμότης ἐν τῇ ὁμιλίᾳ ξηραίνει.

18. Διὰ τί, ὅσοις αἱ βλεφαρίδες ῥέουσι, λάγνοι; Ἢ διὰ τὸ αὐτὸ καὶ διότι οἱ φαλακροί; Ἔστι γὰρ μόρια ἄμφω ταῦτα τοῦ αὐτοῦ. Ἔστι δὲ τὸ αἴτιον· ὁπόσαι πρεσβυτέρου γινομένου μὴ αὐξάνονται τῶν συγγενικῶν τριχῶν, ἅπασαι τοῦτο πάσχουσιν ἐν ταῖς λαγνείαις. Κεφαλὴ γὰρ καὶ ὀφρὺς καὶ βλεφαρὶς συγγενικαὶ τρίχες. Τούτων δὲ μόνον ἐνίοις αἱ ὀφρύες δασύνονται πρεσβυτέροις γινομένοις (δι' ἣν δ' αἰτίαν, εἴρηται ἐν ἄλλοις), αἱ ἕτεραι δὲ διὰ τὸ αὐτὸ ἄμφω λείπουσιν. Αἴτιον δ' ὅτι καταψύχει τὰ ἄνω ἡ λαγνεία ὀλίγαιμα ὄντα, ὥστ' οὐ πέττει τὴν τροφὴν ὁ τόπος· οὐ λαμβάνουσαι δὲ τροφὴν ἐκρέουσιν αἱ τρίχες.

19. Διὰ τί οὐρητιῶντες οὐ δύνανται ἀφροδισιάζειν; Ἢ ὅτι πλήρεις γίνονται οἱ πόροι; Τὸ δὲ πλῆρες ὑγροῦ οὐ δέχεται ἄλλο ὑγρόν.

20. Διὰ τί αἱ ἰξίαι τοὺς ἔχοντας κωλύουσι γεννᾶν, καὶ ἀνθρώπους καὶ τῶν ἄλλων ζῴων ὅ τι ἂν ἔχῃ; Ἢ ὅτι ἡ ἰξία γίνεται μεταστάντος πνεύματος; Διὸ καὶ ὠφελεῖ πρὸς τὰ μελαγχολικά. Ἔστι δὲ καὶ ὁ ἀφροδισιασμὸς μετὰ πνεύ- [879a] **ματος ἐξόδου. Εἰ οὖν ὁδοποιεῖται ἡ ὁρμὴ γινομένου αὐτοῦ, οὐ ποιεῖ ὁρμᾶν τὸ σπέρμα, ἀλλὰ καταψύχεται· μαραίνει οὖν τὴν συντονίαν τοῦ αἰδοίου.**

16 συγκρίνεται P[c] || 19 post δὲ add. καὶ Y[a] Ap. P[c]X[a] || 24 ὁπόσαι: ὅπερ καὶ διότι X[a] || 25 γενομένου Ap. C[a]X[a] || 26-27 κεφαλῇ γὰρ καὶ ὀφρύσι καὶ βλεφαρίσι συγγενεῖς αἱ τρίχες legend. suspic. Ruelle || 27 συγγενικαί: συγγενῆ καὶ Y[a1]C[a]X[a] || αἱ: καὶ C[a] || 28 εἴρηται ἐν ἄλλοις om. C[a] || 30 ὀλίγαιμα: ὀλίγαι μὲν C[a] || 31 δὲ om. Y[a1] || 37 ἡ ἰξία: μιξίας Ap.[b] || 38-39 τὰ μελαγχολικά: τὰς μελαγχολικὰς κράσεις P[c].

[879a] 3 συνωνίαν C[a].

21. Pourquoi[41], quand on fait l'amour, se sent-on abattu et généralement affaibli? Est-ce du fait que le sperme est une excrétion de toutes les parties[42], si bien que, à l'instar des assemblages d'une construction[43], l'équilibre du corps est ainsi ébranlé par le départ de quelque chose, comme si le sang s'en allait ou la totalité d'une partie? Tout ce qui sort de cette façon est important et constitue la quintessence d'une grande quantité de nourriture, comme l'amidon[44] extrait de la farine.

22. Pourquoi[45] ceux qui font l'amour et qui ont envie d'uriner entrent-ils en érection? Est-ce parce que les conduits étant pleins de liquide, le sperme qui se présente en un lieu rétréci fait augmenter le volume et produit l'èrection? Car le sexe repose sur les conduits.

23. A quoi est due l'érection et l'augmentation de volume du pénis[46]? N'y a-t-il pas deux raisons, d'abord le poids qui porte sur l'arrière des testicules[47] et qui fait se dresser le membre (car les testicules font office de bras de levier[48]), et d'autre part le fait que les conduits se remplissent d'air? Ou est-ce que, comme le liquide augmente et change de place ou est dû à une humidité qui se forme là, le volume devient plus important? Cependant les parties trop grandes s'élèvent moins, parce que le poids est plus éloigné du point d'appui du levier.

24. Pourquoi[49] les gens qui font l'amour et ceux qui sont en état de le faire sentent-ils mauvais (ce n'est pas le cas des enfants) et ont-ils, comme on dit, l'odeur de bouc? Est-ce dû aux souffles et à ce que, ainsi qu'on l'a dit[50], ceux des enfants opèrent la coction de l'humide et des sueurs, alors que chez les adultes la coction des sueurs n'a pas lieu?

25. Pourquoi durant l'été les hommes ont-ils moins envie de faire l'amour et les femmes davantage[51], et comme dit le poète, à l'époque du chardon[52] «les femmes sont plus

41. La même question est traitée dans le problème 6, mais d'une façon différente.

42. Cf. 15, 878b3.

21. Διὰ τί οἱ ἀφροδισιάζοντες ἐκλύονται καὶ ἀσθενέστεροι γίνονται ὡς ἐπὶ τὸ πολύ; Πότερον διὰ τὸ ἀπὸ πάντων ἔκκρισιν εἶναι τὸ σπέρμα, ὥσθ' οἷον οἰκοδομήματος αἱ ἁρμονίαι, καὶ τοῦ σώματος οὕτω σειομένη ἡ σύνθεσίς ἐστι τῷ ἀπεληλυθέναι τι, οἷον εἰ τὸ αἷμα ἐξέλθοι ἢ πᾶν ὅ τι ἄλλο μέρος; Οὕτω σφόδρα ἐπίκαιρον τὸ ἐξιόν ἐστι, καὶ ὃ ἐκ πολλῆς γίνεται τροφῆς ὀλίγον, οἷον τὸ ἀμύλιον ἐκ τοῦ σταιτός.

22. Διὰ τί οἱ ἀφροδισιάζοντες καὶ οὐρητιῶντες ἐντείνουσιν; Ἢ ὅτι πληρουμένων τῶν πόρων ὑγρότητος, τὸ σπέρμα ὑπεξιὸν ἐν ἐλάττονι τόπῳ πλειονά τ' ὄγκον ποιεῖ καὶ αἴρει; Ἐπίκειται γὰρ τὸ αἰδοῖον ἐπὶ τοῖς πόροις.

23. Διὰ τί ἡ σύντασις γίνεται τοῦ αἰδοίου καὶ ἡ αὔξησις; Ἢ διὰ δύο, διά τε τὸ βάρος ἐπιγίνεσθαι ἐν τῷ ὄπισθεν τῶν ὄρχεων αἴρεσθαι (ὑπομόχλιον γὰρ οἱ ὄρχεις γίνονται) καὶ διὰ τὸ πνεύματος πληροῦσθαι τοὺς πόρους; Ἢ τοῦ ὑγροῦ αὐξανομένου καὶ μεθισταμένου ἢ ἐξ ὑγροῦ γινομένου ὁ ὄγκος μείζων γίνεται; Τὰ λίαν δὲ μεγάλα ἧττον αἴρεται διὰ τὸ πορρωτέρω τὸ βάρος τοῦ ὑπομοχλίου γίνεσθαι.

24. Διὰ τί οἱ ἀφροδισιάζοντες ἢ οἱ τοιοῦτοι δυσώδεις (οἱ δὲ παῖδες οὔ) καὶ τοῦ καλουμένου γράσου ὄζουσιν; Ἢ τῶν πνευμάτων, ὥσπερ εἴρηται, τὰ μὲν τῶν παιδίων πέττει τὸ ὑγρὸν καὶ τοὺς ἱδρῶτας, οἱ δὲ τῶν ἀνδρῶν ἄπεπτοι;

25. Διὰ τί ἐν θέρει οἱ μὲν ἄνδρες ἧττον δύνανται ἀφροδισιάζειν, αἱ δὲ γυναῖκες μᾶλλον, καθάπερ καὶ ὁ

5 ἐπιτοπολύ Ap. ut semper || ἀπὸ πάντων: ἁπάντων C^a || 6 αἱ om. Ap.^{a} || 7 ἡ om. Ap. X^a ||8 τι ^{1} om. Ap. P^cX^a || ἐξέλθῃ Ap. C^aX^a || ὅ: ἢ Y^aC^a || ἄλλο del. Hett || 9 ὃ: ὅτι Ap. || 10 σταιτός edd.: στέατος codd. || 11 οὐρηῶντες Y^{a1} || 12 ὅτι om. Y^a Ap. C^a || ὑπεξιὸν: ἐξιὸν C^a || 13 τε ὄγκον: ὄγκον τε $Y^aC^aX^a$ τε ὄγκον τε Ap.^{b} || 16 ἐπιγίνεται Ap.^{b} || 17 αἴρεται $Y^aC^aP^c$ || ὑπομόχλιον ex ὑπὸ μοχλίοι scrips. Y^a ὑπομόχλιοι C^a || καὶ add. Sylb. om. codd. || 18 πληροῦσθαι πνεύματος C^a || 19 ἢ ἐξ ὑγροῦ γινομένου om. Gaza || 20 μείζων ex μείζω scrips. Y^a || 22 ἢ: καὶ Ap. || 24 παίδων P^c || 26 μὲν ante τῷ transp. P^c || 27 et b24 in marg. Y^a man. recentissima scrips. cf. cod. 985 fol. 107 recto.

ardentes et les hommes plus mollasses»[53]? Est-ce parce que les testicules descendent plus qu'en hiver? Or il est nécessaire, si l'on veut faire l'amour, qu'ils remontent. Ou est-ce parce que les natures chaudes s'affaissent en été quand la chaleur est excessive, alors que les froides s'échauffent? Or l'homme est sec et chaud[54], la femme froide et humide. Donc la puissance de l'homme est épuisée, tandis que celle de la femme est florissante, parce qu'elle rétablit l'équilibre par la qualité contraire.

26. Pourquoi[55] certains jouissent-ils quand on leur fait l'amour, et pourquoi les uns sont-ils en même temps actifs, les autres non? Est-ce parce qu'il existe pour chaque excrétion un endroit fixé par la nature où elle se concentre naturellement, et que, au moment où un effort se produit, le souffle expulsé fait gonfler, ainsi l'urine va dans la vessie, la nourriture desséchée dans le ventre, la larme dans les yeux, la morve dans les narines, le sang dans les veines? De la même manière la semence va dans les testicules et le pénis. Chez ceux dont les conduits n'ont pas une disposition conforme à la nature mais différente, soit parce que ceux qui aboutissent au pénis sont obstrués, comme c'est le cas pour les eunuques et les impuissants[56], soit pour d'autres raisons, cette humeur s'écoule vers le fondement. Car c'est par là qu'elle sort. Ce qui le montre c'est la contraction de cette région dans la copulation et la dissolution[57] de ce qui avoisine le fondement. Donc, si l'on se livre avec excès au plaisir, l'humeur se dirige vers cet endroit, si bien

53. Citation textuelle du vers 586 du poème d'Hésiode *Les Travaux et les jours.*

54. Cf. III, 7, 872a5. C'était l'opinion d'Empédocle. Parménide soutenait le contraire (cf. *Part. des An.*, II, 2, 648a29).

55. Septali avait renoncé à commenter le problème 26 en raison de son «obscénité».

56. Le sens de εὐνουχίας apparaît clairement dans la *Gén. des An.*, II, 7, 746b24 (cf. Hippocrate, *De la Génération 2*, VII, 472L).

57. Le mot συντῆξις, dissolution, est employé dans la *Gén. des An.*, avec le sens de consomption, dépérissement (cf. I, 18, 726a21, 24, b24). Ce sens est fréquent dans les *Problèmes.*

ποιητὴς λέγει ἐπὶ τῷ σκολύμῳ «μαχλόταται δὲ γυναῖκες, ἀφαυρότατοι δέ τοι ἄνδρες»; Πότερον ὅτι οἱ ὄρχεις καθίενται μᾶλλον ἢ ἐν τῷ χειμῶνι; Ἀνάγκη δέ, εἰ μέλλει ἀφροδισιάζειν, ἀνασπάσαι. Ἢ ὅτι αἱ θερμαὶ φύσεις ἐν τῷ θέρει συμπίπτουσιν ὑπερβάλλοντος τοῦ θερμοῦ, αἱ δὲ ψυχραὶ θάλπουσιν; Ἔστι δ' ὁ μὲν ἀνὴρ ξηρὸς καὶ θερμός, ἡ δὲ γυνὴ ψυχρὰ καὶ ὑγρά. Τοῦ μὲν οὖν ἀνδρὸς ἠμαύρωται ἡ δύναμις, τῶν δὲ θάλλει ἐπανισουμένη τῷ ἐναντίῳ.

26. Διὰ τί ἔνιοι ἀφροδισιαζόμενοι χαίρουσι, καὶ οἱ μὲν ἅμα δρῶντες, οἱ δ' οὔ; Ἢ ὅτι ἔστιν ἑκάστῃ περιττώσει τόπος [879b] εἰς ὃν πέφυκεν ἀποκρίνεσθαι κατὰ φύσιν, καὶ πόνου ἐγγινομένου τὸ πνεῦμα ἐξιὸν ἀνοιδεῖν ποιεῖ, καὶ συνεκκρίνει αὐτήν, οἷον τὸ μὲν οὖρον εἰς κύστιν, ἡ δ' ἐξικμασμένη τροφὴ εἰς κοιλίαν, τὸ δὲ δάκρυον εἰς ὄμματα, μύξαι δ' εἰς μυκτῆρας, αἷμα δ' εἰς φλέβας; Ὁμοίως δὴ τούτοις καὶ ἡ γονὴ εἰς ὄρχεις καὶ αἰδοῖα. Οἷς δὴ οἱ πόροι μὴ κατὰ φύσιν ἔχουσιν, ἀλλ' ἢ διὰ τὸ ἀποτυφλωθῆναι τοὺς εἰς τὸ αἰδοῖον, οἷον συμβαίνει τοῖς εὐνούχοις καὶ εὐνουχίαις, ἢ καὶ ἄλλως, εἰς τὴν ἕδραν συρρεῖ ἡ τοιαύτη ἰκμάς· καὶ γὰρ διεξέρχεται ταύτῃ. Σημεῖον δ' ἐν τῇ συνουσίᾳ ἡ συναγωγὴ τοῦ τοιούτου τόπου καὶ ἡ σύντηξις τῶν περὶ τὴν ἕδραν. Ἐὰν οὖν ὑπερβάλλῃ τις τῇ λαγνείᾳ, τούτοις ἐνταῦθα συνέρχεται, ὥσθ' ὅταν ἡ ἐπιθυμία γένηται, τοῦτ' ἐπιθυμεῖ τῆς τρίψεως εἰς ὃ συλλέγεται. Ἡ δ' ἐπιθυμία καὶ ἀπὸ σιτίων καὶ ἀπὸ διανοίας γίνεται. Ὅταν

28 λέγει: ἡσίοδος $Y^{a}P^{c}$ *Hesiodus poeta* Gaza || ἐπὶ τῷ σκολύμῳ om. P^{c} Gaza || σκολύμῳ edd.: κολύμῳ Y^{a} Ap. X^{a} κολύμμῳ C^{a} || 29 τοι: τε Ap. X^{a} || 31 ἀνασπᾶσαι Ap. || 32 σύμπίπτουσιν: πέττουσιν Ap. || ὑπερϐάλοντος C^{a} || post ὑπερϐάλλοντος add. δὴ Ap. X^{a} || θερμοῦ: ὑγροῦ $Ap.^{b}$ || αἱ δὲ — 33 θερμός om. Ap. || 33 θάλπουσιν: θάλλουσιν coni. Richards Hett *refoventur et vigent* Gaza || 34 οὖν ἀνδρὸς edd.: ἀνδρὸς οὖν codd. || 35 θάλλει ex θάρρει scrips. $Ap.^{a}$ || 37 ἔστιν om. C^{a}.

[879b] 1 πόνου: πόνος οὗ C^{a} || γινομένου X^{a} || 5 et 6 δὴ: δὲ P^{c} || 6 ἀλλ' del. Buss. Hett || 7 ante ἀποτύωθῆναι add. μὴ Ap. X^{a} || ἐπιτύωθῆναι Y^{a} Ap. C^{a} || 9 ταύτην Ap. X^{a} || 13 τοῦτ': τότ' X^{a} $Ap.^{b}$ || ἐπιθυμεῖ: ἐπιθεῖ $Ap.^{b}$ || 14 ante σιτίων add. τῶν Ap. X^{a} || ἀπὸ² om. Ap. X^{a}.

qu'au moment où le désir apparaît, la partie où elle s'est accumulée aspire au frottement. Le désir est fonction des aliments, mais aussi de la pensée. Lorsqu'il est déclenché par quelque motif que ce soit, le souffle se concentre et la sécrétion appropriée afflue à l'endroit prévu par la nature. Si cette sécrétion est légère et pleine d'air, lorsqu'elle s'en va l'érection cesse parfois sans émission de liquide, comme c'est le cas pour celles des enfants et des jeunes gens ...[58] lorsque l'humidité est épuisée. Si l'on ne se trouve dans aucune de ces situations, on ressent le désir jusqu'à ce que l'un de ces cas se produise. Ceux qui ont une nature efféminée[59] sont ainsi organisés qu'ils ne peuvent avoir aucune émission ou n'en ont qu'une très faible à l'endroit où celle-ci a lieu chez les sujets normalement constitués, mais qu'elle se produit dans la région du fondement. La cause en est leur organisation contre nature. Ce sont des mâles qui sont ainsi faits que cette région de leur personne est nécessairement mutilée. Une mutilation[60], c'est soit la suppression complète, soit une détérioration. La disparition intégrale n'est pas possible. Car on aurait alors à faire à une femme! Il est donc nécessaire qu'il y ait une déviation et que l'excrétion se détourne vers une autre direction que l'émission séminale[61]. Et c'est pourquoi ces sujets restent inassouvis, comme les femmes. Car l'humeur est en petite quantité, elle a du mal à sortir et elle se refroidit vite. Ceux chez qui elle se dirige vers le fondement, ont le désir d'être passifs, ceux chez qui elle va aux deux endroits désirent être actifs et passifs. C'est là où elle est la plus abondante que leur désir est le plus fort. Mais pour quelques-uns cette passion est une affaire d'habitude. Quel que soit le rôle qu'ils jouent, la jouissance survient et ils répandent ainsi leur semence. C'est ce que désirent faire ceux qui sont ainsi et l'habitude leur devient plutôt comme une nature[62]. Voilà pourquoi ceux qui se sont habitués à être passifs non pas avant la puberté mais vers cette époque, comme cette pratique leur laisse un souvenir et que le plaisir accompagne

γὰρ κινηθῇ ὑφ' ὁτουοῦν, ἐνταῦθα τὸ πνεῦμα συντρέχει, καὶ τὸ τοιοῦτο περίττωμα συρρεῖ οὗ πέφυκεν. Κἂν μὲν λεπτὸν ᾖ ἢ πνευματῶδες, τούτου ἐξελθόντος, ὥσπερ αἱ συντάσεις τοῖς παισὶ καὶ τοῖς ἐν ἡλικίᾳ, ἐνίοτε οὐθενὸς ὑγροῦ ἐκκριθέντος, παύονται ... ὅταν δὲ κατασβεσθῇ τὸ ὑγρόν. Ἐὰν δὲ μηδέτερον τούτων πάθῃ, ἐπιθυμεῖ ἕως ἄν τι τούτων συμβῇ. Οἱ δὲ φύσει θηλυδρίαι οὕτω συνεστᾶσιν ὥστ' ἐκεῖ μὲν μὴ ἐκκρίνεσθαι ἢ ὀλίγην, οὗπερ τοῖς ἔχουσι κατὰ φύσιν ἐκκρίνεται, εἰς δὲ τὸν τόπον τοῦτον. Αἴτιον δ' ὅτι παρὰ φύσιν συνεστᾶσιν· ἄρσενες γὰρ ὄντες οὕτω διάκεινται ὥστ' ἀνάγκη τὸν τόπον τοῦτον πεπηρῶσθαι αὐτῶν. Πήρωσις δ' ἡ μὲν ὅλως ποιεῖ φθόρον, ἡ δὲ διαστροφήν. Ἐκείνη μὲν οὖν οὐκ ἔστιν· γυνὴ γὰρ ἂν ἐγένετο. Ἀνάγκη ἄρα παρεστράφθαι καὶ ἄλλοθί που ὁρμᾶν τῆς γονικῆς ἐκκρίσεως. Διὸ καὶ ἄπληστοι, ὥσπερ αἱ γυναῖκες· ὀλίγη γὰρ ἡ ἰκμάς, καὶ οὐ βιάζεται ἐξιέναι, καὶ καταψύχεται ταχύ. Καὶ ὅσοις μὲν ἐπὶ τὴν ἕδραν, οὗτοι πάσχειν ἐπιθυμοῦσιν, ὅσοις δ' ἐπ' ἀμφότερα, οὗτοι καὶ δρᾶν καὶ πάσχειν· ἐφ' ὁπότερα δὲ πλεῖον, τούτου μᾶλλον ἐπιθυμοῦσιν. Ἐνίοις δὲ γίνεται καὶ ἐξ ἔθους τὸ πάθος τοῦτο. Ὅσα γὰρ ἂν ποιῶσι, συμβαίνει αὐτοῖς χαίρειν καὶ προΐεσθαι τὴν γονὴν οὕτως. Ἐπιθυμοῦσιν οὖν ποιεῖν οἷς ἂν ταῦτα γίνηται, καὶ μᾶλλον τὸ ἔθος ὥσπερ φύσις γίνεται. Διὰ τοῦτο ὅσοι ἂν μὴ πρὸ ἥβης ἀλλὰ περὶ ἥβην ἐθισθῶσιν ἀφρο-
[880a] δισιάζεσθαι, διὰ τὸ γίνεσθαι αὐτοῖς ἐν τῇ χρείᾳ τὴν

16 λεπτὸν edd.: λεπτὴ Y^a Ap. C^a λεπὴ X^a || 17 πνευματώδης Ap. C^aX^a || 18 καὶ om. X^a || 19 ante ὅταν lac. indicavi ex Gaza qui *sed si crassum corpulentumque est nisi extruso quiescere nequeunt* scrips. || ὅταν: ὅτε coni. Buss. ex antiq. vers. *quandoque autem extruditur* || κατεσζέσθη Y^a|| post ὑγρόν lac. indic. Hett || δὲ² om. Ap. || μηδέτερον: μὴ τὸ ἕτερον P^c || 21 οὕτω: οὔτε $Ap.^a$ || 22 ἐκκρίνεσθαι C^aP^c || δὲ τὸν: τόνδε C^a || τοῦτον del. C^a || 23 παρὰ: περὶ X^a || 26 φθοράν C^a || μὲν om. X^a || 28 γενικῆς X^a || ἄπλυστοι C^a || 29 γὰρ om. $Ap.^b$ || 30 ἐπὶ: περὶ X^aP^c || 31 πάσχειν — οὗτοι om. C^a || 31 ὅσοις — 33 ἐπιθυμοῦσιν om. Ap. P^c || 34 ἂν: ἀεὶ P^c || ἂν om. C^a || 36 γίνεται Ap. X^a.

ce souvenir, par la force de l'habitude ils ont le désir d'être passifs, comme si c'était leur vraie nature. Si d'autre part le sujet est lascif et mou, chacune de ces pratiques s'acquiert plus rapidement.

27. Pourquoi les hommes ont-ils très grande honte à avouer qu'ils désirent être aimés[63], mais non à dire qu'ils ont soif ou faim ou qu'ils souhaitent autre chose du même genre? Est-ce parce que la plupart des désirs sont des nécessités et que dans certains cas on meurt s'ils ne sont pas satisfaits? Au contraire le désir de plaisirs sexuels est du superflu.

28. Pourquoi [64] les hommes sont-ils plus ardents à faire l'amour en hiver et les femmes en été? Est-ce parce que les hommes sont plutôt chauds et secs par nature, et les femmes humides et refroidies? Chez les premiers l'humide et le chaud sont suffisants pour l'éjaculation en hiver (la formation du sperme s'effectue grâce à ces qualités), chez les secondes la chaleur est moindre et l'humide se trouve gelé par suite du manque de feu: or celui-ci est là en été. Donc pour les femmes la chaleur est bien proportionnée, mais pour les hommes elle est plus forte qu'il ne faut. En effet ce qui est en trop enlève beaucoup de puissance. C'est aussi pourquoi les petits enfants sont plus délicats en été. Car c'est alors du feu sur du feu.

29. Pourquoi les hommes, dont la nature est chaude, lorsqu'ils sont forts et bien nourris, sont-ils fréquemment sujets, s'ils ne font pas l'amour, à une profusion de bile, tandis que leurs évacuations deviennent âcres, qu'un phlegme salé se forme, et que leurs couleurs s'altèrent[65]? Est-ce parce que, en même temps que le sperme, il y a toujours de l'excrétion qui s'évacue? Et c'est pourquoi chez certains individus sujets aux vents[66] la semence a l'odeur de l'eau où l'on a lavé du poisson. Donc, quand on fait l'amour, cette excrétion part en même temps, si bien qu'elle ne gêne

63. Il s'agit, comme dans le problème précédent, d'amours contre nature.

64. Même question dans le problème 25, 879a26 et sq.

μνήμην, ἅμα δὲ τῇ μνήμῃ τὴν ἡδονήν, διὰ δὲ τὸ ἔθος ὥσπερ πεφυκότες ἐπιθυμοῦσι πάσχειν· τὰ μέντοι πολλὰ καὶ τὸ ἔθος ὥσπερ πεφυκόσι γίνεται. Ἐὰν δὲ τύχῃ λάγνος ὢν καὶ μαλακός, καὶ θᾶττον ἕκαστα τούτων συμβαίνει.

27. Διὰ τί μάλιστα αἰσχύνονται ὁμολογεῖν οἱ ἐπιθυμοῦντες ἀφροδισιάζεσθαι, ἀλλ' οὐ πιεῖν οὐδὲ φαγεῖν οὐδ' ἄλλο τῶν τοιούτων οὐδέν; Ἢ ὅτι τῶν μὲν πλείστων ἀναγκαῖαι αἱ ἐπιθυμίαι, ἔνια δὲ καὶ ἀναιρεῖ τοὺς μὴ τυγχάνοντας; Ἡ δὲ τῶν ἀφροδισίων ἐκ περιουσίας ἐστίν.

28. Διὰ τί οἱ μὲν ἄνδρες τοῦ χειμῶνος, αἱ δὲ γυναῖκες τοῦ θέρους ὁρμητικώτεραι πρὸς τὰ ἀφροδίσια; Ἢ ὅτι οἱ μὲν ἄνδρες θερμοὶ μᾶλλον καὶ ξηροὶ τὰς φύσεις, αἱ δὲ γυναῖκες ὑγραὶ καὶ κατεψυγμέναι; Τοῖς μὲν οὖν τὸ ὑγρὸν καὶ τὸ θερμὸν αὔταρκες πρὸς τὴν ὁρμὴν τοῦ χειμῶνος (ἡ δὲ τοῦ σπέρματος γένεσις ἐκ τούτων), ταῖς δὲ τὸ θερμὸν ἔλαττον καὶ τὸ ὑγρόν ἐστι πεπηγὸς διὰ τὴν ἔνδειαν τοῦ πυρός· τοῦτο δὲ θέρους. Ταῖς μὲν οὖν σύμμετρον τὸ θερμόν, τοῖς δὲ πλέον τοῦ ἱκανοῦ· τὸ γὰρ ἄγαν πολὺ ἐκλύει τῆς δυνάμεως. Διὸ καὶ τὰ παιδία τοῦ θέρους λεπτότερα· συμβαίνει γὰρ πῦρ ἐπὶ πῦρ φέρειν.

29. Διὰ τί ὅσοι θερμοὶ τὴν φύσιν, ἐὰν ἰσχυροὶ ὦσι καὶ εὐτραφεῖς, ἐὰν μὴ ἀφροδισιάσωσι, χολή τε προΐσταται αὐτοῖς πολλάκις καὶ ἔκπικρον ὑποχωρεῖ καὶ φλέγμα ἁλμυρὸν γίνεται, καὶ ἀλλοχροοῦσιν; Ἢ ὅτι μετὰ τοῦ σπέρματος ἀεὶ περίττωμα συναπέρχεται; Διὸ καὶ ἐνίοις τῶν πνευματικῶν ἰχθύων πλύντρου ὄζει ἡ γονή. Ἀφροδισιάζουσι μὲν

[880a] 2 τῇ μνήμῃ: ἡ μνήμη Y[a] || 3 πολλὰ: παλαιὰ P[c] || 5 ἕκαστον P[c] || 9 ἀναιρεῖ καὶ Ap. || ἡ: αἱ C[a] || 10 ἐστίν: εἰσίν C[a] || 12 ante πρὸς add. εἰσι C[a] || 15 τὸ om. X[a] || τοῦ² om. X[a] || 17 τοῦτο: τοῦ coni. Buss. ex Gaza || 18 ταῖς: τοῖς Ap. || οὖν: ἐστι X[a] del. Buss. ex Sylb. et antiq. vers. || τοῖς: ταῖς Ap. || 21 ante πῦρ add. τὸ X[a] || 22 ἐὰν — 23 εὐτραφεῖς om. C[a] || 23 προσίσταται legend. cens. Buss. || 26 πνευματικῶν: περιττωματικῶν Sylb. ex Gaza σπερματικῶν suspic. Barth. St Hil.

pas. Au contraire, quand on s'abstient de rapports, les excrétions deviennent âcres et la salure se développe.

30. Pourquoi les sujets chez qui prédomine la bile noire sont-ils portés à faire l'amour[67]? Est-ce parce qu'ils sont pleins de souffle et que le sperme est une sortie de souffle? Donc pour ceux qui en ont beaucoup, il est nécessaire de désirer souvent s'en débarrasser: car ils se sentent allégés[68].

31. Pourquoi[69] les oiseaux[70] et les hommes velus sont-ils lascifs? Est-ce parce qu'ils ont beaucoup d'humidité? Ou bien n'est-ce pas pour cette raison (la femelle est humide et elle n'est pas velue), mais parce que ces deux natures sont aptes à opérer la coction d'une grande quantité d'humidité grâce à leur chaleur? La preuve, c'est l'existence des poils et des plumes. Ou bien est-ce parce que l'humide est abondant et qu'il est dominé par le chaud[71]? Car si l'humidité n'était pas abondante et si elle n'était pas dominée, les uns n'aurait pas de poils et les autres n'auraient pas de plumes. Le sperme se forme en quantité dans les lieux et les saisons qui remplissent ces conditions, par exemple au printemps. Car sa nature est humide et chaude. Les oiseaux sont lascifs pour la même raison que les boiteux[72]: chez les uns comme chez les autres le nourriture est peu abondante dans le bas du corps, en raison de l'état défectueux de leurs jambes, mais elle va vers la région supérieure et elle se convertit en sperme[73].

32. Pourquoi[74], si l'on fait l'amour, est-ce surtout les yeux qui s'affaiblissent le plus? N'est-il pas évident que cela se produit parce que l'humide vient à manquer? Voici la preuve que la semence est froide: elle ne devient liquide que si la chaleur la pénètre. Elle n'a pas besoin non plus de fusion, car elle est répandue dans l'être humain comme le sang[75].

67. Emprunt probable à un passage de la section XXX, 1, 853b33.

68. Cf. I, 50 et IV, 16.

69. Cette question est le développement du problème 24 de la section X (cf. Galien, XVII B 29 K).

οὖν τοῦτο συναπέρχεται, ὥστ' οὐ λυπεῖ· μὴ ἁπτομένοις δὲ τῆς ὁμιλίας τὸ περίττωμα ἐκπικροῦται ἢ ἁλμυρὸν γίνεται.

30. Διὰ τί ἀφροδισιαστικοὶ οἱ μελαγχολικοί; Ἢ ὅτι πνευματώδεις, τὸ δὲ σπέρμα πνεύματος ἔξοδός ἐστιν; Οἷς οὖν πολὺ τὸ τοιοῦτον, ἀνάγκη πολλάκις ἐπιθυμεῖν τούτους ἀποκαθαίρεσθαι· κουφίζονται γάρ.

31. Διὰ τί καὶ οἱ ὄρνιθες καὶ οἱ δασεῖς ἄνθρωποι λάγνοι; Πότερον ὅτι ὑγρότητα ἔχουσι πολλήν; Ἢ οὔ (τὸ γὰρ θῆλυ ὑγρὸν μέν, ἀλλ' οὐ δασύ), ἀλλ' ὅτι ἀμφότεραι αἱ φύσεις πεπτικαὶ πολλῆς ὑγρότητος διὰ θερμότητα; Σημεῖον δ' αἱ τρίχες καὶ τὰ πτερά. Ἢ ὅτι πολὺ τὸ ὑγρόν, καὶ κρατεῖται ὑπὸ τοῦ θερμοῦ; Οὔτε γὰρ ἂν μὴ πολλῆς οὔσης τῆς ὑγρότητος [880b] οὔτε μὴ κρατουμένης ἐξεφύετο τοῖς μὲν αἱ τρίχες τοῖς δὲ τὰ πτερά. Τὸ δὲ σπέρμα γίνεται ἐν τοῖς τοιούτοις πλεῖστον καὶ τόποις καὶ ὥραις, οἷον ἐν τῷ ἔαρι· ἡ γὰρ φύσις αὐτοῦ ὑγρὰ καὶ θερμή. Διὰ ταὐτὸ δὲ καὶ οἱ ὄρνιθες λάγνοι καὶ οἱ χωλοί· ἡ γὰρ τροφὴ ἀμφοτέροις κάτω μὲν ὀλίγη διὰ τὴν ἀναπηρίαν τῶν σκελῶν, εἰς δὲ τὸν ἄνω τόπον ἔρχεται καὶ εἰς σπέρμα συγκρίνεται.

32. Διὰ τί, ἐὰν ἀφροδισιάζῃ ὁ ἄντρωπος, οἱ ὀφθαλμοὶ ἀσθενοῦσι μάλιστα; Ἢ δῆλον ὅτι ἀπολείποντος τοῦ ὑγροῦ τοῦτο γίνεται; Τεκμήριον δ' ὅτι ἡ γονὴ ψυχρά ἐστιν· οὐ γὰρ γίνεται ὑγρά, ἐὰν μὴ διαθερμάνῃ τὰ θερμά. Οὐδὲ δεῖται τήξεως· κέχυται γὰρ ἐν τῷ ἀνθρώπῳ ὥσπερ τὸ αἷμα.

32 τὸ om. Y[a] Ap. X[a] || 37 ὑγρότητος πολλῆς Ap. X[a] || 39 οὔτε γὰρ om. C[a].
[880b] 3 ἀέρι C[a] || 6 εἰς — 7 συγκρίνεται om. C[a] || 6 ἄρχεται Y[a] || 11 θερμά: ὑγρά P[c] || 12 ἀνθρώπῳ: σώματι Ap.[a].

SECTION V

NOTICE

La section V a pour sujet la fatigue, les conditions dans lesquelles elle survient et les conséquences qu'elle entraîne. Elle comporte des développements en général assez courts sur l'origine de la fatigue, sur le rôle qu'y jouent les excrétions et les humeurs malignes qui envahissent l'organisme, sur les parties du corps que la fatigue atteint de préférence, les douleurs et les maladies qu'elle provoque et les remèdes qu'on peut éventuellement y apporter.

Mais les quarante-deux problèmes de cette section ne forment en réalité qu'une mosaïque assez mal ajustée d'éléments disparates. Plusieurs d'entre eux n'ont qu'un rapport assez lointain avec le thème principal. C'est le cas, par exemple, du problème 5 sur l'adiposité de l'abdomen, du problème 19 sur la flexion des genoux, ou du problème 22 sur la maladie en général. D'autres encore font plus de place à des questions annexes qu'à l'étude de la fatigue proprement dite. Ainsi le problème 28 explique pourquoi les gymnastes n'ont pas envie de manger aussitôt après leurs exercices, et le problème 36 donne la raison pour laquelle, en plein soleil, on a plus chaud quand on reste immobile que lorsqu'on se déplace.

Une autre particularité de cette section est que certaines questions y sont traitées à plusieures reprises dans des termes identiques ou très voisins. Ainsi la question relative à la marche en terrain accidenté et en terrain plat est présentée quatre fois sous des formes différentes, mais toujours avec les mêmes idées, dans les problèmes 1, 10, 23

et 40. Les questions 3 et 14 portent l'une et l'autre sur le même sujet, l'amaigrissement du ventre chez les gens qui font du sport. De même la question 12 est résumée dans le problème 35; la question 13 se retrouve presque identique dans le problème 37; la question 18 est reprise et développée dans le problème 29. Enfin le problème 19 et le problème 24 sont deux variations sur le même thème, celui de la fatigue des jambes dans les montées et celle des cuisses dans les descentes. Des répétitions de ce genre se remarquent dans toutes les sections. Mais elles sont particulièrement nombreuses dans celle-ci. Si bien que leur fréquence constitue, semble-t-il, une sérieuse présomption d'inauthenticité.

D'autres raisons, qui touchent aussi bien au fond qu'à la forme, conduisent à penser que la section V ne renferme aucune note rédigée par Aristote lui-même. Les éléments qui la composent sont d'une part quelques problèmes rédigés, vraisemblablement, dans le courant ou vers la fin du troisième siècle avant J.-C., par un disciple fidèle à la pensée d'Aristote, et d'autre part des textes plus tardifs qui datent peut-être seulement du deuxième siècle de notre ère. S'il en est ainsi, il n'y a pas lieu de s'étonner du manque d'unité de cette section.

On y découvre quelques réminiscences du traité d'Aristote sur la *Marche des Animaux* dans les problèmes 8 (881b4-6), 19 (882b28-30) et 40 (885b1). De même l'emploi de πνεῦμα dans le problème 21 (883b9-10) avec le sens d'air chaud (qu'il n'a pas toujours dans cette section) semble un souvenir précis du traité de la *Génération des Animaux* (II, 2, 736a1) où Aristote déclare: «le pneuma est de l'air chaud». Enfin plusieurs problèmes reprennent des développements qu'on trouve dans des sections qui ont de fortes chances d'être l'œuvre d'Aristote lui-même, la première, la deuxième et la trentième: la question 25 reproduit le problème XXX, 4; la question 33 s'inspire du problème I, 52; la question 38 de I, 39; la question 41 de II, 38[1].

1. Deux problèmes de la section V ont été eux-mêmes utilisés ailleurs:

D'autres problèmes en revanche sont en contradiction formelle avec les théories aristotéliciennes. Ainsi quand l'auteur du problème 17 affirme que le vent est un simple déplacement d'air, il ne tient pas compte de déclarations pourtant très nettes d'Aristote dans les *Météorologiques*, où le vent est toujours présenté comme un effet de l'exhalaison sèche[2]. De même l'affirmation catégorique du problème 36 (884b21), suivant laquelle le souffle est toujours froid va à l'encontre de tout l'enseignement d'Aristote, et s'oppose aussi à ce qui est dit dans le problème 21 de la même section. Enfin mentionner les muscles, comme le fait le rédacteur du problème 40 (885a37, 38), n'a été possible qu'assez longtemps après Aristote, qui ignorait l'existence des muscles et n'a jamais parlé que des chairs et des tendons.

Si l'influence d'Aristote est en définitive assez peu sensible dans cette section, on y trouve en revanche de nombreux emprunts à un traité de Théophraste sur la fatigue, qui est parvenu jusqu'à nous sous le titre de *De Lassitudine*. Il semble même que cet opuscule soit l'une des sources principales de la section V. La copie est presque textuelle pour les questions 1, 8, 24, 26 et 38. Et l'œuvre de Théophraste inspire manifestement les problèmes 11, 12, 19, 31 et 40. Si, comme nous le pensons, la rédaction définitive de la section V date des tout premiers siècles de notre ère, c'est vraisemblablement à ce moment-là que les emprunts au traité de Théophraste ont été effectués.

L'examen du vocabulaire confirme le caractère non-aristotélicien de cette section. On y trouve, en effet, un nombre important de termes qui ne se rencontrent ni chez Aristote ni dans les autres sections des *Problèmes*, sinon, pour quelques-uns, avec un sens différent. En voici une liste, dans

le problème 36 figure dans la section XXXVIII dont il est devenu le problème 6; la question 28 est identique au problème 120 de la section II des *Problèmes Inédits* publiés par U. Bussemaker dans la collection Didot.

2. Voir, en particulier, II, 4, 360a13.

laquelle se remarque une profusion de verbes composés: ἀκάθαρτος (883b27), ἀνατρίζειν (881a6, 11), ἀντιπέττειν (884a2), ἀντίτυπος (885a36), ἐγκατακεῖσθαι (881b28), ἐγκατακλίνεσθαι (881b36), ἐκπλεονάζειν (882a25), ἐκψύχειν (refroidir, 882a36), ἐνέζεσθαι (881b36), ἐξελκοῦν (883b31), ἐξεστραμμένως (884a19), εὐαπαλλακτότερος (883a18), εὐτόνως (885a6), θλαστικός (884b25), ἰσχναντικώτερος (885a28), ἰσχνοῦν (885a19), κλάσις (882b33), κοπιαρώτερος (880b16, 881a39, b28, 883b24), κοπιώδης (885a17, b2), λιθάζειν (881b1), μῦς (muscle, 885a37, 38), ὀδυνᾶν (885a34), σπασματώδης (880b18), σπασμώδης (881b1), συνάρτησις (883b22); συνεξικμάζειν (883b28), ταχυδρομία (881b7), φαρμακοποσία (883b33), φθισικός (884a11, 14), χλιαρός (884b17).

Plusieurs de ces mots appartiennent au vocabulaire hippocratique. Mais il serait hasardeux d'en tirer une conclusion quant à la date de rédaction des textes où ils figurent. Car le vocabulaire médical semble bien être resté immuable pendant longtemps, en raison de l'autorité qui s'attachait au nom même d'Hippocrate.

D'autres termes sont synonymes de mots familiers à Aristote. Si l'auteur de cette section les a utilisés de préférence au vocabulaire proprement aristotélicien, c'est apparemment qu'il écrivait à une autre époque, sans doute tardive.

Cet auteur, à qui nous devons la mise au point définitive de la section V, ne paraît pas pouvoir être identifié. Tout ce que l'on peut dire, c'est que c'était quelqu'un de cultivé, qui connaissait les œuvres d'Aristote et de Théophraste. Ce n'était pas un médecin, car il emploie le troisième personne du pluriel quand, dans le problème 7 (881a12), il évoque les praticiens qui prescrivent certains traitement médicaux[3].

On peut ajouter que ce n'était pas non plus un écrivain:

3. Galien, qui dans son *De sanitate tuenda*, III, 5 et sq., traite des différentes sortes de fatigue et de leur traitement, signale que ces questions concernent non seulement les médecins et les maîtres de gymnastique, mais également les philosophes, et il n'en trouve pas de meilleure preuve que le *De Lassitudine* de Théophraste.

son style est lourd, embarrassé, souvent rocailleux. Et s'il présente parfois des remarques judicieuses, ses propos n'ont pas toujours toute la clarté désirable.

Il a enfin une fâcheuse tendance à cultiver le paradoxe. Sinon comment aurait-il pu soutenir que marcher sur une route unie est plus pénible que de monter des côtes[4], que les corps dont toutes les fonctions sont harmonieusement réglées sont plus fragiles que les autres et plus souvent sujets aux maladies[5], et que l'on risque moins de tomber quand on est à cheval que lorsqu'on marche à pied[6].

4. Problème 1.
5. Problème 22.
6. Problème 42.

SECTION V

DES CONSÉQUENCES DE LA FATIGUE

1. Pourquoi[1] les longues promenades sont-elles plus pénibles[2] sur le plat qu'en terrain accidenté, et les courtes sont-elles moins fatigantes sur un sol uni? Est-ce parce que ce qui cause la fatigue c'est d'une part le mouvement qui se prolonge et d'autre part le mouvement violent? Est violent le mouvement qui donne des contractures[3], prolongé, celui qui est continu et régulier. Donc, sur les chemins escarpés, si la marche est longue le changement devient un repos et le mouvement, même celui des chevaux, n'est pas prolongé grâce au changement. Au contraire, sur les routes planes l'uniformité de la surface n'introduit aucune variété et ne repose pas les membres, mais contribue à rendre le mouvement continu. Quand la promenade est courte, la quantité des mouvements ne fatigue pas en terrain plat. Mais sur un sol accidenté, où le changement est violent et contraire, tantôt vers le haut tantôt vers le bas, la fatigue se fait sentir. Voilà ce qui se passe, disons-nous, dans les chemins escarpés: sur le plat, c'est l'inverse.

2. Pourquoi ceux qui défaillent et ceux qui sont épuisés à la suite des exercices gymniques, ont-ils moins de volume et leur voix semble-t-elle plus aiguë? Est-ce parce que les voix, du fait qu'elles apparaissent plus faibles, semblent plus aiguës (la preuve en est que, lorsqu'on imite les gens qui parlent de loin on prend une voix aiguë[4]), et que leur volume est moindre[5]?

3. Pourquoi le ventre est-il seul à maigrir chez ceux qui font de l'exercice[6]? Est-ce parce que c'est autour du ventre qu'il y a le plus de graisse?

Ε. ΟΣΑ ΑΠΟ ΚΟΠΟΥ.

[880b] 1. Διὰ τί μακροὶ μὲν ὄντες οἱ περίπατοι ἐν τοῖς ὁμαλέσι κοπιαρώτεροί εἰσι τῶν ἀνωμάλων, βραχεῖς δ' ἀκοπώτεροι; Ἢ ὅτι ἥ τε πολλὴ κίνησις ποιεῖ κόπον καὶ ἡ ἰσχυρά; Τοιαύτη δ' ἡ σπασματώδης, πολλὴ δ' ἡ συνεχὴς καὶ μία. Ἐν μὲν οὖν τοῖς ἀνάντεσιν, ἐὰν ᾖ μακρά, ἀνάπαυσις γίνεται ἡ μεταβολή, καὶ οὐ μακρὰ ἡ κίνησις, οὐδὲ ἵππων αὐτῶν, διὰ τὴν μεταβολήν· ἐν δὲ τοῖς ὁμαλέσιν ἡ ὁμοιότης τοῦ σχήματος οὐ διαλαμβάνει οὐδ' ἀναπαύει τὰ μέρη, ἀλλὰ συνεργάζεται πρὸς τὸ συνεχῆ τὴν κίνησιν εἶναι. Ὅταν δ' ᾖ βραχεῖα, διὰ μὲν τὸ πλῆθος τῆς κινήσεως ἐν τοῖς ἐπιπέδοις οὐ γίνεται κόπος· ἐν δὲ τοῖς ἀνάντεσι διὰ τὸ τὴν μεταβολὴν ἰσχυρὰν γίνεσθαι καὶ ἐναντίαν, ὁτὲ μὲν ἄνω ὁτὲ δὲ κάτω, ποιεῖ κόπον. Τοιαύτη δέ, ὥς φαμεν, ἐν τοῖς ἀνάντεσιν, ἐν δὲ τοῖς πεδινοῖς τοὐναντίον.

2. Διὰ τί τοῖς λειποψυχοῦσι καὶ τοῖς ἐκ τῶν γυμνασίων διαλυομένοις ἐλάττους θ' οἱ ὄγκοι καὶ ὀξύτεραι δοκοῦσιν εἶναι αἱ φωναί; Ἢ ὅτι αἵ τε φωναὶ ἐλάττους φαινόμεναι ὀξύτεραι φαίνονται (σημεῖον δ' ὅτι μιμούμενοι τοὺς πόρρωθεν ὀξὺ φθέγγονται) καὶ οἱ ὄγκοι ἐλάττους;

3. Διὰ τί ἡ γαστὴρ μόνον λεπτύνεται τῶν γυμναζομένων; ἢ ὅτι πλείστη ἡ πιμελὴ περὶ τὴν γαστέρα;

[880b] 14 Tit. ante ὅσα add. ἀριστοτέλους Y[a] Ap. || ἀπό: περὶ N[a] || 17 ante τοιαύτη add. οὐ K[a] || 18 σπασματώδης edd.: σπερματώδεις X[a] σπερματώδης cett. codd. *qui passim per loca inaequalia agitur* Gaza || 20 μακρὰ ex μικρὰ scrips. Ap.[a]: μικρὰ cett. codd. || 23 εἶναι τὴν κίνησιν Ap. X[a] || 29 γυμνωσίων Y[a1] || 30 διαλυομένοις om. Ap. || ὀξύτεροι Y[a] Ap. X[a] || 31 αἱ [1] edd.: om. codd. || 32 μιμούμενοι Ap. X[a] || τούς: τοῖς Ap. || 33 post ἐλάττους lac. suspic. Hett ex Gaza qui *quod sanguis a summis corporis partibus se vocat ad imas* scrips.

4. Pourquoi la graisse se trouve-t-elle éliminée quand on se fatigue? Est-ce parce que la graisse fond quand elle est chauffée et que le mouvement échauffe? La chair au contraire ne fond pas.

5. Pourquoi la région de l'abdomen est-elle la plus grasse? Est-ce parce qu'elle est proche des éléments nutritifs? Dans la mesure où les autres parties puisent chez elle, elle se sert souvent elle-même. Ou bien est-ce parce qu'elle travaille moins[7]? Car elle n'a pas de flexion.

6. Pourquoi les fatigues cessent-elles mieux quand on se frictionne avec de l'eau mélangée à de l'huile[8]? Est-ce parce que l'huile pénètre mieux avec l'eau? Si elle est réduite à elle-même, elle ne pénètre pas de la même façon, parce qu'elle a tendance à rester en surface. Donc, le corps s'amollit davantage quand l'huile y pénètre, puisque celle-ci est chaude par nature et que ce qui est chaud desséche[9] et durcit. Mais contre les fatigues le dessèchement et le durcissement ne sont pas indiqués: or l'huile émulsionnée avec de l'eau dessèche moins.

7. Pourquoi prescrit-on à ceux qui sont fatigués de vomir, s'il est exact que le vomissement est fatigant[10]? Est-ce que le fatigue apparaît quand les os sont meurtris, pressés et courbatus? Ces effets peuvent être la conséquence de quelque cause extérieure ou intérieure au corps, et cela de deux façons: ou bien les chairs[11] outrepassent les limites de leur force, ou bien une matière se mélange en grande quantité au reste du corps, sans avoir une place assignée, comme c'est le cas pour les excréments. Car tous les poids qui viennent de l'extérieur s'ajouter à notre organisme causent plus de fatigue que les parties du corps, même s'il se trouve qu'ils pèsent moins lourd qu'elles. Voici la preuve de ce qu'on avance: ceux qui ont mangé et bu plus que de raison et qui se sont moins fatigués que lorsqu'ils sont à jeun, ont une plus grande lassitude, du fait que les aliments qui restent sans être digérés ne trouvent pas la place qui leur conviendrait. Puisque la fatigue produit une consomption et que la consomption est une excrétion, c'est cette

4. Διὰ τί τὸ πῖον τετριμμένον γίνεται τοῖς πονοῦσιν; Ἢ διότι τὸ πῖον τήκεται θερμαινόμενον, ἡ δὲ κίνησις θερμαίνει; Ἡ δὲ σὰρξ οὐ τήκεται.

5. Διὰ τί δὲ τὰ περὶ τὴν κοιλίαν πιότατα; Πότερον ὅτι [881a] ἐγγύς ἐστι τῆς τροφῆς; Ἐν ὅσῳ οὖν τἄλλα παρ' ἐκείνης λαμβάνει, αὐτὴ πολλάκις λαμβάνει. Ἢ ὅτι ἥκιστα πονεῖ; Καμπὰς γὰρ οὐκ ἔχει.

6. Διὰ τί οἱ κόποι μᾶλλον παύονται, ὅταν τις τῷ ἐλαίῳ ὕδωρ συμμίξας ἀνατρίψηται; Ἡ ὅτι μᾶλλον εἰσδύεται τὸ ἔλαιον μετὰ τοῦ ὕδατος; Ἐὰν δ' αὐτὸ καθ' αὑτὸ ᾖ, οὐχ ὁμοίως παρεισδύνει διὰ τὸ ἐπιπολαστικὸν εἶναι. Μᾶλλον οὖν μαλάττεται τὸ σῶμα εἰσδυομένου, ἐπεὶ τὸ ἔλαιόν ἐστι φύσει θερμόν, τὰ δὲ θερμὰ καὶ ξηραίνει καὶ σκληρύνει. Πρὸς δὲ τοὺς κόπους ἀξύμφορόν ἐστιν ἡ ξηρασία καὶ ἡ σκληρότης· μετὰ δὲ τοῦ ὕδατος ἀνατριφθὲν ἧττον ξηραίνει.

7. Διὰ τί τοῖς κοπιῶσι προστάττουσιν ἐμεῖν, εἴπερ ὁ ἔμετος κοπῶδές ἐστιν; Ἢ κόπος γίνεται ὀστῶν θλωμένων καὶ πιεζομένων καὶ κοπιωμένων; Ταῦτα δ' ὑπὸ τῶν ἐκτός τινος πάσχοι ἂν ἢ τῶν ἐν τῷ σώματι, καὶ τοῦτο διττῶς· ἢ γὰρ σαρκῶν ὑπερτεινουσῶν τὴν δύναμιν αὐτῶν, ἢ σώματος μιχθέντος συχνοῦ τῷ ἄλλῳ σώματι χώραν οἰκείαν οὐκ ἔχοντος, οἷα τὰ περιττώματά ἐστιν. Πάντα γὰρ τὰ ἐκτὸς ἡμῖν περιαπτόμενα βάρη κοπωδέστερα τῶν τοῦ σώματος μερῶν, κἂν τύχῃ σταθμῷ ὄντα αὐτῶν ἐλαφρότερα. Σημεῖον δὲ τῶν εἰρημένων· οἱ γὰρ πλεῖον βεβρωκότες καὶ πεπωκότες, ἔλαττον πονήσαντες ἢ νήστεις ὄντες, μᾶλλον κοπιῶσι διὰ τὸ μὴ τὴν οἰκείαν χώραν ἔχειν τὰ σιτία ὄντα ἄπεπτα. Ἐπεὶ δ' ὁ

36 τετριμμένον: τετρυμμένον C[a] λεπτότερον μόνον coni. Bonitz || post πονοῦσιν add. Gaza *caro autem nullatenus emaceratur* || 37 ante θερμαινόμενον add. μὴ X[a] || ἡ δὲ κίνησις θερμαίνει om. C[a] || 38 οὐ om. Ap.

[881a] 1 ἐστι om. Y[a] Ap. X[a] || 2 ante πονεῖ add. αὕτη X[a] || 6 αὐτὸ: ἑαυτὸ Y[a] || 10 ἀσύμφορόν Y[a] Ap.[b] || ἡ [2] om. Y[a]C[a] || 16 σαρκῶν: σαρκινῶν Y[a] σαρκικῶν Ap. X[a] || αὐτῶν: αὑτῶν Gaza || 19 κοπωδέστατα Y[a] Ap. X[a] || 22 νήστις Y[a2] || 23 οἰκίαν Ap.[a].

excrétion qui fait que nous sommes fatigués, quand elle se répand d'une façon desordonnée et s'abat sur les os, les tendons et les parties qui à l'intérieur de la chair sont poreuses et dilatées. Donc le vomissement, en faisant sortir ce qui est à l'origine de la fatigue, logiquement fait qu'on ne la sent plus. Car il laisse le corps dans l'état où il était avant de commencer à ressentir la fatigue. Le vomissement n'est pas éprouvant par l'excès de mouvement qui l'accompagne, mais il l'est quand il n'aboutit pas à une évacuation bénéfique. Car lorsqu'il reste beaucoup d'aliments avec les excrétions qu'ils contiennent, la fatigue du vomissement survient, comme nous avons dit qu'elle le fait chez ceux dont l'estomac est plein[12]. Si donc, dans ce cas, ce n'est pas l'effort qui est cause de la fatigue, mais le fait d'avoir fourni un effort alors qu'on est en cet état, chez ceux qui ne sont pas débarrassés de leurs aliments, ce ne peut pas être non plus le vomissement qui soit cause de la fatigue. Sinon il faudrait que la fatigue frappât tous ceux qui vomissent: or beaucoup de gens sont moins fatigués après avoir vomi.

8. Pourquoi[13] est-il plus pénible pour le bras de se lancer à vide que de lancer une pierre? Est-ce parce que le mouvement à vide expose davantage aux contractures[14]? Car le bras n'a pas où s'appuyer, comme celui qui lance un trait s'appuie sur le javelot qu'il tient dans la main. On fait de même aux épreuves du pentathle[15] avec les haltères[16], et le coureur se sert de ses bras qu'il agite. C'est pourquoi on saute mieux avec des haltères que sans, et le coureur va plus vite en balançant les bras qu'en ne les balançant pas[17].

9. Pourquoi la course rapide, aussi bien chez l'homme que chez les autres animaux, est-elle cause de maladies dans la région de la tête? Pourtant[18], d'une manière générale, la course passe pour faire descendre les résidus vers le bas, comme le fait la promenade. C'est d'ailleurs pourquoi les gens qui marchent beaucoup ont les jambes qui grossis-

12. A la ligne 21.

13. Cf. Théophraste, *De Lassitudine*, 13. On trouve un problème analogue chez Cassius le Iatrosophiste, 26 (éd. Ideler, p. 153, 17-34).

κόπος σύντηξιν ποιεῖ, ἡ δὲ σύντηξις περίττωμά ἐστι, τοῦτό ἐστιν ὃ τὸν κόπον ἐν ἡμῖν ποιεῖ, πλανώμενον ἀτάκτως καὶ προσπῖπτον ὀστοῖς τε καὶ νεύροις καὶ τοῖς ἐντὸς τῆς σαρκὸς ἀραιοῖς οὖσι καὶ ἀνεῳγμένοις. Ὁ οὖν ἔμετος ἐξάγων αὐτὸ ὂν αἴτιον τοῦ κόπου, εἰκότως ἀκόπους ποιεῖ· λείπει γὰρ οἷον ἦν ἐν ἀρχῇ τοῦ πόνου τὸ σῶμα. Κοπῶδες δ' ἐστὶν ὁ ἔμετος οὐ τῇ τῆς γινομένης ἐν αὐτῷ κινήσεως ὑπερβολῇ, ἀλλ' ὅταν συμβῇ μὴ καλῶς ἐξεμέσαι· λειφθέντων γὰρ πολλῶν σιτίων, καὶ περιττωμάτων τούτοις ἐνόντων, τὸν τοῦ ἐμέτου κόπον γίνεσθαι συμβαίνει, καθάπερ ἐπὶ τῶν πεπληρωμένων εἴρηται. Εἰ οὖν μηδ' ἐκείνοις ὁ πόνος ἐστὶ τοῦ κόπου αἴτιος, ἀλλὰ τὸ οὕτως ἔχοντας πονῆσαι, οὐδ' ἂν τοῖς μὴ ἐξαιροῦσι τὰ σιτία ὁ ἔμετος εἴη τοῦ κόπου αἴτιος· χρῆν γὰρ πᾶσι τοῖς ἐμοῦσι γίνεσθαι κόπον· γίνονται δ' ἀκοπώτεροι πολλοὶ ἐμέσαντες.

8. Διὰ τί κοπιαρώτερόν ἐστι τῷ βραχίονι τὸ διὰ κενῆς [881b] ῥίπτειν ἢ λιθάζοντα; Ἢ ὅτι σπασμωδέστερον τὸ διὰ κενῆς ἐστίν; Οὐ γὰρ ἀπερείδεται πρὸς οὐδέν, ὥσπερ ὁ βάλλων πρὸς τὸ ἐν τῇ χειρὶ βέλος. Ὁμοίως δὲ τούτῳ καὶ ὁ πένταθλος πρὸς τοὺς ἁλτῆρας καὶ ὁ θέων παρασείων πρὸς τὰς χεῖρας. Διὸ ὁ μὲν μεῖζον ἅλλεται ἔχων ἢ μὴ ἔχων ἁλτῆρας, ὁ δὲ θᾶττον θεῖ παρασείων ἢ μὴ παρασείων.

9. Διὰ τί ἡ ταχυδρομία καὶ ἐπ' ἀνθρώπου καὶ ἐπὶ τῶν ἄλλων ζῴων νοσηματικοὺς ποιεῖ τὰ περὶ τὴν κεφαλήν; Καίτοι ὅλως ὁ δρόμος κατασπᾶν δοκεῖ κάτω τὰ περιττώματα, ὥσπερ ὁ περίπατος· διὸ καὶ παχύνονται τὰ σκέλη οἱ πολλὰ περιπατοῦντες, ὅτι εἰς τὰ κάτω ὑπονοστεῖ ἄνωθεν

24-25 τοῦτό ἐστιν om. Ap.[a] || 26 προσπίπτον Ap. || 28 αἴτιον ὂν Ap. X[a] || ἀκόπους εἰκότως Ap. X[a] || 29 ἐν ἀρχῇ: ἀρχὴ Ap. || δ' om. Y[a1] || 31 ληφθέντων Ap. C[a]X[a] || σιτίων: σωμάτων Ap. σημείων C[a] || 32 τοῦ om. Y[a1] || 37 πολλὰ X[a].

[881b] 1 σπασμωδέστερον Bekker || ante τὸ add. τῷ βραχίονι X[a] || 3 τῇ om. Ap. X[a] || τοῦτο Y[a]C[a] τούτου X[a] || 5 ἅλεται Ap.

sent[19], parce que la nourriture et les résidus refluent du haut vers le bas. Est-ce que le mouvement a toujours le même effet, mais que sa rapidité, en raison de la tension et de l'essoufflement qu'elle entraîne, échauffe la tête, fait se distendre les veines qui s'y trouvent et les rend capables d'attirer les forces qui agissent de l'extérieur, comme les coups de froid et de chaleur, ou celles qui viennent du torse et qui pénétrant dans cette région[20] la rendent fatalement malade?

10. Pourquoi[21] se fatigue-t-on plus en terrain plat qu'en terrain accidenté, mais marche-t-on plus vite sur une route plate que sur un chemin inégal? Est-ce parce qu'il est moins pénible de ne pas toujours répéter la même forme de mouvement, ce qui arrive surtout quand on marche en terrain inégal? On marche plus vite, parce qu'on fait des mouvements qui sont moins contre nature. Donc sur un sol uni les mouvements pour lever et poser le pied sont courts et rapprochés, et c'est l'inverse sur terrain accidenté. Or soulever la jambe n'est pas naturel. Car l'action de lever exige toujours un effort violent. Cet effort, minime à chaque pas, devient important avec un grand nombre de pas.

11. Pourquoi[22] les surfaces planes fatiguent-elles davantage, quand on est couché sur elles, que les surfaces creuses? Est-ce pour la même raison qui fait que les surfaces convexes sont plus fatigantes que les surfaces planes? Car lorsque le poids se concentre en un seul point, qu'on soit assis ou couché, l'effet de la pression est pénible. Le convexe produit ce résultat plus que le plat et celui-ci plus que le creux. Car notre corps est plutôt incurvé que droit. Or les corps ainsi disposés ont plus de points de contact avec les surfaces creuses qu'avec les planes. C'est aussi la raison pour laquelle les surfaces qui cèdent à la pression sont moins fatigantes quand on s'y couche ou s'y assied, que celles qui ne cèdent pas.

12. Pourquoi[23] les marches de courte durée sont-elles fatigantes? Est-ce parce qu'elles ne sont pas uniformes? Elles conduisent, en effet, à s'arrêter fréquemment. Or

καὶ ἡ τροφὴ καὶ τὰ περιττώματα. Ἢ ἡ μὲν κίνησις ταὐτὸ ποιεῖ, ἀλλ' ἡ ταχεῖα διὰ τὴν συντονίαν καὶ τὴν ἀπνευστίαν ἐκθερμαίνει τὴν κεφαλήν, καὶ τὰς φλέβας ἐμφυσᾷ τὰς ἐν αὐτῇ, καὶ σπαστικὰς τῶν θύραθεν ποιεῖ δυνάμεων, οἷον ψύχους καὶ ἀλέας καὶ τῶν ἐκ τοῦ θώρακος, ὧν εἰσιόντων νοσεῖν ἀναγκαῖον τὸν τόπον ἐστίν;

10. Διὰ τί κοπιῶσι μὲν μᾶλλον ἐν τοῖς ὁμαλοῖς ἢ ἐν τοῖς ἀνωμάλοις τόποις, θᾶττον δὲ βαδίζουσι τὴν ὁμαλὴν ὁδὸν ἢ τὴν ἀνώμαλον; Ἢ ὅτι ἀκοπώτερον μέν ἐστι τὸ μὴ ἀεὶ ἐν τῷ αὐτῷ σχήματι ποιεῖσθαι τὴν κίνησιν, ὃ συμβαίνει ἐν τῇ ἀνωμάλῳ πορείᾳ μᾶλλον; Θᾶττον δὲ πορεύονται, ὅτι ἧττον παρὰ φύσιν κινοῦνται. Ἐν μὲν οὖν τῷ ὁμαλῷ μικρὰ ἡ ἄρσις καὶ θέσις καὶ πυκνή ἐστιν, ἐν δὲ τῷ ἀνωμάλῳ τοὐναντίον. Ἔστι δὲ τὸ αἴρειν παρὰ φύσιν· βίᾳ γάρ ἐστι πᾶσα ἄρσις. Τὸ δὲ παρ' ἑκάστην βάσιν γινόμενον μικρὸν πολὺ γίνεται παρὰ πολλάς.

11. Διὰ τί τὰ ἐπίπεδα κοπιαρώτερα ἐγκατακεῖσθαι τῶν κοίλων ἐστίν; Ἢ διὰ τὸ αὐτὸ καὶ τὰ κυρτὰ τῶν ἐπιπέδων; Ἐφ' ἕνα γὰρ τόπον συναθροιζόμενον τὸ βάρος ἐν τῇ καθέδρᾳ ἢ κατακλίσει τῇ θλίψει ποιεῖ πόνον. Τὸ μὲν οὖν κυρτὸν τοῦ εὐθέος, τοῦτο δὲ τοῦ κοίλου μᾶλλον τοιοῦτόν ἐστιν· τὸ γὰρ σῶμα ἡμῶν ἐστὶ περιφερέστερον ἢ εὐθύτερον, τῶν δὲ τοιούτων κατὰ πλέον ἅπτεται τὰ κοῖλα ἢ τὰ ἐπίπεδα. Διὰ ταῦτα δὲ καὶ τὰ ἐνδιδόντα τῶν μὴ ἐνδιδόντων ἀκοπώτερά ἐστι καὶ ἐγκατακλιθῆναι καὶ ἐνέζεσθαι.

12. Διὰ τί οἱ βραχεῖς περίπατοι κοπώδεις εἰσίν; Ἢ ὅτι ἀνώμαλοί εἰσιν; Πολλάκις γὰρ ἵστασθαι ποιοῦσιν. Τὸ δ' ἐκ τοῦ ἐναντίου εἰς τοὐναντίον πυκνὰ μεταβάλλειν κοπῶδές

12 ἢ add. Sylb.: om. codd. || ἡ² om. Ap. || 13 τὴν² om. Ap. Xª || εὐπνευστίαν Ap. || 14 φλέβας: βλέκας vel βλέβας Yª || ἐκφυσᾷ Cª || 15 σπαστικὰς: πνευστικὰς Ap. || 18 μὲν post μᾶλλον transp. Ap. Xª om. Cª || 20 ἀνώμαλον: ἀνωμαλίαν Ap.ᵇ || μὲν om. Ap.ª || 22 δὲ Sylb.: γὰρ codd. || 23 μικρὰ — 24 ἀνωμάλῳ om. Ap.ª || 24 ὁμάλῳ Xª || 30 τόπον: τρόπον Xª || 35 ἐστι om. Ap.ª || 36 ἐνέζεσθαι edd.: ἐνέξεσθαι YªCª ἀνεξεσθαι cett. codd. || 37 βραχεῖς: βραδεῖς Ap.ª || 39 τὸ ἐναντίον Ap.

passer souvent du contraire au contraire est pénible: car cela ne permet de s'habituer à aucun des deux, ce qui laisserait un repos. Il n'est pas possible, d'autre part, de s'habituer en même temps à deux positions.

13. Pourquoi[24], quand on est à cheval, plus le cheval court et plus on a les yeux qui pleurent? Est-ce dû au fait que l'air qui sans arrêt nous frappe est d'autant plus froid qu'il touche moins longtemps le corps, comme c'est le cas pour ceux qui courent tout nus? Or le froid fait pleurer. Ou est-ce pour une raison inverse? Car le chaud fait pleurer, par exemple le soleil; et le mouvement procure de la chaleur. Ou encore les larmes sont-elles dues au choc de l'air? Car de même que les vents qui soufflent de face troublent les yeux, de même l'air qui les frappe rend un choc léger d'autant plus violent que le cavalier va plus vite.

14. Pourquoi, sous l'effet des massages, les autres parties du corps deviennent-elles charnues, alors que le ventre s'amincit? N'est-ce pas que ce dernier ne devient pas progressivement plus mince, mais acquiert un tissu plus serré? En tout cas, il n'est pas dans la même situation que la chair. C'est pourquoi le problème se pose. Car en général dans les exercices gymniques et les efforts physiques le ventre devient très plat. La cause en est que les parties grasses fondent sous l'effet de la chaleur, surtout celles qui subissent naturellement une tension. Or la peau est naturellement tendue. Mais du fait qu'il engraisse très rapidement, le ventre a toujours un peu de graisse, à moins qu'il ne souffre d'une maladie. La cause en est qu'il est proche de la nourriture. Donc, puisque, d'une façon générale, la graisse n'est pas essentielle par nature, mais qu'elle est acquise[25], qu'elle n'appartient pas comme la chair aux parties nécessaires, les mouvements des exercices et de la friction, par la chaleur qu'ils développent, font fondre la graisse et distribuent aux autres parties du corps la nourriture en excédent[26]. Voilà pourquoi rester assis fait engraisser le ventre et amincit le reste du corps[27], tandis que les mouvements et

[882a] ἐστιν· συνήθειαν γὰρ οὐδετέρῳ ποιεῖ, ὅ ἐστιν ἄκοπον. Ἀμφοῖν δ' ἅμα οὐκ ἐνδέχεται συνήθειαν γίνεσθαι.

13. Διὰ τί οἱ ἐπὶ τῶν ἵππων ὀχούμενοι, ὅσῳ ἂν μᾶλλον θέῃ ὁ ἵππος, τοσούτῳ μᾶλλον δακρύουσι τὰ ὄμματα; Πότερον διὰ τὸ ψυχρότερον εἶναι τὸν ἀεὶ προσπίπτοντα ἀέρα, ὅσῳ ἂν ἐλάττω χρόνον ἅπτηται τοῦ σώματος, ὅπερ ἐπὶ τῶν γυμνῶν θεόντων συμβαίνει; Τὸ δὲ ψῦχος δάκρυον ποιεῖ. Ἢ διὰ τοὐναντίον; Καὶ γὰρ τὸ θερμὸν ποιεῖ δακρύειν, οἷον ὁ ἥλιος· ἡ δὲ κίνησις θερμότητα ποιεῖ. Ἢ διὰ τὴν ὑπὸ τοῦ ἀέρος πληγήν; Ὡς γὰρ οἱ ἄνεμοι ταράττουσιν οἱ ἐξ ἐναντίας τὰ ὄμματα, οὕτως ὁ ἀὴρ προσπίπτων, ὅσῳ ἂν θᾶττον ἐλαύνῃ, τοσούτῳ μᾶλλον ποιεῖ πληγὴν μεγάλην.

14. Διὰ τί τὰ μὲν ἄλλα τριβόμενα σαρκοῦνται μέρη, ἡ δὲ γαστὴρ λεπτοτέρα γίνεται; Ἢ οὐδ' αὐτὴ ἐκ προσαγωγῆς, ἀλλὰ στιφροτέρα; Οὐ μὴν ἀλλ' οὐχ ὁμοίως γε καὶ ἡ σάρξ· διὸ καὶ τὸ πρόβλημά ἐστιν. Ὅλως γὰρ ἐν τοῖς γυμνασίοις καὶ πόνοις μάλιστα λεπτύνεται ἡ γαστήρ. Αἴτιον δ' ὅτι τὰ πίονα θερμαινόμενα τήκεται, καὶ τὰ φύσει τάσιν ἔχοντα μᾶλλον. Τὸ δὲ δέρμα ἐστὶ φύσει ἔχον τάσιν· ἀλλὰ διὰ τὸ πιαίνεσθαι τάχιστα ἀεί τινα ἔχει πιότητα, ἐὰν μὴ κάμνῃ τινὰ νόσον. Αἴτιον δὲ τούτου ὅτι ἐγγύς ἐστι τῆς τροφῆς. Επεὶ οὖν ὅλως ἡ πιμελὴ οὐκ ἔστι φύσει ἀλλ' ἐπίκτητον, καὶ οὐ τῶν ἀναγκαίων μερῶν ὥσπερ ἡ σάρξ, καὶ ἡ τῶν γυμνασίων κίνησις καὶ ἡ τῆς τρίψεως θερμαίνουσαι τήκουσιν αὐτὴν καὶ τὴν τροφὴν ἐκπλεονάζουσαν νέμουσι τοῖς ἄλλοις μορίοις. Διὸ αἱ μὲν καθέδραι τὴν κοιλίαν πιαίνουσι, τὸ δ'

[882a] 6 χρόνῳ Y[a]C[a] || 12 ἐλαύνει Ap.[a] || ante πληγὴν add. τὴν Bekker || μεγάλην scripsi ex Gaza: μαλακήν codd. || 13 σαρκοῦται Ap.[a] || 15 στιφῶτερα Ap. στιφνότερα X[a] στριφρότερα C[a] || 17 ante μάλιστα add. καὶ Y[a] Ap. X[a] || 18 φύσει τάσιν: φύσιν Ap.[a] || 19 ante τὸ δὲ add. *venter autem cuteus est* Gaza || 20 ποιότητα C[a] || 21 τινὰ νόσον: τινὶ νόσῳ Ap. || 23 οὐ: ἡ X[a] || post ὥσπερ add. καὶ Ap.[b] X[a] || ἡ σάρξ om. Ap.[a] || 25 ἄλλοις: ἀλλοτρίοις Ap. X[a].

les frictions amincissent le ventre et font grossir le reste du corps.

15. Pourquoi, après des routes longues et éprouvantes ou après des courses, lorsqu'on se tient sur la pointe des orteils, a-t-on les talons qui tremblent[28] et qui sont violemment tirés vers le bas? Est-ce que, en raison de la continuité et de la violence du mouvement, les tendons chez l'homme ne cessent pas leur trépidation? Car souvent l'âme contrôle l'ensemble du corps mais non certaines parties quand un mouvement les anime, comme le cœur et le sexe[29]. La cause en est que beaucoup de souffle s'échauffe autour des tendons et que ce souffle ne se refroidit pas[30] à l'instant précis où l'on s'arrête. Donc ce souffle, qui continue à faire trembler comme s'il entraînait quelque chose par son mouvement, est attiré vers le bas et fait que la partie la plus éloignée est moins bien maîtrisée. Les talons se comportent comme la lèvre inférieure dans les accès de colère[31].

16. Pourquoi ceux qui courent sans exagérer leur effort ont-ils la respiration bien rythmée? Est-ce parce que tout rythme se mesure par une mouvement déterminé et que le mouvement qu'effectuent les coureurs est régulier? Donc, dès qu'ils commencent à courir, ils respirent de telle façon que leur respiration, qui est régulière parce qu'elle est mesurée par un mouvement uniforme, produise un rythme. Ou est-ce parce que la respiration au sens strict est toujours régulière quand on la pratique naturellement et qu'on ne la retient pas? Quand on est assis ou qu'on marche avec un mouvement modéré du corps, le rythme n'est pas perceptible. Quand on court de toutes ses forces, comme la sensation ne suit pas le mouvement, nous ne pouvons pas nous rendre compte du rythme de la respiration. Au contraire, dans la course modérément rapide, le mouvement permet de sentir la mesure de la respiration et rend le rythme perceptible.

17. Pourquoi, lorsque nous courons, avons-nous l'impression que l'air devient du vent[32]? Est-ce parce que dans le mouvement de la course nous déplaçons l'air qui est en

ἄλλο σῶμα λεπτύνουσιν, αἱ δὲ κινήσεις καὶ αἱ τρίψεις τὴν μὲν κοιλίαν λεπτύνουσι, τὸ δ' ἄλλο σῶμα παχύνουσιν.

15. Διὰ τί ἐκ τῶν μακρῶν καὶ σφοδρῶν ὁδῶν καὶ δρόμων, ὅταν στῇ τις ἐπ' ἄκρων τῶν δακτύλων, σείονται τῶν ποδῶν αἱ πτέρναι καὶ σπᾶται κάτω προπετῶς; Ἢ διὰ τὴν συνέχειαν καὶ σφοδρότητα τῆς κινήσεως οὐκ ἀναπαύεται ὁ σεισμὸς τῷ ἀνθρώπῳ τῶν νεύρων; Τοῦ μὲν γὰρ ὅλου σώματος κρατεῖ ἡ ψυχὴ πολλάκις, μορίων δ' οὔ, ὁπόταν πως κινηθῇ, οἷον καὶ καρδίας καὶ αἰδοίου. Αἴτιον δ' ὅτι πνεῦμα πολὺ περὶ τὰ νεῦρα ἐκκαίεται, ὃ οὐχ ἅμα ἐκψύχεται στάντι. Τοῦτο οὖν σεῖον ὥσπερ ὑποσπῶν τῇ κινήσει κατασπᾶται καὶ τοῦ πορρωτάτω ἥκιστα ποιεῖ κρατεῖν· τοιοῦτον δ' αἱ πτέρναι, οἷον τοῖς ὀργιζομένοις τὸ κάτω χεῖλος.

[882b] 16. Διὰ τί οἱ μὴ σφόδρα συντόνως τρέχοντες ἐν τῷ ῥυθμῷ ἀναπνέουσιν; Πότερον ὅτι πᾶς ῥυθμὸς ὡρισμένῃ μετρεῖται κινήσει, τοιαύτη δ' ἐστὶν ἡ δι' ἴσου οὖσα, ὅπερ οἱ τροχάζοντες ποιοῦσιν; Ἅμα οὖν ἀρχόμενοι τροχάζειν ἀναπνέουσιν, ὥστε τὴν ἀναπνοὴν δι' ἴσου γινομένην, διὰ τὸ τῇ ἴσῃ κινήσει μετρεῖσθαι, ῥυθμὸν ποιεῖν. Ἢ ὅτι πᾶσα μὲν ἁπλῶς ἀναπνοὴ δι' ἴσου γίνεται τοῖς κατὰ φύσιν αὐτῇ χρωμένοις καὶ μὴ κατέχουσιν; Καθημένοις μὲν οὖν καὶ βαδίζουσι μετρίας οὔσης τῆς τοῦ σώματος κινήσεως, οὐκ εὔδηλος ὁ ῥυθμὸς γίνεται· συντόνως δὲ τρέχουσιν, οὐ παρακολουθούσης τῇ κινήσει τῆς αἰσθήσεως, οὐ δυνάμεθα συνορᾶν τὸν τῆς ἀναπνοῆς ῥυθμόν. Ἐν δὲ τῷ μετρίως τροχάζειν μέτρον ἡ κίνησις αἰσθητὸν τῆς ἀναπνοῆς ποιοῦσα τὸν ῥυθμὸν δηλοῖ.

17. Διὰ τί ἐν τῷ τροχάζειν ἐκπνευματοῦσθαι δοκεῖ ἡμῖν ὁ ἀήρ; Πότερον ὅτι κινούμενοι διὰ τοῦ τροχάζειν τὸν συ-

29 σφοδρῶν καὶ μακρῶν Ap. X^a || σφοδρῶν om. Gaza || 31 σπῶνται corr. Forster Hett || προπετῶς: προπετεῖ Y^aC^a || 33 νέζρων C^a || 35 καὶ [1] om. Ap.^{b} || 36 νέζρα C^a || 37 κατασπᾶται: κατασπᾷ τε Bekker et nonnulli edd. || 38 πορρωτάτου Ap. C^aX^a.

[882b] 1 συντόμως Ap.^{a} || 3 ὅπερ: ὥσπερ Ap. X^a || 5 γενομένην Ap.^{b} C^aX^a || 9 εὔδηλος: ἄ sup. lin. Ap.^{a} || 15 ἀήρ: ἀνήρ X^a.

contact continu avec notre corps ce qui produit un souffle? Aussi n'est-ce pas seulement une impression, c'est la vérité que l'air se transforme en souffle. Ou est-ce parce que en courant nous nous heurtons à l'air et que, ce faisant, nous prenons conscience de l'air en raison du mouvement? Il est donc normal que nous ayons l'impression qu'il devient un souffle: c'est la conséquence du déplacement.

18. Pourquoi tombe-t-on plus en courant qu'en marchant? Est-ce parce qu'on élève davantage le pied avant de se déplacer? C'est toute la différence entre courir et marcher[33].

19. Pourquoi[34] la montée nous fait-elle mal aux genoux et la descente mal aux cuisses? Est-ce parce que, quand nous montons, nous soulevons notre corps vers le haut et que la distension du corps est grande, en particulier celle qui part des genoux? Aussi avons-nous mal aux genoux. Au contraire, dans les descentes, du fait que le support des jambes est supprimé[35] et que nous nous appuyons sur les cuisses, celles-ci nous font mal. Ensuite tout ce qui est contre nature provoque peine et douleur. Ce qui est naturel, c'est pour les genoux la flexion[36] vers l'avant et pour les cuisses la flexion vers l'arrière. Or, dans les montées, les genoux fléchissent vers l'arrière parce qu'on veut s'appuyer sur eux, tandis que dans les descentes les cuisses fléchissent vers l'avant, parce que notre corps est alors penché en avant.

20. Pourquoi donc dans les marches[37] a-t-on surtout mal au milieu des cuisses? Est-ce parce que dans tout ce qui est long et d'une seule pièce[38], et qui est fixé aux extrémités, c'est le milieu qui peine le plus? C'est là aussi surtout qu'il y a brisure. Or la cuisse sa présente de cette façon. C'est pourquoi nous sentons la fatigue surtout en son milieu.

21. Pourquoi les tempéraments humides sont-ils vite à bout de souffle quand ils sont fatigués, ou sous l'effet de la chaleur? Est-ce parce que l'humide qui s'échauffe devient

νεχῆ τοῖς σώμασιν ἡμῶν ἀέρα κινοῦμεν, ὅ ἐστι πνεῦμα; Διόπερ οὐ δοκεῖ μόνον, ἀλλὰ καὶ κατ' ἀλήθειαν ἐκπνευματοῦται ὁ ἀήρ. Ἢ διότι τροχάζοντες προσκόπτομεν τῷ ἀέρι, τούτου δὲ συμβαίνοντος μᾶλλον αἴσθησιν λαμβάνομεν τοῦ ἀέρος διὰ τῆς κινήσεως; Εἰκότως οὖν ἡμῖν ἐκπνευματοῦσθαι δοκεῖ· τοῦτο γὰρ συμβαίνει διὰ τὴν φοράν.

18. Διὰ τί μᾶλλον θέοντες ἢ βαδίζοντες πίπτουσιν; Ἢ ὅτι μᾶλλον πρὶν κινεῖσθαι αἴρουσιν; Τὸ γὰρ θέειν τοῦ βαδίζειν τούτῳ διαφέρει.

19. Διὰ τί ποτε ἀναβαίνοντες μὲν τὰ γόνατα πονοῦμεν, καταβαίνοντες δὲ τοὺς μηρούς; Ἢ ὅτι ὅταν μὲν ἀναβαίνωμεν, ἀναρριπτοῦμεν ἄνω τὸ σῶμα, καὶ ἡ σπάσις πολλὴ τοῦ σώματος καὶ ἡ ἀπὸ τῶν γονάτων γίνεται; Διὸ πονοῦμεν τὰ γόνατα· ἐν δὲ τοῖς κατάντεσι, διὰ τὸ ὑποφέρεσθαι τοῖς σκέλεσι, τοῖς μηροῖς ἀποστηριζόμενοι πονοῦμεν αὐτούς. Εἶθ' ἅπαν τὸ παρὰ φύσιν γινόμενον πόνον καὶ λύπην παρασκευάζει. Ἔστι δὲ τὸ κατὰ φύσιν τοῖς μὲν γόνασιν ἡ εἰς τὸ πρόσθεν κλάσις, τοῖς δὲ μηροῖς ἡ εἰς τοὔπισθεν. Ἐν μὲν οὖν τοῖς ἀνάντεσι τὰ γόνατα κλᾶται εἰς τοὔπισθεν διὰ τὸ ἀποστηρίζεσθαι βούλεσθαι, ἐν τοῖς κατάντεσι δ' οἱ μηροὶ εἰς τοὔμπροσθεν κλῶνται διὰ τὸ προπετὲς ἡμῶν εἶναι τὸ σῶμα.

20. Διὰ τί ποτε ἐν ταῖς ὁδοῖς τῶν μηρῶν τὸ μέσον μάλιστα πονοῦμεν; Ἢ ὅτι παντὸς μακροῦ καὶ ἑνὸς ὄντος, ἐστηριγμένου δέ, τοῦ μέσου ὁ πόνος μάλιστα γίνεται; Διὸ καὶ κα-
[883a] **τάγνυται μάλιστα ἐντεῦθεν. Ὁ δὲ μηρός ἐστι τοιοῦτον· διὸ καὶ τὸ μέσον αὐτοῦ μάλιστα πονοῦμεν.**

21. Διὰ τί οἱ ὑγροὶ ταχὺ πνίγονται πονήσαντες καὶ ὑπὸ τοῦ καύματος; Ἢ ὅτι ἐκθερμαινόμενον τὸ ὑγρὸν ἀὴρ γίνεται,

22 ἢ ² Sylb.: om. codd. ‖ 23 θέον Ap. ‖ 25 μὲν om. Cᵃ ‖ 26 ὅτι om. Kᵃ ‖ 28 καὶ del. Bonitz ‖ ἡ: ἢ coni. Buss. del. Hett. ‖ 29 ὑποφέρεσθαι om. Gaza ‖ 30 τοὺς μηροῦς Ap.ᵇ ‖ 33 ἐν μὲν — 34 τοὔπισθεν om. Cᵃ ‖ 34 ἀποστηρίζεσθαι: στηρίζεσθαι Ap. Xᵃ.

[883a] 4 ἐκθερμαινομένου Ap. ‖ τὸ om. Xᵃ.

de l'air, et que plus il y en a, plus il brûle? Donc, quand il ne peut pas sortir en raison de sa quantité, il n'y a pas de refroidissement, si bien qu'on est vite embrasé par la chaleur naturelle[39] et la chaleur acquise. Et c'est pourquoi les sueurs qui se produisent quand on fait du sport sont bénéfiques, comme l'est la sortie du souffle: car l'humide en se divisant et en se raréfiant devient du gaz[40].

22. Pourquoi[41] les corps bien équilibrés sont-ils souvent atteints de fatigue et s'en tirent-ils aussi plus facilement? Est-ce dans les deux cas pour la même raison? Car le corps dont les parties sont dans un rapport harmonieux est uniforme, et tout ce qui est uniforme éprouve les mêmes affections. Donc, si une partie est souffrante, l'ensemble l'est aussi. Au contraire celui dont les parties ne sont pas en harmonie, étant donné qu'elles ont une existence plus séparée, n'est pas atteint dans toutes ses parties. Il arrive donc souvent pour cette raison que le premier soit souffrant, mais il guérit plus facilement parce que l'organisme tout entier participe. En effet, répartie en plusieurs points, l'affection devient plus faible, si bien qu'elle guérit plus facilement. Au contraire le corps qui n'a pas cet équilibre, du fait qu'il n'est pas en communauté avec ses parties est moins souvent malade, mais il a plus de mal à guérir. Car l'affection est alors grave.

23. Pourquoi[42] se fatigue-t-on davantage en plaine qu'en terrain accidenté, et marche-t-on plus vite sur une route plane que sur un chemin inégal? Est-ce parce qu'il est moins pénible de ne pas toujours ...[43] surtout quand on marche en terrain inégal? On marche plus vite quand en un temps égal on lève moins le pied. Donc sur un sol uni les enjambées[44] sont petites et fréquentes, et c'est l'inverse en terrain accidenté. L'effort fourni à chaque pas devient important par la multiplicité des pas[45].

24. Pourquoi[46] en descendant les pentes avons-nous mal surtout aux cuisses, et en montant surtout aux jambes? Est-ce parce que, à la montée, on peine à soulever le corps? Car le corps tout entier devient un fardeau. Donc la partie sur

καὶ καίει μᾶλλον τὸ πλέον; Ὅταν οὖν μὴ δύνηται ὑπεξάγειν διὰ τὸ πλῆθος, οὐ γίνεται κατάψυξις, ὥστε ταχὺ ἐκπυροῦται ὑπὸ τοῦ συμφύτου καὶ ἐπικτήτου θερμοῦ. Διὸ καὶ οἱ γινόμενοι ἱδρῶτες τοῖς γυμναζομένοις καὶ ὅλως τοῖς πονοῦσι καὶ ἡ τοῦ πνεύματος ἔξοδος ὠφέλιμον· διακρινομένου γὰρ καὶ λεπτυνομένου τοῦ ὑγροῦ πνεῦμα γίνεται.

22. Διὰ τί τὰ σύμμετρα τῶν σωμάτων κάμνει τε πολλάκις καὶ ἀπαλλάττει ῥᾷον; Ἢ διὰ ταὐτὸ ἄμφω; Ὁμαλὸν γὰρ τὸ σύμμετρον, τὸ δ' ὁμαλὸν ὁμοπαθέστερον· ἐὰν οὖν τι πονήσῃ μέρος, εὐθὺς συμπονεῖ τὸ ὅλον. Τὸ δ' ἀσύμμετρον, ἅτε μᾶλλον ἀπηρτημένον, οὐ συναπολαύει τῶν μερῶν. Κάμνει μὲν οὖν πολλάκις διὰ τοῦτο, ῥᾷον δ' ἀπαλλάττει, ὅτι πᾶν κοινωνεῖ τὸ σῶμα· εἰς πλείω γὰρ διανεμόμενον τὸ πάθος γίνεται ἀσθενέστερον, ὥστ' εὐαπαλλακτότερον. Τὸ δ' ἀσύμμετρον, ἅτε οὐ κοινωνοῦν τοῖς μέρεσιν, ἐλαττονάκις μὲν κάμνει, χαλεπώτερον δ' ἀπαλλάττει· σφοδρὸν γὰρ τὸ πάθος.

23. Διὰ τί κοπιῶσι μὲν μᾶλλον ἐν τοῖς ὁμαλοῖς ἢ ἐν τοῖς ἀνωμάλοις, θᾶττον δὲ βαδίζουσι τὴν ὁμαλὴν ἢ τὴν ἀνώμαλον; Ἢ ὅτι ἀκοπώτερον μὲν τὸ μὴ ἀεὶ ... ἐν τῇ ἀνωμάλῳ πορείᾳ μᾶλλον; Θᾶττον δὲ πορεύονται, ὅτι ἐν τῷ ἴσῳ χρόνῳ ἐλάττων ἡ ἀναφορά. Ἐν μὲν οὖν τῷ ὁμαλῷ μικρὰ ἡ ἄρσις καὶ πυκνή, ἐν δὲ τῷ ἀνωμάλῳ τοὐναντίον. Τὸ δὲ παρ' ἑκάστην βάσιν γινόμενον πολὺ γίνεται παρὰ πολλάς.

24. Διὰ τί καταβαίνοντες μὲν τὰ κατάντη τοὺς μηροὺς μάλιστα πονοῦμεν, ἀναβαίνοντες δὲ τὰς κνήμας; Ἢ ὅτι ἀναβαίνοντες μὲν τῷ αἴρειν τὸ σῶμα; Ἅπαν γὰρ γίνεται φορτίον τὸ σῶμα. Ὧι οὖν ἅπαν ἐπίκειται καὶ ᾧ αἴρομεν, τοῦτο μά-

5 τὸ πλέον om. Gaza || 13 post γὰρ add. ἐστι Ap. X[a] || 19 οὐ om. C[a] || κοινωνοῦντος Ap. X[a] || 23 post ἀνωμάλοις addend. cens. τόποις Sylb. ut 881b 19 || δὲ om. C[a] || τὴν[1]: μὲν Y[a]X[a] || 24 ἀκοπώτατον Y[a] Ap. C[a] || post ἀεὶ lac. indic. Hett *cum non assidue habitu eodem movemur quemadmodum in gressu aequabili* add. Gaza ut 881b 21 || 26 ἡ ἀναφορὰ ἐλάττων Ap. X[a] || ὁμαλεῖ Y[a] || 28 post γινόμενον add. μικρὸν Gaza ut 881b 24 || 29 μάλιστα om. C[a] || 30 ἀναϐαίνοντες[1]: καταϐαίνοντες Ap.[a1].

laquelle tout le corps repose et avec laquelle nous le soulevons, est celle qui est la plus à la peine. Cette partie, c'est la jambe. Car elle est à l'extrémité du corps, elle est longue et elle n'est pas large comme le pied. C'est pourquoi elle vacille. Si bien que c'est comme les charges que nous poussons avec l'épaule ou que nous avons sur l'épaule[47]. Dans ce cas précis c'est bien à l'épaule que nous avons le plus mal. Au contraire, dans les descentes, la fatigue vient de ce que le corps tombe vers le bas et qu'il est poussé en avant d'une façon qui n'est pas naturelle, si bien que la partie sur laquelle il tombe et qu'il ébranle le plus est celle d'où vient la fatigue. Donc la jambe reste en paix et le tronc constitue la charge. La cuisse, elle, soutient le poids et vacille parce qu'elle a de la longueur et qu'elle pivote du haut, à l'endroit où s'applique le tronc.

25. Pourquoi[48] la route paraît-elle plus longue lorsque nous marchons sans en savoir la longueur, que lorsque nous la connaissons, si pour le reste nous nous trouvons dans les mêmes conditions? Est-ce parce que savoir la longueur du chemin c'est connaître le nombre qui lui correspond, et que ce qui est indéterminé a toujours plus d'extension que ce qui est déterminé? Donc, de même que, si l'on savait que ce chemin a telle longueur, il aurait nécessairement un terme, de même si on l'ignore, par une sorte de raisonnement inverse, l'âme se trompe dans son calcul et la route paraît infinie. De plus le quantitatif est limité et le limité est quantitatif. Donc lorsqu'une chose n'est manifestement pas limitée, elle apparaît comme infinie, parce que ce qui est destiné par nature à être limité, s'il ne l'est pas, est infini, si bien que ce qui semble ne pas être limité doit nécessairement paraître, dans une certaine mesure, sans fin.

26. Pourquoi[49] a-t-on plus de fatigue dans les cuisses que dans les jambes? Est-ce parce que les premières sont proches du lieu qui contient l'excrétion, de sorte que, si celle-ci est en quantité excessive par suite de la chaleur due au mouvement, les cuisses l'attirent mieux et en plus grande

λιστα πονεῖ. Ἡ δὲ κνήμη τοῦτο. Ἔσχατον γάρ, μῆκος ἔχον, καὶ οὐχ ὥσπερ ὁ ποὺς πλάτος ἔχει· διὸ σαλεύεται. Ὥσθ' οἷον τῷ ὤμῳ τὰ βάρη κινοῦμεν, καὶ ἐπὶ τούτῳ ἔχομεν. Τοιγαροῦν καὶ πονοῦμεν τὸν ὦμον μάλιστα. Καταβαίνοντες δὲ τῷ ἐμπίπτειν τὸ σῶμα κάτω καὶ προωθεῖν παρὰ φύσιν ὁ πόνος ἐστίν, ὥσθ' ᾧ μάλιστα ἐμπίπτει καὶ σαλεύει, τοῦτο παρέχει τὸν πόνον. Ἡ μὲν οὖν κνήμη μένει, τὸ δὲ βάρος ὁ θώραξ γίνεται· ὁ δὲ μηρὸς δέχεταί τε καὶ σαλεύεται διὰ [883b] τὸ μῆκός τ' ἔχειν καὶ στρέφεσθαι ἄνωθεν, ᾗ ὁ θώραξ ἐμπίπτει.

25. Διὰ τί πλείων δοκεῖ ἡ ὁδὸς εἶναι, ὅταν μὴ εἰδότες βαδίζωμεν πόση τις, ἢ ὅταν εἰδότες, ἐὰν τἆλλα ὁμοίως ἔχοντες τύχωμεν; Ἢ ὅτι τὸ εἰδέναι πόση τὸ εἰδέναι ἐστὶ τὸν ἀριθμὸν αὐτοῦ, καὶ πλεῖον ἀεὶ τὸ ἀόριστον τοῦ ὡρισμένου; Ὥσπερ οὖν εἰ ᾔδει ὅτι τοσήδε, πεπερασμένην ἀνάγκη εἶναι, οὕτω καὶ εἰ μὴ οἶδεν, ὡς ἀντιστρέφοντος παραλογίζεται ἡ ψυχή, καὶ φαίνεται εἶναι ἄπειρος. Ἔτι τὸ ποσὸν ὡρισμένον καὶ τὸ ὡρισμένον ποσόν. Ὅταν τοίνυν μὴ φαίνηται ὡρισμένον, ὥσπερ ἄπειρον φαίνεται εἶναι, διὰ τὸ τὸ πεφυκὸς ὡρίσθαι, ἐὰν μὴ ᾖ ὡρισμένον, ἄπειρον εἶναι, ὥστε καὶ τὸ φαινόμενον μὴ ὡρίσθαι φαίνεσθαι ἀνάγκη πως ἀπέραντον.

26. Διὰ τί τοὺς μηροὺς μᾶλλον ἢ τὰς κνήμας κοπιῶσιν; Πότερον ὅτι ἐγγὺς τοῦ τόπου τοῦ ἔχοντος τὸ περίττωμα, ὥστ' ἂν ὑπερβάλλῃ διὰ τὴν κίνησιν τῇ θερμότητι, συσπῶσιν οἱ μηροὶ μᾶλλον καὶ πλεῖον ἢ αἱ κνῆμαι; Ἢ διὰ τὸ συμφυὲς εἶναι μᾶλλον τοὺς μηρούς; Μάλιστα γὰρ πονοῦσι τῇ τοῦ συνε-

36 post καταβαίνοντες add. ἐν Ap.[a] || 37 ἐκπίπτειν Ap. || 38 ἐπιπίπτει Y[a] || τοῦτο: τούτῳ Ap. X[a] || σαλεύει: σεσάλευται Ap.[a].

[883b] 1 ἐπίπτει Y[a] Ap. || 3 in cod. Y[a] fol. 44[r] legitur summo margine τὸ κεφ⟨άλαιον⟩ εὑρήσεις καὶ ἐν τῷ λ' κεφ⟨αλαίῳ⟩ δ' || 8 ante ὡς add. καὶ X[a] || 11 alterum τὸ om. Ap. C[a]X[a] || 12 post τὸ add. μὴ C[a] || 17 συμφυεῖς coni. Forster Hett || 18 μᾶλλον εἶναι Ap. X[a] || ante μᾶλλον add. καὶ C[a] || ante τοὺς add. εἰς Y[a] Ap.[b] X[a] || τοῦ om. X[a].

quantité que les jambes? Ou est-ce parce que les cuisses ont une nature plus homogène que les jambes? Car elles souffrent surtout de la distension de cette continuité. Et, en effet, si l'on peut ressentir de la fatigue sans avoir aucune excrétion, néanmoins c'est aux cuisses et à la hanche qu'on a surtout mal. Ou bien est-ce parce que, de même que les tumeurs se forment à l'aîne[50] à la suite des coups[51], en raison de l'enchevêtrement des vaisseaux et des tendons, il en est de même pour la cuisse? Car celle-ci est plus proche du principe[52]. Ou bien est-ce parce que la cuisse reste plus souvent que la jambe dans la même position? Ce qui fatigue davantage. Ou est-ce parce qu'elle est charnue, si bien que la conformité avec la nature est plus grande chez elle[53]?

27. Pourquoi certaines personnes, quand elles sont fatiguées, présentent-elles des plaies? Est-ce que, quand le corps n'est pas purifié, la chaleur du mouvement fait sortir d'autres excrétions en même temps que la sueur? Comme elles sont épaisses et renferment des humeurs malignes qui sont acides, amères et salées, ces excrétions ne peuvent pas être éliminées en raison de leur épaisseur, mais elles montent à travers la chair et produisent des ulcérations à cause de l'amertume de l'humeur.

28. Pourquoi[54] ne donne-t-on pas aussitôt de la nourriture à ceux qui viennent d'effectuer des exercices physiques ou de prendre médecine? Est-ce parce que le corps continue à se purifier, que sa fatigue n'a pas cessé et que les excrétions ont encore lieu?

29. Pourquoi[55] est-il plus difficile de courir que de marcher? Est-ce parce que le coureur porte un fardeau plus lourd? En effet, en s'élevant du sol, il a tout le poids sur lui-même. Au contraire le marcheur, comme les gens qui se reposent contre les murettes, prend appui sur le pied qui reste au sol.

30. Pourquoi n'a-t-on pas faim immédiatement après les exercices physiques? Est-ce parce qu'il subsiste un reste des produits de dissolution jusqu'au moment où ce reste subit à son tour la coction? Ou est-ce dû au souffle que produit le

χοῦς διαστάσει. Καὶ γὰρ ἂν μηδὲν ἔχοντες περίττωμα κοπιάσωσιν, ὅμως τοὺς μηροὺς καὶ τὴν ὀσφὺν πονοῦσι μᾶλλον. Ἢ ὅτι καθάπερ οἱ βουβῶνες γίνονται πληγέντες διὰ τὴν συνάρτησιν τῶν φλεβῶν καὶ νεύρων, οὕτω καὶ οὗτος; Ἐγγυτέρω δὲ τῆς ἀρχῆς ὁ μηρός, Ἢ διότι μᾶλλον ἐν τῷ αὐτῷ σχήματι ὁ μηρὸς τῆς κνήμης; Τοῦτο δὲ κοπιαρώτερον. Ἢ ὅτι σαρκώδης, ὥστε πολὺ τὸ κατὰ φύσιν ἔχον ἐν αὐτῷ;

27. Διὰ τί ἐνίοις, ὅταν πονήσωσιν, ἕλκη ἐκφύουσιν; Ἢ ὅταν τὸ σῶμα ἀκάθαρτον ᾖ, ἡ κίνησις θερμαίνουσα καὶ ἄλλα περιττώματα συνεξικμάζει μετὰ τοῦ ἱδρῶτος; Παχέα δ' ὄντα καὶ χυμοὺς ἔχοντα μοχθηρούς, ὀξεῖς καὶ πικροὺς καὶ ἁλμυρούς, τὰ περιττώματα ἐκκρίνεσθαι μὲν οὐ δύναται διὰ τὸ πάχος, ἐξαίρεται δὲ διὰ τῆς σαρκὸς καὶ ἐξελκοῖ διὰ πικρότητα τοῦ χυμοῦ.

28. Διὰ τί τοῖς ἐκ τῶν γυμνασίων καὶ φαρμακοποσιῶν οὐκ εὐθὺς προσφέρουσι τροφήν; Ἢ διότι καθαίρεται τὸ σῶμα ἔτι, καὶ οὐκ ἀναπέπαυται πονοῦν, καὶ ἀποκέκριται τὰ περιττώματα;

29. Διὰ τί χαλεπώτερον θεῖν ἢ βαδίζειν; Ἢ ὅτι πλεῖον φορτίον φέρει ὁ θέων; Ὅταν γὰρ ᾖ μετέωρος, ἅπαν ἐφ' αὑτῷ ἔχει. Ὁ δὲ βαδίζων, οἷον οἱ ἐπὶ τοῖς τειχίοις ἀναπαυόμενοι, ἐπιθεὶς ἔχει ἐπὶ τῷ ἠρεμοῦντι.

[884a] **30. Διὰ τί ἐκ τῶν γυμνασίων οὐ πεινῶσιν εὐθύς; Πότερον διὰ τὴν ὑπόλειψιν τῆς συντήξεως, ἕως ἀντιπεφθῇ; Ἢ διὰ τὸ πνεῦμα ὃ ποιεῖ ὁ πόνος ἐκ τοῦ ὑγροῦ; Ἢ διὰ τὴν δίψαν**

21 τὴν om. Xª || πληγέντος forsan legend. cens. Bonitz Buss. *per ictum* Gaza *vulnerati* antiq. vers. || 22 συνάρτησιν: ἄρσιν Ap. || 25 αὐτῷ corr. Buss.: αὐτοῖς Yª Ap. Cª αὐτῷ Xª et Sylb. || 31 τὸ Ap. Cª: om. cett. codd. || 33 φαρμακοποιῶν Ap.ᵇ || 34 προσφέρομεν *Probl. Ined.* II 120 || 35 ἀναπέπαυται: ἅμα περὶ αὐτὰ *Probl. Ined.* II 120 || 36 post περιττώματα add. ἔτι ἡ μεταβολὴ μεγάλη οὖσα ἀσύμφορον γίνοιτο δὲ μετὰ πολλὴν κένωσιν πλήρωμα ἀθρόως *Probl. Ined.* II 120 || 39 ἑαυτῷ Yª Ap. || οἱ: ὁ Cª om. Ap. Xª || ἀναπαυόμενος Ap. CªXª.

[884a] 1 πινοῦσιν Ap. Xª || 2 ἄν τι πεφθῇ coni. Buss. ex antiq. vers. *quousque aliquid digeratur*.

labeur à partir de l'humide? Ou à la soif consécutive à l'échauffement dû au travail? Car tous ces symptômes se rencontrent.

31. Pourquoi[56] les gens fatigués et ceux qui sont atteints de phtisie ont-ils des pollutions nocturnes? Est-ce parce que d'une manière générale les tempéraments chauds et humides sont sujets à ces pollutions? Car le sperme a par nature ces caractères-là[57]. Or ce phénomène se produit surtout chez les gens qui présentent ce tempérament lorsque s'y ajoute la chaleur du sommeil. Une légère impulsion suffit aux corps, et celle-ci vient de l'intérieur, non de l'extérieur. Les phtisiques et les individus fatigués sont dans cette disposition: les gens exténués se trouvent, du fait de la fatigue et du mouvement, plein de produits de dissolution qui sont chauds; les phtisiques sont dans la même situation à cause du flux d'humeurs et de la chaleur que produit l'inflammation.

32. Pourquoi est-il plus difficile de se frotter soi-même longtemps la jambe gauche que la jambe droite[58]? Est-ce parce que c'est avec la droite que nous pouvons faire effort? La friction de la jambe gauche, qui suppose une contorsion[59], fait partie des gestes contre nature. Or ce qui est fait contre la nature est difficile. Lorsque, au contraire, c'est avec la main gauche qu'on frotte le côté droit, on ne note rien, parce que cette main n'a de force ni d'un côté ni de l'autre[60].

33. Pourquoi[61] est-il bon pour la santé de réduire son alimentation et d'accroître son activité? Est-ce parce que une abondance d'excrétion est cause de maladie? Or c'est ce qui se produit soit par excès de nourriture soit par manque d'exercice.

34. Pourquoi[62] faut-il pour la santé que la chair ne soit pas serrée mais poreuse? Car de même qu'une cité, un lieu, sont salubres quand ils sont bien aérés (c'est d'ailleurs pourquoi la mer est salubre), de même un corps qui est bien

ἢ γίνεται ἐκ τοῦ θερμαίνεσθαι πονοῦντας; Πάντα γὰρ συμβαίνει ταῦτα.

31. Διὰ τί ἐξονειρωκτικοί εἰσιν οἱ κοπιῶντες καὶ φθισιῶντες; Ἢ ὅτι ὅλως ἐξονειρωκτικοὶ οἱ θερμοὶ καὶ ὑγροί; Τὸ γὰρ σπέρμα τοιοῦτόν ἐστι τὴν φύσιν. Τὸ τοιοῦτο δ' ἐξ οὕτω διακειμένων μάλιστα γίνεται, ὅταν ἡ ἀπὸ τοῦ ὕπνου θερμότης προσγένηται· μικρᾶς γὰρ ῥοπῆς τὰ σώματα δεῖται, καὶ ταύτης ἔσωθεν ἀλλ' οὐκ ἔξωθεν. Οἱ δὲ φθισικοὶ καὶ κοπιῶντες οὕτω διάκεινται· οἱ μὲν γὰρ κοπιῶντες διὰ τὸν κόπον καὶ τὴν κίνησιν συντήγματος θερμοῦ πλήρεις εἰσίν, οἱ δὲ φθισικοὶ διὰ τὸν κατάρρουν καὶ τὴν γινομένην θέρμην ὑπὸ τῆς φλεγμασίας.

32. Διὰ τί τὸ ἀριστερὸν σκέλος χαλεπώτερον τρίβεσθαι ὑφ' ἑαυτοῦ πολὺν χρόνον ἢ τὸ δεξιόν; Ἢ ὅτι τοῖς δεξιοῖς πονεῖν δυνάμεθα; Ἐν δὲ τοῖς παρὰ φύσιν ἡ τοῦ ἀριστεροῦ σκέλους τρῖψις ἐξεστραμμένως γίνεται. Τὰ δὲ παρὰ φύσιν ποιούμενα χαλεπά. Τῇ δ' ἀριστερᾷ τὰ δεξιὰ οὐθὲν ἐπίδηλον διὰ τὸ μηδετέρως ἰσχύειν.

33. Διὰ τί ὑγιεινὸν τὸ τροφῆς μὲν ὑποστέλλεσθαι, πονεῖν δὲ πλείω; Ἢ ὅτι τοῦ νοσεῖν αἴτιον περιττώματος πλῆθος; Τοῦτο δὲ γίνεται ἢ διὰ τροφῆς ὑπερβολὴν ἢ διὰ πόνων ἔνδειαν.

34. Διὰ τί οὐ δεῖ πυκνοῦν τὴν σάρκα πρὸς ὑγίειαν, ἀλλ' ἀραιοῦν; Ὥσπερ γὰρ πόλις ὑγιεινὴ καὶ τόπος εὔπνους (διὸ καὶ ἡ θάλαττα ὑγιεινή), οὕτω καὶ σῶμα τὸ εὔπνουν μᾶλ-

4 γίνεσθαι C^a^X^a^ || 6 et 7 ἐξονειρωκτικοί Sylb.: ἐξονειρωττικοί Y^a^ Ap. ἐξονειρωτικοί cett. codd. || 7 καὶ ὑγροί om. Ap. || 8 τὴν φύσιν: τῇ φύσει C^a^ || 10 γὰρ om. Ap. || 16 σκέλος om. C^a^ || 18 ἐν τοῖς δὲ Y^a^ Ap. X^a^ || 19 ἐξεστραμμένη C^a^ || ante γίνεται leg. γὰρ Gaza || 20 ποιούμενα: γινόμενα X^a^ || 21 μηθ' ἑτέρως Y^a^ μηδ' ἑτέρως forsan legend. cens. Buss. || 22 ante τροφῆς add. τὸ Ap. X^a^ || μὲν om. Ap. || 26 τὴν σάρκα πυκνοῦν C^a^ || ὑγείαν Ap. X^a^ || in cod. Y^a^ fol. 44^r^ imo margine rubro eadem manu atque supra 883b 2 legitur τὸ αὐτὸ κδ' κεφ⟨άλαιον⟩ εὑρήσεις καὶ ἐν τῷ λς' λό⟨γῳ⟩ ἐν κεφ⟨αλαίῳ⟩ γ' ὃν συνημμένον || 27 πόλις ex πόλεις scrips. Y^a^ || καὶ τόπος — 28 ὑγιεινή om. Ap.

aéré est en meilleure santé. Il faut, en effet, ou bien qu'il n'y ait aucune excrétion superflue, ou bien qu'on s'en débarrasse le plus vite possible. Il faut[63] aussi que les corps soient dans une disposition telle qu'aussitôt après l'avoir reçue ils évacuent l'excrétion, et qu'ils soient en mouvement et non en repos. Ce qui reste immobile se corrompt, par exemple l'eau[64], et ce qui se corrompt et ne bouge pas est nocif. Au contraire, les matières excrétées s'en vont avant d'être corrompues. Donc l'expulsion n'a pas lieu quand la chair est serrée (car c'est comme si les pores étaient bouchés), mais lorsqu'elle est poreuse. Et c'est aussi pourquoi il ne faut pas se promener nu au soleil: car la chair se resserre et devient tout à fait dure[65] tandis que le corps est plus humide. En effet, l'intérieur demeure évidemment en l'état, mais la surface se rétracte comme font les viandes grillées plus que les viandes bouillies[66]. Il ne faut même pas se promener la poitrine nue: car le soleil enlève alors des parties les mieux constituées ce qui doit le moins être prélevé, tandis que c'est sur les parties internes qu'il faudrait plutôt que cela se produisît. En tout cas, comme ces dernières sont éloignées, il n'est pas possible d'en faire sortir de la sueur, sinon en se fatiguant, alors que c'est facile à partir de la surface parce qu'elle est à portée.

35. Pourquoi[67] les marches de courte durée sont-elles fatigantes? Est-ce parce qu'on s'arrête souvent et que les mouvements de flexion ne sont pas réguliers? C'est cela qui est fatigant.

36. Pourquoi[68], lorsqu'on reste en place au soleil a-t-on plus chaud que lorsqu'on se remue, et cela bien que le mouvement échauffe? Est-ce que le mouvement n'est pas toujours générateur de chaleur et dans certains cas ne peut-il pas refroidir, comme cela se produit quand on souffle sur

63. Dans la section I, 52, 865b22 au lieu de δεῖ on lit ἀεί et cette phrase est réunie à la précédente.

64. Th. Gaza a traduit ici le texte de la section I, ὥσπερ ὕδωρ τὸ μὴ κινούμενον, «comme l'eau qui croupit».

65. Voir la note à 865b30.

λον ὑγιεινόν. Δεῖ γὰρ ἢ μὴ ὑπάρχειν μηθὲν περίττωμα, ἢ τούτου ὡς τάχιστα ἀπαλλάττεσθαι· καὶ δεῖ οὕτως ἔχειν τὰ σώματα ὥστε λαμβάνοντα εὐθὺς ἐκκρίνειν τὴν περίττωσιν, καὶ εἶναι ἐν κινήσει καὶ μὴ ἠρεμεῖν. Τὸ μὲν γὰρ μένον σήπεται, ὥσπερ ὕδωρ, τὸ δὲ σηπόμενον καὶ μὴ κινούμενον νοσοποιεῖ· τὸ δ' ἐκκρινόμενον πρὸ τοῦ διαφθαρῆναι χωρίζεται. Τοῦτ' οὖν πυκνουμένης μὲν τῆς σαρκὸς οὐ γίνεται (ὡσπερεὶ γὰρ ἐμφράττονται οἱ πόροι), ἀραιουμένης δὲ συμβαίνει. Διὸ καὶ οὐ δεῖ ἐν τῷ ἡλίῳ γυμνὸν βαδίζειν· συνίσταται γὰρ ἡ σάρξ, καὶ κομιδῇ ἀποστρακοῦται, καὶ ὑγρότερον τὸ σῶμα γίνεται. Τὸ μὲν γὰρ ἐντὸς δὴ μένει, τὸ δ' [884b] ἐπιπολῆς ἀπαλλάττεται, ὥσπερ καὶ τὰ κρέα τὰ ὀπτὰ τῶν ἑφθῶν μᾶλλον. Οὐδὲ τὰ στήθη γυμνὰ ἔχοντα βαδίζειν· ἀπὸ γὰρ τῶν ἄριστα ᾠκοδομημένων ὁ ἥλιος ἀφαιρεῖ, ὃ ἥκιστα δεῖται ἀφαιρέσεως, ἀλλὰ μᾶλλον τὰ ἐντός. Ἐκεῖθεν μὲν οὖν διὰ τὸ πόρρω εἶναι, ἂν μὴ μετὰ πόνου, οὐκ ἔστιν ἱδρῶτ' ἀναγαγεῖν, ἀπὸ τούτου δὲ διὰ τὸ πρόχειρον εἶναι ῥᾴδιον.

35. Διὰ τί κοπώδεις οἱ βραχεῖς τῶν περιπάτων; Ἢ ὅτι πολλάκις συνίστανται καὶ οὐχ ὁμαλῶς κινοῦνται περὶ τὰς καμπάς; Τὸ δὲ τοιοῦτον κοπῶδες.

36. Διὰ τί ἑστηκότες ἐν τῷ ἡλίῳ μᾶλλον θερμαίνονται ἢ κινούμενοι, καὶ ταῦτα τῆς κινήσεως θερμαντικῆς οὔσης; Ἢ οὐ πᾶσα κίνησις θερμαίνει, ἀλλ' ἔνια ψύχει, οἷον καὶ ἐπὶ τῶν τὰς χύτρας τὰς ἑψημένας φυσώντων καὶ κινούντων συμ-

30 δεῖ: ἀεὶ Gaza ex 865b 23 || 31 λαμβάνοντα edd.: λάμβανον codd. || 32 μὴ om. Ap. || 33 ὕδωρ — κινούμενον: ὕδωρ τὸ μὴ κινούμενον Gaza ex 865b 25 || 35 μὲν om. C^a || 37 καὶ om. C^a || 38 ἀποστρακοῦται scripsi: ἀποσαρκοῦται codd. et Gaza ἀποσαρκοῦνται Bekker || 39 δὴ μένει: δεῖ μένειν C^a.

[884b] 1-2 τὰ ὀπτὰ τῶν ἑφθῶν scripsi ex 865b 32 et Gaza ἑφθὰ τῶν ὀπτῶν codd. (ἑφθὰ Ap.) || 3 ἀφαιρεῖ Sylb. ex Gaza: φέρει codd. || 6 ἱδρῶτας X^a || ἀγαγεῖν Ap. X^a || 8 βραδεῖς Ap.^{a2} || 10 τοιοῦτο Ap. X^a || 14 χύτρας τὰς om. X^a || ἑψομένας corr. Sylb. *quae bulliunt* antiq. vers. *ferventibus* Gaza.

les marmites bouillantes ou qu'on les secoue? Si donc, lorsqu'il y a repos, la chaleur demeure, et qu'en se conservant elle échauffe davantage que si elle était en mouvement (car notre corps exhale sans cesse hors de lui-même une vapeur tiède qui lui est propre et qui réchauffe l'air ambiant, comme le fait la proximité d'une torche[69]), quand nous restons immobiles, l'air qui nous entoure devient chaud pour les raisons que nous avons données[70], et quand nous bougeons un souffle se produit qui nous rafraîchit. Car tout souffle est froid[71].

37. Pourquoi[72], quand on est à cheval, plus le cheval court vite, plus on a les yeux qui pleurent, et quand on est à pied, plus on court vite? Est-ce parce que l'air qui nous frappe est froid? Car le froid fait pleurer: en contractant et en resserrant la chair, il en fait sortir le liquide. Ou est-ce pour la raison inverse? Car le chaud provoque des sueurs, et les larmes sont une espèce de sueur. C'est pourquoi ces deux écoulements ont pour origine la chaleur et sont également salés. Or le mouvement procure de la chaleur. Ou les larmes sont elles dues au choc de l'air? Car de même que les vents qui soufflent de face troublent les yeux, l'air qui tombe sur eux fait qu'un faible choc a d'autant plus de force que le cavalier ou le coureur vont plus vite: c'est ce choc qui fait pleurer, parce que les canaux de l'œil s'élargissent sous l'effet du choc. Car tout choc a pour conséquence de diviser ou de meurtrir[73].

38. Pourquoi[74] faut-il combattre les courbatures en été par un bain et en hiver par une onction d'huile? Est-ce que les courbatures d'hiver, en raison des frissons et des changements qui les accompagnent, doivent être dissipées par du chaud qui assurera une protection contre le froid[75] (l'huile est chaude), tandis qu'en été on a besoin d'humidité? Car cette saison est sèche et on n'a pas de frissons en raison de la chaleur. En été on mange peu et l'on boit à pleines coupes: on mange peu en général[76], mais on boit davantage en cette saison. On boit en été en général à cause de la sécheresse, et si la frugalité est de toutes les saisons, elle se

βαίνει; Εἰ οὖν ἑστηκότι μὲν προσμένει τὸ θερμόν, προσμένον δὲ μᾶλλον θερμαίνει ἢ κινούμενον (ἀεὶ γὰρ τὸ σῶμα ἴδιον ἡμῶν ἀτμίδα τινὰ χλιαρὰν ἀφίησιν ἀφ' ἑαυτοῦ, ἣ θερμαίνει τὸν ἐγγὺς ἀέρα ὥσπερ δαλὸς παρών), ἠρεμούντων μὲν ἡμῶν θερμὸς γίνεται ὁ περιέχων ἡμᾶς ἀὴρ διὰ τὰ εἰρημένα, κινουμένων δὲ πνεῦμα γίνεται, ὃ καταψύχει ἡμᾶς· πᾶν γὰρ πνεῦμα ψυχρόν ἐστιν.

37. Διὰ τί οἱ ἐπὶ τῶν ἵππων ὀχούμενοι, ὅσῳ ἂν θᾶττον θέῃ ὁ ἵππος, τοσούτῳ μᾶλλον δακρύουσι τὰ ὄμματα, καὶ οἱ πεζοί, ὅσῳ ἂν μᾶλλον τρέχωσιν; Πότερον διὰ τὸ ψυχρὸν εἶναι τὸν προσπίπτοντα ἀέρα; Τὸ γὰρ ψῦχος δακρύειν ποιεῖ· συστέλλον γὰρ καὶ πυκνοῦν τὴν σάρκα ἐκκαθαίρει τὸ ὑγρόν. Ἢ διὰ τοὐναντίον; Τὸ γὰρ θερμὸν ποιεῖ ἱδρῶτας, τὸ δὲ δάκρυον ἱδρώς τίς ἐστι. Διὸ καὶ γίνονται ὑπὸ θερμασίας ἄμφω ταῦτα, καὶ ἁλυκά ἐστιν ὁμοίως. Ἡ δὲ κίνησις θερμότητα ποιεῖ. Ἢ διὰ τὴν ὑπὸ τοῦ ἀέρος πληγήν; Ὡς γὰρ οἱ ἄνεμοι ταράττουσιν οἱ ἐξ ἐναντίας τὰ ὄμματα, οὕτω καὶ ὁ ἀὴρ ὁ προσπίπτων, ὅσῳ ἂν θᾶττον ἐλαύνῃ ἢ αὐτὸς τρέχῃ, τοσούτῳ μᾶλλον ποιεῖ πληγὴν μαλακήν, δι' ἣν γίνεται δακρύειν, ἀραιουμένων τῶν τοῦ ὀφθαλμοῦ πόρων ὑπὸ τῆς πληγῆς· πᾶσα γὰρ πληγὴ διαιρετικόν ἐστιν ἢ θλαστικόν.

38. Διὰ τί δεῖ τοὺς μὲν θερινοὺς κόπους λουτρῷ ἰᾶσθαι, τοὺς δὲ χειμερινοὺς ἀλείμματι; Ἢ τούτους μὲν διὰ τὰς φρίκας καὶ τὰς γινομένας μεταβολὰς θερμῷ δεῖ λύειν, ὃ ποιήσει ἀλεάζειν (τὸ δὲ ἔλαιον θερμόν), ἐν δὲ τῷ θέρει καθυγραίνειν; [885a] Ἡ γὰρ ὥρα ξηρά, καὶ οὐ γίνονται φρίκαι διὰ τὴν ἀλέαν. Ὀλιγοσιτία δὲ καὶ κωθωνισμὸς θέρους, τὸ μὲν ὅλως, τὸ δὲ μᾶλλον, ὁ μὲν πότος θέρους ὅλως διὰ τὴν ξηρότητα,

18 ἐγγὺς τὸν Cᵃ || ὥσπερ δαλὸς παρών om. Gaza || 20 καταψύχει: καὶ ψύχει Cᵃ || 24 τρέχουσι Cᵃ || 28 ἐστιν: ἔτι Hett || ὑπὸ: ὑπὲρ Cᵃ || 29 ante ὁμοίως add. ταῦτα Xᵃ || 32 ὁ ἀὴρ om. Buss. || 38 ante δεῖ add. οὐ Ap. Xᵃ || λύειν Gaza: λούειν codd. || 39 ἔλαιον: ἔλεον Xᵃ.

[885a] 2 καὶ om. Ap. Xᵃ || 3 μὲν: δὲ Cᵃ || ὅλως: μᾶλλον Xᵃ.

pratique plutôt en été. Car cette saison favorise l'échauffement par les aliments solides.

39. Pourquoi ceux qui courent à fond de train ont-ils de très violentes contractions[77] quand quelqu'un se dresse devant eux en pleine course? Est-ce parce que la perturbation est d'autant plus grande qu'il y a tirage et mouvement violents et en direction opposée? Donc lorsqu'en pleine course, au moment où les parties du corps sont fortement poussées vers l'avant, quelqu'un s'interpose, ce qui arrive c'est qu'on est tiré en même temps en sens contraire, alors que le corps est encore entraîné vers l'avant, si bien que la distension est d'autant plus violente que l'on court plus fort.

40. Pourquoi[78] les marches sur les routes sont-elles moins fatigantes en terrain accidenté qu'en plaine? Est-ce parce que le déplacement avec tout le corps bien droit est celui qui est conforme à la nature? Or les marches en terrain plat sont plus pénibles qu'en terrain tourmenté. Car elles donnent toujours des courbatures aux mêmes parties, alors que les marches sur un sol inégal les répartissent mieux dans tout le corps. Quant aux marches en pleine chaleur, elles font maigrir plus que celles qu'on fait dans le froid. Car elles mettent davantage à la peine les parties externes. C 'est d'ailleurs pourquoi on maigrit quand on provoque les sueurs. Au contraire, les marches dans le froid rendent le chair plus serrée et aiguisent l'appétit. Elles procurent aux parties internes un accroissement de chaleur et, comme la mobilité est moindre à cause du froid, elles purifient le dedans en y augmentant la chaleur, et rendent la chair plus ferme, sans pouvoir la dominer dans sa totalité. De la même façon, les montées sont plus pénibles que les descentes et font davantage maigrir. En effet, les montées font surtout travailler la hanche, et les descentes surtout les cuisses. Car tout le poids, qui repose sur les cuisses, leur cause ordinairement des courbatures. Quand dans la montée la cuisse est soulevée par la force du chaud en un mouvement contre nature, elle s'échauffe. C'est pour-

ἡ δ' ὀλιγοσιτία κοινὸν μέν, μᾶλλον δὲ θέρους· ἐκθερμαίνεται γὰρ μᾶλλον διὰ τὴν ὥραν ὑπὸ τῶν σιτίων.

39. Διὰ τί οἱ θέοντες εὐτόνως μάλιστα λαμβάνουσι σπάσματα, ὅταν τις θέουσιν αὐτοῖς ὑποστῇ; Ἢ ὅτι ταῦτα μάλιστα διασπᾶται, ἃ εἰς τοὐναντίον τε καὶ ἰσχυρῶς ἕλκεται καὶ κινεῖται; Ὅταν οὖν θέοντος καὶ σφοδρῶς ὠθουμένων τῶν μορίων εἰς τὸ πρόσθεν ὑποστῇ τις, συμβαίνει ἅμα ἀντισπᾶν εἰς τοὐναντίον, ἔτι φερομένων εἰς τοὔμπροσθεν, ὥσθ' ἡ σπάσις τοσούτῳ ἰσχυροτέρα γίνεται, ὅσῳ ἂν θέωσι σφοδρότερον.

40. Διὰ τί τῶν περιπάτων οἱ κατὰ τὰς ὁδοὺς ἀκοπώτεροί εἰσιν, οἱ ἀνώμαλοι τῶν εὐθέων; Ἢ διὰ τὸ τὴν φορὰν ὀρθὴν εἶναι κατὰ φύσιν παντὶ τῷ σώματι; Οἱ δ' ἐν τοῖς ὁμαλοῖς τῶν ἀνωμάλων κοπιωδέστεροι· τοῖς γὰρ αὐτοῖς μέρεσι τοὺς πόνους παρέχουσιν, οἱ δ' ἐν τοῖς ἀνωμάλοις διαμερίζουσι μᾶλλον εἰς ἅπαν τὸ σῶμα. Αἱ δ' ἀλέαι μᾶλλον ἰσχνοῦσι τῶν ἐν τοῖς ψύχεσιν· τοῖς γὰρ ἔξω μέρεσι πλείονα τὸν πόνον παρέχονται. Διὸ καὶ τοὺς ἱδρῶτας ἐμποιοῦντες ἰσχναίνουσιν. Οἱ δ' ἐν τοῖς ψύχεσι στιφροτέραν τὴν σάρκα ποιοῦσι καὶ τῶν σιτίων ἐπιθυμητικωτέρους· τοῖς γὰρ ἔσω μέρεσι τὴν αὔξησιν τοῦ θερμοῦ ποιοῦνται, καὶ δυσκινήτων γινομένων ὑπὸ τοῦ ψύχους τὸν μὲν ἔσω τόπον καθαίρουσι, τὴν θερμασίαν αὐξάνοντες ἐν αὐτῷ, τὴν δὲ σάρκα στερεὰν ποιοῦσιν, οὐ δυνάμενοι κρατεῖν διὰ πάσης αὐτῆς. Ὁμοίως οἱ ἀνάντεις τῶν κατάντων ἐπιπονώτεροι καὶ ἰσχναντικώτεροι. Οἱ μὲν γὰρ ἀνάντεις τὴν ὀσφὺν μάλιστα ποιοῦσι πονεῖν, οἱ δὲ κατάντεις τοὺς μηρούς· τοῖς γὰρ μηροῖς τὸ βάρος πᾶν ἐμπῖπτον κόπους εἴωθε παρέχειν. Ἄνω γὰρ παρὰ φύσιν ὑπὸ

6 μάλιστα: μᾶλλον C[a] || 8 τε om. C[a] || 15 εὐθέων Sylb.: εὐθείων codd. || 16 κατὰ Sylb.: καὶ κατὰ codd. || 18 τοὺς — 20 ἔξω om. C[a] || 19 ἰσχύουσι X[a] || 21 et 33 ἰσχναίνουσιν ex ἰσχαίνουσιν scrips. Y[a] || 22 στιφνότεραν C[a]Y[a3] στιλφοτέραν Ap. στρυφνοτέραν X[a] || 23 ἔξω Ap. X[a] || 24 γενομένων C[a] || 26 αὔξοντες Ap.[a] || 28 ἰσχναιτικώτεροι ex ἰσχαιτικώτεροι scrips. Y[a] || 31 κόπους Sylb.: om. codd. || ὑπὸ τοῦ θερμοῦ del. Hett.

quoi les montées provoquent des sueurs, et comme elles font se diriger le souffle vers le haut, elles font maigrir et elles endolorisent la hanche. Car les jambes, qui ont du mal à se soulever, font plier la hanche et tirent sur elle, ce qui a nécessairement pour conséquence de faire beaucoup souffrir. Quant aux marches sur un sol dur, elles font mal aux muscles[79] et aux parties de la jambe qui sont tendues. Car elles imposent une forte tension[80] aux tendons et aux muscles, parce que pour eux la prise d'appui[81] est violente. Au contraire les marches en terrain mou sont éprouvantes pour les articulations. Car elles multiplient les flexions des articulations du fait que la base cède. C'est le même problème[82].

41. Pourquoi marchons-nous difficilement sur les pentes? Est-ce parce que toute marche consiste en un mouvement pour lever le pied et un autre pour le poser[83]? Or soulever le pied est contre nature, le poser est naturel, et l'avancer est entre les deux. Mais dans la marche sur les pentes le mouvement contre nature l'emporte.

42. Pourquoi est-ce lorsqu'on est à cheval qu'on tombe le moins? Est-ce que, comme on a peur, on fait plus attention?

79. Le muscle n'était pas connu d'Aristote qui ne parle que de la chair et des tendons. L'emploi du mot μῦς pour le désigner date sans doute des travaux de l'école médicale d'Alexandrie. On le trouve dans Pseudo-Hippocrate, *De l'Art*, 10 (Littré, VI, 17) et Théocrite, *Syracusaines*, XXII, 48.

80. Sur le sens de σύντασις voir la *Gén. des Anim.*, I, 5, 717b19.

81. Le mot ἀπέρεισις se trouve dans la *Marche des Animaux*, 3, 705a18.

82. C'est effectivement le même problème que 1, 10 et 23. Il s'agit probablement d'une note marginale dans l'archétype.

83. Cf. 10, 881b24; 23, 883a26.

τοῦ θερμοῦ βίᾳ φερόμενος ἐκθερμαίνει. Διὸ τούς τε ἱδρῶτας ἐμποιοῦσι, καὶ τὸ πνεῦμα μετεωρίζοντες ἰσχναίνουσι, καὶ τὴν ὀσφὺν ὀδυνῶσιν· τὰ γὰρ σκέλη χαλεπῶς ἀναγόμενα τὴν ὀσφὺν κάμπτουσί τε καὶ ἀνασπῶσιν, ὑφ' ὧν ἀναγκάζονται μάλιστα πονεῖν. Οἱ δ' ἐν ἀντιτύποις περίπατοι τοῖς τε μυσὶ καὶ τοῖς τεταμένοις τῶν σκελῶν παρέχουσι κόπους· συντάσεις γὰρ ἐμποιοῦσι τοῖς νεύροις καὶ τοῖς μυσί, βιαίας
[885b] γενομένης τῆς ἀπερείσεως αὐτοῖς. Οἱ δ' ἐν τοῖς μαλακοῖς τοῖς ἄρθροις κοπιώδεις εἰσίν· τῶν γὰρ ἄρθρων πυκνὰς τὰς κάμψεις ποιοῦσιν, ἅτε ἐνδιδούσης τῆς βάσεως. Τὸ δ' αὐτό ἐστι πρόβλημα.

41. Διὰ τί πρὸς τὰ σιμὰ χαλεπῶς βαδίζομεν; Ἢ διότι πᾶσα πορεία ἐξ ἄρσεως καὶ θέσεως συντελεῖται; Τὸ μὲν οὖν ἆραι παρὰ φύσιν, τὸ δὲ θεῖναι κατὰ φύσιν, τὸ δὲ προθεῖναι μεσότης· ἐν δὲ τῷ πρὸς τὰ σιμὰ βαδίζειν πολὺ τὸ παρὰ φύσιν.

42. Διὰ τί οἱ ἀφ' ἵππων ἧττον πίπτουσιν; Ἢ διὰ τὸ φοβεῖσθαι φυλάττονται μᾶλλον;

32 βίᾳ om. C^{a} || 33 ἐμποιεῖ Ap. || 36 πονεῖν μάλιστα Ap. X^{a} || 37 τε: μὲν Ap.^{a} || τεταγμένοις Y^{a} Ap. C^{a} || 38 βιαίας: βίας Y^{a}.

[885b] 7 τὸ δὲ θεῖναι κατὰ φύσιν om. Ap.^{b} || post φύσιν add. ἐστι X^{a} || 8 προθεῖναι Gaza qui *proponere* scrips.: προσθεῖναι codd. || 10 διὰ — 11 μᾶλλον om. C^{a}.

SECTION VI

Notice

La section VI est l'une des plus courtes du recueil des *Problèmes*. Elle ne comporte que huit questions dont deux, la première et la huitième, sont à peu près identiques[1], et deux autres, la cinquième et la septième, assez proches l'une de l'autre.

La brièveté de cette section s'explique par la spécificité et l'étroitesse du sujet traité. Il s'agit, en effet, uniquement d'examiner les conséquences physiologiques de différentes positions du corps. Mais les questions posées sont presque toutes d'une grande naïveté. Voici les principales: pourquoi la station assise fait-elle engraisser les uns et maigrir les autres? Pourquoi est-il préférable pour bien dormir d'être couché en chien de fusil? Pourquoi est-on davantage sujet au vertige quand on est debout que lorsqu'on est assis? Pourquoi le sommeil vient-il plus facilement quand on est couché sur le côté droit? Pourquoi l'engourdissement atteint-il surtout les pieds et les mains? Le peu d'intérêt de ces questions incline à douter qu'Aristote en soit l'auteur. A ce soupçon s'ajoute la certitude qu'une remarque du problème 3, relative aux varices, ne peut pas avoir été rédigée par Aristote. En effet, l'affirmation suivant laquelle les varices sont bonnes pour la santé (885b30) est en contradiction avec un passage du livre III de l'*Histoire des Animaux*

1. Certains éditeurs, comme I. Bekker et W. S. Hett, ont cru devoir supprimer le problème 8 parce qu'il était un double. A ce compte-là il faudrait éliminer de nombreux problèmes dans toutes les sections.

(19, 521a20) où Aristote déclare que les varices sont dues à une maladie du sang, comme les saignements de nez. Et dans le même traité, au livre VII (11, 587b34), il ajoute que les femmes qui ont des varices ont des règles moins abondantes, ce qui semble confirmer qu'à ses yeux cette affection avait bien un caractère pathologique.

Si le contenu de cette section fait sérieusement douter de son authenticité, l'étude de la forme ne fait que confirmer cette impression. Les phrases y sont beaucoup plus courtes, en peu plus d'une ligne en moyenne, que dans les autres sections, en particulier dans celles qui paraissent l'œuvre d'Aristote. Si le vocabulaire présente de nombreux termes qui se retrouvent dans la collection hippocratique, il n'y a pas lieu de s'en étonner, puisqu'il s'agit de textes qui d'une certaine façon concernent la santé. Et si, à la différence des autres sections, celle-ci ne renferme qu'un seul mot qui ne figure pas ailleurs dans le corpus aristotélicien, c'est sans doute en raison de sa brièveté. Ce mot est ἐπεγερτικός[2]. Sa présence dans cette section témoigne d'une rédaction tardive. Car cet adjectif n'est pas attesté avant Plutarque. Il est significatif, d'autre part, que le mot ἀπόστημα, utilisé à 885b31, s'applique à un abcès, à une tumeur purulente[3]. Ce sens est bien attesté chez Hippocrate, mais il ne se rencontre jamais chez Aristote. Celui-ci, quand il emploie le mot ἀπόστημα lui donne toujours le sens d'intervalle ou de distance[4]. Pour désigner une grosseur morbide, il n'utilise

2. Problème 6, 886a9.

3. Ce terme était encore utilisé naguère sous la forme apostème ou apostume. Cf. La Fontaine, *Fables*, V, 8:

«J'ai, dit la bête chevaline,
une apostume sous le pied.»

4. Cf. *Du Ciel*, II, 10, 291a31; 13, 294a4; *Métaphysique*, Λ, 8, 1073b33; *Météorologiques*, I, 8, 345b16; *De la Sensation*, 3, 440a28; 7, 449a12, 25; *De la Mémoire*, 2, 452b20. C'est ce sens qu'a le mot dans la section XV, 6, 911b23 et 8, 912a29.

que δοθιήν[5] ou φλύκταινα[6] qui d'ailleurs se trouvent l'un et l'autre chez Hippocrate.

Si la section VI n'est pas l'œuvre d'Aristote, elle renferme du moins quelques passages, dans les problèmes 5 et 6, où se retrouvent des idées empruntées à l'*Histoire des Animaux* et au *Mouvement des Animaux*. Mais l'auteur a noté surtout des observations personnelles et des souvenirs d'autres lectures. L'une des œuvres utilisées est identifiable: le problème 4 s'inspire à l'évidence du chapitre 13 du traité de Théophraste *Sur le Vertige*.

Comme ce problème se trouve reproduit textuellement dans les *Problèmes Inédits*[7], qui datent probablement du deuxième ou du troisième siècle de notre ère, on peut en conclure que la rédaction définitive de la section VI est certainement antérieure. Quant à l'auteur, il pourrait bien être le même que celui de la section IV.

5. *Parties des Animaux*, III, 4, 667b3.
6. *Histoire des Animaux*, VIII, 24, 604b20, 22.
7. II, 49.

SECTION VI

EFFETS DES POSITIONS ET DES ATTITUDES

1. Pourquoi rester assis fait-il engraisser les uns et maigrir les autres[1]? Est-ce parce que leurs manières d'être sont différentes? Car les uns sont chauds, les autres froids. Ceux qui sont chauds grossissent (car leur corps grâce à sa chaleur maîtrise la nourriture). Les tempéraments froids au contraire, du fait qu'ils ont besoin d'une chaleur extérieure et que le corps obtient celle-ci surtout par les mouvements, ne peuvent pas opérer la coction en restant immobiles. Ou est-ce parce que les uns sont pleins d'excrétions et qu'ils ont besoin d'un mouvement qui les en débarrasse, les autres non?

2. Pourquoi faut-il se détendre les membres, ce que l'on obtient quand on fait de la gymnastique? Est-ce parce qu'il faut se purifier les pores par son propre souffle?

3. Pourquoi est-il préférable d'être couché le corps replié, et pourquoi en tout cas beaucoup de médecins le recommandent-ils[2]? Est-ce parce que le ventre digère mieux quand il est au chaud? Or dans cette position il a plus chaud. De plus il faut procurer aux flatuosités un endroit pour se détendre: car c'est ainsi que les vents gênent le moins. C'est d'ailleurs pourquoi les varices et autres abcès sont salutaires[3], en ce sens qu'ils fournissent des cavités où se logent les souffles. Donc, lorsque le corps est allongé, il n'y a pas de cavités (car les viscères occupent toute la place), mais il y en a quand il est replié.

4. Pourquoi[4] est-on davantage sujet au vertige quand on se lève que quand on s'assied? Est-ce parce que, lorsqu'on

ϛ. ΟΣΑ ΕΚ ΤΟΥ ΠΩΣ ΚΕΙΣΘΑΙ ΚΑΙ ΕΣΧΗΜΑΤΙΣΘΑΙ ΣΥΜΒΑΙΝΕΙ.

[885b] 1. Διὰ τί ἡ καθέδρα τοὺς μὲν παχύνει τῶν ἀνθρώπων, τοὺς δ' ἰσχναίνει; Πότερον ὅτι αἱ ἕξεις διαφέρουσιν; Οἱ μὲν γὰρ θερμοί εἰσιν, οἱ δὲ ψυχροί. Οἱ μὲν οὖν θερμοὶ παχύνονται (κρατεῖ γὰρ τὸ σῶμα τῆς τροφῆς διὰ τὴν θερμασίαν)· οἱ δ' ἐψυγμένοι, διὰ τὸ δεῖσθαι ἐπεισάκτου θερμότητος καὶ τοῦτο πάσχειν μάλιστα τὸ σῶμα ὑπὸ τῶν κινήσεων, οὐ δύνανται πέττειν ἠρεμοῦντες. Ἢ ὅτι οἱ μὲν περιττωματικοί εἰσι, καὶ δέονται κινήσεως ἢ ἀναλώσει ταῦτα, οἱ δ' οὔ;

2. Διὰ τί δεῖ ποιεῖν διάτασιν τῶν μερῶν, ὃ ποιεῖ ὁ γυμναζόμενος; Ἢ ὅτι δεῖ τῷ οἰκείῳ πνεύματι καθαίρεσθαι τοὺς πόρους;

3. Διὰ τί συγκεκαμμένον βέλτιον κατακεῖσθαι, καὶ πολλοί γε παραγγέλλουσι τοῦτο καὶ τῶν ἰατρῶν; Ἢ ὅτι ἀλεαίνουσα ἡ κοιλία θᾶττον πέττει; Οὕτω δὲ καὶ ἀλεαίνει μᾶλλον. Ἔτι δεῖ τοῖς πνεύμασι τόπον διδόναι εἰς ὃν ἀπερείσονται· οὕτω γὰρ ἥκιστα λυπήσουσιν αἱ φῦσαι. Διὰ τοῦτο γὰρ καὶ ἰξίαι καὶ τὰ ἄλλα ἀποστήματα ὑγιεινόν, ὅτι ἔχουσι κοιλίας εἰς ἃς ἀποδέχονται τὰ πνεύματα. Ἐκτεταμένου μὲν οὖν οὐ γίνεται κοιλία (ἅπαντα γὰρ τὸν τόπον τὰ σπλάγχνα κατέχει), συγκαμφθέντος δὲ γίνεται.

4. Διὰ τί ἀνισταμένοις ἴλιγγος μᾶλλον γίνεται ἢ καθιζάνου-

[885b] 13 Tit. ante ὅσα add. ἀριστοτέλους φυσικὰ προϐλήματα Y[a] Ap. || 16 ὅτι om. Y[a1] Ap. X[a] || 20 πάσχει Ap.[a] || 21 καὶ om. Y[a1]C[a] || 22 ἢ: ἣ C[a]X[a] || 23 δεῖ om. C[a] || 26 συγκεκαμμένον: συγκεκαλυμμένον Ap. X[a] || 27 καὶ om. Ap.[a] || 28 καὶ del. vel om. Bekker || 30 λυπήσωσιν C[a] || 31 ὑγιεινά Ap. C[a] || 35 καθίζουσιν Bekker.

reste immobile toute la masse de l'humide se concentre en une seule partie? C'est aussi pourquoi les œufs crus ne peuvent pas tournoyer mais tombent au fond. Le liquide agité fait de même. Donc on se lève après être resté immobile, alors qu'on se trouve dans cette situation. Au contraire on s'assied après avoir été en mouvement, alors que l'humide se trouve réparti également et s'est répandu partout.

5. Pourquoi[5], lorsqu'on est couché sur le côté droit, le sommeil vient-il plus facilement? Est-ce parce que la veille et le sommeil sont deux états opposés? Donc, puisque durant la veille nous nous reposons sur le côté gauche[6], le contraire devra procéder d'un principe différent et opposé. Ou est-ce parce que le sommeil est l'absence de mouvement? Il faut donc que les parties mobiles se reposent, et les parties mobiles, ce sont celles de droite[7]. Quand on est couché ainsi, c'est comme si un principe propre à maintenir l'état de veille était en quelque sorte tenu enchaîné.

6. Pourquoi[8] est-on engourdi? Et pourquoi l'est-on surtout des mains et des pieds? Est-ce parce que l'engourdissement est un refroidissement[9]? Car il vient de ce que le sang manque ou s'est déplacé. Or ces parties sont les moins charnues et les plus tendineuses[10], surtout les pieds. Aussi sont-elles prédisposées par la nature à se refroidir vite.

7. Pourquoi[11] a-t-on plaisir à s'étendre sur le côté gauche, mais dort-on de préférence sur le côté droit[12]? Est-ce parce que en nous tournant ainsi, nous n'avons pas la lumière en face? Car le sommeil vient plus rapidement dans l'obscurité. Ou bien est-ce parce que, quand nous sommes étendus sur le côté gauche, nous sommes éveillés et qu'en cette position les gestes habituels sont faciles, si bien que pour le comportement contraire, l'attitude inverse est celle qui s'impose? Chaque attitude dicte la manière d'agir.

5. Question reprise dans le problème 7.

6. L'auteur pense soit à la station debout sur la jambe gauche plus fréquente que sur la droite, soit plutôt à la position sur le lit de banquet, où l'on s'appuyait sur le coude gauche.

σιν; Ἢ διότι ἠρεμοῦσι τὸ ὑγρὸν εἰς ἓν μόριον ἀθρόον ἀποκλίνει; Διὸ καὶ τὰ ὠμὰ ᾠὰ οὐ δύναται δινεῖσθαι, ἀλλὰ καταπίπτει. Κινούμενον δὲ τὸ ὑγρὸν ὁμοίως ἔχει. Ἀνίστανται μὲν [886a] οὖν ἠρεμήσαντες, ὅθ' οὕτως διάκεινται· καθιζάνουσι δ' ἐν κινήσει γενόμενοι, ὅθ' ὁμαλῶς ἔχει τὸ ὑγρὸν καὶ ἐσκέδασται.

5. Διὰ τί ἐπὶ τὰ δεξιὰ κατακειμένοις μᾶλλον ἐπέρχεται ὕπνος; Πότερον ὅτι ἐναντίως ἔχοντες ἐγρηγόρασι καὶ καθεύδουσιν; Ἐπεὶ οὖν ἐγρηγορότες ἐπὶ τὰ ἀριστερὰ κατάκεινται, τοὐναντίον ἔσται ἐπ' ἄλλης ἀρχῆς καὶ τῆς ἐναντίας. Ἢ ὅτι ἀκινησία ὁ ὕπνος; Τὰ οὖν κινητικὰ μέρη δεῖ ἠρεμεῖν, τὰ δὲ δεξιὰ κινητικά. Οὕτω δὲ κατακειμένων οἷον δέδεται ἀρχή τις ἐπεγερτική.

6. Διὰ τί ναρκῶσιν; Καὶ διὰ τί χεῖρας καὶ πόδας μᾶλλον; Ἢ ὅτι κατάψυξίς ἐστιν ἡ νάρκη; Διὰ στέρησιν γὰρ αἵματος γίνεται καὶ μετάστασιν. Ἀσαρκότατα δὲ ταῦτα καὶ νευρωδέστατα, μάλιστα δὲ οἱ πόδες. Ὥστε προοδοποιεῖται ὑπὸ τῆς φύσεως πρὸς τὸ καταψύχεσθαι ταχέως.

7. Διὰ τί κατακείμεθα μὲν ἐπὶ τὰ ἀριστερὰ ἡδέως, καθεύδομεν δ' ἐπὶ τὰ δεξιὰ μᾶλλον; Πότερον ὅτι ἀποστραφέντες πρὸς τὸ φῶς οὐ βλέπομεν; Ἐν γὰρ τῷ σκότει θᾶττον ὕπνος λαμβάνει. Ἢ διότι ἐγρηγόραμεν κατακείμενοι ἐπὶ τοῖς ἀριστεροῖς, καὶ αἱ χρήσεις ἡμῖν οὕτω πρόχειροι, ὥστε πρὸς τὸ ἐναντίον σχῆμα πρὸ ἔργου; Παρακαλεῖ δὲ ἕκαστον πρὸς τὸ ἔργον τὸ σχῆμα μᾶλλον.

36 post ἠρεμοῦσιν add. αὐτοῖς *Probl. Ined.* II 49 || post τὸ ὑγρὸν add. συνίσταται ἐν τῇ κεφαλῇ πλέον, κινούμενος δὲ γίνεται δῆλον καὶ ποιεῖ τὸν ἔλιγγον *Probl. Ined.* II 49 || ἀποκλίναν *Probl. Ined.* II, 49 || 37 ᾠὰ om. *Probl. Ined.* II 49 || δύνανται Y[a] Ap. X[a] || δινεῖσθαι: κινεῖσθαι *Probl. Ined.* II 49 || 38 κινουμένων *Probl. Ined.* II 49 κινουμένῳ Gaza.

[886a] 1 καθέζουσι *Probl. Ined.* II 49 || ἐν *Probl. Ined.* II 49: om. codd. || 7 ante οὖν add. μὲν Ap. X[a] || 11 post ὅτι add. ἡ Ap. X[a] || νάρκη: νάρκωσις X[a] || αἵματος: θερμότητος Sylb. || 12 ἀσαρκώτατα Ap. || ταῦτα: αὐτὰ Ap. || 16 ἀποστραφέντες: ἀποστρέφεσθαι P[c] || 17 ante πρὸς add. διὰ τί P[c] || 20 τὸ ἐναντίον bis Gaza: alterum om. codd. || τὸ [2] om. Ap.[a].

8. Pourquoi[13] les stations assises font-elles engraisser certains et maigrir les autres? Est-ce en raison des manières d'être du corps? En effet, les tempéraments plus chauds grossissent. Car leur corps grâce à sa chaleur maîtrise la nourriture sans difficulté. Les tempéraments froids au contraire, du fait qu'ils ont besoin d'une chaleur extérieure, ne peuvent pas opérer la coction en demeurant immobiles.

13. I. Bekker n'a pas édité ce problème qui était absent du modèle copié par Apostolios. Th. Gaza ne l'a pas traduit, pas plus que J. Barthélémy-Saint Hilaire, sans doute parce que c'est un double du problème 1. Mais les doubles, dans ce recueil, sont très fréquents. Et cette seconde rédaction est plus brève et présente quelques variantes.

8. Διὰ τί αἱ καθέδραι τινὰς μὲν παχύνουσι, τινὰς δ' ἰσχναίνουσιν; Ἢ διὰ τὰς ἕξεις τὰς τοῦ σώματος; Οἱ μὲν γὰρ θερμότεροι παχύνονται· κρατεῖ γὰρ τὸ σῶμα τῆς τροφῆς διὰ τὴν θερμότητα οὐκ ἀφαιρούμενον· οἱ δ' ἐψυγμένοι διὰ τὸ δεῖσθαι ἐπεισάκτου θερμότητος οὐ δύνανται πέττειν τὰς τροφὰς ἠρεμοῦντες.

22a — f om. Ap. et Gaza || 22c γὰρ: δὲ C^{a}.

SECTION VII

Notice

La section VII, consacrée aux effets de la *sympatheia*, renferme neuf problèmes dont huit se rapportent directement au sujet proposé. Le neuvième qui n'a guère de points communs avec le reste, puisqu'il traite des effets du pourpier et du sel sur le mal de dents, est emprunté à la section I où il porte le numéro 38. Les problèmes 1, 2 et 6 développent tous les trois le même sujet sous des formes différentes.

Le mot συμπαθεία qui figure dans le titre traditionnel de cette section n'est pas aristotélicien. On le rencontre dans le corpus hippocratique: dans le traité *De l'Aliment*, 23, éd. Joly, p. 143, où l'aphorisme paraît être d'inspiration stoïcienne; dans le texte du Pseudo Hippocrate, *Lettre à Démocrite* (IX, p. 394 Littré) à propos de l'effet de la maladie sur l'âme, «... φρόνησιν ἐς συμπαθείην ἄγουσα». Quant à Soranos d'Ephèse, il l'utilise tantôt dans un sens physiologique (I, 15, p. 13, 137; I, 63, p. 62, éd. Burguière Gourévitch, Malinos), tantôt dans un sens affectif (II, 11, 87; II, 12, 88). On le trouve aussi chez Galien, *De locis affectis*, I, 3 (VIII, 30 K)[1].

Mais si le mot n'apparaît pas dans le corpus aristotélicien, plusieurs des idées qui sont développées dans les huit premiers problèmes sont bien celles d'Aristote. Aussi pensons-nous que cette section renferme des réflexions personnelles d'Aristote ou des notes rédigées par lui à partir

1. Cf. R. E. Siegel, *Galen's System of Physiology and Medecine*, Basel-New York, 1968, pp. 360-382.

d'ouvrages d'écrivains antérieurs. On y trouve déjà parfois le style de ses traités scientifiques.

Le thème général est simple. C'est la contagion prise dans son double sens. Le mot désigne, en effet, tantôt la transmission d'une maladie d'une personne atteinte à une personne bien portante, tantôt l'imitation involontaire du comportement d'autui, comme dans le fou rire.

C'est ce dernier sens qui est d'abord examiné. Aristote se demande pourquoi, quand on voit quelqu'un bâiller, est-on généralement porté à en faire autant, alors que si l'on voit quelqu'un étendre le bras ou lever la jambe, ou agir d'une manière quelconque, on n'est pas tenté de faire le même geste. Il s'interroge également sur la raison pour laquelle le bruit d'une eau qui coule donne envie d'uriner.

Puis il cherche pourquoi le maladie dans certains cas peut être contagieuse, alors que la santé ne l'est jamais! Il se demande pour quelle raison certains bruits font frissonner, par exemple celui d'une scie qu'on affûte, et pourquoi, lorsqu'on voit quelqu'un souffrir, «notre âme ressent elle-même de la douleur».

Les réponses à chacune de ces interrogations sont conformes aux conceptions aristotéliciennes. Ainsi l'affirmation suivant laquelle la maladie est essentiellement mouvement (3, 886b5) est à rapprocher des développements du début de la section I, dont nous avons cru pouvoir dire qu'elle renfermait une majorité de textes d'Aristote. De même la remarque selon laquelle le froid n'est pas la simple absence de chaleur, mais possède une nature propre, se retrouve dans les *Parties des Animaux* (II, 2, 649a18) et dans deux passages des *Météorologiques* (IV, 6, 383a26; 8, 385a21), où il est nettement précisé que le froid peut exercer une action. Quant à l'idée développée dans la question 7 sur différentes souffrances, elle est à rapprocher d'un passage de l'*Ethique à Nicomaque* où Aristote déclare que la présence d'un ami soulage dans le douleur[2]. Pour le reste, on ne trouve dans

2. Livre IX, 11.

cette brève section aucune indication qui soit en contradiction avec les théories habituelles d'Aristote.

La forme elle-même s'apparente à celle des autres problèmes que l'on peut considérer comme authentiques. Le style, dans les parties où un effort de rédaction est sensible rappelle celui des grands traités scientifiques. L'emploi des particules est tout à fait conforme à l'usage d'Aristote. Certes, les phrases sont en moyenne légèrement plus courtes que celles des ouvrages scientifiques du Stagirite. Mais cette particularité s'explique aisément si, comme nous le pensons, certaines de ces phrases sont des notes de lecture.

Pour la même raison, le vocabulaire, s'il est dans l'ensemble très proche de celui des traités d'Aristote, présente parfois quelques différences. Le nombre des mots qui ne se retrouvent pas ailleurs dans le corpus aristotélicien est relativement élevé et parmi ceux-ci ne figurent pas seulement des termes techniques. Il s'agit de αἱμωδιᾶν (886b10), ἀκονᾶν (886b12), ἀλγεινός (887a2), ἀντιχασμᾶσθαι (886a24, 31, 887a4), διαχαλᾶν (886b2), ἐκκαλεῖσθαι (886b2), κνησμώδης (887a35), λέπρα (887a22, 23), ὑπόμνησις (886b1), ψώρα (887a22, 23). Plusieurs de ces mots appartiennent au vocabulaire médical et sont attestés dans les œuvres d'Hippocrate. Un autre terme, ὕδρωψ, figure ailleurs dans un traité d'Aristote, mais avec une signification tout à fait différente. Il est pris ici dans le sens d'hydropisie, sens qu'il a dans la collection hippocratique, tandis que dans l'*Histoire des Animaux* (VII, 9, 587a7), il désigne la poche des eaux qui se détache avant le foetus.

En conclusion, il semble bien que cette section renferme des problèmes rédigés par Aristote lui-même durant son séjour à l'Académie. L'un d'entre eux est cité par Aulu-Gelle qui l'attribue nommément à Aristote[3].

Ces problèmes ont été groupés sous leur forme actuelle, avec le titre ὅσα ἐκ συμπαθείας, «tous les effets de la

3. *Nuits Attiques*, XIX, 4, où Aulu-Gelle cite la remarque du problème 3 sur le soleil qui fait fondre la neige.

contagion», par l'éditeur de la fin du deuxième siècle après J.-C. C'est à ce moment-là également que le problème 9 a été emprunté à la section I (38) et qu'ont été ajoutés les renvois du problème 5 (886b22) aux sections III, 5, 871a33 et VIII, 21, 889a28.

Même avec les remaniements qu'elle a pu subir à cette époque, la section VII demeure l'une des plus intéressantes du recueil des *Problèmes*, parce qu'elle renferme plusieurs développements qui portent manifestement la marque d'Aristote.

SECTION VII

SECTION VII

DES EFFETS DE LA CONTAGION

1. Pourquoi[1], quand on voit les gens bâiller, est-on porté généralement à en faire autant[2]? Est-ce parce que, si l'on se souvient d'une impulsion que l'on a éprouvée, on passe à l'action, surtout quand il s'agit de mouvements faciles, par exemple d'uriner? Or la bâillement est un souffle et un mouvement d'humidité. Il est donc à portée pour peu qu'on y pense. Car il est tout près[3].

2. Pourquoi, si l'on voit quelqu'un étendre la main ou le pied, ou effectuer un autre geste du même genre, ne faisons-nous pas la même chose, tandis que si nous voyons quelqu'un bâiller, nous bâillons à notre tour? Est-ce que ce n'est pas toujours que nous agissons ainsi, mais si le corps reçoit une impulsion et se trouve dans une disposition telle que l'humide soit échauffé? Car alors la mémoire déclenche le mouvement, comme pour faire l'amour ou pour manger: en effet, ce qui évoque un souvenir produit une impulsion vers l'objet que l'on se représente en imagination.

3. Pourquoi, lorsque nous nous tenons devant le feu, avons-nous envie d'uriner, et pourquoi, si nous sommes près de l'eau, par exemple près d'un cours d'eau, urine-t-on? Est-ce parce que toute eau éveille le souvenir de l'humide qui est dans le corps et attire ce qui est proche? Quant au feu, il dissout ce qui est figé dans le corps, comme le soleil fait fondre la neige[4].

4. Pourquoi[5], dans certaines maladies, ceux qui s'approchent tombent-ils malades, et pourquoi personne ne guérit-il par contact avec la santé? Est-ce parce que la maladie est un mouvement, la santé un état de repos? La première nous remue, la seconde, non. Ou est-ce parce que l'une se

Ζ. ΟΣΑ ΕΚ ΣΥΜΠΑΘΕΙΑΣ.

[886a] 1. Διὰ τί τοῖς χασμωμένοις ἀντιχασμῶνται ὡς ἐπὶ τὸ πολύ; Ἦ διότι, ἐὰν ἀναμνησθῶσιν ὀργῶντες, ἐνεργοῦσι, μάλιστα δὲ τὰ εὐκίνητα, οἷον οὐροῦσιν; Ἡ δὲ χάσμη πνεῦμα καὶ ὑγροῦ κίνησίς ἐστιν. Πρόχειρον οὖν, ἐὰν μόνον νοήσῃ· ἔστι γὰρ πλησίον.

2. Διὰ τί, ἐὰν μέν τινα ἴδωμεν τὴν χεῖρα ἐκτείνοντα ἢ τὸν πόδα ἢ ἄλλο τι τῶν ποιούτων, οὐκ ἀντιποιοῦμεν τὸ αὐτό, ἐὰν δὲ χασμώμενον, ἀντιχασμώμεθα; Ἦ οὐδὲ τοῦτο ἀεί, ἀλλ' ἐὰν ὀργῶν τύχῃ τὸ σῶμα καὶ οὕτω διακείμενον ὥστε τὸ ὑγρὸν ἀναθερμαίνεσθαι; Τότε γὰρ ἡ μνήμη τὴν κίνησιν ποιεῖ, ὥσπερ καὶ πρὸς ἀφροδίσια καὶ ἐδωδήν· τὸ γὰρ ποιῆσαν μνήμην εἶναι τὸ ἔχον ὁρμὴν πρὸς τὸ φαντασθὲν πάθος.

3. Διὰ τί, ἐπειδὰν πρὸς τὸ πῦρ στῶμεν, οὐρητιῶμεν, καὶ ἐὰν πρὸς ὕδωρ, οἷον ἐὰν πρὸς ποταμόν, οὐροῦσιν; Ἦ ὅτι τὸ πᾶν [886b] ὕδωρ ὑπόμνησιν δίδωσι τῆς ἐν τῷ σώματι ὑγρότητος, καὶ ἐκκαλεῖται τὸ προσιόν; Αὐτὸ δὲ τὸ πῦρ διαχαλᾷ τὸ πεπηγὸς ἐν τῷ σώματι, ὥσπερ ὁ ἥλιος τὴν χιόνα.

4. Διὰ τί ἀπὸ μὲν νόσων ἐνίων νοσοῦσιν οἱ πλησιάζοντες, ἀπὸ δὲ ὑγιείας οὐδεὶς ὑγιάζεται; Ἦ ὅτι ἡ μὲν νόσος κίνησις, ἡ δὲ ὑγίεια ἠρεμία; Ἡ μὲν οὖν κινεῖ, ἡ δ' οὐθέν. Ἦ διότι τὸ

[886a] 23 Tit. ante ὅσα add. ἀριστοτέλους Y[a] Ap. || 24-b3 om. Gaza || 24 ἐπιτοπολὺ ut semper Ap. || 25 ὅτι C[a] || 31 post ἢ add. ὅτι C[a] || 34 ποιῆσαι Ap.[b] || 36 στῶμεν om. C[a] || 37 ante ὕδωρ add. τὸ Ap. X[a] || ante ποταμόν add. τὸν Ap. X[a] || τὸ om. Ap.[b].

[886b] 2 πῦρ: ὕδωρ Y[a]C[a] || 3 τῷ σώματι om. A. Gell. XIX, 6: τοῖς σώμασιν C[a] || 5 ὑγείας H[a] Ap. || 6 ὑγεία Y[a] Ap. || ἡ δ' οὐθέν om. Gaza.

contracte involontairement et que l'autre est volontaire[6]? C'est que les choses involontaires diffèrent des volontaires et de celles que l'on prévoit.

5. Pourquoi[7] certains bruits pénibles à entendre nous font-ils frissonner[8], comme une scie qu'on affûte, une pierre ponce que l'on coupe, un caillou qui passe sous la meule, et pourquoi la vue des signes de ces impressions chez autrui nous cause-t-elle à nous aussi les mêmes impressions? Ainsi nous avons les dents agacées quand nous voyons manger quelque chose d'acide, et parfois les gens qui en voient d'autres étouffer, défaillent eux-mêmes[9]. Est-ce parce que toute voix[10], tout son est un souffle? Quand ce souffle pénètre en nous, il est naturel qu'il nous remue. Et il le fera encore plus du fait soit de son ampleur soit de la violence du coup, en créant ou en altérant quelque chose en nous. Donc, les souffles qui sont forts et doux mettent en mouvement le lieu même de la sensation (et c'est pour cela que de tels souffles sont agréables), mais ceux qui sont rudes et qui produisent un choc violent secouent le siège de la sensation et se propagent au loin par la puissance du choc. Ce qui est froid se propage également au loin. Car le froid est une force. C'est lui qui fait frisonner, nous l'avons dit[11]. Les souffles rudes, du fait qu'ils provoquent des chocs répétés, en se heurtant au principe des poils, le repoussent en sens contraire. Quand le principe est ainsi repoussé, la pointe extrême du poil se retrouve nécessairement à l'opposé. Aussi advient-il que les poils se dressent. Car tous ordinairement s'inclinent vers le bas. Quant à la translation du souffle dans le corps à travers l'oreille, elle se fait de haut en bas. Donc, lorsque les sons dont nous avons parlé sont rudes, le frisson peut se produire pour les raisons que nous avons données[12]. Mais ces frissons se produisent plutôt dans le reste du corps que dans la tête, parce qu'à cet endroit les poils sont moins sensibles et que l'impression ressentie est moins forte. Donc, comme l'ouïe est un sens moins précis que la vue, les impressions qu'elle donne restent superficielles. C'est le cas du frisson. Aussi est-il dû

μὲν ἄκοντι τὸ δ' ἑκόντι γίνεται; Καὶ ἄρα τὰ ἀκούσια τῶν ἑκουσίων καὶ τῶν ἐκ προνοίας διαφέρει.

5. Διὰ τί τῶν μὲν διὰ τῆς ἀκοῆς λυπηρῶν ἔνια φρίττειν ἡμᾶς ποιεῖ, οἷον πρίων ἀκονώμενος καὶ κίσηρις τεμνομένη καὶ λίθος ἀλούμενος, τὰ δὲ διὰ τῆς ὄψεως σημεῖα τῶν παθῶν αὐτὰ ἡμῖν τὰ πάθη ἐμποιεῖ; Αἱμωδιῶμέν τε γὰρ τοὺς ὀξὺ ὁρῶντες ἐσθίοντας, καὶ τοὺς ἀπαγχομένους ἔνιοι ὁρῶντες ἐκψύχουσιν. Ἢ διότι φωνὴ μὲν πᾶσα καὶ ψόφος πνεῦμά ἐστιν; Τοῦτο δ' εἰσδυόμενον ἡμῖν πέφυκε κινεῖν. Κινήσει δὲ μᾶλλον ἢ διὰ μέγεθος ἢ διὰ πληγὴν σφοδροτέραν, ποιοῦν ἢ ἀλλοιοῦν τι τῶν ἐν ἡμῖν. Τὰ μὲν οὖν μεγάλα καὶ λεῖα πνεύματα τὸν τῆς αἰσθήσεως τόπον αὐτὸν κινεῖ (διὸ καὶ ἡδύνει τὰ τοιαῦτα), τὰ δὲ τραχέα, πληγὴν ποιοῦντα σφοδράν, σείει τε τὸν τόπον καὶ πόρρω διαδίδωσι τῇ τῆς πληγῆς δυνάμει. Διαδίδωσι δὲ καὶ τὰ ψυχρὰ πόρρω· δύναμις γάρ τίς ἐστιν ἡ ψυχρότης. Αὕτη μὲν οὖν ὅτι φρίττειν ποιεῖ, εἴρηται. Τὰ δὲ τραχέα τῷ πληγὴν ποιεῖν πυκνήν, προσκόπτοντα τῇ ἀρχῇ τῶν τριχῶν, ἀπωθεῖ αὐτὴν εἰς τοὐναντίον· ἀπωθουμένης δ' ἀνάγκη τὴν κορυφὴν τῆς τριχὸς ἀνάπαλιν γίνεσθαι. Διὸ συμβαίνει ἵστασθαι αὐτάς· πᾶσαι γὰρ νενεύκασι κάτω. Ἡ δὲ φορὰ τοῦ διὰ τῆς ἀκοῆς πνεύματος εἰς τὸ σῶμα ἄνωθεν κάτω ἐστίν. Ὄντων οὖν τραχέων τῶν εἰρημένων ψόφων, ἡ φρίκη γίνοιτ' ἂν διὰ τὰ εἰρημένα. Γίνονται δ' αὗται μᾶλλον τῷ ἄλλῳ σώματι ἢ ἐν τῇ κεφαλῇ διὰ τὸ τὰς ἐνταῦθα τρίχας ἀσθενεστέρας εἶναι καὶ τὸ πάθος ἀσθενές. Τῆς μὲν οὖν ἀκοῆς οὔσης ἀμβλυτέρας αἰσθήσεως ἢ τῆς ὄψεως, ἐπιπόλαια καὶ τὰ πάθη γίνεται ἀπ' αὐτῆς· ἡ δὲ

7 ἑκούσια Ap.^{a1} || 8 ἀκουσίων Ap.^{a1} || 10 ἀκονούμενος Ap.^{a} || 14 ante πνεῦμα add. ἓν Ap. X^{a} || 15 δὲ ^{1} om. C^{a} || 18 τόπον αὐτὸν Y^{a} Ap.: τόπον τὸν αὐτὸν cett. codd. || 19 ἡδύνει: ὀδύνει Ap. εἰσδύνει P^{c} || ποιοῦντα πληγὴν Ap. P^{c}X^{a} || 22 τις om. Ap. || 24 τὴν ἀρχὴν X^{a} || 27 φθορὰ X^{a} || 33 ἐπιπόλαια: ἐπὶ πολὺ P^{c} || τὰ om. C^{a}.

à des causes multiples et variées. Comme la vue au contraire est le sens le plus clair[13], les sensations qu'elle fournit sont du même ordre. C'est pourquoi les impressions qui en proviennent correspondent à la vérité, quoiqu'elles soient plus légères que la réalité. Pour celles qui viennent de l'ouïe il n'en est pas de même, mais nous frissonnons à la pensée de leurs effets: car c'est l'appréhension d'une douleur physique[14].

6. Pourquoi[15], en présence de gens qui bâillent, bâille-t-on également, et quand on voit quelqu'un uriner, urine-t-on, ce qui arrive principalement aux bêtes de somme? Est-ce dû à la mémoire? Car lorsqu'on se souvient, la partie en cause est mise en mouvement. Donc, en ce qui concerne les hommes, du fait qu'ils ont une sensibilité plus délicate[16], la vision déclenche aussitôt mouvement et souvenir. Pour les bêtes de somme, il ne suffit pas qu'elles voient. Elles ont besoin aussi d'une autre sensation. Et c'est pourquoi elles flairent. Car le sens de l'odorat est plus développé[17] chez les animaux dénués de raison[18]. Et c'est pourquoi ils urinent tous à l'endroit où le premier a uriné. Car le mouvement se déclenche surtout quand ils flairent. Or ils flairent lorsqu'ils s'approchent.

7. Pourquoi, lorsque nous voyons quelqu'un à qui l'on coupe un membre, que l'on brûle, que l'on torture, où qui subit quelqu'autre traitement cruel, participons-nous en pensée à sa douleur? Est-ce parce que nous avons tous une commune nature? Donc, à la vue d'un tel spectacle, on partage la douleur de celui qui la subit, en raison de la communauté de nature[19]. Ou bien est-ce parce que, de même que les oreilles et les narines reçoivent certaines émanations chacune selon sa capacité propre, de même en est-il pour la vue qui reçoit, à partir des objets, des impressions agréables et des impressions pénibles[20]?

13. Souvenir du *Phèdre* de Platon, 250d2-3: ... διὰ τῆς ἐναργεστάτης αἰσθήσεως ... Ὄψις γὰρ ἡμῖν ὀξυτάτη τῶν αἰσθήσεων. Aristote a repris cette remarque dans le traité *De la Sensation*, 1, 437a6, et dans la *Métaphysique*, A, 1, 980a26.

φρίκη τοιοῦτον; Διὸ καὶ ἀπὸ πολλῶν καὶ ἀνομοίων γίνεται. Τῆς δ' ὄψεως ἐναργεστάτης οὔσης αἰσθήσεως, ἀνάλογον καὶ τὰ συμβαίνοντα γίνεται ἀπ' αὐτῆς· διὸ ταῦτα μὲν τὰ ἀπὸ τῆς ἀληθείας πάθη συμβαίνει γίνεσθαι ἀπ' αὐτῆς, ἐλαφρό- [887a] τερα δὲ τῆς ἀληθείας. Ἀπὸ δὲ τῆς ἀκοῆς αὐτὰ μὲν οὔ, τὴν δ' ἀπ' αὐτῶν προσδοκίαν φρίττομεν· ἀλγεινοῦ γὰρ κακοῦ προσδοκία ἐστίν.

6. Διὰ τί χασμησαμένοις ἀντιχασμῶνται, καὶ ὅταν οὐροῦντα ἴδωσιν, οὐροῦσι, καὶ μάλιστα τὰ ὑποζύγια; Ἢ διὰ τὴν μνήμην; Ὅταν γὰρ μνησθῇ, κινεῖται τοῦτο τὸ μέρος. Τοῖς μὲν οὖν ἀνθρώποις, διὰ τὸ εὐαισθητοτέροις εἶναι, ἰδοῦσιν εὐθὺς συμβαίνει καὶ κινεῖσθαι καὶ ἀναμιμνήσκεσθαι· τοῖς δ' ὑποζυγίοις οὐκ αὔταρκες τὸ ἰδεῖν, ἀλλὰ προσδέονται καὶ ἄλλης αἰσθήσεως· διὸ καὶ ὀσφρανθέντα, ὅτι εὐκινητοτέρα αὕτη ἡ αἴσθησις τοῖς ἄνευ λόγου. Καὶ διὰ τοῦτο εἰς τὸν αὐτὸν τόπον ἅπαντα οὐρεῖ, οὗ ἂν τὸ πρῶτον οὐρήσῃ. Τότε γὰρ μάλιστα κινοῦνται, ὅταν ὀσφρανθῶσιν· ὀσφραίνονται δέ, ὅταν πλησιάσωσιν.

7. Διὰ τί, ἐπειδὰν τεμνόμενόν τινα ἴδωμεν ἢ καιόμενον ἢ στρεβλούμενον ἢ ἄλλο τι τῶν δεινῶν πάσχοντα, συναλγοῦμεν τῇ διανοίᾳ; Ἢ ὅτι ἡ φύσις ἡμῖν κοινὴ ἅπασιν; Συνήλγησεν οὖν, ἐπειδάν τι τοιοῦτον ἴδῃ, τῷ πάσχοντι διὰ τὴν οἰκειότητα. Ἢ ὅτι ὥσπερ αἱ ῥῖνες καὶ αἱ ἀκοαὶ λαμβάνουσί τινας ἀπορροίας κατὰ τὰς οἰκείας δυνάμεις, οὕτω καὶ ἡ ὄψις αὐτὸ πάσχει καὶ ἀπὸ τῶν ἡδέων καὶ λυπηρῶν;

35 ἐναργεστέρας Ap. X^a ἐνεργεστέρας P^c || 36 διὸ — 37 ἀπ' αὐτῆς om. Ap. || 36 ταῦτα: αὐτὰ Bonitz.

[887a] 4 χασμησαμένοις: χασμησάμενοι P^c χασμησαμένου τινὸς *Probl. Ined.* II 46 || 7 εὐαισθητοτέρους Y^a $Ap.^b$ P^c || ἰδοῦσιν: δοκοῦσιν P^c || 8 καὶ [1] om. Y^a Ap. C^aP^c || καὶ κινεῖσθαι καὶ om. *Probl. Ined.* II 46 || 9 οὐκ om. $Ap.^{a1}$ || 10 ὀσφρανοέντα $Ap.^{a1}$ ὀσφρηθέντα *Probl. Ined.* II 46 || 11 τοῖς om. *Probl. Ined.* II 46 || 12 οὗ ἂν: ὅπη *Probl. Ined.* II 46 || τὰ πρῶτα *Probl. Ined.* II 46 || οὐρήσει Y^a et *Probl. Ined.* II 46 || 16 στρεζούμενον $Ap.^a$ || συναλγῶμεν $Ap.^b$ || 17 ἡμῖν: ἡμῶν Y^a || 19 αἱ [2] om. X^a.

8. Pourquoi en cas de phtisie, d'ophtalmie ou de gale contracte-t-on la maladie par contact, ce qui n'arrive pas avec l'hydropisie, les fièvres, l'apoplexie, pas plus qu'avec les autres affections[21]? Est-ce, en ce qui concerne l'opthalmie, parce que l'œil est le sens le plus mobile, et que plus que les autres il s'assimile à ce qu'il perçoit, que, par exemple, il se trouve entraîné par la vue d'un objet en mouvement, si bien que regardant en face un œil affecté d'un trouble il est lui-même troublé au plus haut degré? Pour la phtisie, c'est parce qu'elle rend l'haleine mauvaise et lourde, et très vite tout le monde est touché par ces maladies qui viennent d'une corruption du souffle, comme les maladies pestilentielles[22]. Quand on s'approche, on respire un tel souffle. On tombe malade parce que l'air est vicié. Il suffit d'un seul individu, parce qu'il exhale, pour qu'on soit malade[23], alors que les autres sont autrement. On contracte la même maladie parce que l'on respire auprès du malade l'air que l'on expirerait si l'on était soi-même atteint de la maladie en question. La gale est plus contagieuse que les autres affections comme la lèpre ou les maladies du même genre, parce qu'elle concerne la surface du corps et que la suppuration en est visqueuse. Car ces maladies provoquent des démangeaisons. Elles s'attrapent par contact parce qu'elles sont superficielles et qu'elles sont visqueuses. Les autres ne sont pas contagieuses, soit parce qu'elles ne naissent pas à la surface de la peau, soit parce que, si elles le font, elles n'y restent pas en raison de la sécheresse.

9. Pourquoi[24] le pourpier et le sel calment-ils l'agacement des dents? Est-ce parce que le premier a une certaine humidité? On s'en rend compte quand on le mâche et qu'on le triture pendant un certain temps. Car l'humidité sort. Et la matière visqueuse qui se répand entraîne l'acidité. C'est, en effet, l'acidité qui révèle la parenté entre les deux. Car le jus de la plante possède une certaine acidité. Quant au sel, en fondant, il entraîne en même temps l'acidité. Pourquoi[25] alors le cendre et le nitre n'ont-ils pas le même effet? Est-ce parce qu'ils sont astringents et qu'ils ne font pas fondre?

8. Διὰ τί ἀπὸ φθίσεως καὶ ὀφθαλμίας καὶ ψώρας οἱ πλησιάζοντες ἁλίσκονται, ἀπὸ δ' ὕδρωπος καὶ πυρετῶν καὶ ἀποπληξίας οὐχ ἁλίσκονται, οὐδὲ τῶν ἄλλων; Ἦ ἡ μὲν ὀφθαλμία, ὅτι εὐκινητότατον ὁ ὀφθαλμός, καὶ μάλιστα ὁμοιοῦται τῷ ὁρωμένῳ τῶν ἄλλων, οἷον κινεῖται ἀπὸ κινουμένου ὥστε καὶ ἀντιβλέπων τεταραγμένῳ ταράττεται μάλιστα; Ἡ δὲ φθίσις, ὅτι πνεῦμα φαῦλον ποιεῖ καὶ βαρύ, τάχιστα δὲ τὰ νοσήματα ταῦτα ἅπτεται πάντων, ὅσα τούτου φθειρομένου γίνεται, οἷον τὰ λοιμώδη. Ὁ δὲ πλησιάζων τοιοῦτον ἀναπνεῖ. Νοσεῖ μὲν οὖν, ὅτι νοσῶδες· ἀπὸ μόνου δέ, ὅτι ἐκπνεῖ, νοσεῖ, οἱ δ' ἄλλοι ἑτέραν· τὴν αὐτὴν δὲ νόσον, ὅτι ᾧ ἂν ἀσθενήσῃ, τούτῳ ἀναπνεῖ τοιοῦτον οἷον εἰ πεπονθὼς ἦν. Ἡ δὲ ψώρα μᾶλλον τῶν ἄλλων, οἷον λέπρας καὶ τῶν τοιούτων, ὅτι ἐπιπολῆς τε καὶ γλίσχρον τὸ ἀπορρέον· τὰ γὰρ κνησμώδη τοιαῦτα. Διὸ αὐτὰ τῷ ἐπιπολῆς γίνεσθαι καὶ γλίσχρον εἶναι ἅπτεται. Τῶν δ' ἄλλων τὰ μὲν οὐχ ἅπτεται διὰ τὸ μὴ ἐπιπολῆς γίνεσθαι, τὰ δ' ὄντα ἐπιπολῆς, ὅτι προσμένει διὰ ξηρότητα.

[887b] 9. Διὰ τί τὴν αἱμωδίαν παύει ἡ ἀνδράχνη καὶ ἅλες; Ἦ ὅτι ἡ μὲν ὑγρότητά τινα ἔχει; Φανερὰ δ' αὕτη μασωμένοις τε, κἂν συνθλασθῇ χρόνον τινά· ἕλκεται γὰρ ἡ ὑγρότης. Τὸ δὴ γλίσχρον εἰσδυόμενον ἐξάγει τὸ ὀξύ. Καὶ γὰρ ὅτι συγγενὴς ἡ ὀξύτης σημαίνει· ἔχει γάρ τινα ὀξύτητα ὁ χυλός. Ὁ δ' ἅλς συντήκων ἐξάγει καὶ τὴν ὀξύτητα. Διὰ τί οὖν ἡ κονία καὶ τὸ νίτρον οὔ; Ἦ ὅτι στύφει καὶ οὐ τήκει;

27 ταράττεται: τετάρακται P^c || 28 ante πνεῦμα add. τὸ Y^a || 30 ἀνάπτει Y^a Ap. X^aP^c || post ἀναπνεῖ add. *qualem aeger ille reddiderit* Gaza || 31 ante ἐκπνεῖ add. μόνον P^c || 32 ἑτέρως Y^a Ap. X^aP^c: ἑτέραν cett. codd. || 33 μᾶλλον: μόνον Y^a Ap. C^a || 35 τε om. Ap. || 36 αὐτὰ: αὐτὸ $Ap.^{a2}$ αὕτη Richards Hett || ante γίνεσθαι add. τε X^a || 37 δ' om. C^a || μὴ om. Ap. || 38 οὐ om. Ap. X^a.

[887b] 1 ἡ om. Y^a || ante ἅλες add. οἱ P^c || 2 post μὲν add. ἢ X^a || μασωμένη Ap. μασωμένης C^a μασωμένου $Ap.^b$ || 3 συνθλασθῇ coni. Prantl ex 863b 12 et Gaza: συντεθῇ codd. || 4 δὴ: δὲ Ap. P^cX^a μὴ C^a || 6 χυμός scripsi ex 863b 16: χυλός codd. χιλός $Ap.^b$ || καὶ om. $Ap.^a$ || διὰ initium nov. cap. in Ap. P^c || 7 οὖν om. Ap. P^c.

SECTION VIII

Notice

La section VIII renferme vingt-deux problèmes consacrés aux effets du froid sur l'organisme humain[1]. Plusieurs sont en double, les problèmes 2 et 22, 4 et 10, 8 et 13, 12 et 21: quelques phrases de ces deux derniers se retrouvent également dans le problème 15. Le nombre des sujets traités est donc au total assez restreint.

Mais l'ensemble présente une certaine unité et les questions se succèdent dans un ordre à peu près logique. Pourquoi devient-on livide quand on a froid et a-t-on du mal à s'endormir? Pourquoi les gens en colère sont-ils moins sensibles au froid que d'autres? Pourquoi les athlètes, malgré leur bon état physique, résistent-ils moins bien aux rigueurs de l'hiver? Pourquoi les extrémités des membres sont-elles les parties qui souffrent le plus du froid, en particulier les pieds quand on les tient en l'air? Pourquoi les gros ont-ils plus froid que les maigres? Pourquoi frisonne-t-on en finissant d'uriner? D'où vient la boulimie hivernale? Pourquoi frisonne-t-on sous une aspersion d'eau chaude aussi bien que d'eau froide? Pourquoi a-t-on les poils qui se hérissent et la langue qui bafouille, lorsqu'il fait froid? Pourquoi en hiver a-t-on plus froid quand on court que lorsqu'on reste immobile? Pourquoi le froid est-il plus vif au lever du jour que durant la nuit? Pourquoi est-il pénible de se trouver trop près d'un feu quand on est transi?

1. Le froid et le frisson étaient des symptômes pour les médecins grecs.

On doit noter qu'aucune de ces questions n'a été abordée précisément par Aristote dans ses traités biologiques, et qu'il arrive de temps en temps à l'auteur de se trouver en désaccord avec des théories familières au Stagirite, ou d'avancer des explications que celui-ci n'aurait sans doute guère appréciées. Ainsi, quand il déclare que le sang se coagule sous l'effet du froid (1, 887b10), il est en contradiction avec l'*Histoire des Animaux* (III, 6, 515b32) et les *Parties des Animaux* (II, 2, 648b33 et surtout 4, 650b15). Lorsqu'il dit, d'autre part, que le sang noircit faute de chaleur, cette affirmation ne figure nulle part dans l'œuvre conservé d'Aristote.

On ne peut manquer non plus d'être frappé par le fait que plusieurs des problèmes de cette section présentent des points communs avec des problèmes de la section III sur l'ivresse. Des faits identiques sont signalés dans les deux sections, comme les conséquences des exercices physiques sur la santé (VIII, 4 et III, 15) ou la paralysie de la langue sous l'effet du froid ou de l'ivresse (VIII, 14 et III, 32). Mais c'est surtout une certaine identité de vocabulaire qui conduit à rapprocher ces deux sections. Le mot βοήθεια dans le problème VIII, 9 888a11 a le même sens particulier que dans le problème III, 5, 871b17. De même le problème 14 de la huitième section renferme en trois lignes (888b11-14) plusieurs mots qui figurent dans la troisième section, συρρυέν, ἐξυγραίνειν, τρόμος, διαρθροῦν. Et l'on pourrait citer beaucoup d'autres passages de la section VIII où le vocabulaire rappelle celui de la section III. Enfin un dernier indice d'une origine commune est fourni par un renvoi de la section VIII à la section III. La question 14 renferme, en effet, une référence précise à une œuvre antérieure, καθάπερ εἴρηται καὶ ἐπὶ τῶν μεθυόντων, «comme il a été dit également au sujet des ivrognes»: cette formule vise à n'en pas douter un passage de la section III, 31, 875b19 et sq.

Ces constatations permettent de conclure que ces deux sections, ou du moins la plupart des questions qu'elles contiennent, ont été rédigées par le même auteur. S'il en est

ainsi, les problèmes de la section VIII dateraient donc, comme ceux qui ont servi de base à la section III, de la fin du troisième siècle avant J.-C. Ainsi que nous l'avons dit plus haut[2], l'auteur en question n'était sans doute pas un médecin. Mais il avait certainement une solide connaissance de la littérature médicale. Il emprunte de nombreux termes à la collection hippocratique et plusieurs de ses remarques s'inspirent manifestement de traités spécialisés. Le témoignage d'Aulu-Gelle permet d'identifier au moins l'une de ce sources. Ce précieux compilateur, dans un long chapitre des *Nuits Attiques*[3] consacré à la faim, cite un texte qui traite du même sujet que celui du problème 9 de la section VIII, la boulimie par grand froid. Or il attribue ce texte, qu'il donne en grec, à Erasistrate dans le livre premier de son ouvrage des *Diérèses*[4]. C'est là très certainement que l'auteur de la section VIII a puisé lui aussi les renseignements qu'il apporte.

Cet auteur possédait d'autre part une bonne culture générale et connaissait certaines des œuvres d'Aristote. Son style, quand il s'applique, rappelle celui du Stagirite, avec toutefois plus de lourdeur et de maladresse. La longueur des phrases est en moyenne la même que dans l'*Histoire des Animaux*. L'emploi des particules ne présente aucun cartactère particulier. Les termes qui n'appartiennent pas au vocabulaire d'Aristote sont relativement peu nombreux[5].

2. Voir plus haut p. 54.

3. *Nuits Attiques*, XVI, 3.

4. Cf. *Erasistrati fragmenta*, collegit et digessit I. Garofalo, Pise, 1988 (Bibliotheca di Studi Antichi (2).

5. En voici la liste: ἀναχλιαίνειν (889a8); ἀποστόμωσις (888a28); βουλιμία (887b39, 888a4-13); βουλιμιᾶν (887b38, 888a3, 15); δίυγρος (887b25); εὐδίοδος (887b24); εὐπαθής (887b23); μηδαμόσε (889a35); πελιδνός (887b10); πελινδοῦσθαι (887b13); σπαρτίον (888a21); συσσάτειν (889b1); ὑποπνεῖν (887b30); ὑποφαύσκειν (888b27).

Enfin, en dépit des divergences que nous avons signalées plus haut, certaines des explications données sont conformes à l'enseignement d'Aristote. Ainsi, quand l'auteur déclare que le blanc est la couleur du feu (1, 887b12), il ne fait que reprendre une phrase d'Aristote dans les *Météorologiques* (II, 4, 347a7). De même l'affirmation suivant laquelle le vide ne peut pas exister (10, 888b4) s'inspire d'un chapitre de la *Physique* (IV, 9, 217b21). Et la définition de la colère (20, 889a16) est un souvenir de l'*Ethique à Nicomaque* (IV, 11, 1126a16). Quant à l'explication de la pousse des poils par l'évaporation de l'humidité du corps (21, 889a30), elle est conforme à la théorie la plus souvent admise par Aristote: c'est celle qui est exposée dans un long développement du livre V du traité de la *Génération des Animaux* (3, 782a25-b17). Il paraît donc probable que l'auteur de cette section appartenait à l'École d'Aristote, et qu'il a vécu postérieurement à Erasistrate.

Son œuvre a subi quelques modifications au moment de la mise au point de l'édition définitive des *Problèmes*, au deuxième siècle de notre ère. Ainsi deux questions qui figuraient selon toute vraisemblance dans le recueil de problèmes constitué primitivement par Aristote[6], ont trouvé place dans la section VIII parce qu'elles traitaient de sujets en liaison avec les effets du froid sur l'organisme. Il s'agit du problème 16 de la section XXXIII qui a fourni les principaux éléments des questions 8 et 13 sur les effets du froid, et du problème 5 de la section XXXV qui a été développé dans les problèmes 12, 15 et 21 de la section VIII.

D'autre part certaines questions ont été reprises deux fois ou même trois fois avec des rédactions différentes. En même temps deux problèmes de la section VIII ont été utilisés dans d'autres parties du recueil: le problème 17 se retrouve dans la section XXV (5 et 15) et la problème 19 dans la section XXXVII (4). La maladresse avec laquelle ces copies ont été faites trahit leur caractère tardif.

6. Voir les Notices aux sections XXXIII et XXXV.

Signalons enfin que le texte de cette section a subi divers accidents au cours de sa transmission : la fin du problème 15 manque dans tous les manuscrits et plusieurs problèmes sont absents de la traduction de Th. Gaza.

SECTION VIII

EFFETS DU FROID ET DU FRISSON

1. Pourquoi, quand on a froid, devient-on livide[1]? Est-ce parce que le sang se fige sous l'effet du froid et que, en se figeant, il noircit par manque de chaleur? Le blanc est la couleur du feu[2]. C'est pourquoi c'est surtout chez les vieillards que la chair devient livide, parce qu'elle a très peu de chaleur.

2. Pourquoi[3], quand on a froid, ne peut-on pas dormir[4]? Est-ce parce que tous ceux qui ont froid retiennent davantage leur souffle, alors que le dormeur expire plus qu'il n'inspire, si bien qu'il est difficile de dormir lorsqu'on a froid? Car il est impossible d'effectuer en même temps deux gestes opposés.

3. Pourquoi, en période de froid, les personnes affaiblies par la maladie, celles que le chagrin afflige ou qui sont en colère, sont-elles plus vives? Est-ce que le refroidissement produit un resserrement plus grand?

4. Pourquoi les athlètes, bien qu'en bonne santé, résistent-ils mal au froid[5]? Est-ce parce que leur constitution est saine, bien aérée et sans graisse? Un tel organisme est sensible à l'air, du moment qu'il est facilement traversé et n'a pas de chaleur en lui-même. La graisse est chaude, à moins d'être très humide.

5. Pourquoi les extrémités sont-elles les parties qui ont le plus froid? Est-ce en raison de leur étroitesse? Même les canaux qui sont en elles, du fait qu'ils sont étroits, renferment peu de sang, si bien qu'ils ont également peu de chaleur. Car le sang est chaud.

6. Pourquoi les pieds ont-ils plus froid si on les tient en l'air? Est-ce parce qu'ils ont plus de contact avec l'air? Ou

Η. ΟΣΑ ΕΚ ΡΙΓΟΥΣ ΚΑΙ ΦΡΙΚΗΣ.

[887b] 1. Διὰ τί οἱ ῥιγῶντες πελιδνοὶ γίνονται; Ἢ διότι τὸ αἷμα πήγνυται διὰ τὸ ψῦχος, πηγνύμενον δὲ μελαίνεται διὰ τὴν ἀπουσίαν τοῦ θερμοῦ; Τὸ δὲ λευκὸν τοῦ πυρός. Διὸ καὶ τοῖς πρεσβύταις μάλιστα πελιδνοῦται ἡ σάρξ, ὅτι ἐλαχίστην ἔχει θερμότητα.

2. Διὰ τί οἱ ῥιγῶντες καθεύδειν οὐ δύνανται; Ἢ διότι πάντες οἱ ῥιγῶντες μᾶλλον τὸ πνεῦμα κατέχουσιν, ὁ δὲ καθεύδων ἐκπνεῖ μᾶλλον ἢ εἰσπνεῖ, ὥστε χαλεπὸν ῥιγῶντα καθεύδειν; Ἅμα γὰρ ποιεῖν τἀναντία ἀδύνατον.

3. Διὰ τί ἐν τῷ ψύχει ὀξύτεροι καὶ οἱ ἀσθενήσαντες καὶ οἱ λυπούμενοι καὶ οἱ ὀργιζόμενοι; Ἢ στιφρότερον ποιεῖ τὸ καταψύχεσθαι;

4. Διὰ τί οἱ ἀθληταὶ δύσριγοι εὖ ἔχοντες; Ἢ ὅτι καθαρὰ καί εὔπνους ἡ ἕξις καί ἀπίμελος; Ἡ τοιαύτη δὲ εὐπαθεστάτη ὑπὸ τοῦ ἀέρος, ὅταν εὐδίοδός τε ᾖ καὶ μὴ ἔχῃ θερμότητα ἐν αὑτῇ· ἡ δὲ πιμελὴ θερμόν, ἂν μὴ δίυγρος.

5. Διὰ τί μάλιστα τὰ ἀκρωτήρια ῥιγῶσιν; Ἢ διὰ στενότητα; Καὶ οἱ πόροι ἐν αὐτοῖς στενοὶ ὄντες ὀλίγαιμοί εἰσιν, ὥστε καὶ ὀλιγόθερμοί εἰσιν· τὸ γὰρ αἷμα θερμόν.

6. Διὰ τί, ἐὰν μετέωροι ὦσιν οἱ πόδες, μᾶλλον ῥιγοῦσιν;

[887b] 9 Tit. ante ὅσα add. ἀριστοτέλους Ap. || 10 ῥιγοῦντες Ap. || 13 πρεσζυτέροις Ap. P^{c}X^{a} || πελιδνοῦται: πελιοῦται Y^{a}C^{a} || 15 διὰ — 25 δίυγρος om. Gaza || 15 ἢ edd.: om. codd. || 16 ῥιγοῦντες Ap. || ante τὸ add. καὶ Ap.^{a} || 17 ὥστε om. Buss. || ῥιγοῦντα Ap. || 20 οἱ^{2} om. Y^{a} || στριφνότερον Y^{a1}X^{a} στηφρότερον Y^{a2} στηφνότεροι C^{a} στιλφότερον Ap. || 23 ἀπαθεστάτη Ap.^{a} ἀπαθέστερα P^{c} || 27 ἐν om. Ap.^{a} || εἰσιν — 28 ὀλιγόθερμοι om. Ap.^{a} || 28 ὥστε — εἰσιν om. C^{a} || 29 post ἐὰν add. μὴ C^{a}.

parce que le sang a moins de place en bas, si bien que le reste se refroidit facilement puisque le chaud le quitte?

7. Pourquoi les gros sont-ils très sensibles au froid, alors que la graisse est chaude? Est-ce qu'à cause de leur embonpoint leurs extrémités se trouvent éloignées de la chaleur interne et proches du froid extérieur?

8. Pourquoi frisonne-t-on[6], quand on vient d'éternuer ou d'uriner? Est-ce parce que les vaisseaux se vident dans les deux cas et, qu'une fois vidés, ils laissent pénétrer l'air froid qui fait frissonner?

9. Pourquoi[7] est-ce surtout par temps froid qu'on souffre de boulimie[8] et en hiver plus qu'en été? Est-ce parce que la boulimie vient du manque de nourriture solide et que sous le froid et en hiver la chaleur intérieure vient plus vite à manquer? Quand cela se produit il est normal d'avoir une faim plus dévorante. L'affaiblissement et l'épuisement[9] que l'on ressent dans la boulimie viennent d'une consomption[10] qui se produit dans le corps à cause de la concentration de la chaleur. Le liquide qui en provient, en s'écoulant dans l'espace réservé aux aliments, devient lui-même une nourriture pour le corps, mais s'il parvient jusqu'aux principes de la respiration, il s'ensuit de l'aphonie et de l'épuisement: l'aphonie vient de ce que le conduit du souffle est obturé, l'épuisement de ce que le corps est privé de nourriture et souffre de consomption[11]. Les remèdes à cet état de choses sont rapides et exigent peu de moyens, du fait que le principe de l'affection est extérieur. Car c'est le froid intérieur qui, en concentrant notre chaleur, entraîne la boulimie. Donc, de même que lorsqu'on a peur on tremble et on pâlit, mais aussitôt le danger écarté on redevient soi-même, de la même façon, pour les boulimiques, il suffit de

6. Ce problème, que Th. Gaza n'a pas traduit, est repris en des termes différents dans la question 13. Il se retrouve, avec quelques variantes dans la section XXXIII, problème 16, qui est vraisemblablement antérieur à celui-ci. Voir Pseudo Alexandre, I, 117 (éd. Ideler, p. 39, 35-40, 4) où la réponse est différente.

Πότερον ὑποπνεῖ μᾶλλον; Ἢ ὅτι ἐν ἐλάττονι γίνεται τὸ αἷμα κάτω, ὥστε τὸ ἄλλο εὐψυκτότερον ἐκλείποντος τοῦ θερμοῦ;

7. Διὰ τί οἱ παχεῖς σφόδρα ῥιγοῦσι, τῆς πιότητος θερμῆς οὔσης; Ἢ διὰ τὸ μέγεθος τοῦ πάχους τοῦ μὲν ἔσωθεν θερμοῦ πόρρω γίνονται τὰ ἔσχατα, τοῦ δ᾽ ἔξω ψυχροῦ ἐγγύς;

8. Διὰ τί πταρέντες καὶ οὐρήσαντες φρίττουσιν; Ἢ ὅτι κενοῦνται αἱ φλέβες ἐν ἀμφοτέροις, κενωθέντων δὲ ὁ ἀὴρ εἰσέρχεται ψυχρός, ὃ ποιῶν φρίττειν;

9. Διὰ τί μάλιστα βουλιμιῶσιν ἐπὶ τῷ ψύχει, καὶ τοῦ χειμῶνος μᾶλλον ἢ τοῦ θέρους; Ἢ διότι ἡ μὲν βουλιμία γίνε-
[888a] ται δι᾽ ἔνδειαν τῆς ξηρᾶς τροφῆς, ἐν δὲ τῷ ψύχει καὶ τῷ χειμῶνι συστελλομένου τοῦ ἐντὸς θερμοῦ εἰς ἐλάττω τόπον θᾶττον ὑπολείπει ἡ ἐντὸς τροφή; Τούτου δὲ γινομένου μᾶλλον βουλιμιᾶν εἰκός. Ἡ δ᾽ ἐν τῇ βουλιμίᾳ ἔκλυσις καὶ ἀδυναμία γίνεται συντήξεως γινομένης ἐν τῷ σώματι διὰ τὴν τοῦ θερμοῦ ἄθροισιν, ἧς ῥυείσης μὲν εἰς τὸν τῶν σιτίων τόπον αὐτὴ τροφὴ γίνεται τῷ σώματι, ἐὰν δ᾽ ἐπὶ τὰς ἀρχὰς τῆς ἀναπνοῆς ἔλθῃ, ἀφωνία καὶ ἀδυναμία συμβαίνει, ἀφωνία μὲν διὰ τὸ ἐμφράττεσθαι τὸν τοῦ πνεύματος πόρον, ἀδυναμία δὲ διὰ τὴν τοῦ σώματος ἀτροφίαν καὶ σύν̣τηξιν. Ταχεῖαι δὲ καὶ ἀπ᾽ ὀλίγων αἱ βοήθειαι γίνονται τοῖς τοιούτοις διὰ τὸ τὴν ἀρχὴν τοῦ πάθους ἔξωθεν γίνεσθαι. Συστέλλον γὰρ τὸ ἐντὸς ψυχρὸν τὸ θερμὸν ἡμῶν ποιεῖ τὴν βουλιμίαν. Καθάπερ οὖν ἐν τῷ φόβῳ τρέμοντες καὶ ὠχριῶντες, ἀφέντες τοῦ κινδύνου, παραχρῆμα οἱ αὐτοὶ γίνονται, οὕτω καὶ οἱ βουλι-

30 post πότερον add. ὅτι Bonitz || 32 ῥιγοῦσι Sylb.: om. codd. || 33 post μὲν add. γὰρ C[a] || 34 ψυχροῦ: ὑγροῦ C[a] || ante ἐγγύς add. τὰ Y[a] Ap. P[c] || 35 διὰ τί — 37 φρίττειν om. Gaza || 35 σπαρέντες P[c] || 36 ὁ om. Buss. || 39 ἢ om. X[a].

[888a] 1 τῷ ψύχει καὶ om. Ap. || 2 τόπον Ap.[a]: τοῦτον Y[a] Ap.[b] τοῦτο cett. codd. || 3 γενομένου C[a] || μᾶλλον om. Gaza || 4 ἡ: εἰ Y[a] Gaza || ἔκχυσις Y[a] Ap. P[c]X[a] || 5 γενομένης C[a] || 6 μὲν om. Ap. P[c] || 12 τῆς ἀρχῆς Ap.[a] || συστέλλοντος C[a] || 12-13 ἐντὸς τὸ ψυχρὸν Sylb. || 14 ἀφέντες: ἀφεθέντες propos. dubit. Sylb. ex Gaza *periculo liberati* ||

leur donner un peu de pain: ils ont été violemment entraînés hors de leur nature, mais ils n'ont pas été détruits; ils sont vite délivrés. Car une même cause avait détourné le cours naturel des choses et le rétablit dans son état normal. Il faut simplement supprimer cette cause et faire comme les enfants qui tirent les cordes en sens contraire: dès que les cordes lâchent, ils tombent à la renverse.

10. Pourquoi les gens qui font des exercices physiques sont-ils plus frileux que ceux qui n'en font pas[12]? Est-ce parce que la graisse disparaît par suite des efforts et que la graisse est une protection contre le froid[13]? Car ce qui est gras est chaud. Ou est-ce parce que les corps sont plus aérés et moins denses du fait que la graisse et l'excrétion en ont été évacuées, si bien que rien ne protège contre le froid? Ou encore est-ce parce que les pores sont débouchés[14] pour le passage des sueurs, comme si plusieures portes se trouvaient ouvertes? Il est évident qu'une constitution identique n'est pas bonne pour la santé et pour la force: manifestement la première doit être grasse, la seconde maigre.

11. Pourquoi frisonne-t-on tout autant sous une aspersion d'eau chaude que d'eau froide? Car il est étrange que les contraires aboutissent au même résultat. Est-ce parce que, quand on est arrosé d'eau froide, le chaleur intérieure en s'éteignant produit le frisson, alors que, avec l'eau chaude, c'est le froid extérieur qui a cette action, en se concentrant autour d'un même point[15] et en s'y accumulant dans sa fuite[16] vers l'intérieur? Si bien qu'en définitive, dans les deux cas, il s'agit de la même cause, mais dans le premier elle est interne, dans le second elle est externe.

12. Pourquoi[17] les poils de la peau se hérissent-ils de froid? Est-ce que, lorsqu'on a la peau qui se contracte, il est normal que les poils se dressent? Or elle se contracte sous l'effet du froid et d'autres affections.

12. Reprise, avec moins de détails, de la question 4.

13. Ici encore le mot ἀλέα a son sens premier de «protection contre le froid», que confirme la ligne 27.

14. Le mot ἀποστόμωσις est un hapax.

μιῶντες, μικρὰ προσενεγκάμενοι ἐξ ἄρτου, βίᾳ κινηθέντες ἐκ τῆς φύσεως, μὴ φθαρέντες δέ· ταχεῖα ἡ ἀποκάθαρσις γίνεται. Ταὐτὸ γὰρ ἀντέτεινε τήν τε κατὰ φύσιν ἀγωγήν, καὶ καθίστησιν εἰς τὴν φύσιν. Ἀφεῖναι οὖν μόνον αὐτὴν δεῖ, καὶ καθάπερ τῶν παιδίων τὰ ἀντιτείνοντα εἰς τοὔπισθεν τὰ σπαρτία· καὶ γὰρ ταῦτα ἀφεθέντων τῶν σπαρτίων εὐθὺς πεπτώκασις ὕπτια.

10. Διὰ τί οἱ γεγυμνασμένοι δυσριγότεροι τῶν ἀγυμνάστων; Πότερον ὅτι τὸ πῖον ὑπὸ τῶν πόνων ἐξῄρηται, τοῦτο δ' ἀλέαν παρέχει; Θερμὸν γὰρ τὸ λιπαρόν. Ἢ ὅτι εὐπνούστερα τὰ σώματα καὶ ἀραιότερα διὰ τὸ τὸ πῖον καὶ τὸ περίττωμα ἐξῃρῆσθαι, ὥστ' οὐδὲν ἀποστέγειν τὸ ψῦχος; Ἢ διὰ τὴν τῶν πόρων ἀποστόμωσιν τοῖς ἱδρῶσιν οἷον πολλαὶ θύραι ἐξήρηνται; Φανερὸν δ' ὅτι οὐχ ἡ αὐτὴ ἕξις πρὸς ὑγείαν καὶ ἰσχὺν συμφέρει· ἡ μὲν ⟨γὰρ⟩ πίων, ἡ δ' ἀραιὰ φαίνεται οὖσα.

11. Διὰ τί φρίττουσι καὶ τῷ θερμῷ καὶ τῷ ψυχρῷ προσχεόμενοι; Ἄτοπον γὰρ τὰ ἐναντία τοῦ αὐτοῦ εἶναι αἴτια. Ἢ διότι ὑπὸ μὲν τοῦ ψυχροῦ προσχεομένοις τὸ ἐντὸς θερμὸν σβεννύμενον ποιεῖ τὴν φρίκην, ὑπὸ δὲ τοῦ θερμοῦ τὸ ἐκτὸς ψυχρὸν ἀντιπεριιστάμενον εἰς ἓν καὶ ἀθροιζόμενον τῇ φυγῇ ἔσω; Ὥσθ' ὑπὸ τοῦ αὐτοῦ ἄμφω γίνεται, ἀλλ' ὁτὲ μὲν ὑπὸ τοῦ ἔσω, ὁτὲ δὲ ὑπὸ τοῦ ἔξωθεν.

12. Διὰ τί φρίττουσιν αἱ τρίχες ἐν τῷ δέρματι; Ἢ ὅταν συσπάσωσι τὸ δέρμα, εἰκότως ἐξανέστησαν; Συσπῶσι δὲ καὶ ὑπὸ ῥίγους καὶ ὑπ' ἄλλων παθῶν.

17 φθαρέντες Ap.^{b} man. rec.: φθαρέντος cett. codd. || ἀποκάθαρσις: ἀποκατάστασις Ap.^{b} man. rec. et Gaza || 21 ἀφέντων C^{a}P^{c} || 23 δυσριγώτεροι Ap. || 26 ἀραιότερα ex ἀραιώτερα scrips. Y^{a} || τὸ edd.: τὸ codd. || 27 ἐξήρηνται leg. Gaza || post διὰ add. τὸ Y^{a} || 28 ἀποστόμωσιν: ἀπόστασιν P^{c} || ἐξήρτηνται Ap. *aperiuntur* antiq. vers. et Gaza || 29 ὕγιαν Y^{a1} ὑγείαν Y^{a2} || 30 γὰρ add. Sylb. || πίων: πλείων Ap.^{a} || 32 ἄτοπον — 33 προσχεομένοις om. Ap. || 32 τὰ ἐναντία om. C^{a} || 33 ὑπὸ μὲν τοῦ ψυχροῦ προσχεομένοις om. Sylb. || προσχεομένοις scrips. Forster: προσχεόμενοι codd. || 34 τὴν φρίκην ποιεῖ Ap. P^{c}X^{a} || 35 ἐντὸς C^{a} || 39 συσπάσωσι: σπάσωσι C^{a}.

13. Pourquoi[18] frissonnons-nous à la fin de l'émission d'urine? Est-ce parce que, tant que le liquide se trouve dans la vessie, celle-ci et les canaux qui l'entourent sont pleins de chaleur, mais quand le liquide sort, ils se remplissent d'air froid? Car rien ne doit être vide[19], mais il faut que tout soit plein d'air ou d'un corps quelconque. Donc, du moment que l'air froid pénètre, il est normal qu'un frisson se produise.

14. Pourquoi, quand on a froid, la langue bafouille-t-elle comme dans l'ivresse[20]? Est-ce que figée et durcie par le froid, elle devient difficile à mouvoir, et dans ces conditions, elle ne peut pas articuler correctement? Ou est-ce qu'une fois les parties externes contractées par le froid, l'humide qui se répand à l'intérieur fait que la langue est tout humectée? C'est pourquoi la langue ne peut pas remplir son office, comme on l'a déjà dit à propos des ivrognes[21]. Ou est-ce qu'en raison du tremblement que cause le froid et qui rend le mouvement désordonné, la langue ne peut pas articuler les mots? Aussi balbutie-t-elle.

15. Pourquoi[22], lorsqu'on a froid, les poils du corps se hérissent-ils? Est-ce parce que du fait du refroidissement la chaleur s'accumule dans la région de l'intérieur et que, une fois la chaleur sortie de la chair, celle-ci se condense davantage et, en se contractant, fait que les poils se dressent plus droits? Ou bien est-ce parce que ...[23].

16. Pourquoi[24] en hiver a-t-on plus froid quand on court que lorsqu'on reste en place? Est-ce parce que, quand on demeure sans bouger, l'air qui entoure le corps, une fois réchauffé, ne cause plus de trouble, alors que lorsqu'on court c'est sans cesse un air différent qui frappe de face[25] et il est froid? C'est pourquoi nous avons plus froid. De plus l'air en mouvement se refroidit: et c'est tout à fait ce qui se produit quand on court.

18. Le sujet est le même que dans le problème 8.

19. Cette formule est à rapprocher d'un passage de la *Physique*, IV, 9, 217b21, qui résume une longue étude sur le vide (chapitres 4 à 9).

[888b] **13. Διὰ τί ἐν τῇ τελευταίᾳ προέσει τοῦ οὔρου φρίττομεν; Ἢ ὅτι ἐνόντος μὲν τοῦ ὑργοῦ θερμοῦ πλήρεις ἥ τε κύστις καὶ οἱ περὶ αὐτὴν πόροι, ἐξελθόντος δὲ ἀέρος ψυχροῦ ἐνέπλησεν; Οὐδὲν γὰρ κενὸν δεῖ εἶναι, ἀλλ' ἢ ἀέρος ἢ σώματος πλῆρες. Ἅτε οὖν εἰσεληλυθότος ψυχροῦ ἀέρος εἰκότως φρίττειν συμβαίνει.**

14. Διὰ τί τῶν ῥιγώντων ἡ γλῶττα, καθάπερ τῶν μεθυόντων, πταίει; Πότερον ὑπὸ τοῦ ψύχους πηγνυμένη καὶ σκληρυνομένη δυσκίνητος γίνεται, τούτου δὲ συμβαίνοντος οὐ δύναται σαφηνίζειν; Ἢ τῶν ἐκτὸς πυκνουμένων διὰ τὸ ψῦχος εἴσω συρρυὲν τὸ ὑγρὸν ἐξυγραίνει τὴν γλῶτταν; Διόπερ οὐ δύναται ἡ γλῶττα τὸ αὑτῆς ποιεῖν, καθάπερ εἴρηται καὶ ἐπὶ τῶν μεθυόντων. Ἢ διὰ τὸν ἀπὸ τοῦ ῥίγους τρόμον ἀτάκτου τῆς κινήσεως οὔσης οὐ δύναται τὰ λεγόμενα διαρθροῦν ἡ γλῶττα; Διόπερ καὶ πταίει.

15. Διὰ τί τῶν ῥιγώντων ὀρθαὶ αἱ ἐν τῷ σώματι τρίχες γίνονται; Ἢ διότι ἀπὸ τῆς καταψύξεως τὸ θερμὸν εἰς τὸν ἐντὸς τόπον ἀθροίζεται, ἐκλείποντος δ' ἐκ τῆς σαρκὸς τοῦ θερμοῦ συνίσταται μᾶλλον, συναγομένης δ' ὀρθότεραι αἱ τρίχες γίνονται; ἢ διότι ...

16. Διὰ τί τοῦ χειμῶνος τρέχοντες μᾶλλον ῥιγῶμεν ἢ ἑστῶτες; Ἢ ὅτι ὁ ἀὴρ ὁ περὶ τὸ σῶμα ἑστώτων μέν, ἐπειδὰν ἅπαξ συνθερμανθῇ, οὐκέτι ἐνοχλεῖ, τρεχόντων δ' ἀεὶ ἄλλος καὶ ἄλλος προσπίπτει ψυχρὸς ὤν; Διόπερ μᾶλλον ῥιγῶμεν. Ἔτι δὲ καὶ κινούμενος ψυχρότερος γίνεται ὁ ἀήρ· τοῦτο δ' ἐν τῷ τρέχειν μάλιστα συμπίπτει.

[888b] 2 πλήρης Ap.^{a} || 4 οὐδὲ X^{a} || 5 φρίττει Ap.^{a1} || 7 ῥιγούντων Ap. ut semper || αἱγλῶτται P^{c} || 8 ante πότερον add. καὶ C^{a} || 9 κληρυνομένη Ap.^{a} || 10 ἢ: ἡ X^{a} || πυκνουμένων: ψυχομένων Ap. || 11 συρρυὲν: ῥυὲν C^{a} || 13 τὸν: τῶν Ap.^{a1} || τρόμον: τρόπον Ap.^{a1} || 15 διόπερ: διότι C^{a} || 16 ῥιγούντων Ap. || 18 ἐκτὸς P^{c} || συναθροίζεται P^{c} || 20 ἢ διότι om. C^{a}P^{c} Gaza || post διότι lac. indic. Y^{a} Ap. || 21 et 24 ῥιγοῦμεν Ap. || 22 ὁ ^{2} om. Ap.^{a} || 25 καὶ om. Ap. C^{a}X^{a} || δὲ ^{2} om. C^{a}.

17. Pourquoi le froid est-il plus vif au lever du jour que pendant la nuit, alors que le soleil est plus près[26]? Est-ce parce que l'absence du soleil a duré plus longtemps, si bien que la terre s'est refroidie davantage? Ou est-ce parce que, à l'approche du jour, la rosée tombe comme du givre[27] et que c'est froid? Ou encore est-ce que ces précipitations se produisent du fait que le chaud qui monte vers le haut est dominé, et que s'il est dominé c'est à cause de l'absence de soleil? Et c'est pourquoi, quand le soleil est plus éloigné, elles ne tombent pas, mais elles tombent et gèlent quand il est plus près, parce que la région s'est d'autant plus refroidie que le soleil a été plus longtemps absent. Ou est-ce parce que, à l'approche du jour, les vents de nuit interviennent pour augmenter le refroidissement? Ou est-ce que le froid nous paraît plus vif parce que la digestion des aliments est achevée? Etant vides nous sommes plus frileux. La preuve en est qu'après le vomissement on a très froid.

18. Pourquoi les gens transis de froid ont-ils mal quand on les porte près du feu[28] et ne souffrent-ils pas si on les réchauffe progressivement? Est-ce parce que en général les contraires qui se succèdent brutalement produisent un changement profond, comme dans le cas des arbres: si on les courbe petit à petit, ils n'en souffrent pas, mais si on le fait violemment et non par degré, ne cassent-ils pas? Donc si le semblable n'est pas affecté par le semblable, si la chaleur du sujet victime du froid se condense et se concentre au dedans du corps, si l'humide et le froid restent en l'état, et si le contraire est funeste au contraire, il s'ensuit que si l'on réchauffe doucement, le chaud sort petit à petit et fait moins mal, mais que si l'on ne procède pas en douceur, on amène un surcroît de souffrance.

19. Pourquoi[29], si nous avons eu plus froid, la même chaleur nous brûle-t-elle et nous fait-elle mal? Est-ce que, du fait de sa densité, la chair retient la chaleur qui lui

26. Le début de ce problème est repris dans le problème 5 de la section XXV (938a32). Voir aussi XXV, 15.

17. Διὰ τί ὑποφαύσκοντος μᾶλλον ψῦχος ἢ τῆς νυκτὸς ἐγγυτέρω τοῦ ἡλίου ὄντος; Ἢ ὅτι πλείων ὁ χρόνος τῆς τοῦ ἡλίου ἀπουσίας, ὥστε μᾶλλον ἀπέψυκται ἡ γῆ; Ἢ ὅτι πρὸς ἡμέραν ἡ δρόσος πίπτει ὥσπερ πάχνη, ταῦτα δὲ ψυχρά; Ἢ καὶ ταῦτα πίπτει διὰ τὸ κρατεῖσθαι τὸ ἀναφερόμενον θερμόν, κρατεῖται δὲ διὰ τὴν τοῦ ἡλίου ἀπουσίαν; Διὸ καὶ πλεῖον μὲν ἀπέχοντος οὐ πίπτει, ἐγγυτέρω δ' ὄντος πίπτει καὶ πήγνυται, διότι μᾶλλον ἀπέψυκται ὁ τόπος, πλείω χρόνον τοῦ ἡλίου ἀπόντος. Ἢ ὅτι πρὸς ἡμέραν μᾶλλον τὰ ἐκ νυκτῶν πνεύματα αἴτια τῆς ψύξεως; Ἢ ἡμῖν δοκεῖ μᾶλλον εἶναι ψῦχος διὰ τὸ πεπέφθαι τὰ σιτία; Κενώτεροι δ' ὄντες δυσριγότεροι. Σημεῖον δὲ τὸ μετὰ τοὺ ἐμέτους μάλιστα ῥιγοῦν.

18. Διὰ τί πονοῦσιν, ὅταν ῥιγῶντας πρὸς τὸ πῦρ φέρωσιν· ὅταν δὲ κατὰ μικρὸν χλιαίνωσιν, οὔ; Ἢ ὅτι ὅλως ἐκ τῶν ἐναν-
[889a] τίων τοὐναντίον γινόμενον μεγάλην ποιεῖ τὴν μεταβολήν, ὥσπερ ἐπὶ τῶν δένδρων, εἰ μὲν κατὰ μικρὸν κάμπτοι τις, οὐκ ἂν πονοῖ, εἰ δὲ σφοδρότερον καὶ μὴ κατὰ μικρόν, κλῶνται; Εἰ οὖν τὸ ὅμοιον ὑπὸ τοῦ ὁμοίου ἀπαθές, τὸ δὲ θερμὸν τοῦ ῥιγῶντος εἴσω συνίσταται καὶ συνέρχεται, τὸ δ' ὑγρὸν καταλείπεται καὶ τὸ ψυχρόν, τὸ δ' ἐναντίον τοῦ ἐναντίου φθαρτικόν, ὥστ' ἐὰν μὲν χλιαίνῃ, κατὰ μικρὸν ἐξέρχεται τὸ θερμὸν καὶ ἧττον πονεῖ, ἐὰν δὲ μὴ ἀναχλιάνῃ, προσάγει μᾶλλον.

19. Διὰ τί ψυχθέντες μᾶλλον ἀπὸ τῆς αὐτῆς θερμασίας καιόμεθα καὶ ἀλγοῦμεν; Πότερον διὰ πυκνότητα στέγει ἡ

27 ὑπεπιφαύσκοντος Sylb. || supra ὑποφαύσκοντος scrips. *increscente* man. rec. Y^a || μᾶλλον ψῦχος: μὲν ψύχος μᾶλλον C^a || ἢ del. Buss. ex Gaza || post ἢ addidi τῆς νυκτὸς ex 938a 32 || 28 ὁ om. Y^a Ap. X^a || 30 ὥσπερ: *et* Gaza || 36 αἴτια add. Richards Hett || ante διὰ add. ἢ Ap. X^a || 37 κενότεροι ex κενώτεροι scrips. Y^a || δισρυγώτεροι Ap. || 38 τοὺς: τοὺ (sic) Bekker || ῥιγᾶν $Y^aP^cX^a$ || 39 ῥιγοῦνται Ap. || 40 χλιαίνουσιν C^a || ὅτι om. C^a.

[889a] 2 κάμπει P^c || 3 πονεῖ P^cX^a || μὴ: οὐ P^c || 5 ῥιγοῦντος Ap. || 6 καταλείπονται P^c || 10 αὐτῆς om. X^a.

tombe dessus? C'est pour cette raison que le plomb est plus chaud que la laine. Ou est-ce que le passage de la chaleur s'accompagne de violence, parce que les pores sont figés par le froid[30]?

20. Pourquoi[31] les gens en colère ne sont-ils pas sensibles au froid? Est-ce parce que la colère et l'emportement sont à l'opposé de la couardise? La colère provient du feu[32]. Car c'est en retenant le feu en grande quantité à l'intérieur de soi que l'on s'échauffe. C'est surtout chez les enfants qu'on peut le constater. En effet, les adultes perdent leur sang-froid[33], tandis que les enfants commencent par retenir longuement leur souffle, puis ils deviennent tout rouges: car la chaleur qui est en eux en abondance et qui produit de l'humidité les fait devenir cramoisis, puisque, si on leur jetait dessus beaucoup d'eau froide, ils cesseraient d'être en colère[34]. Leur chaleur ainsi s'éteindrait. Pour les gens lâches et craintifs c'est l'inverse: ils frissonnent, ils ont froid et ils deviennent tout pâles. Car chez eux la chaleur quitte les régions superficielles.

21. Pourquoi[35], quand nous frissonnons, avons-nous les poils qui se dressent tout droits? Est-ce parce que leur nature est d'être enfermés dans de l'humide[36]? En effet, la profondeur du poil maîtrise l'humide. Or le frisson est causé par le froid, et le froid normalement congèle le chaud. Donc, lorsque l'humide à partir duquel se forment naturellement les poils[37] vient à changer et se congèle, il est normal que les poils changent eux aussi. Donc, ou bien ils se transforment en leur contraire s'ils subissent un changement, ou ils restent dans le même état, ou le poil vaincra à nouveau l'humide. Mais il n'est pas vraisemblable qu'une fois l'humide congelé et condensé, le poil l'emporte par le poids. S'il est impossible au poil de s'incliner d'un côté ou de l'autre du fait que l'humide est gelé, il ne lui reste que la position droite. Ou est-ce parce que, sous l'effet du refroidissement, le chaud s'accumule dans la région intérieure? Et

σὰρξ τὸ προσπῖπτον θερμόν; Διὸ μόλιβδος ἐρίου θερμότερος. Ἢ βίαιος γίνεται τοῦ θερμοῦ ἡ δίοδος διὰ τὸ πεπηγέναι ὑπὸ τοῦ ψύχους τοὺς πόρους;

20. Διὰ τί οἱ ὀργιζόμενοι οὐ ῥιγῶσιν; Ἢ ὅτι ἡ ὀργὴ τῇ δειλίᾳ ἐναντίον καὶ ὁ θυμός; Ἔστι δ' ἡ μὲν ὀργὴ ἀπὸ τοῦ πυρός· πολὺ γὰρ τὸ πῦρ κατέχοντες εἴσω χλιαίνονται. Μάλιστα δ' ἔστιν ἐπὶ τῶν παιδίων καταμαθεῖν. Οἱ μὲν γὰρ ἄνδρες βλάπτονται, τὰ δὲ παιδία πρῶτον μὲν τὸ πνεῦμα πολὺ ἀναλαμβάνουσιν, εἶτα ἐρυθριῶσιν· πολὺ γὰρ εἴσω ὂν τὸ θερμὸν καὶ ἐξυγραῖνον ἐρυθριᾶν ποιεῖ, ἐπεὶ εἴ τις αὐτοῖς πολὺ τοῦ ψυχροῦ προσχέοι, παύσοιντ' ἂν ὀργιζόμενοι· κατασβεσθείη γὰρ ἂν αὐτῶν τὸ θερμόν. Οἱ δὲ δειλοὶ καὶ φοβούμενοι τοὐναντίον. Ῥιγῶσί τε γὰρ καὶ ψυχροὶ καὶ ὠχροὶ γίνονται· ἐκλείπει γὰρ τὸ θερμὸν αὐτοῖς ἐκ τῶν ἐπιπολῆς τόπων.

21. Διὰ τί, ὅταν φρίξωμεν, αἱ τρίχες ὀρθαὶ ἵστανται; Ἢ διὰ τὸ ἐν ὑγρῷ πεφυκέναι κατακεκλεῖσθαι; Κρατεῖ γὰρ τοῦ ὑγροῦ τὸ βάθος τῆς τριχός. Ἡ δὲ φρίκη γίνεται ὑπὸ τοῦ ψυχροῦ, τὸ δὲ ψῦχος κατὰ φύσιν πήγνυσι τὸ θερμόν. Ὅταν οὖν μεταβάλλῃ τὸ ὑγρόν, ἐξ οὗ πεφύκασιν αἱ τρίχες, καὶ παγῇ, μεταβάλλειν εἰκὸς καὶ τὰς τρίχας. Εἰς μὲν οὖν τοὐναντίον εἰ μεταβάλλουσιν, ἢ ἐν ταὐτῷ μένουσιν, ἢ ἐπικρατήσει πάλιν ἡ θρὶξ τοῦ ὑγροῦ· οὐκ εἰκὸς δὲ πεπηγότος καὶ πεπυκνωμένου τοῦ ὑγροῦ τὴν τρίχα τῷ βάρει κρατεῖν. Εἰ δὲ μηδαμόσε κεκλίσθαι δυνατὸν τὴν τρίχα τῷ τὸ ὑγρὸν πεπηγέναι, λείπεται ἑστάναι ὀρθήν. Ἢ διότι ὑπὸ τῆς καταψύξεως τὸ θερμὸν εἰς τὸν ἐντὸς τόπον ἀθροίζεται; Ἐκλείποντος δ' ἐκ

12 προσπίπτον Y^a || μόλιϐος Y^a || 15 οἱ om. Ap. P^c || ῥιγοῦσιν Ap. || 18 οἱ μὲν γὰρ ἄνδρες βλάπτονται om. Gaza || 22 προχέοι Ap. C^aX^a || παύσαιντ' Richards Hett || 24 ῥιγοῦσι Ap. X^a || γὰρ om. C^a || 26 φρίττομεν P^c || 27 κατακεκλῖσθαι Bonitz || 28 βάρος Bonitz || δὲ φρίκη: δίκη Ap.^{a} || 29 θερμὸν: ὑγρὸν Bonitz || 30 μεταϐάλῃ Y^aP^c || 31 καὶ om. Ap. P^cX^a || 32 εἰ del. Buss. ex Gaza || μεταϐαλοῦσιν et μενοῦσιν legisse uidetur Gaza || ἢ ^{2}: εἰ P^c ἢ εἰ suspic. Buss. ex Gaza || 35 κεκλίσθαι Sylb.: κεκλεῖσθαι codd. || δυνατὸν edd.: δύναται τὸ $Y^{a1}C^a$ δύναιτο Y^{a2} Ap. P^cX^a || τῷ om. C^aP^c || τὸ om. Ap. X^a || ὑγρῷ Ap. X^a.

comme la chaleur se retire de la chair, celle-ci devient plus dense et, en se contractant, elle fait les poils se redresser, comme si, après avoir planté en terre un morceau de bois ou quelqu'autre objet, on accumulait la terre et on la tassait tout autour: le morceau de bois reste plus droit que si on laissait la terre sans tassement.

22. Pourquoi[38] quand on a très grand froid ne dort-on pas? Est-ce parce que celui qui a froid retient son souffle plus qu'il n'expire, alors que le dormeur expire plus qu'il n'inspire? Donc le froid met dans une disposition contraire au sommeil.

38. Reprise, avec quelques variantes, du problème 2.

τῆς σαρκὸς τοῦ θερμοῦ συνίσταται μᾶλλον ἡ σάρξ, συναγομένης δ' ὀρθότεραι αἱ τρίχες γίνονται, καθάπερ ἐάν τις εἰς [889b] τὴν γῆν ἐμπήξας κάρφος ἢ ἄλλο τι συσσάττῃ καὶ πάντοθεν συνάγῃ τὴν γῆν, μᾶλλον ὀρθοῦται ἢ ἐὰν ἐᾷ μὴ συνεστηκυῖαν.

22. Διὰ τί οἱ ῥιγῶντες μάλιστα οὐ καθεύδουσιν; Ἢ διότι ὁ ῥιγῶν μᾶλλον κατέχει τὸ πνεῦμα ἢ ἐκπνεῖ, ὁ δὲ καθεύδων ἐκπνεῖ ἢ εἰσπνεῖ; Ἐναντίως οὖν ποιεῖ ἔχειν τὸ ῥῖγος τῷ καθεύδειν.

[889b] 1 συσσάττῃ corr. Bonitz Buss. ex 938b 28: συντάττῃ codd. || 2 συνάγει Y^{a1} || 4 ῥιγοῦντες Ap. || οὐ om. Y^{a1} Ap. $P^{c}C^{a}$ scrips. sup. lin. Y^{a3} || 6 ἐναντίως: εἰκότως P^{c}.

SECTION IX

Notice

Les quatorze problèmes de la section IX se rapportent tous à un même sujet. Ils étudient les lésions produites par des coups et indiquent un certain nombre de remèdes à y apporter. L'idée générale est claire: quand la peau est entamée, les blessures forment des cicatrices; sinon il y a tantôt une contusion avec enflure et rougeur de la partie lésée, tantôt une meurtrissure et une ecchymose si le choc est plus violent et si la peau devient livide.

Les questions posées se succèdent sans aucun plan d'ensemble. On passe de la façon de soigner les contusions à la couleur des cicatrices, aux marques laissées par la férule ou le bâton, et aux remèdes à appliquer aux meurtrissures.

Les répétitions sont très fréquentes: la question 2 est reprise dans les problèmes 7 et 11, les questions 3 et 4 dans le problème 8, la question 9 dans les problèmes 10 et 12. Mais il s'agit dans tous les cas de rédactions différentes, plus courtes ou plus développées. On croirait presque à des exercices d'école.

Ces répétitions ont été probablement introduites dans le recueil des *Problèmes* lors de la mise en forme de l'édition par matières, en même temps qu'était rédigée, sous le numéro 13, un bref résumé de la question 27 de la section X, question qui présente quelque rapport avec le sujet de la section IX. Mais en définitive les thèmes abordés dans cette section sont très peu nombreux.

Les textes originaux étaient-ils des notes d'Aristote lui-

même? Je ne le pense pas. Certes le style est en général clair et précis, parfois soigné, ce qui n'est pas toujours le cas dans les *Problèmes*. La longueur des phrases, comme le choix des particules, rappellent les habitudes du Stagirite. Mais plusieures particularités de langue trahissent l'intervention d'un auteur autre que celui-ci. Ainsi l'emploi du datif τῷ εἴκειν (4, 890a7) pour exprimer la cause, celui du verbe λευκαίνειν avec le sens de devenir blanc (5, 890a19), ne sont pas conformes à l'usage aristotélicien. De même le sens de προσάντης (4, 889b39) est différent de celui qu'Aristote donne à ce mot la seule fois où il l'utilise[1], et la signification du verbe μικροψυχεῖν, défaillir (9, 890b11), ne correspond pas au sens habituel de μικρόψυχος et de μικροψυχία dans le corpus aritotélicien. D'autre part l'emploi de πότερον à la place de διὰ τί, pour introduire l'interrogation au début de la question 6, est tout à fait exceptionnel dans le recueil des *Problèmes*. De telles particularités de langage ne militent pas en faveur de l'authenticité d'un noyau primitif.

On peut donc penser que le fond ancien de cette section, comme celui de la section précédente, date vraisemblablement du siècle qui a suivi la mort d'Aristote. Les mots que l'auteur utilise, à de rares exceptions près comme μώλωψ (contusion, 1, 889b11), ἀποπάλλεσθαι (rebondir, 14, 891a3), ἐπικαταγνύναι (casser sur, 1, 889b11), sont tous attestés dans la langue classique. Mais cette fois on a bien l'impression que cet auteur était un médecin de profession. Les termes médicaux, qui naturellement sont très fréquents dans des textes qui parlent de plaies et de contusions, appartiennent tous au vocabulaire d'Hippocrate. C'est le cas en particulier des mots relativement nombreux qui n'apparaissent nulle part dans les traités d'Aristote, mais se rencontrent dans la collection hippocratique: ἀποπιέζειν (3, 889b28), ἀφελκοῦν (1, 889b13), κατακολλᾶν (1, 889b14), πελιώματα (14, 891a1), προσκολλᾶν (1, 889b16)[2]. On note

1. *Ethique à Nicomaque*, I, 4, 1096a12.

2. Les autres mots qui ne figurent dans aucune œuvre d'Aristote sont: ἐπιτυφλοῦσθαι (890b39), μικροψυχεῖν (890b11), νάρθηξ (889b27, 32, 34),

aussi quelques souvenirs de l'*Histoire des Plantes* de Théophraste, et de son traité *Du Feu*.

Il fallait d'autre part être médecin pour présenter avec autant de précision les lésions qui sont décrites dans cette section et proposer les remèdes appropriés. Il est possible que ce médecin soit le même que l'auteur de la section IV et de quelques problèmes de la section VI. S'il en est ainsi, cette section pourrait fournir elle aussi des documents intéressants et précis à l'historien de la médecine.

νεόδαρτος (889b10), ῥαφανίς (890a25). Ils appartiennent tous à la langue classique.

SECTION IX

DES MEURTRISSURES, DES CICATRICES ET DES CONTUSIONS

1. Pourquoi l'effet des contusions est-il enrayé par l'application de peaux d'animaux fraîchement dépouillés, en particulier de béliers[1], ou d'œufs qu'on casse dessus? Est-ce parce que ce sont là deux moyens d'empêcher l'accumulation du liquide et l'enflure? Car la plaie ulcéreuse attire[2] du liquide[3] et elle enfle sous l'effet de la chaleur. Les œufs adhèrent fortement grâce à leur viscosité et empêchent l'enflure, comme pour les brûlures où la colle joue le même rôle; les peaux se collent, elles aussi, par leur viscosité et en même temps, grâce à leur chaleur, elles concourent à la coction et arrêtent l'inflammation. On n'enlève ces applications qu'après quelques jours. C'est aussi dans le but d'évacuer l'inflammation qu'on frotte avec du sel et du vinaigre.

2. Pourquoi[4] les cicatrices sont-elles noires sur le reste du corps et blanches à l'œil? Est-ce parce que la cicatrice prend la couleur opposée à celle qui préexistait, comme c'est le cas pour tout ce qui est malade? Or les blessures affectent dans l'œil le noir[5]. Cependant, sur le corps, les cicatrices ne sont pas noires immédiatement, elles commencent par être blanches. Elles ne sont pas non plus tout le temps blanches dans l'œil, mais elles prennent cette couleur avec le temps soit sur toute la surface soit sur sa majeure partie.

3. Pourquoi[6] la férule fait-elle rougir les bords du cercle marqué par le coup, alors que le milieu est blanc? Est-ce parce qu'elle chasse le sang du centre, du fait que c'est là qu'elle frappe le plus fort, puisqu'elle est arrondie? Ne faudrait-il pas pour cette raison que le sang y revînt? Mais

Θ. ΟΣΑ ΠΕΡΙ ΥΠΩΠΙΑ ΚΑΙ ΟΥΛΑΣ ΚΑΙ ΜΩΛΩΠΑΣ.

[889b] 1. Διὰ τί τοὺς μώλωπας κωλύει τὰ νεόδαρτα δέρματα προστιθέμενα, καὶ μάλιστα κριῶν, καὶ ᾠὰ ἐπικαταγνύμενα; Ἢ ὅτι ἄμφω κωλύει τὴν ἄθροισιν τοῦ ὑγροῦ καὶ τὴν ἔπαρσιν; Τὸ γὰρ ἀφηλκωμένον ἕλκει καὶ ἐπαίρεται διὰ τὴν θερμασίαν· τά τε δὴ ᾠὰ διὰ τὴν γλισχρότητα κατακολλῶντα κωλύει ἐπαίρεσθαι, καθάπερ καὶ τὰ καύματα, ὥσπερ καὶ ἡ κόλλα, καὶ τὰ δέρματα τῇ τε γλισχρότητι προσκολλᾶται, καὶ ἅμα τῇ θερμότητι συμπέττει καὶ παύει τὴν φλεγμασίαν· οὐδὲ γὰρ ἀφαιροῦσιν ἡμερῶν τινῶν. Ἐξάγειν δὲ βούλονται τὴν φλεγμασίαν καὶ οἱ τῷ ἁλὶ καὶ τῷ ὄξει τρίβοντες.

2. Διὰ τί ἐν μὲν τῷ ἄλλῳ σώματι αἱ οὐλαὶ μέλαιναι, ἐν δὲ τῷ ὀφθαλμῷ λευκαί; Ἢ ὅτι ἐναντίαν χρόαν ἡ οὐλὴ λαμβάνει τῇ πρότερον, ὥσπερ πᾶν τὸ νενοσηκός; Ἐν τῷ μέλανι δὲ τοῦ ὀφθαλμοῦ τὰ ἕλκη. Οὐ μὴν οὐδ' ἐν τῷ σώματι μέλαιναι εὐθύς, ἀλλ' ἐξ ἀρχῆς λευκαί, οὐδ' ἐν τῷ ὀφθαλμῷ ἀεὶ λευκαί, ἀλλ' ἀποκαθίστανται τῷ χρόνῳ, ἢ ἁπλῶς ἢ εἰς τὸ μᾶλλον.

3. Διὰ τί ὁ νάρθηξ τὰ κύκλῳ τῆς πληγῆς ποιεῖ ἐρυθρά, τὸ δὲ μέσον λευκόν; Πότερον ὅτι ἀποπιέζει τὸ αἷμα ἐκ τοῦ μέσου, καθὸ μάλιστα προσπίπτει περιφερὴς ὤν; Ἢ ἔδει ἐπα-

[889b] 9 Tit. ante ὅσα add. ἀριστοτέλους Y[a] Ap. || μώλωπας: τραύματα K[a] || 11 κρεῶν X[a] Ap.[b] || ἐπικαταμιγνύμενα C[a] || 13 post ἕλκει addidi καὶ ex Gaza ibid. inser. τὸ ὑγρὸν καὶ Forster Hett || τὴν om. X[a] || 15 κατακαύματα Y[a] || 15-16 ἡ κόλλα καὶ om. Ap.[a] || 17 τῇ om. C[a] || 18 οὐδὲ — 19 φλεγμασίαν om. C[a] || 21 χρόαν om. C[a] || 23 τοῖς ὀφθαλμοῖς Ap. || οὐδὲ: δὲ Ap. X[a] || ἐν om. C[a] || 25 λευκαί Bonitz: μέλαιναι codd. et Gaza || ἤ: ἡ X[a] || 26 εἰς τὸ om. Ap. || 28 ἀποπίαζει Y[a1] || ante ἐκ add. τὸ C[a].

la rougeur est un afflux de sang et cet afflux se produit vers la région lésée.

4. Pourquoi[7] le milieu de la chair heurtée violemment par la férule devient-il blanc et le reste rouge, alors qu'avec un bâton le milieu est plus rouge? Est-ce parce que, si la férule grâce à sa légèreté cingle fort, elle disperse le sang superficiel, si bien que l'endroit que celui-ci a quitté apparaît blanc et que celui où il afflue apparaît plus rouge? Comme la partie frappée est enflée, le sang ainsi dispersé ne retrouve pas vite sa place, parce qu'il est en petite quantité et qu'il a à remonter la pente. Car il faut une violence considérable pour être emporté d'un mouvement contre nature. Au contraire les coups portés avec des objets rigides, en raison de leur poids et de leur force, produisent une compression et un écrasement[9]. Or ce qui est comprimé forme un creux et ce qui est broyé devient poreux. Car l'enfoncement est une forme adoucie de coupure et de division. Lorsque le centre se creuse et devient poreux, le sang superficiel s'y transporte à partir de tout le pourtour. Car son mouvement naturel le porte vers le bas et vers les parties poreuses, parce qu'elles cèdent le passage. Une fois le sang accumulé en ce point-là, il est normal que l'endroit devienne rouge et qu'au contraire les parties qu'abandonne le sang blanchissent[10].

5. Pourquoi les cicatrices des gens qui souffrent de la rate sont-elles noires[11]? Est-ce parce que ces patients ont un sang corrompu à cause du mélange de sang morbide et aqueux qui sort de la rate? La cicatrice n'a qu'une peau légère et superficielle: le sang, qui est noir parce qu'il est aqueux et chaud, rend la cicatrice de même couleur, parce qu'on l'aperçoit en transparence. Souvent d'ailleurs, dans ce cas, la cicatrice devient même plus noire par suite de la même cause: car du fait de la finesse de la peau, le sang se refroidit et, quand la chaleur s'évapore, il est plus noir. De la même façon également, chez les vieillards, la peau devient plus noire et les marques de naissance sont plus

νιέναι διά γε τοῦτο πάλιν; Ἀλλ' αἵματος συνδρομὴ τὸ ἐρύθημά ἐστι, συνδρομὴ δ' εἰς τὸν πληγέντα τόπον.

4. Διὰ τί τῷ μὲν νάρθηκι σφόδρα τυπτόμενον τὸ μέσον τῆς σαρκὸς λευκὸν γίνεται, τὸ δὲ κύκλῳ ἐρυθρόν, ξύλῳ δ' ἐρυθρότερον τὸ μέσον; Ἢ ὅτι ὁ μὲν νάρθηξ διὰ κουφότητα, ἐὰν σφόδρα πατάξῃ, τὸ ἐπιπολῆς διεσκέδασεν αἷμα, ὥσθ' ὅθεν μὲν ἐξέλιπε, λευκὸν φαίνεται, οὗ δὲ πλέον ἦλθεν, ἐρυθρότερον; Οἰδησάσης δὲ τῆς πληγῆς, οὐ ταχέως ἀποκαθίσταται τὸ σκεδασθὲν αἷμα διὰ τὸ ὀλίγον τ' εἶναι καὶ τὴν φορὰν εἰς τὸ πρόσαντες εἶναι· πλήθει γὰρ βιασθὲν δεῖ τὴν [890a] παρὰ φύσιν φορὰν ἐνεχθῆναι. Διὰ δὲ τῶν σκληρῶν αἱ πληγαὶ διὰ τὸ βάρος καὶ τὴν ἰσχὺν θλῖψιν καὶ θλάσιν ποιοῦσιν. Θλιβόμενον μὲν οὖν κοῖλον γίνεται, θλώμενον δ' ἀραιόν· τομὴ γὰρ καὶ διαίρεσίς ἐστι μαλακὴ ἡ θλάσις. Κοίλου δὲ καὶ ἀραιοῦ γενομένου τοῦ μέσου, φέρεται εἰς αὐτὸ ἐκ τῶν πέριξ ἐπιπολῆς αἷμα· κάτω τε γὰρ πέφυκε φέρεσθαι, καὶ εἰς τὰ ἀραιὰ τῷ εἴκειν αὐτά. Ἀθροιζομένου δ' ἐνταῦθα εἰκότως τοῦ αἵματος τοῦτο μὲν ἐρυθραίνει, ἃ δ' ἀπολείπει, λευκαίνει.

5. Διὰ τί αἱ οὐλαὶ μέλαιναι τῶν σπληνιώντων; Ἢ ὅτι αἷμα διεφθαρμένον ἔχουσι διὰ τὴν ἐκ τοῦ σπληνὸς σύμμιξιν νοσώδους αἵματος καὶ ὑδαροῦς; Ἡ μὲν οὖν οὐλὴ τὸ δέρμα λεπτὸν καὶ ἐπιπόλαιον ἴσχει· τὸ δ' αἷμα, διὰ τὸ ὑδαρὲς καὶ θερμὸν εἶναι μέλαν ὄν, τοιαύτην ποιεῖ τὴν οὐλὴν διαφαινόμενον. Καὶ δὴ πλεονάκις ἡ οὐλὴ ἐν τούτῳ γίνεται μελαντέρα. Γίνεται δὲ διὰ ταὐτό· δι' ἀσθένειαν γὰρ τοῦ δέρματος καταψύχεται τὸ αἷμα, καὶ ἐξατμίζοντος τοῦ θερμοῦ γίνεται μελάντερον. Ὁμοίως δὲ καὶ τοῖς πρεσβύταις οἵ τε χρῶτες μελάντεροι γίνονται, καὶ αἱ οὐλαὶ αἱ συγγενεῖς

33 κύκλῳ δὲ Y[a] Ap. || κύκλῳ: πέριξ X[a1] || 36 οὗ δὲ: οὐδὲ Ap.[a].
[890a] 2 τὸ om. Y[a] Ap. X[a] || 4 τομὴ: τὸ μὲν Y[a] Ap.[b1] C[a] || 5 καὶ om. C[a] || αὐτὸ ex αὐτὸν scrips. Y[a] || post αὐτὸ add. τὸ C[a] || 6 τε om. C[a] || 12 οὖν om. Y[a]C[a] || 13 αἷμα Sylb.: om. codd. || 14 μελανόν Ap.[a] || διαφαινόμενον: φαινόμενον Ap. || 19 αἱ alterum om. X[a].

noires chez eux que chez les jeunes: car tout leur corps est comme couvert de meurtrissures, non pas à cause d'une ténuité de la peau, mais parce que le chaud s'en est retiré.

6. Est-ce que[12] toutes les causes qui produisent le même effet ont le même mode d'action ou non? Je veux dire, par exemple, ceci: puisque les meurtrissures disparaissent[13] sous l'effet du cuivre ou du raifort[14], de la purée de fèves, de la méduse[15], de l'argile et d'autres objets du même genre, ces substances ont-elles toutes le même pouvoir[16], ou celui-ci est-il dû pour le cuivre à ce qu'il a du vert-de-gris, et que le vert-de-gris a des vertus curatives, pour la fève, la méduse et l'argile au fait qu'elles possèdent une force attractive grâce à leur porosité, et pour d'autres à d'autres causes? Ou est-ce que le résultat final n'est pas le même pour toutes ces substances (car il y a en elles plusieurs qualités dont certaines sont opposées) et que rien n'empêche qu'avant ces résultats il y ait des différences?

7. Pourquoi[17] les autres cicatrices sont-elles noires et celles de l'œil blanches? Est-ce parce que les cicatrices prennent une couleur différente selon la coloration de l'endroit où elles se trouvent, que celles de l'œil se situent en un point qui est noir, et qu'ainsi il est nécessaire qu'elles soient blanches?

8. Pourquoi[18] le coup de férule est-il plus douloureux que le coup porté avec quelqu'objet plus dur si l'on frappe raisonnablement? Il serait plus logique[19] que le coup de l'objet plus dur fût plus douloureux. Car le choc est plus fort. Est-ce parce que la chair est endolorie non seulement du fait qu'elle est heurtée, mais aussi parce qu'elle-même répercute le choc? Or lorsqu'il s'agit d'objets durs, elle est seulement frappée (car elle cède en raison de la dureté de ces objets), tandis que sous le coup de férule elle subit un double effet: d'une part elle est frappée et d'autre part, du fait du faible poids de la férule, elle frappe aussi en ne cédant pas, si bien que le coup est double.

9. Pourquoi[20] la thapsie[21] et le cyathe en bronze[22] font-ils disparaître les meurtrissures, la première à leur début, le

μελάντεραι ἢ νέοις· οἷον ὑπώπιον γὰρ αὐτοῖς ἅπαν τὸ σῶμα οὐ διὰ λεπτότητα τοῦ δέρματος, ἀλλ' ὅτι τὸ θερμὸν ἐκλέλοιπεν.

6. Πότερον ὅσα τοῦ αὐτοῦ αἴτια, τὴν αὐτὴν ἔχει δύναμιν εἰς τὸ ποιεῖν ἢ οὔ; Λέγω δ' οἷον ἐπεὶ τὰ ὑπώπια καὶ ὁ χαλκὸς ἐξαίρει καὶ ἡ ῥαφανὶς καὶ ὁ κύαμος διαμασώμενος καὶ ὁ πνεύμων καὶ ἡ ἄργιλος καὶ ἕτερ' ἄττα, τῇ αὐτῇ δυνάμει, ἢ ὁ μὲν χαλκὸς τῷ ἰὸν εἶναι, τὸν δ' ἰὸν φαρμακώδη, ὁ δὲ κύαμος καὶ ὁ πνεύμων καὶ ἡ ἄργιλος τῷ ἐπισπᾶν ἐφ' αὑτὰ διὰ μανότητα, ἄλλα δὲ δι' ἑτέρας αἰτίας; Ἢ τὸ μὲν ἔσχατον ἐπὶ πάντων τῶν τοιούτων ταὐτό (πολλὰ γὰρ καὶ ἐναντία τούτοις, καθάπερ καὶ τὸ θερμὸν καὶ τὸ ψυχρόν), τὰ δὲ πρὸ τούτων οὐδὲν κωλύει ἕτερα;

7. Διὰ τί αἱ μὲν ἄλλαι οὐλαὶ μέλαιναι γίνονται, αἱ δ' ἐν τῷ ὀφθαλμῷ λευκαί; Ἢ διότι μεταβάλλουσιν ἐν ᾧ ἂν ὦσι πρὸς τὰς χροιάς, ἐν δὲ τῷ ὀφθαλμῷ μέλανι ὄντι γίνονται, ὥστε ἀνάγκη λευκὰς γίνεσθαι;

8. Διὰ τί ἀλγεινοτέρα ἡ πληγὴ τοῦ νάρθηκος ἢ ἐνίων σκληροτέρων, ἐάν τις κατὰ λόγον σκοπῇ τύπτων; Εὐλογώτερον γὰρ τὴν τοῦ σκληροτέρου εἶναι ἀλγεινοτέραν· μᾶλλον γὰρ [890b] τύπτει. Ἢ ὅτι ἡ σὰρξ ἀλγεῖ οὐ μόνον τυπτομένη ἀλλὰ καὶ τύπτουσα; Ὑπὸ μὲν οὖν τῶν σκληρῶν τύπτεται μόνον (ὑπείκει γὰρ διὰ τὴν σκληρότητα αὐτῶν), ὑπὸ δὲ τοῦ νάρθηκος ἄμφω αὐτῇ συμβαίνει, τύπτεσθαί τε καὶ διὰ κουφότητα τοῦ βάρους τύπτειν μὴ εἴκουσαν, ὥστε διπλασία γίνεται ἡ πληγή.

9. Διὰ τί ἡ θαψία καὶ ὁ κύαθος τὰ ὑπώπια παύει, ἡ μὲν ἀρχόμενα, ὁ δὲ ὕστερον, ἐναντία ὄντα; Ὁ μὲν γὰρ

25 διαμασσώμενος Ap.[a2] C[a]X[a] || 26 ἄργηλος Y[a] ἄργιλλος C[a] || ἄττα om. C[a] || 28 καὶ ἡ ἄργιλος om. Y[a]C[a] || 29 ἑαυτὰ Ap. X[a] || 30 πολλὰ: πολλὴ Y[a] Ap.[b] || πολλὰ — 32 ψυχρόν om. Gaza || 33 αἱ δὲ ἐν: ἐν δὲ C[a] || 37 ἢ om. X[a].

[890b] 2 ὑπείκει — 3 αὐτῶν om. C[a] || 5 μὴ: μὲν Ap.[a1] || 7 ἡ [2]: ὁ Y[a]X[a1] || 8 ὁ [1]: ἡ suspic. Buss. ex Gaza || ὕστερα om. C[a].

second plus tard, alors qu'ils sont à l'antipode l'un de l'autre? Le cyathe, en effet, est froid, comme l'indique le poète[23] qui déclare «ses dents se ferment sur le froid du bronze», tandis que la thapsie est chaude et caustique[24]. Est-ce que le cyathe a ici le même effet que l'eau dans les évanouissements[25]? L'opposition du refroidissement empêche le chaud de sortir du sang qui sous le coup s'est épanché en surface et qui se coagule lorsque la chaleur s'en va. En effet, le sang se coagule comme s'il était à l'extérieur, car il est près du dehors quand il se trouve sous la peau; au contraire, lorsque la chaleur ne peut pas sortir, il ne se coagule pas à cause du froid du bronze, mais il s'écoule à nouveau et revient à l'endroit d'où il s'était épanché. Quant à la thapsie, comme elle est chaude, elle a le même effet: elle empêche la coagulation parce qu'elle est chaude.

10. Pourquoi[26] les meurtrissures disparaissent-elles quand on applique dessus des objets en bronze comme des cyathes ou des vases du même genre? Est-ce parce que le bronze est froid? Il empêche donc le chaud de sortir du sang qui s'est épanché sous le coup, et qui lorsque la chaleur s'en va de la surface devient une meurtrissure. C'est d'ailleurs pourquoi il faut faire vite l'application avant que le sang ne se coagule. La thapsie avec du miel soulage pour la même raison: car, étant chaude, elle empêche le sang de se refroidir.

11. Pourquoi donc[27] lorsqu'une blessure atteint plusieurs fois le même endroit, la cicatrice devient-elle noire? Est-ce que, quand une plaie se produit, toute la partie en cause est faible, et plus la blessure se répète, plus l'endroit s'affaiblit? Or le point faible est refroidi et plein d'humidité. Et c'est la raison pour laquelle il apparaît noir, s'il est vrai que les plaies importantes et qui durent longtemps ont des cicatrices noires. Le fait de recevoir une blessure à plusieures reprises est l'équivalent d'avoir une plaie qui dure longtemps.

12. Pourquoi donc[28], pour combattre les meurtrissures, applique-t-on les cyathes? Est-ce parce que, quand nous

κύαθος ψυχρός, ὥσπερ καὶ ὁ ποιητής φησι «ψυχρὸν δ᾽ ἕλε χαλκὸν ὀδοῦσιν», ἡ δὲ θαψία θερμὸν καὶ καυστικόν. Ἢ ὁ μὲν κύαθος ὥσπερ τοῖς μικροψυχοῦσι τὸ ὕδωρ; Ἀπαντῶσα γὰρ ἡ ψύξις κωλύει ἐξιέναι τὸ θερμὸν ἐκ τοῦ αἵματος ἐξ ἐπιπολῆς διὰ τὴν πληγὴν συνδραμόντος, καὶ ὅταν ἐξέλθῃ τὸ θερμόν, πηγνυμένου. Ὥσπερ γὰρ ἂν εἰ ἔξω ὂν πήγνυται, καὶ ἐγγὺς τοῦ ἔξω τὸ αἷμα, ὅταν ᾖ ὑπὸ τὸ δέρμα, κωλυθέντος δὲ ἐξιέναι τοῦ θερμοῦ, διὰ τὴν ψυχρότητα τοῦ χαλκοῦ ⟨οὐ⟩ πήγνυται, ἀλλὰ πάλιν διαχεῖται καὶ ἐπανέρχεται ὅθεν συνέδραμεν. Ἡ δὲ θαψία θερμὴ οὖσα τὸ αὐτὸ ποιεῖ· κωλύει γὰρ πήγνυσθαι θερμὴ οὖσα.

10. Διὰ τί τὰ ὑπώπια διαλύεται προσέχουσι τὰ χαλκᾶ, οἷον κυάθους καὶ τὰ τοιαῦτα; Ἢ διότι ψυχρὸν ὁ χαλκός ἐστιν; Κωλύει οὖν τὸ θερμὸν ἐξιέναι ἐκ τοῦ συνιόντος αἵματος ὑπὸ τῆς πληγῆς, οὗ ἐξελθόντος ἐκ τοῦ ἐπιπολῆς γίνεται ὑπώπιον. Διὸ καὶ ταχὺ δεῖ προστιθέναι πρὶν παγῆναι. Καὶ ἡ θαψία δὲ μετὰ μέλιτος βοηθεῖ διὰ τὸ αὐτό· θερμὴ γὰρ οὖσα κωλύει ψύχεσθαι τὸ αἷμα.

11. Διὰ τί ποτε, ὅταν ἐν τῷ αὐτῷ τόπῳ πλεονάκις ἕλκος γένηται, ἡ οὐλὴ μέλαινα γίνεται; Ἢ ὁπόταν γένηται ἕλκος, πᾶν ἀσθενές ἐστι τοῦτο, καὶ ὅσῳ ἂν πλεονάκις, τοσούτῳ μᾶλλον; Τὸ δ᾽ ἀσθενὲς κατεψυγμένον καὶ ὑγρότητος πλῆρες. Διὸ καὶ μέλαν φαίνεται, εἰ τὰ μεγάλα ἕλκη καὶ πολυχρόνια μελαίνας τὰς οὐλὰς ἴσχει. Τὸ δὲ πολλάκις λαβεῖν ἕλκος οὐδὲν ἀλλ᾽ ἢ πολὺν χρόνον ἔχειν ἐστὶν ἕλκος.

12. Διὰ τί ποτε πρὸς τὰ ὑπώπια τοὺς κυάθους προστιθέμεθα; Ἢ διότι, ὅταν πληγῶμεν, ὁ τόπος καταψύχεται, τὸ

9 κύαθος om. X[a] || ὥσπερ: ὥστε Ap. X[a] || φησι: φη (sic) Y[a] || δ᾽ ἕλε: δὲ Y[a1] || 13 ἐξεπιπολῆς scrips. Buss. || ante διὰ add. δὲ X[a] || 14 ὂν: ἦ Ap.[a] || 16 δὲ ἐξιέναι coni. Ross ex Gaza: διεξιέναι codd. δὲ διεξιέναι suspic. Buss. || τὴν om. Ap.[a] || 17 οὐ add. Buss. ex antiq. vers. et Gaza || 22 συνόντος Ap. X[a] || 23 τῆς om. Ap.[b] || 29 εὐσθενές Y[a] Ap. || 31 εἰ τὰ: εἶτα C[a] || 32 μελαίνας: μέλανας codd. || 32 ἴσχει: ἔχει Ap.

avons reçu un coup, l'endroit se refroidit et la chaleur s'en va? Donc, l'application du cyathe, du fait que le bronze est froid, empêche le chaud de passer au dehors.

13. Pourquoi n'y a-t-il pas de poils sur les cicatrices[29]? Est-ce parce que les pores d'où sortent les poils sont bouchés et qu'ils ne communiquent pas entre eux[30]?

14. Pourquoi les coups entraînent-ils une enflure et des taches livides? Est-ce parce que les humeurs qui s'épanchent dans la partie concernée, après s'être heurtées aux régions avoisinantes, sont repoussées et s'agglomèrent par l'adhérence des parties humides? Et si des petits vaisseaux ont été rompus, l'épanchement s'emplit de sang.

29. Le fait est signalé également dans la section IV, 4, 877a1, et surtout dans la section X, problèmes 27 et 29.

30. Litt. «ils sont séparés les uns des autres». Même emploi du verbe παραλλάττειν dans les *Météorologiques*, IV, 9, 386a15, et plus loin dans les *Problèmes*, XI, 58, 905b8.

δὲ θερμὸν ὑποχωρεῖ; Προστιθέμενος οὖν ὁ κύαθος, ψυχροῦ ὄντος τοῦ χαλκοῦ, διακωλύει τὸ θερμὸν ἐκπορεύεσθαι.

13. Διὰ τί ἐν ταῖς οὐλαῖς οὐ γίνονται τρίχες; Ἢ ὅτι οἱ πόροι ἐπιτυφλοῦνται ἐξ ὧν αἱ τρίχες, καὶ παραλλάττουσιν;

[891a] 14. Διὰ τί οἴδημα καὶ πελιώματα λαμβάνουσιν αἱ πληγαί; Ἢ διότι κατὰ τοῦτον τὸν τόπον διασταλέντα τὰ ὑγρά, εἰς τοὺς πλησίον τόπους προσκόψαντα ἀποπάλλεται πάλιν καὶ τῇ κολλήσει τῶν ὑγρῶν συνήγαγεν; Ἐὰν δὲ καὶ φλέβιά τινα ῥαγῇ, ὕφαιμος ἡ συνδρομὴ γίνεται.

[891a] 1 οἰδήματα K^a || πολυώματα Ap. X^a || 2 τρόπον Ap. || 3 προσκόψοντα X^a || ἀπαλλάττεται Ap. || 4 τῶν ὑγρῶν Y^a Ap. C^a: ὑγρὸν cett. codd. *humidorum* antiq. vers. *humorum* Gaza.

SECTION X

Notice

La section X, avec 598 lignes dans l'édition de I. Bekker, est la plus longue de ce recueil de *Problèmes*. Elle est aussi l'une de celles qui méritent la plus de retenir l'attention, d'abord parce que la plupart des questions qui y sont posées concernent des sujets traités dans des œuvres d'Aristote considérées généralement comme authentiques, ensuite et surtout parce que ces problèmes semblent bien avoir été rédigés par le Stagirite lui-même à l'occasion de lectures ou d'observations personnelles.

Cette section renferme, en effet, toute une série de notes relatives à des points précis de l'anatomie et de la physiologie de l'homme et des animaux. Ces notes sont présentées sous la forme de soixante-sept problèmes dont les sujets sont divers et qui se succèdent sans plan d'ensemble et le plus souvent sans aucun lien entre eux. L'éditeur du deuxième siècle de notre ère a mis bout à bout, sans prendre le soin de les classer, des problèmes qui lui paraissaient se rapporter à la biologie, et il a donné à cet agrégat le titre d'«Abrégé de science naturelle». Les problèmes en double sont relativement rares, beaucoup moins fréquents en tout cas que dans la plupart des autres sections.

Les principaux sujets traités sont successivement la toux, les saignements de nez, la leucodermie, la lactation, l'influence des eaux sur la couleur des animaux, la taille respective du mâle et de la femelle, la durée de la gestation, l'hérédité, le nanisme, la génération spontanée, l'éternuement,

les poils, la marche, les eunuques, la voix et le langage, la claudication, les animaux sauvages et les animaux domestiques, la forme de l'ombilic, les périodes d'accouplement, la longévité, le strabisme, l'attrait du semblable, les monstres, la survie d'animaux sans tête.

Il arrive parfois que l'examen d'une question soit repris après un intervalle plus ou moins long. Ainsi les problèmes 5 et 33 traitent l'un et l'autre de la maladie blanche, les problèmes 18 et 54 de l'éternuement, les problèmes 26 et 30 du nombre des pieds, les problèmes 27 et 29 des cicatrices. Mais la rédaction est toujours différente. Il n'y a jamais de reproduction textuelle. Tantôt la réponse est beaucoup plus développée, tantôt elle n'est pas tout à fait la même. Il ne s'agit donc pas de simples copies comme il y en a tant dans la plupart des autres sections, mais de notes distinctes rédigées sur un même sujet, sans doute par le même auteur.

Plusieurs raisons donnent à penser que cet auteur ne peut être qu'Aristote lui-même. On retiendra d'abord la concordance parfaite de certaines idées exposées dans cette section avec des théories développées dans les traités biologiques. Presque chaque problème a son correspondant dans une œuvre authentique d'Aristote. De nombreux passages se retrouvent textuellement dans l'*Histoire des Animaux*, la *Marche des Animaux*, la *Génération des animaux* et certains *Petits traités d'Histoire Naturelle*. Ces rencontres sont si fréquentes qu'il serait trop long de les énumérer ici: elles seront signalées au passage dans les notes à la traduction[1]. On pourrait certes supposer qu'un rédacteur tardif a recopié purement et simplement des passages d'Aristote. Mais cette hypothèse ne résiste pas à l'examen approfondi des textes. En effet, on peut noter d'abord que plusieurs des énoncés de cette section sont plus détaillés et plus complets que leurs homologues des traités biologiques. Dans ce

1. C. E. Ruelle, dans l'apparat critique de l'édition Teubner (voir p. LIII), n'en a relevé que quelques-unes, et les références qu'il donne sont parfois fautives.

recueil qualifié d'épitomé on constate que figurent en réalité de nombreux développements qui sont présentés ailleurs avec beaucoup moins de détails. C'est le cas des textes sur les nains (12), les pollutions nocturnes (16), l'éternuement (18 et 54), la formation de la peau et l'absence de poils sur les cicatrices (27), la cause du sommeil (31), l'autonomie de certains animaux dès leur naissance (32), la taille des eunuques (36), la fréquence de la claudication (41), la maladie de la pierre (43), la distinction entre animaux sauvages et animaux domestiques (45).

Mais il y a plus. La comparaison du contenu de ces problèmes avec les œuvres authentiquement aristotéliciennes montre que certaines affirmations de la section X ne sont présentées dans les traités biologiques d'Aristote qu'avec des réserves. Ainsi, alors qu'il est dit dans le problème 5 que l'homme est le seul animal dont les poils blanchissent (891b1), le traité de la *Génération des Animaux* est beaucoup moins catégorique[2]. De même, contrairement à ce qu'on lit dans la question 7 sur la couleur uniquement noire du corbeau (891b17), l'*Histoire des Animaux* signale l'apparition de corbeaux blancs lorsqu'il fait grand froid[3]. Quant à la remarque selon laquelle l'homme vient au monde inachevé (46, 896a16), elle est présentée d'une façon beaucoup plus nuancée dans le traité de la *Génération des Animaux*[4].

On remarque d'autre part que plusieurs des explications fournies dans cette section sont absentes des traités biologiques. Citons, par exemple, les causes du saignement de nez (2, 891a17), le mode de formation de la graisse (3, 891a23) ou des menstrues (4, 891a31), la raison pour laquelle seules quelques espèces se forment par génération spontanée (65, 898b7). L'explication de la blancheur des dents des Ethiopiens (66, 898b12-19) ne figure, elle non plus, nulle part ailleurs.

2. Voir au livre V, 1, 778a25, 780b4; 2, 782a11-13.
3. *Hist. des An.*, III, 12, 519a6.
4. *Gén. des An.*, IV, 6, 774b35.

Il arrive même qu'une assertion de la section X soit délibérément contredite ou repoussée dans tel ou tel traité biologique. Les exemples sont nombreux. Ainsi l'explication de la multiparité par l'existence de plusieurs matrices (14, 892b1) est écartée dans le traité de la *Génération des Animaux* (IV, 4, 771b17-20). De même la théorie selon laquelle le sperme viendrait du cerveau (problème 57) est abandonnée dans le même traité sur la génération (I, 18) et, dans les *Parties des Animaux* (II, 6, 651b20-21), tout rapport de la semence avec la moelle est sérieusement contesté. Quant à l'explication des monstruosités, qui est proposée dans le problème 61 (898a14-16), elle est formellement exclue dans la *Génération des Animaux* (III, 4, 769b30 et sq.), parce qu'elle présuppose que dans la conception la femelle fournisse de la semence aussi bien que le mâle. Et dans ce passage Aristote précise que l'explication qu'il refuse d'admettre est celle de Démocrite (769b30). Tout porte donc à croire que la note qui figure dans la section X a été empruntée à une œuvre de ce naturaliste, et qu'elle a été écrite par Aristote bien avant qu'il n'entreprenne la rédaction de son traité de la *Génération des Animaux*.

D'autres indices me paraissent confirmer qu'Aristote est bien l'auteur de la plupart des problèmes de la section X. Le style en est comparable à celui des traités scientifiques du Stagirite. Le lecteur ne se sent pas dépaysé, même lorsque les phrases sont lourdes et mal construites, ou que l'expression est trop concise ou elliptique. Plusieurs passages en revanche, comme le problème 12 sur les nains, le problème 13 sur les bouleversements du monde à l'origine des espèces, le problème 45 sur la sauvagerie naturelle des animaux[5], le problème 52 sur le plaisir qu'éprouvent tous les êtres vivants à se trouver en compagnie de congénères, ou le problème 54 sur l'éternuement, rappellent les meilleures pages du traité des *Parties des Animaux*. La structure des phrases est identique; les particules de liaison sont celles

5. Voir en particulier les lignes 895b25 et suivantes.

qu'Aristote utilise couramment: elles sont choisies avec le souci évident de clarté dont cet écrivain témoigne d'ordinaire et qui justifie l'emploi de conjonction comme καίτοι, μέντοι, οὔκουν ou τοίνυν qui, il faut le souligner, sont rares dans le reste des *Problèmes*.

S'il restait encore quelques doutes sur l'attribution des problèmes de la section X à Aristote, une dernière constatation devrait permettre de les lever. Une phrase du traité de la *Marche des Animaux*[6] reproduit presque textuellement le début du problème 26 de la section X. Or cette phrase, dans le traité en question commence par un mot διότι qui a beaucoup intrigué les traducteurs et les commentateurs: certains ont cru à une faute de copiste ou à une glose. En fait, la présence de cette conjonction s'explique aisément si l'on veut bien admettre qu'Aristote avait présent à l'esprit le problème qu'il avait rédigé sur le nombre de pieds des animaux qui marchent. Ce problème lui a vraisemblablement servi de canevas pour la rédaction de la partie correspondante du chapitre 8 de la *Marche des Animaux*.

Un autre traité, celui de la *Génération des Animaux*, renferme d'autre part, à propos de la durée variable de la gestation dans l'espèce humaine, une référence précise aux *Problèmes*[7] qu'il n'y a pas lieu de suspecter. Aristote vient de dire que la gestation chez la femme dure entre sept et dix mois, et il ajoute: «La cause de ces variations se dégage de ce que nous venons de dire ici, et il en a été question également dans les *Problèmes*, τὸ δ' αἴτιον ἐκ τῶν νῦν λεχθέντων συνίδοι τις ἄν, εἴρηται δὲ περὶ αὐτῶν ἐν τοῖς προϛλήμασιν». Le fait est effectivement signalé dans la quarante et unième question de la section X, 895a25, même si la cause n'y est pas donnée.

Il semble donc bien que l'essentiel de cette section soit constitué de notes recueillies par Aristote en vue de ses études sur les animaux. Il est vraisemblable que si un

6. *Marche des Animaux*, 8, 708a27.
7. *Gén. des An.*, IV, 4, 772b12.

naturaliste postérieur au IVe siècle av. J.-C. avait eu le dessein de présenter un abrégé des connaissances biologiques du Stagirite, il aurait fait un travail un peu plus complet et surtout plus conforme à la formulation définitive des idées d'Aristote sur les animaux.

Nous préférons voir dans cette section des notes rédigées par Aristote lui-même. Certaines correspondent sans doute à des observations effectuées directement sur le terrain. D'autres, probablement les plus nombreuses, ont été puisées dans des ouvrages d'auteurs antérieurs. C'est du moins ce que suggère la fréquence des mots qui ne se rencontrent pas ailleurs dans le corpus aristotélicien et qui témoignent d'une très grande variété dans le choix des lectures[8]. Ces notes ont été prises à différentes époques. Mais divers indices montrent que certaines d'entre elles datent des premières recherches d'Aristote sur les animaux. La dernière phrase du problème 48 (896a37), qui traite de la longévité chez l'homme et où se trouve cette formule «δεῖ δὲ ἰδεῖν καὶ ἐπὶ τῶν ἄλλων, mais il faut aussi faire porter l'examen sur les autres animaux», prouve, semble-t-il, que l'auteur n'avait pas encore achevé les études préparatoires au traité *De la Longévité et de la Brièveté de la vie*. Au contraire le renvoi au traité *De la Respiration*, qui termine le dernier problème de cette section[9], montre que ce pro-

8. En voici la liste: ἀλωπεκία (893b38); ἀμίς (895b7); ἀναρθρία (894b21); ἀντιστοιχία (894a19); ἀπομύττεσθαι (897a31); ἀφαίνεσθαι (896a14); βραδυτόκος (891b27-28); διάλευκος (894a39); διάπαυσις (894a26); ἔκτμησις (895a1); ἐκτομίας (897b27); ἑλκώδης (895a31); ἐνέοτης (895a16); ἐπιζάπτειν (898b17, 18); ἐπιτέλεσις (894a35); ἐρευγμός (895b15); εὐπνοεῖν (896a32); ἔφυγρος (896a17); Κύπρις (896a24); κάπνισις (896b9); κορύζα (891a31, 38); λιθιᾶν (895a37); Μαγνησία (896a26); μετακίνησις (892a27); νηπιότης (896b6); ὀρτυγοτροφεῖον (892a11); οὐλοῦσθαι (893a27); πανταχῇ (898a30); παρθενία (894b35); πιερός (892b33); πολυχρονία (896a27); πρεσζῦτις (891a27); προαναφέρεσθαι (897a28); συγκλᾶν (892a15); ταχυτόκος (891b25); τραυματίζειν (893a26, b34).

9. Le problème 67, 898b25 fait référence au traité *De la Respiration*, 9, 475a20-25.

blème-là est plus récent ou qu'il a subi des retouches tardives.

Certaines de ces retouches ont été, selon toute vraisemblance, l'œuvre de l'éditeur du deuxième siècle après J.-C. C'est lui, par exemple, qui a ajouté dans le problème 23 un renvoi à une question antérieure[10]. Mais il ne semble pas qu'il ait modifié sensiblement les textes primitifs. Son intervention la plus nette apparaît dans le choix du titre que la section X a conservé à travers tout le Moyen âge. On doit reconnaître d'ailleurs que ce titre a été mal choisi. Car ce qui est présenté comme un épitomé de science naturelle n'est pas à proprement parler un résumé de l'enseignement d'Aristote en la matière: c'est bien plutôt un dossier préparé en vue d'études ultérieures.

10. Renvoi de 893a38 au problème 22, 893a19-20.

SECTION X

ABRÉGÉ DE SCIENCE NATURELLE

1. Pourquoi certains animaux toussent-ils et d'autres non, pourquoi, par exemple, l'homme tousse-t-il et le bœuf ne tousse-t-il pas? Est-ce parce que chez la plupart des animaux l'excrétion se tourne vers un autre endroit, alors que chez l'homme elle se dirige de ce côté-là? Ou est-ce parce que l'homme a le cerveau le plus volumineux et le plus humide[1], et que la toux vient d'un écoulement de mucosité[2]?

2. Pourquoi l'homme est-il le seul des animaux à saigner du nez? Est-ce parce qu'il a le cerveau le plus volumineux et le plus humide, et qu'au départ du cerveau les vaisseaux remplis de l'excrétion font sortir le flux par les conduits des narines? Car le sang malade est plus léger que le sang pur: le sang malade est celui qui est mêlé aux excrétions de l'encéphale et ressemble à une sérosité.

3. Pourquoi parmi les animaux les uns ont-ils la graisse[3] sous la peau, d'autres dans la chair, d'autres encore répartie des deux façons[4]? Est-ce que, chez ceux dont la chair est dense, l'humide se concentre entre la peau et la chair, parce que la peau est naturellement séparée de la chair, et que c'est cette humidité qui après coction devient de la graisse? Ceux au contraire dont la chair est poreuse et qui ont la peau collée contre elle[5], deviennent gras dans leur chair. Ceux qui ont une constitution intermédiaire engraissent des deux façons.

4. Pourquoi les enfants et les femmes sont-ils moins sujets que les hommes à la maladie blanche[6], et pourquoi parmi les femmes celles qui sont agées[7] sont-elles plus exposées à cette affection? Est-ce parce que la maladie blanche est une sortie de souffle, que le corps des enfants

I. ΕΠΙΤΟΜΗ ΦΥΣΙΚΩΝ.

[891a] 1. **Διὰ τί τὰ μὲν βήττει, τὰ δ' οὔ, οἷον ἄνθρωπος μὲν βήττει, βοῦς δ' οὔ; Πότερον τῷ εἰς ἄλλο τι τρέπεσθαι τοῖς πλείστοις ζῴοις τὸ περίττωμα, ἀνθρώπῳ δὲ δεῦρο; Ἢ ὅτι ἐγκέφαλον πλεῖστον καὶ ὑγρότατον ἔχει ὁ ἄνθρωπος, ἡ δὲ βὴξ καταρρέοντος γίνεται φλέγματος;**

2. **Διὰ τί ἀνθρώπῳ μόνῳ τῶν ζῴων αἷμα ῥεῖ ἐκ τῶν μυκτήρων; Ἢ ὅτι ἐγκέφαλον ἔχει πλεῖστον καὶ ὑγρότατον, ἀφ' οὗ αἱ φλέβες πληρούμεναι τοῦ περιττώματος διὰ τῶν πόρων προΐενται τὴν ῥύσιν; Λεπτότερον γὰρ γίνεται τοῦ αἵματος τοῦ καθαροῦ τὸ νοσερόν, τοῦτο δ' ἐστὶ τὸ μιχθὲν τοῖς τοῦ ἐγκεφάλου περιττώμασι, καὶ ἔστι καθάπερ ἰχώρ.**

3. **Διὰ τί τῶν ζῴων τὰ μὲν ὑπὸ δέρμα, τὰ δὲ κατὰ σάρκα πίονά ἐστι, τὰ δὲ κατ' ἀμφότερα; Ἢ ὅσων μὲν πυκνὴ ἡ σάρξ, μεταξὺ τοῦ δέρματος καὶ τῆς σαρκὸς συστέλλεται ἡ ἰκμὰς διὰ τὸ ταύτῃ εἶναι τὸ δέρμα ἀφεστὸς φύσει, ἣ πεττομένη γίνεται πιμελή; Ὅσα δ' ἀραιοτέραν ἔχει τὴν σάρκα τό τε δέρμα προεστός, κατὰ σάρκα πίονα γίνεται. Τὰ δ' ἀμφοτέρως ἔχοντα ἐπ' ἀμφότερα πιαίνεται.**

4. **Διὰ τί οἱ παῖδες καὶ αἱ γυναῖκες ἧττον ἔχουσι λεύκην τῶν ἀνδρῶν, καὶ τῶν μὲν γυναικῶν αἱ πρεσβύτιδες μᾶλλον; Ἢ ὅτι ἡ λεύκη ἐστὶ πνεύματος ἔξοδος, ἔστι δὲ τὰ μὲν**

[891a] 7 Tit. ἀριστοτέλους προβλημάτων ἐπιτομὴ φυσικῶν Yª Ap. ὅσα ἐν ἐπιτομῇ φυσικῶν x τοῦ αὐτοῦ ὅσα ἐν ἐπιτομῇ φυσικῶν Sylb. || 9 τῷ: τὸ Ap. || 11 ὑγρότατον: ὑγρότητα Ap. || 14 πλεῖστον ἔχει Ap. || ὑγρότατον: ὑγρότητα Ap. || 15 φλέγες Xª || 16 προίενται ex προίεναι scrips. Yª || 19 δέρμα scripsi ex Gaza: σάρκα codd. || 21 post σὰρξ add. ὑπὸ σάρκα codd. non hab. Gaza || 22 ταύτῃ: ταύτην Yª Ap. || εἶναι om. Ap.ª || τὸ δέρμα Sylb.: om. codd. || ἀφεστὸς edd.: ἀφεστῶς Ap. Xª ἐφεστῶς Yª Ap.ᵇ Cª || 23 ἀραιότεραν Sylb.: δεινότεραν codd. || 24 τε om. Ap. || προεστός Bekker: προεστῶς codd. προσεστός susp. Buss. *obviam* Gaza || 28 ἡ om. Ap. Cª.

n'est pas perméable au souffle mais est dense, et que le corps des femmes laisse moins passer le souffle que celui des hommes? Car le souffle se tourne en règles: leur peau lisse atteste bien la densité de leur chair. Au contraire les corps des vieillards et des femmes agées laissent passer le souffle. Car ils sont seuls à présenter, comme les vieux édifices, des brèches dans la structure de leurs parties.

5. Pourquoi[8] l'espèce humaine est-elle la seule a avoir la maladie blanche? Est-ce parce que l'homme est l'animal qui a la peau la plus fine[9] et qui, en même temps, contient le plus de souffle? La preuve, c'est que la maladie blanche vient surtout et d'abord sur les parties dont la peau est la plus fine. N'est-ce pas aussi parce qu'il est le seul animal dont les poils blanchissent[10]? En effet, dans les cas de maladie blanche, les poils deviennent gris[11], aussi est-il impossible que les animaux qui ne blanchissent pas présentent la maladie blanche.

6. Pourquoi les chèvres et les brebis donnent-elles une très grande quantité de lait bien qu'elles n'aient pas un corps bien grand, et pourquoi l'espèce humaine et les vaches en donnent-elles proportionnellement peu[12]? Est-ce parce que la matière est consacrée chez les uns au corps, chez les autres à l'excrétion[13], et que chez les brebis et les chèvres le produit de l'excrétion devient tout entier du lait? Ou est-ce parce que ces espèces sont plus prolifiques que les grandes[14], si bien qu'elles attirent une plus grande quantité d'excrétions parce qu'elles ont plus de petits à nourrir? Ou est-ce que, en raison de la faiblesse de leur corps, elles produisent plus d'excrétion quand elles sont pleines? Car le lait provient de l'excrétion[15].

7. Pourquoi certains animaux, quand ils changent d'eau, changent-ils de couleur[16] et ressemblent-ils aux animaux du pays, par exemple les chèvres, tandis que d'autres ne changent pas de couleur, comme les hommes? Et d'une manière générale, pourquoi certains animaux se transforment-ils, les autres non, comme le corbeau qui ne subit aucun changement[17]? Est-ce que les animaux qui ne changent pas sont

τῶν παίδων οὐκ εὔπνοα σώματα ἀλλὰ πυκνά, καὶ τὰ τῶν γυναικῶν ἧττον ἢ τὰ τῶν ἀνδρῶν; Εἰς τὰ καταμήνια γὰρ τρέπεται· δηλοῖ δ' ἡ λειότης τὴν πυκνότητα τῆς σαρκός. Τὰ δὲ τῶν πρεσβυτέρων καὶ τῶν γραῶν εὔπνοα· μόνα γάρ, ὥσπερ τὰ παλαιὰ οἰκοδομήματα, διεστῶσαν ἔχει τὴν σύνθεσιν τῶν μορίων.

5. Διὰ τί ἄνθρωπος μόνον ἴσχει λεύκην; Πότερον ὅτι λεπτοδερμότατον τῶν ζῴων ἐστίν, ἅμα δὲ καὶ πνευματωδέστερον; Σημεῖον δέ, ὅτι ἡ λεύκη ἐν τοῖς λεπτοδερμοτάτοις μάλιστα καὶ πρῶτον γίνεται μέρεσιν. Ἢ διὰ ταῦτά τε, καὶ [891b] ὅτι μόνον πολιοῦται τῶν ζῴων; Ἐν γὰρ ταῖς λεύκαις πολιαὶ γίνονται αἱ τρίχες, ὥστ' ἀδύνατον, ὅσα μὴ πολιοῦται, λεύκην ἴσχειν.

6. Διὰ τί αἶγες μὲν καὶ πρόβατα ἀμέλγονται πλεῖστον γάλα, οὐ μέγιστον σῶμα ἔχοντα, ἄνθρωπος δὲ καὶ βοῦς ἔλαττον ὡς κατὰ λόγον; Πότερον ὅτι εἰς τὸ σῶμα ἀναλίσκεται, τοῖς δ' ἄλλοις εἰς τὸ περίττωμα, τοῖς δὲ προβάτοις καὶ ταῖς αἰξὶ τὸ περιγινόμενον τοῦ περιττώματος γάλα γίνεται πᾶν; Ἢ ὅτι πολυτοκώτερά ἐστι τῶν μεγάλων, ὥστε πλεῖον σπᾷ περίττωμα διὰ τὸ πλείω τρέφειν; Ἢ δι' ἀσθένειαν τῶν σωμάτων πλεῖον περίττωμα γίνεται κύουσιν αὐτοῖς; Τὸ δὲ γάλα γίνεται ἐκ τοῦ περιττώματος.

7. Διὰ τί τῶν ζῴων τὰ μέν, μεταβάλλοντα τὰ ὕδατα, μεταβάλλει τὰς χρόας καὶ ὅμοια γίνεται τοῖς ἐκεῖ οἷον αἶγες, τὰ δ' οὔ, οἷον ἄνθρωποι; Καὶ ὅλως δὲ διὰ τί τὰ μὲν μεταβάλλει, τὰ δ' οὔ, οἷον κόραξ οὐ μεταβάλλει;

31 γὰρ om. Ap. || τῶν σαρκῶν X^a || 32 post καὶ add. τὰ Ap. X^a || 34 post μορίων add. τὸ σῶμα Y^a Ap. C^a || 35 ante ἄνθρωπος add. ὁ X^a.

[891b] 4 ἀμελγόμενα C^a || 5 σῶμα om. Ap.^{a1} || 7 δὲ^2 om. X^a || 8 περιγενόμενον Ap. C^aX^a || 10 πλείω Y^aC^a Ap.^{b} || 11 πλεῖον ex πλείω scrips. Y^a || 15 δὲ^2 om. C^a || διὰ τι: cap. novum numero η' in Ap. notatur.

ceux dont la nature ne maîtrise pas l'humide, comme celle des oiseaux (et c'est pourquoi ceux-ci n'ont pas de vessie[18])? Et pourquoi[19] eux-mêmes ne changent-ils pas, alors que leur progéniture le fait[20]? Est-ce parce que les petits sont plus faibles que leurs parents?

8. Pourquoi[21] les mâles sont-ils d'ordinaire plus grands que les femelles? Est-ce parce qu'ils sont plus chauds et que la chaleur est un facteur de croissance[22]? Ou est-ce parce que les mâles sont complètement achevés tandis que les autres sont des êtres mutilés[23]? Ou parce que les premiers mettent beaucoup de temps à achever leur croissance et les secondes peu[24]?

9. Pourquoi[25] y a-t-il des animaux dont la gestation est rapide[26] et d'autres qui portent longtemps? Est-ce parce que les animaux qui vivent plus longtemps s'achèvent naturellement plus lentement? Or ce sont ceux qui vivent longtemps qui ont une gestation lente. Cependant ce n'est pas toujours le cas: ainsi le cheval a une gestation plus lente que l'homme, alors qu'il vit moins longtemps[27]. La cause en est la dureté de l'utérus[28]. Car de même que la terre quand elle est sèche ne peut pas produire vite, de même en est-il pour la matrice de la jument.

10. Pourquoi chez les autres animaux les petits ont-ils plus que chez les hommes une nature semblable à celle de leurs parents[29]? Est-ce parce que l'homme, pendant le coït, a l'âme disposée de bien des manières, et que suivant les dispositions du père et de la mère les enfants qui naissent présentent des différences, tandis que chez les autres animaux la plupart sont absorbés par l'acte même? D'autre part, du fait de ce violent désir, la plupart du temps il n'y a pas de fécondation.

11. Pourquoi les personnes blondes[30] et les chevaux blancs ont-ils en général les yeux bleus? Est-ce parce que, étant donné qu'il y a trois couleurs pour les yeux[31], le noir,

18. L'absence de vessie chez les oiseaux est souvent mentionnée par Aristote: voir, par exemple, *Part. des An.*, III, 7, 670b1.

Ἢ ὧν μὲν οὐ κρατεῖ ἡ φύσις τοῦ ὑγροῦ, ὥσπερ ἡ τῶν ὀρνέων (διὸ καὶ κύστιν οὐκ ἔχει), οὐ μεταβάλλει; Καὶ διὰ τί οὐκ αὐτὰ ἀλλὰ τὰ ἔκγονα μεταβάλλει; Ἢ ὅτι ἀσθενέστερα τὰ νέα τῶν γεννησάντων;

8. Διὰ τί τὰ ἄρσενα μείζω τῶν θηλειῶν ὡς ἐπίπαν ἐστίν; Πότερον ὅτι θερμότερα, τοῦτο δὲ αὐξητικόν; Ἢ ὅτι ὁλόκληρα, τὰ δὲ πεπήρωται; Ἢ ὅτι τὰ μὲν ἐν πολλῷ χρόνῳ τελειοῦται, τὰ δ' ἐν ὀλίγῳ;

9. Διὰ τί τὰ μὲν ταχυτόκα τῶν ζῴων ἐστί, τῶν δὲ πολυχρόνιος ἡ κύησις; Ἢ ὅτι τὰ μακροβιώτερα βραδύτερον πέφυκε τελειοῦσθαι; Ἔστι δὲ βραδυτόκα τὰ μακρόβια. Οὐ μέντοι τὰ μάλιστα, οἷον ἵππος ἀνθρώπου βραδυτοκώτερον μέν, ὀλιγοχρονιώτερον δέ. Τούτου δ' αἴτιον ἡ σκληρότης τῶν ὑστερῶν· ὥσπερ γὰρ ἡ ξηρὰ γῆ οὐ ταχὺ ἐκτρέφει, οὕτω καὶ ἡ τοῦ ἵππου ὑστέρα.

10. Διὰ τί τοῖς ἄλλοις ζῴοις τὰ ἔκγονα μᾶλλον τὰς φύσεις ὁμοιοῦται ἢ τοῖς ἀνθρώποις; Ἢ ὅτι ὁ μὲν ἄνθρωπος πολλαχῶς διατίθεται τὴν ψυχὴν κατὰ τὴν ὁμιλίαν, καθὼς δ' ἂν ὁ πατὴρ καὶ ἡ μήτηρ διατεθῶσιν, οὕτω ποικίλλεται καὶ τὰ τικτόμενα, τὰ δ' ἄλλα ζῷα τὰ μὲν πλεῖστα πρὸς αὐτὸ τοῦτό εἰσιν; Ἔτι δ' οὐ πληροῦται ὡς ἐπὶ τὸ πολὺ διὰ ταύτην τὴν ἐπιθυμίαν.

[892a] 11. Διὰ τί οἱ λευκοὶ ἄνθρωποι καὶ ἵπποι ὡς ἐπὶ τὸ πολὺ γλαυκοί; Ἢ διότι τριῶν χρωμάτων ὄντων τοῖς ὄμμασι, μέλανος καὶ αἰγωποῦ καὶ γλαυκοῦ, τῷ τοῦ σώματος

18 οὐ Sylb.: οὔτε codd. || 19 ἔκγονα ex ἔγγονα scrips. Y[a] ἔγγονα C[a] || 20 post γεννησάντων titulus in Ap. rubro inscribitur ἔτι περὶ τῶν αὐτῶν et cap. 8 numero α' notatur 9 β' et sic deinceps usque ad sectionis finem || 21 μείζονα Ap. || θηλυκῶν Ap.[a] θηληῶν Ap.[b] θηλέων propos. Sylb. || 22 θερμότερον Ap.[b] || 25 τῶν ζῴων ante τὰ transp. C[a] || 27 post δὲ add. τὰ C[a] || 28 μέντοι τὰ: μὲν Ap.[a] || μάλιστα: μέγιστα propos. Ruelle || 29 post μὲν add. μάλιστα Ap. X[a] || 32 ἔκγονα ex ἔγγονα scrips. Y[a] ἔγγονα C[a] || 35 ὁ: ὅ τε Y[a] Ap. X[a] || 36 καὶ τὰ: κατὰ X[a] || 37 et 892a 1 ἐπιτοπολὺ Ap. ut semper.

[892a] 2 γλαυκοί: *caesiis oculis* Gaza et Ap.[b] in marg.

le jaune des chèvres et le bleu, la couleur de l'œil est fonction de la couleur du corps? Dans le cas cité c'est le bleu pâle[32].

12. Pour quelle raison naît-il des nains[33]? Et d'une manière plus générale pourquoi y a-t-il des êtres tout à fait grands et d'autres petits? Eh bien[34], voici la façon de considérer la question. Il y a deux raisons: est en cause ou l'espace ou la nourriture; l'espace s'il est étroit, la nourriture si elle est peu abondante; comme c'est le cas pour les animaux qu'on prend à la naissance et qu'on essaie de rendre petits, par exemple les petits chiens qu'on élève dans les cages à cailles[35]. Donc quand c'est l'espace qui est en cause il naît des pygmées[36]. Ceux-ci ont la largeur et la longueur proportionnées à la taille des parents, mais ils sont tout à fait petits. La raison en est qu'à cause de l'étroitesse de l'espace les lignes droites déformées deviennent des courbes. Donc, de même que les personnages représentés sur les boutiques sont petits mais apparaissent avec une certaine largeur et une certaine profondeur, de même en est-il pour les pygmées. Quant aux êtres qui sont inachevés par déficience de nourriture, ils ont les membres qui ressemblent manifestement à ceux des enfants. Et il est possible d'en voir qui sont très petits mais bien proportionnés, comme sont les petits chiens de Mélité[37]; la raison en est que la nature n'agit pas comme fait le lieu[38].

13. Pourquoi, parmi les êtres vivants, y en a-t-il qui naissent les uns des autres[39], et d'autres de certaines combinaisons par une génération[40] semblable à celle qui fut la leur à l'origine[41]? A la façon dont les décrivent les naturalistes qui disent qu'au tout début la génération des êtres vivants s'est effectuée sous l'influence des changements et des bouleversements du monde et de l'univers, qui furent d'une ampleur si considérable[42]. Et maintenant, si le phénomène doit se reproduire, il faut que surviennent d'abord certains changements du même genre. Car le commence-

χρώματι καὶ τὸ τοῦ ὀφθαλμοῦ χρῶμα ἀκολουθεῖ; Τοῦτο δ' ἐστὶ γλαυκότης.

12. Διὰ τίνα αἰτίαν οἱ νάνοι γίνονται; Ἔτι δὲ μᾶλλον καθόλου, διὰ τί τὰ μὲν ὅλως μεγάλα, τὰ δὲ μικρά; Εἶτα οὕτω σκεπτέον. Δύο δὴ τὰ αἴτια· ἢ γὰρ ὁ τόπος ἢ ἡ τροφή. Ὁ μὲν οὖν τόπος, ἐὰν ᾖ στενός, ἡ δὲ τροφή, ἐὰν ᾖ ὀλίγη, ὥσπερ καὶ ἤδη γεγενημένων πειρῶνται μικροὺς ποιεῖν, οἷον οἱ τὰ κυνίδια τρέφοντες ἐν τοῖς ὀρτυγοτροφείοις. Ὅσοις μὲν οὖν ὁ τόπος αἴτιος, οὗτοι πυγμαῖοι γίνονται. Τὰ μὲν γὰρ πλάτη καὶ τὰ μήκη ἔχοντες γίνονται κατὰ τὸ τῶν τεκόντων μέγεθος, μικροὶ δ' ὅλως. Τούτου δὲ αἴτιον, ὅτι διὰ τὴν στενότητα τοῦ τόπου συγκλώμεναι αἱ εὐθεῖαι καμπύλαι γίνονται. Ὥσπερ οὖν οἱ ἐπὶ τῶν καπηλείων γραφόμενοι μικροὶ μέν εἰσι, φαίνονται δ' ἔχοντες πλάτη καὶ βάθη, ὁμοίως συμβαίνει καὶ τοῖς πυγμαίοις. Ὅσοι δὲ διὰ τροφῆς ἔνδειαν ἀτελεῖς γίνονται, οὗτοι καὶ παιδαριώδη τὰ μέλη ἔχοντες φαίνονται. Καὶ ἐνίους ἰδεῖν ἔστι μικροὺς μὲν σφόδρα, συμμέτρους δέ, ὥσπερ τὰ Μελιταῖα κυνίδια. Αἴτιον δ' ὅτι οὐχ ὡς ὁ τόπος ἡ φύσις ποιεῖ.

13. Διὰ τί τῶν ζῴων τὰ μὲν ἐξ ἀλλήλων γίνεται, τὰ δ' ἔκ τινων συγκρινομένων ὁμοίως τῆς ἐξ ἀρχῆς γενέσεως αὐτοῖς ὑπαρξάσης; Καθάπερ οἱ περὶ φύσεως λέγοντες λέγουσι καὶ τὴν ἐξ ἀρχῆς γένεσιν τῶν ζῴων γενέσθαι, διὰ τὰς μεταβολὰς καὶ μετακινήσεις τοῦ κόσμου καὶ τοῦ παντὸς οὕτω μεγάλας· καὶ νῦν εἴπερ μέλλει πάλιν ἔσεσθαι, τοιαύτας τινὰς ὑπάρξαι δεῖ κινήσεις. Ἡ μὲν γὰρ ἀρχὴ παντὸς ἔργου μέγιστον· ἥμισυ γάρ· τὸ δὲ σπέρμα ἀρχή.

7 ὅλως om. Gaza || 8 εἶτα οὕτω σκεπτέον om. Gaza || 10 ᾖ om. Y[a] || ante ὥσπερ add. καὶ C[a] || μικροῦ Y[a] Ap. || μικροὺς ποιεῖν: μικροποιεῖν coni. Ruelle || 11 κυνίδια: κυνήγια Ap. || ὀρτυγοτροφίοις Ap. C[a]X[a] || 13 τὰ om. Y[a]C[a] || 16 καπηλίων Ap. X[a] || 18 τοῖς πυγμαίοις Sylb.: τοὺς πυγμαίους codd. || ὅσοις Y[a] || 19 καὶ om. Ap.[a] || 25 ante κάθαπερ add. ἢ Sylb. || 27 μετακινήσεις: κινήσεις C[a] || 29 τινὰς om. C[a] || 30 μέγιστον om. Ap.[a].

ment est la partie la plus importante de toute œuvre: c'en est la moitié[43]. Or la semence est un commencement. Donc, pour les êtres de petite taille qui ne naissent pas les uns des autres, la raison qui les fait naître de la même façon qu'ils furent formés à l'origine, est la petitesse de la semence. Car ce qui est plus petit a un principe plus petit, si bien que les modifications de ce germe suffisent[44] pour que cet être engendre à partir de soi-même[45]. Et c'est ce qui se produit. Ces animaux naissent surtout dans les changements. Pour les plus grands il faut aussi un changement plus grand.

14. Pourquoi certains animaux sont-ils multipares[46], comme le porc, le chien, le lièvre, alors que d'autres ne le sont pas, comme l'homme ou le lion? Est-ce parce que les uns ont plusieures matrices[47], plusieurs moules[48] qu'ils ont le désir de remplir et où la semence se divise, et que c'est le contraire pour les autres?

15. Pourquoi l'homme est-il parmi les animaux celui qui a l'intervalle entre les yeux le plus petit proportionnellement à sa taille? Est-ce parce qu'il est plus conforme à la nature que les autres et que la sensation porte naturellement sur ce qui se trouve en face? Car c'est l'objet vers lequel le mouvement se dirige qu'il faut voir à l'avance[50]. Or, plus l'intervalle entre les yeux est grand, plus les rayons visuels divergeront. Donc, pour être conforme à la nature, il faut que l'intervalle soit le plus petit possible. Car c'est dans ces conditions que l'on se dirigera le mieux vers l'avant. D'autre part, il est nécessaire que les autres animaux, puisqu'ils n'ont pas de mains[51], puissent regarder de côté. C'est pourquoi leurs yeux sont plus éloignés l'un de l'autre, et pourquoi c'est surtout le cas des moutons, parce qu'ils cheminent la tête baissée[52].

16. Pourquoi les autres animaux n'ont-ils par de pollutions nocturnes ou en ont-ils peu[53]? Est-ce parce qu'aucun ne se couche sur le dos, et qu'il n'y a pas de pollution de ce genre sans cette position? Ou est-ce parce que les autres animaux ne rêvent pas autant que l'homme[54] et que la pollution nocturne est affaire d'imagination[55]?

Τῶν μὲν οὖν μικρῶν ὅσα γίνεται μὴ ἐξ ἀλλήλων, αἴτιον τοιαῦτα γενέσθαι ὥσπερ ἐξ ἀρχῆς ἐγεννήθησαν ἡ τοῦ σπέρματος μικρότης· τοῦ γὰρ ἐλάττονος καὶ ἡ ἀρχὴ ἐλάττων. Ὥσθ' ἱκαναὶ καὶ αἱ τούτου μεταβολαὶ πρὸς τὸ γεννῆσαι αὐτῷ τὸ σπέρμα. Ὅπερ συμβαίνει· γίνονται γὰρ ἐν ταῖς μεταβολαῖς μάλιστα. Τοῖς δὲ μείζοσι μείζονος δεῖ καὶ μεταβολῆς.

14. Διὰ τί τὰ μὲν πολύτεκνα τῶν ζῴων, οἷον ὗς, κύων, [892b] λαγώς, τὰ δ' οὔ, οἷον ἄνθρωπος, λέων; Ἢ ὅτι τὰ μὲν πολλὰς μήτρας καὶ τύπους ἔχει, ἃς καὶ πίμπλασθαι ἐπιθυμεῖ καὶ εἰς ἃ σχίζεται ἡ γονή, τὰ δὲ τοὐναντίον;

15. Διὰ τί ἐλάχιστον διάστημα τῶν ὀμμάτων ὁ ἄνθρωπος ἔχει τῶν ζῴων κατὰ μέγεθος; Ἢ διότι μάλιστα κατὰ φύσιν ἔχει τῶν ἄλλων, ἡ δ' αἴσθησις φύσει τὸ ἔμπροσθεν; Ἐφ' ὃ γὰρ ἡ κίνησις, τοῦτο δεῖ προορᾶν. Ὅσῳ δ' ἂν ᾖ πλεῖον τὸ διάστημα τῶν ὀμμάτων, τοσούτῳ μᾶλλον αἱ ὄψεις ἔσονται ἐν τῷ πλαγίῳ. Εἰ οὖν ἔχειν δεῖ κατὰ φύσιν, ὅτι ὀλίγιστον δεῖ τὸ διάστημα εἶναι· οὕτω γὰρ εἰς τὸ πρόσθεν μάλιστα πορεύσεται. Ἔτι δὲ τοῖς ἄλλοις ζῴοις, ἐπεὶ χεῖρας οὐκ ἔχουσιν, ἀναγκαῖον παρορᾶν εἰς τὰ πλάγια. Διὸ πλεῖον διέστηκε τὰ ὄμματα αὐτῶν, καὶ μάλιστα τῶν προβάτων, διὰ τὸ μάλιστα ποιεῖσθαι τὴν πορείαν κύπτοντα.

16. Διὰ τί τὰ ἄλλα ζῷα τὰ μὲν οὐκ ἐξονειρώττει, τὰ δὲ ὀλιγάκις; Πότερον ὅτι οὐδὲν ὕπτιον κατάκειται, ἐξονειρώττει δ' οὐδὲν μὴ ὕπτιον; Ἢ ὅτι οὐκ ἐνυπνιάζει τὰ ἄλλα ὁμοίως, ὁ δὲ ἐξονειρωγμὸς μετὰ φαντασίας γίνεται;

31 ante ὅσα add. καὶ Y^a Ap. X^a || post αἴτιον add. τοῦ Richards Hett || 32 ἐγενήθησαν Y^a || 36 μείζοσι om. X^a || δεῖ καὶ: δεῖται Ap. δεῖ C^a.

[892b] 1 λαγώς om. C^a || 2 ἅς: ἴσας Y^aC^a ἴσας Ap. Y^c || 6 ἄλλων om. Ap.^{a} || τὸ: τοῦ Richards Hett || 7 δεῖ: δὲ Y^a Ap. C^a || 8 πλεῖον: πλεῖστον C^a || 8-9 ἔσονται αἱ ὄψεις C^a || 15 ἄλλα om. Ap. || 16 ὕπνιον Ap.^{a1}.

17. Pourquoi, parmi les animaux, les uns remuent-ils la tête et les autres ne la remuent-ils pas? Est-ce parce que quelques-uns n'ont pas de cou[56]? Aussi ceux-là ne bougent-ils pas la tête.

18. Pourquoi[57] l'homme est-il celui des animaux qui éternue le plus[58]? Est-ce parce que chez lui les conduits par lesquels entrent l'air et l'odeur sont larges? En effet, on éternue quand ces conduits sont pleins de souffle. Ce qui prouve qu'ils sont larges c'est que l'homme est de tous les animaux celui qui a l'odorat le moins développé[59]. Or plus les canaux sont étroits, et plus la sensation est vive[60]. Donc si l'humide, qui en se vaporisant produit l'éternuement, pénètre dans les canaux larges en plus grande quantité et avec une fréquence plus grande, et si les hommes en ont de ce type plus que les autres animaux, il est naturel qu'ils puissent éternuer davantage. Ou est-ce parce que les narines ont très peu de longueur, si bien que l'humide qui s'y réchauffe peut rapidement devenir de l'air? Chez les autres animaux, en raison de la longueur, le liquide est refroidi avant.

19. Pourquoi la langue d'aucun animal n'est-elle grasse? Est-ce parce que le gras est dense et que la langue est de nature poreuse[61], afin de percevoir les saveurs?

20. Pourquoi les femelles urinent-elles avec effort et non pas les mâles? Est-ce parce que la vessie des femelles est plus éloignée en profondeur comme en longueur[62]? En effet, chez elles, entre le fondement et la vessie se trouve la

56. Sur l'absence de cou voir les *Part. des An.*, III, 3, 664a12-16; IV, 10, 686 2-5.

57. Cette question est reprise et développée dans le problème 54. Elle est reproduite dans le problème 10 de la section XXXIII, qui lui-même se retrouve dans les *Problèmes Inédits*, II, 51.

58. Aristote ne parle pas ailleurs de l'éternuement.

59. Cette particularité de l'espèce humaine est signalée dans le traité *De la Sensation*, 4, 440b31 - 441a2, et dans le traité *De l'Ame*, II, 9, 421a9-18.

60. Dans la *Gén. des An.*, V, 2, 781b10, Aristote insiste surtout sur l'importance de la longueur du nez.

17. Διὰ τί τῶν ζῴων τὰ μὲν κινεῖ τὴν κεφαλήν, τὰ δ' οὐ κινεῖ; Ἢ ὅτι ἔνια οὐκ ἔχει αὐχένα; Διὸ ταῦτα οὐ κινεῖ τὴν κεφαλήν.

18. Διὰ τί ἄνθρωπος πτάρνυται τῶν ζῴων μάλιστα; Πότερον ὅτι τοὺς πόρους εὐρεῖς ἔχει δι' ὧν τὸ πνεῦμα καὶ ὀσμὴ εἰσέρχεται; Τούτοις γὰρ πνεύματος πληρουμένοις πτάρνυται. Ὅτι δ' εὐρεῖς, σημεῖον ὅτι ἥκιστα ὀσφραντικὸν τῶν ἄλλων ζῴων· ἀκριβέστεροι δ' οἱ λεπτότεροι. Εἰ οὖν εἰς μὲν τοὺς εὐρεῖς πλέον καὶ πλεονάκις εἰσέρχεται τὸ ὑγρόν, οὗ πνευματουμένου ὁ πταρμὸς γίνεται, τοιούτους δὲ μάλιστα τῶν ζῴων οἱ ἄνθρωποι ἔχουσι, πλειστάκις ἂν πτάρνοιντο εἰκότως. Ἢ ὅτι ἐλάχιστοι κατὰ τὸ μῆκος οἱ μυκτῆρες, ὥστε τὸ θερμανθὲν ὑγρὸν ταχὺ δύναται πνεῦμα γίνεσθαι; Ἐν δὲ τοῖς ἄλλοις διὰ μῆκος καταψύχεται πρότερον.

19. Διὰ τί ἡ γλῶττα οὐδενὸς πιερὰ τῶν ζῴων; Ἢ ὅτι τὸ πῖον πυκνόν, ἡ δὲ γλῶττα ἀραιὰ φύσει ἐστίν, ὅπως τοὺς χυμοὺς γνωρίζῃ;

20. Διὰ τί τὰ θήλεα συντάσει οὐρεῖ, τὰ δ' ἄρρενα οὔ; Ἢ ὅτι πορρώτερόν ἐστιν ἡ κύστις ἡ τῶν θηλειῶν, καὶ εἰς βάθος καὶ εἰς μῆκος; Μεταξὺ γὰρ αὐτῶν ἡ μήτρα τῆς ἕδρας καὶ [893a] **τῆς κύστεως. Ὥστε δεῖται βίας πλείονος τὸ ἐκπεμπόμενον**

22 ante ἄνθρωπος add. ὁ *Probl. Ined.* II, 51 || πτάρνυται μάλιστα τῶν ἄλλων ζῴων *XXXIII* 10 μᾶλλον πτάρνυται τῶν ἀλόγων ζῴων *Probl. Ined.* II, 51 || 23 εὐρεῖς: εὐχερεῖς Y^{a1} εὐχρεῖς C^{a} || ὀσμή: ῥύμη *XXXIII* 10 et *Probl. Ined.* II, 51 || 24 γὰρ: δὲ Ap. || πληρουμένοις πνεύματος Y^{a} Ap. C^{a} || 25 ὅτι^{2} om. C^{a} || ἄλλων om. *XXXIII* 10 || 26 λεπτότεροι: λεπτόποροι corr. Buss. ex *XXXIII* 10, 962b 12, *Probl. Ined.* II, 51 et Gaza *quo enim arctiores meatus sint* || μὲν om. $Ap.^{a}$ et *Probl. Ined.* II, 51 || 27 τὸ om Y^{a} Ap. X^{a} || πνευματουμένοις Y^{a} $Ap.^{b}$ X^{a} || 28 ὁ om. *Probl. Ined.* II, 51 || 29 πτάρνοιντο Sylb.: πτάρνυντο codd. et *Probl. Ined.* II, 51 πταρνύοιντο vel ἐπτάρνυντο legend. cens. Buss. || 30 ἢ ὅτι: ὅσοις *XXXIII* 10 || ἐλάχιστον Y^{a} Ap. X^{a} || τὸ^{2} om. *Probl. Ined.* II. 51 || 31 δύναται πνεῦμα γίνεσθαι: ἐξιέναι δύνανται πνεῦμα γενόμενον *XXXIII* 10 ἐξιέναι δύνασθαι πνεῦμα γενόμενον *Probl. Ined.* II, 51 || γενέσθαι C^{a} || 32 ante μῆκος add. τὸ *Probl. Ined.* II, 51 || 35 γνωρίζει Y^{a1} || 37 ἡ^{2} om. C^{a} || 38 εἰς om. $Y^{a}C^{a}$.

matrice. Si bien qu'il faut plus de force pour expulser le liquide, à cause de l'intervalle de la matrice. La force est acquise par un effort intense fourni par le souffle.

21. Pourquoi les animaux qui ne volent pas perdent-ils leur pelage d'hiver, à l'exception du cochon? En effet, le chien comme le bœuf le perdent. Est-ce parce que le cochon est très chaud et que chez lui les poils viennent naturellement de la chaleur? Car le gras a cette qualité[63]. Donc chez les autres animaux les poils tombent soit du fait que l'humide se refroidit, soit parce que la chaleur propre de ces animaux est incapable d'assurer la coction de la nourriture. Le cochon, au contraire, soit parce que l'humidité qui est en lui n'est pas affectée, soit parce que la coction se produit convenablement, ne perd pas ses poils. Car lorsque la cause de cette chute se présente, la graisse suffit à en empêcher l'effet. Les moutons et les ânes[64], en raison de l'abondance et de l'épaisseur de leurs poils, sont à l'abri de cette chute. Car le refroidissement ne se propage pas en profondeur au point de geler l'humidité ou d'empêcher la chaleur d'opérer la coction.

22. Pourquoi[65] la toison des moutons[66] repousse-t-elle plus douce quand elle a été arrachée, tandis que les poils et les cheveux des hommes sont plus durs? Est-ce parce que les poils des moutons poussent à partir de la surface? Et c'est pourquoi ils s'arrachent sans douleur, le principe de leur nutrition restant intact du fait qu'il se trouve dans la chair. Donc, les pores étant ouverts, les excrétions s'évaporent mieux et la laine reçoit la nourriture propre à la chair. Or la chair se nourrit de substances molles et douces. Au contraire les poils et les cheveux des hommes, qui poussent des profondeurs, sont arrachés de force et non sans douleur. Ce qui le montre bien c'est qu'on fait sortir du sang. L'endroit est donc blessé et il s'y produit même des cicatrices. C'est ce qui finit par arriver à ceux qui sont épilés. Mais, aussi longtemps qu'ils repoussent, les poils sont durs, parce que toute la nourriture qui profite à la chair fait défaut et qu'ils sont formés à partir de résidus. En voici la

διά γε τὴν ἀπόστασιν τῆς μήτρας. Βιάζεται δὲ συντεῖνον τῷ πνεύματι.

21. Διὰ τί τῶν ζῴων ὅσα μὴ πέτεται, πάντα ἀποβάλλει τὰς χειμερινὰς τρίχας, πλὴν ὑός; Καὶ γὰρ κύων ἀποβάλλει καὶ βοῦς. Ἢ ὅτι θερμότατον ἡ ὗς ἐστί, καὶ ἐκ θερμοῦ πεφύκασιν αἱ τρίχες αὐτῇ; Τοιοῦτον γάρ ἐστι τὸ λιπαρόν. Τῶν μὲν οὖν ἄλλων ἢ διὰ τὸ ἀποψύχεσθαι τὸ ὑγρὸν ἀποπίπτουσιν, ἢ πέττειν τροφὴν οὐ δυναμένης τῆς οἰκείας θερμότητος. Ἡ δ' ὗς ἢ διὰ τὸ μηδὲν πάσχειν τὴν ὑγρότητα τὴν ἐν αὐτῇ, ἢ διὰ τὸ πέττεσθαι καλῶς τὴν τροφήν, οὐκ ἀποβάλλει τὰς τρίχας. Ὁπότε γὰρ ἡ αἰτία τῆς ἀποβολῆς ἐστίν, ἱκανὴ ἡ πιότης κωλῦσαι. Πρόβατα δὲ καὶ ὄνοι διὰ πλῆθος καὶ πυκνότητα τῆς τριχὸς ἀπαθῆ ἐστίν· οὐ γὰρ διικνεῖται ἡ ψύξις εἰς βάθος, ὥστε πῆξαι τὴν ὑγρότητα ἢ πέψαι κωλῦσαι τὴν θερμότητα.

22. Διὰ τί τῶν μὲν προβάτων μαλακώτεραι αἱ τρίχες ἀναφύονται τιλλόμεναι, τῶν δ' ἀνθρώπων σκληρότεραι; Ἢ ὅτι τῶν μὲν προβάτων ἐκ τοῦ ἐπιπολῆς πεφύκασιν; Διὸ καὶ ἀλύπως ἐκσπῶνται, μενούσης τῆς ἀρχῆς τῆς τροφῆς ἀδιαφθόρου, ἥ ἐστιν ἐν σαρκί. Τὰ μὲν οὖν περιττώματα ἀνοιχθέντων ἐξατμίζει μᾶλλον, τὸ δὲ ἔριον σαρκὸς οἰκείαν τροφὴν λαμβάνει· σὰρξ δὲ μαλακοῖς καὶ γλυκέσι τρέφεται. Αἱ δὲ τῶν ἀνθρώπων τρίχες ἐκ βάθους πεφυκυῖαι βίᾳ καὶ μετ' ἀλγηδόνος ἐκσπῶνται. Δῆλον δέ· ἐπισπῶνται γὰρ αἷμα. Τραυματιζομένου οὖν τοῦ τόπου συμβαίνει αὐτὸν καὶ οὐλοῦσθαι. Διὸ τέλος μὲν συμβαίνει γίνεσθαι τοῖς τιλλομένοις· ἕως δ' ἂν ἀνιῶσι τρίχες, σκληρὰς ἀνιέναι διὰ τὸ τὴν μὲν τροφώδη τῆς σαρκὸς ἐκλελοιπέναι

[893a] 4 πέττεται C^{a} ‖ 6 ἡ: ὁ Ap. $C^{a}X^{a}$ ‖ 7 αὐτῇ: αὐτῷ Ap. $C^{a}X^{a}$ ‖ 9 διαπέττειν C^{a} ‖ ante τροφὴν addend. cens. τὴν Buss. ‖ 10 ἡ δὲ ὗς et 11 ἢ add. Forster ex Gaza ‖ 11 πέττεσθαι: αὐτῇ διαπέττεσθαι C^{a} ‖ 13 ὄνοι scripsi: ἄνθρωποι codd. et Gaza ‖ 16 κωλύει C^{a} ‖ 18 ἀναφύονται: ἀναφέρονται *Probl. Ined.* II, 76 ‖ τιλλομένων *Probl. Ined.* II, 76 ‖ 20 τῆς τροφῆς om. C^{a} ‖ 21 ἀδιαφόρου X^{a} ‖ 27 συμϐαίνειν Y^{a} Ap.

preuve: les cheveux de tous les peuples méridionaux sont durs[67], parce que la chaleur extérieure qui pénètre en profondeur fait évaporer la nourriture bien élaborée, tandis que les peuples du nord ont les cheveux souples. Car chez eux le sang et les sucs doux se trouvent plutôt en surface. Et c'est pourquoi ils ont un beau teint.

23. Pourquoi les poils des moutons deviennent-ils plus durs à mesure qu'ils allongent et les cheveux des humains plus souples? Est-ce parce que les poils des moutons, puisant leur nourriture comme ou l'a dit[68], se développent loin du principe, qu'ils sont ainsi insuffisamment nourris et que la nourriture qui leur échoit s'évapore facilement en dehors d'eux sous l'effet de la chaleur, du fait qu'elle est bien digérée? Une fois desséchés les poils deviennent plus durs. Car l'humide est mou. Au contraire les cheveux des hommes reçoivent moins de nourriture, mais ils la puisent plus près du principe. Elle subit, dans leur cas, une coction plus complète, parce qu'elle est moins abondante. Et, sa coction achevée, elle rend le cheveu plus souple. Car tout ce dont la cuisson est achevée est plus mou que ce qui n'est pas cuit. Le poil de l'homme vient d'une excrétion plus abondante que celui des moutons. La preuve: les jeunes moutons ont la laine plus douce que les vieux[69].

24. Pourquoi[70] les hommes velus et les oiseaux à plumage épais sont-ils lascifs[71]? Est-ce parce qu'ils sont humides et chauds par nature et qu'il faut ces deux qualités pour la copulation? Car le chaud opère la sécrétion et l'humide est sécrété. La même raison vaut aussi pour les hommes qui boitent[72]. Chez eux la nourriture se dirige en petite quantité vers le bas, en raison de l'état défectueux de leurs jambes, mais elle va en abondance vers la région au-dessus et elle se convertit en sperme.

67. Le fait est signalé dans l'*Hist. des An.*, III, 10, 517b15-21. Des explications plus précises sont fournies dans la *Gén. des An.*, V, 3, 782b33 - 783a32. Voir aussi les *Physiognomoniques*, 1, 806b15.

68. Renvoi au problème précédent, 893a19-20.

πᾶσαν τροφήν, ἐκ περιττωμάτων δ' αὐτὰς γίνεσθαι. Σημεῖον δέ· τῶν μὲν γὰρ πρὸς μεσημβρίαν πάντων σκληραί εἰσιν αἱ τρίχες διὰ τὸ τὸ ἐκτὸς θερμὸν εἰς βάθος διικνούμενον ἐξατμίζειν τὴν εὔπεπτον τροφήν, τῶν δ' ὑπὸ τὰς ἄρκτους μαλακαί. Τούτοις γὰρ ἐπιπολῆς μᾶλλόν ἐστι τό θ' αἷμα καὶ οἱ γλυκεῖς χυμοί· διὸ καὶ εὔχροοί εἰσιν.

23. Διὰ τί αἱ μὲν τῶν προβάτων τρίχες ὅσῳ ἂν μακρότεραι ὦσι, σκληρότεραι γίνονται, αἱ δὲ τῶν ἀνθρώπων μαλακώτεραι; Ἢ ὅτι αἱ τῶν προβάτων, οἵαν εἴρηται τροφὴν ἔχουσαι, μακρὰν τῆς ἀρχῆς ἀπαρτώμεναι ἀτροφώτεραί εἰσι, καὶ ῥᾳδίως ἐξ αὐτῶν ἐξατμίζεται ὑπὸ τοῦ
[893b] θερμοῦ ἡ ἐνυπάρχουσα τροφὴ δι' εὐπεψίαν; Ξηραινόμεναι δὲ σκληρότεραι γίνονται· τὸ γὰρ ὑγρὸν μαλακόν. Αἱ δὲ τῶν ἀνθρώπων ἐλάττω μέν, μᾶλλον δὲ τῆς ἀρχῆς. Πέττεται δ' αὐταῖς μᾶλλον διὰ τὸ ἐλάττω εἶναι· πεττομένη δὲ μαλακωτέραν ποιεῖ τὴν τρίχα· πάντα γὰρ τὰ πεπεμμένα τῶν ἀπέπτων μαλακώτερά ἐστιν. Ἐκ περιττώματος γὰρ πλείστου ἡ τοῦ ἀνθρώπου θρὶξ ἢ ἡ τοῦ προβάτου. Σημεῖον δέ· τὰ γὰρ νέα πρόβατα τῶν παλαιῶν μαλακώτερα ἔχει τὰ ἔρια.

24. Διὰ τί οἱ ἄνθρωποι καὶ οἱ ὄρνιθες οἱ δασεῖς λάγνοι εἰσίν; Ἢ ὅτι θερμοὶ καὶ ὑγροὶ τὴν φύσιν εἰσί, δεῖ δὲ ἀμφοῖν πρὸς τὴν ὀχείαν; Τὸ μὲν γὰρ θερμὸν ἐκκρίνει, τὸ δ' ὑγρὸν ἐκκρίνεται. Διὰ τὸ αὐτὸ δὲ καὶ οἱ χωλοὶ ἄνδρες· ἡ γὰρ τροφὴ αὐτοῖς ὀλίγη μὲν κάτω ἀφικνεῖται διὰ τὴν ἀναπηρίαν τῶν σκελῶν, εἰς δὲ τὸν ἐπάνω τόπον ἔρχεται πολλή, καὶ εἰς σπέρμα συγκρίνεται.

30 γίνεται Ap.^{a2} || 32 alterum τὸ om. C^{a}X^{a} || 33 ἐξατμίζειν X^{a} et Gaza: ἐξετάζειν cett. codd. || 36 μακρότεραι: μαλακώτεραι Ap. || 39 ἔχουσαι — ἀρχῆς om. Ap. || 40 ἐξατμίζεται ἐξ αὐτῶν Ap.^{b}.

[893b] 1 ὑπάρχουσα Ap.^{a} || ἀπεψίαν coni. Buss. ex Gaza || 2 σκληρότεραι scrips. Buss. ex Gaza: ξηρότεραι codd. || 6 τῶν om. C^{a} || 7 πλείστου: πλεῖον Hett || 9 post ἔρια add. *copia namque excrementi pilum et ovis et hominis procreat* Gaza || 13 ἡ: οἱ Ap.^{a} || 14 μὲν κάτω Bekker: κάτω μὲν codd. || 15 ἀναπηρίαν: ἀπειρίαν Y^{a} Ap. X^{a}.

25. Pourquoi[73] l'homme n'a-t-il pas de crinière? Est-ce parce qu'il a une barbe et qu'en conséquence l'apport nutritif de l'excrétion destiné à la crinière s'en va de cet endroit et se dirige vers les mâchoires?

26. Pourquoi[74] tous les animaux ont-ils les pieds en nombre pair? Est-ce parce qu'il n'est pas possible de se mouvoir sans un point d'appui, à moins de sauter? Donc, puisque la marche se fait nécessairement en deux temps, le mouvement et l'arrêt, cela fait bien deux et ce nombre déjà est pair. Et les quadrupèdes sont appelés ainsi parce qu'ils ont plus de deux pieds: ils soulèvent deux pattes et les deux autres restent en place[75]. Même chose pour ceux qui en ont six. Et pour les autres c'est encore deux: l'un des groupes de pieds est en mouvement pendant que l'autre est immobile[76].

27. Pourquoi[77], chez les chevaux et chez les ânes, des poils peuvent-ils pousser sur les cicatrices et non chez l'homme? Est-ce parce que chez les autres animaux la peau est une partie de la chair, tandis que chez l'homme c'est une espèce d'affection de la chair? Il semble, en effet, que chez ce dernier la partie superficielle de la chair en se refroidissant devienne plus dure, comme les pellicules qu'on appelle «peaux» sur les bouillies de froment[78]. Donc, puisque ces croûtes ne sont que de la farine de blé bouillie, ce qu'on appelle la peau de l'homme doit bien être de la chair. Quand un homme est blessé ou contusionné, il s'ensuit que sa chair durcit. Aussi, comme la surface de la chair se trouve altérée, les parties blessées n'ont plus la même nature[79] qu'elles avaient à la naissance. Du fait que la chair est altérée, il n'est pas étonnant qu'il ne naisse plus rien d'elle, pas plus que des marques laissées par ce qu'on appelle les alopécies[80]: ce sont des corruptions et des altérations de la partie superficielle de la chair. Au contraire, chez les bêtes de somme blessées et guéries les parties du corps qui ont été lésées se régénèrent: elles sont identiques

25. Διὰ τί ὁ ἄνθρωπος χαίτην οὐκ ἔχει; Ἢ διότι πώγωνα ἔχει, ὥσθ' ἡ ἐκεῖ ἀπελθοῦσα τροφὴ τῆς ποιαύτης περιττώσεως εἰς τὰς σιαγόνας ἔρχεται;

26. Διὰ τί πάντα τὰ ζῷα ἀρτίους τοὺς πόδας ἔχει; Ἢ ὅτι οὐκ ἐνδέχεται κινεῖσθαι μὴ ἑστηκότος τινός, ἂν μὴ ἅλληται; Ἐπεὶ τοίνυν ἐκ δυοῖν τινοῖν κίνησιν ἀνάγκη τῇ πορείᾳ εἶναι, ἔκ τε κινήσεως καὶ στάσεως, ταῦτα δὲ δύο, καὶ ἄρτια ἤδη. Καὶ τετράποδα, διότι πλείους· τοὺς μὲν γὰρ δύο κινεῖ, οἱ δὲ δύο ἑστήκασιν. Καὶ οἱ ἕξ· καὶ τὰ ἄλλα δὲ δύο ἔτι· τούτων δὲ τὸ μὲν κινεῖται, τὸ δὲ ἕστηκεν.

27. Διὰ τί τοῖς μὲν ἵπποις καὶ τοῖς ὄνοις ἐκ τῶν οὐλῶν φύονται τρίχες, τοῖς δ' ἀνθρώποις οὔ; Ἢ διότι τοῖς μὲν ἄλλοις ζῴοις ἐστὶ τὸ δέρμα μέρος τῆς σαρκός, ἀνθρώπῳ δὲ καθάπερ πάθος σαρκός; Δοκεῖ γὰρ αὐτῆς τὸ ἐπιπολῆς καταψυχόμενον στερεώτερον γίνεσθαι, καθάπερ τῶν ἑφθῶν ἀλεύρων αἱ γραῖαι καλούμεναι. Ἐπεὶ οὖν κἀκεῖναί εἰσιν ἄλευρον ἑφθόν, καὶ τὸ τοῦ ἀνθρώπου καλούμενον δέρμα σὰρξ ἂν εἴη. Τραυματισθέντος δ' ἢ τριβέντος ἀνθρώπου μὲν τὴν σάρκα συμβαίνει πυκνοῦσθαι· διὸ ἠλλοιωμένης τῆς ἐπιπολῆς σαρκὸς οὐ τὴν αὐτὴν φύσιν λαμβάνει τὰ τραύματα ᾗπερ καὶ ἐκ γενετῆς· ἀλλοιωθείσης δ' αὐτῆς μὴ γίνεσθαι ἔτι τὸ ἐξ αὐτῆς οὐθὲν ἄτοπον, καθάπερ καὶ ἐκ τῶν ἀλωπεκιῶν καλουμένων· καὶ γὰρ αὗται τῆς ἐπιπολῆς σαρκὸς φθοραὶ καὶ

18 ἡ om. Ap. || τῆς τοιαύτης τροφῆς περίττωσις malit Sylb. || 21 ἅληται Ap.[a] || 22 κίνησιν forsan delend. cens. Buss. || 24 διότι: δύο ἔτι corr. Forster Hett || 28 διότι: ὅτι *Probl. Ined.* II, 183bis || 29 ἀνθρώπων *Probl. Ined.* II, 183bis || 30 πάθος: πάγος *Probl. Ined.* II, 183bis || ante πάθος add. τὸ Ap. X[a] || αὐτῆς: αὐτῆς *Probl. Ined.* II, 183bis et Bekker αὐτοῖς Ap. C[a]X[a] || ἐπιπολῆς: ἐξεπιπολῆς *Probl. Ined.* II, 183bis || 31 στερώτερον Ap.[a] στερρότερον Ap.[b] || 32 γραῖαι *Probl. Ined.* II, 183bis et Gaza: ἀγρίαι codd. || 33 ἑφθῶν Ap.[b] || ἂν εἴη: ἐστιν *Probl. Ined.* II, 183bis || 34 ἢ: καὶ *Probl. Ined.* II, 183bis || 34 μὲν — 35 πυκνοῦσθαι: συμβαίνει τὴν σάρκα φθείρεσθαι καὶ πυκνοῦσθαι *Probl. Ined.* II, 183bis || 35 διὸ ἠλλοιωμένης: διηλλοιωμένης *Probl. Ined.* II, 183bis || 36 φύσιν: ἐπίφυσιν *Probl. Ined.* II, 183bis || ᾗνπερ *Probl. Ined.* II, 183bis || καὶ om. C[a] || 37 μὴ γίνεσθαι δ' αὐτὴν X[a] || τὸ om. *Probl. Ined.* II, 183bis.

mais plus faibles qu'elles n'étaient à l'origine. Puisque la peau fait partie de leur corps, les poils peuvent se reproduire et pousser (car les poils poussent à partir de la peau), mais ils repoussent blancs parce que la peau est désormais plus faible qu'elle n'était à l'origine, et le poil blanc est le plus faible.

28. Pourquoi chez les autres animaux les jumeaux de sexe différent ont-ils les mêmes chances de survie, mais non chez l'homme[81]? Est-ce parce que c'est surtout chez ce dernier que les jumeaux sont faibles? Car il est unipare[82]. Or dans les jumeaux il est contre l'ordre naturel qu'il y ait femelle et mâle, et en conséquence ce qui est le plus contre nature est également le plus faible.

29. Pourquoi[83], chez les chevaux et chez les ânes, des poils peuvent-ils pousser sur les cicatrices et non chez l'homme? Est-ce parce que la cicatrice y fait obstacle à cause de sa densité ou du fait qu'elle détruit la nourriture? Donc chez les hommes elle fait complètement obstacle à cause de la faiblesse du poil, tandis que chez les chevaux elle n'empêche pas la pousse, mais elle la gêne.

30. Pourquoi[84] les animaux ont-ils les pieds en nombre pair? Est-ce parce que, dans tout corps en mouvement, une partie est nécessairement au repos, ce qui ne se produirait pas si les pieds étaient en nombre impair? Le mouvement, c'est justement le résultat de l'opposition des pieds[85].

31. Pourquoi les animaux dorment-ils moins longtemps qu'ils ne restent éveillés[86], et ne dorment-ils pas d'une façon continue? Est-ce parce que la coction de toute l'excré-

81. On trouve un développement identique dans l'*Hist. des An.*, VII, 4, 584b35 - 585a3, et surtout dans la *Gén. des An.*, IV, 6, 775a22-27.

82. Cf. *Gén. des An.*, IV, 4, 772b2.

83. C'est la même question que dans le problème 27, mais elle est traitée différemment. Le problème 29 est reproduit dans les *Problèmes Inédits*, II, 167, avec deux lignes de plus.

84. Résumé du problème 26.

85. Cette idée est développée dans le traité de la *Marche des Animaux*, 8, 708b8, 13, 15; 9, 708b31.

86. Cette question ne semble pas avoir été reprise ailleurs.

ἀλλοιώσεις εἰσίν. Τῶν δ' ὑποζυγίων τριβέντων καὶ ὑγιαζο- [894a] μένων πάλιν ἀναπληροῦται τὰ νενοσηκότα μέρη τοῦ σώματος τῶν αὐτῶν μέν, ἀσθενεστέρων δ' ἢ ἐξ ἀρχῆς ἦν. Ἐπεὶ δ' ἐστὶ καὶ τό δέρμα μέρος αὐτῶν, γίνοιντό τ' ἂν καὶ φύοιντο τρίχες (ἐκ δέρματος γὰρ φύονται τρίχες), λευκαὶ δὲ φύονται διὰ τὸ τὸ δέρμα ἀσθενέστερον γεγονέναι τοῦ ἐξ ἀρχῆς, καὶ τὴν λευκὴν ἀσθενεστάτην εἶναι τρίχα.

28. Διὰ τί ἐν μὲν τοῖς ἄλλοις ζῴοις διαμένει ὁμοίως τὰ δίδυμα θήλεα καὶ ἄρρενα ὄντα, ἐν δὲ τοῖς ἀνθρώποις οὔ; Ἢ διότι τούτῳ ἀσθενῆ μάλιστα τὰ δίδυμα; Μονοτόκον γάρ ἐστιν. Ἐν δὲ τοῖς διδύμοις παρὰ φύσιν τὸ θῆλυ γίνεσθαι καὶ ἄρρεν, ὥσθ' ὃ μάλιστά ἐστι παρὰ φύσιν, τοῦτο καὶ ἀσθενέστατον.

29. Διὰ τί τοῖς μὲν ἵπποις καὶ τοῖς ὄνοις ἐκ τῶν οὐλῶν φύονται τρίχες, τοῖς δ' ἀνθρώποις οὔ; Ἢ διότι ἡ οὐλὴ κωλύει διὰ τὴν πύκνωσιν ἢ διὰ τὸ φθείρειν τὴν τροφήν; Τοῖς μὲν οὖν ἀνθρώποις παντελῶς κωλύει διὰ τὴν ἀσθένειαν τῆς τριχός, τοῖς δ' ἵπποις οὐκ ἐκώλυσε, διέφθειρε δέ.

30. Διὰ τί τοῖς ζῴοις ἄρτιοι πόδες; Ἢ ὅτι παντὸς μὲν τοῦ κινουμένου ἀνάγκη τι ἠρεμεῖν, συνέβαινε δὲ περιττῶν ὄντων μὴ γίνεσθαι τοῦτο; Ὅπερ κατὰ τὴν ἀντιστοιχίαν τῶν ποδῶν ἦν ἡ κίνησις.

31. Διὰ τί ἐλάττω χρόνον τὰ ζῷα καθεύδει ἢ ἐργήγορεν, οὐ συνεχῶς δέ; Ἢ διὰ τὸ μὴ ἅμα πᾶσαν πέττεσθαι τὴν

38 οὐθένα τόπον Y^{a1} || 39 αὗται om. *Probl. Ined.* II, 183bis.

[894a] 1 μέλη C^a || 2 ἦν om. *Probl. Ined.* II, 183bis || 3 γίνοιτο *Probl. Ined.* II, 183bis || τε om. *Probl. Ined.* II, 183bis || φύοιντο: φῦον *Probl. Ined.* II, 183bis || 4 ἐκ — τρίχες om. Ap. C^a *Probl. Ined.* II, 183bis || 5 alterum τὸ om. C^a || 6 ἀσθενέστατον Ap. ἀσθένειαν C^a || 8 θήλεος καὶ ἄρσενος ὄντος Y^a || ἄρσενα Ap. X^a || 9 τούτῳ om. Ap. X^a τούτων C^a || 11 ἀσθενέστερον Ap. C^a || 13 διότι: ὅτι *Probl. Ined.* II, 167 || 14 φθείρων: φθίνειν *Probl. Ined.* II, 167 || 16 ἐκώλυσε: κεκώλυκε μὲν *Probl. Ined.* II, 167 || ἔφθειρε *Probl. Ined.* II, 167 ubi additur δι' ὃ καὶ λευκαὶ φύονται τούτοις· οὐκ ἐξῄει δὲ διὰ τὸ πλῆθος. Ἐπισκέψασθαι εἰ καὶ τοῖς βουσίν || post διέφθειρε δὲ *facitque ne prior integritas servitur* add. Gaza || 17 ante πόδες add. οἱ $Ap.^a$ || 19 ὅπερ: εἴπερ Richards Hett || 22 post συνεχῶς δέ *sed vicissim modo vigilando modo dormiendo* add. Gaza.

tion ne s'effectue pas simultanément et que, lorsque la coction d'une partie est faite, le sujet allégé se réveille[87]? Tous les animaux chez qui l'endroit qui réalise la coction de l'excrétion est froid se réveillent à plusieurs reprises. Car le processus s'interrompt vite et l'interruption est le réveil. Le sommeil, naturellement, paraît agréable parce qu'il est un repos[88]. Cependant, même dans ce cas, le repos ne dure pas plus longtemps que les activités naturelles: même si manger est plus agréable que ne pas manger, néanmoins on ne passe pas à manger plus de temps qu'à être à jeun.

32. Pourquoi certains animaux suivent-ils immédiatement leurs parents, les autres plus tard, comme l'homme, ou difficilement ou jamais? Est-ce parce que les uns acquièrent vite la connaissance, les autres tardivement, et que les uns n'ont pas le sentiment de ce qui est utile, tandis que les autres l'ont? Tous ceux donc qui remplissent ces deux conditions, je veux dire, par exemple, posséder le sentiment de ce qui est utile et avoir le corps achevé, suivent leurs parents, mais ceux qui ne les remplissent pas ne le font pas. Car il faut avoir la capacité et une perception nette.

33. Pourquoi la maladie blanche[89] ne se rencontre-t-elle pas chez les autres animaux? Est-ce parce que chez l'homme[90] c'est une maladie, tandis que chez les autres animaux il arrive que la peau et les poils soient blanchâtres? Cependant on pourrait se demander[91] pourquoi la variété de couleur ne vient pas plus tard mais existe dès la naissance. Ou est-ce parce que la peau des autres animaux est dure, tandis que l'homme a la peau naturellement fine[92]? La maladie blanche est une expulsion de souffle[93], et celui-ci est empêché de sortir chez les autres animaux à cause de l'épaisseur de leur peau.

34. Pourquoi les poils deviennent-ils blancs dans la maladie blanche, et pourquoi le blanchiement n'est-il pas

87. Dans le traité *Du Sommeil*, 3, Aristote explique que l'estomac prépare la matière d'où le cœur tirera le sang.

88. Cf. *Du Sommeil*, 2, 455b17-21, où la cause du sommeil est examinée d'une façon plus complète.

περίττωσιν, ἀλλ᾿ ὅταν τι πεφθῇ, κουφισθὲν διεγείρεται; Καὶ πλεονάκις δ᾿ ἐγείρονται, ὅσοις ψυχρὸς ὁ τόπος ὁ πέττων ἐστὶ τὴν περίττωσιν· ταχὺ γὰρ παύεται καὶ πολλάκις, ἡ δὲ διάπαυσις ἔγερσίς ἐστιν. Ἡδὺ δέ, ὡς εἰκός, διὰ τὸ ἀνάπαυσιν εἶναι φαίνεται. Ἀλλ᾿ οὐδ᾿ ἐνταῦθα πλείω χρόνον ἡ ἀνάπαυσις γίνεται τῶν κατὰ φύσιν ἔργων· οὐδ᾿ εἰ τὸ ἐσθίειν ἥδιον τοῦ μή, ὅμως πλείω χρόνον ἐσθίουσιν ἢ ἀσιτοῦσιν.

32. Διὰ τί τῶν ζῴων τὰ μὲν εὐθὺς ἀκολουθεῖ τοῖς γεννήσασι, τὰ δ᾿ ὀψέ, οἷον ἄνθρωπος, ἢ μόλις, ἢ οὐδέποτε; Ἢ διότι τὰ μὲν ταχὺ ἀπολαμβάνει τὸ γνωρίζειν, τὰ δ᾿ ὀψέ, καὶ τὰ μὲν ἀναίσθητα τοῦ ὠφελοῦντος, τὰ δ᾿ ἔχει αἴσθησιν; Ὅσα μὲν οὖν ἄμφω ἔχει ταῦτα, λέγω δ᾿ οἷον καὶ αἴσθησιν τοῦ ὠφελοῦντος καὶ ἐπιτέλεσιν τοῦ σώματος, ἀκολουθεῖ, τὰ δὲ μὴ ἄμφω οὐ ποιεῖ τοῦτο· δεῖ γὰρ δύνασθαι καὶ διαισθάνεσθαι.

33. Διὰ τί λεύκη οὐ γίνεται τοῖς ἄλλοις ζῴοις; Πότερον ὅτι τοῖς μὲν ἀνθρώποις νόσημα, τοῖς δ᾿ ἄλλοις γίνεται διάλευκα [894b] τὰ δέρματα καὶ αἱ τρίχες αὐτῶν; Ἀλλ᾿ ὅμως ἀπορήσειεν ἄν τις διὰ τί ὕστερον οὐ γίνεται ἀλλ᾿ ἐκ γενετῆς ἡ ποικιλία. Ἢ ὅτι τὰ δέρματα τῶν ἄλλων ζῴων σκληρά, ἄνθρωπος δὲ φύσει λεπτοδερμότατον; Ἡ δὲ λεύκη πνεύματός ἐστιν ἔκκρισις, ὃ κωλύεται διὰ τὴν πυκνότητα ἐξιέναι τοῖς ἄλλοις ζῴοις τοῦ δέρματος.

34. Διὰ τί δὲ ἐν μὲν τῇ λεύκῃ πολιαὶ γίνονται, ὅπου δὲ πολιαί, οὐκ ἀεὶ λεύκη; Ἢ διότι αἱ τρίχες ἐκ τοῦ δέρματός εἰσίν,

23 ἀλλ᾿ — 25 περίττωσιν om. Ap. || 24 ἐγείρεται Xᵃ || 26 ὡς scrips. Forster ex Gaza: οὐδὲ codd. || 27 φαίνεσθαι Ap. Xᵃ || ἡ ἀνάπαυσις — 29 χρόνον om. Cᵃ || 30 γεννήμασι YᵃXᵃ || 31 ἢ ² om. Gaza qui *vel vix unquam* scrips. || 32 τὸ: τοῦ Ap. τοῦτο Xᵃ || 34 ἔχει ἄμφω Ap. Xᵃ || 36 διαισθάνεσθαι: μὴ αἰσθάνεσθαι Ap. || 38 supra κεύκη *nota* in Yᵃ man. rec. || 39 ἀνθρώποις Gaza: ἄλλοις codd. || ἄλλοις Gaza: ἀνθρώποις codd. || ante γίνεται add. οὐ Ap. Xᵃ.

[894b] 3 ante τῶν add. αὐτῶν Ap. Xᵃ || ζῴων om. Cᵃ || 5 κωλύει Ap. || 7 δὲ Yᵃ: om. cett. codd. || γίνεται Cᵃ.

toujours le signe d'une maladie blanche? Est-ce parce que les poils viennent de la peau et que la blancheur est une espèce de putréfaction des poils[94]? Donc, lorsque la peau est malade, le poil qui en sort est nécessairement malade. Mais lorsque c'est le poil qui est malade, ce n'est pas une nécessité que la peau soit atteinte.

35. Pourquoi parmi les animaux les uns sont-ils difficiles après la parturition[95], comme la chienne et la truie, les autres ne montrent-ils aucune agressivité, comme la femme et la brebis? Est-ce que ce sont les femelles qui ont beaucoup d'excrétions qui sont douces? Car les matières nuisibles sont évacuées dans la parturition. Au contraire, chez les animaux où la délivrance se fait au détriment de ce qui est bon pour eux ...[96] aussi la maigreur déclenche-t-elle leur colère en raison de leur état: ainsi les poules ne sont pas méchantes au moment où elles pondent, mais elles le sont quand elle couvent, parce qu'elles restent sans manger.

36. Pourquoi les eunuques, pour le reste[97], subissent-ils des déformations qui les changent en femmes[98] (en effet, ils ont une voix féminine, un ton aigu[99], des articulations moins prononcées[100], et ils dégénèrent aussi complètement que chez les autres animaux les mâles châtrés: les taureaux et les béliers en cet état ont les cornes à l'inverse des non-châtrés, parce que les femelles ont les cornes à l'inverse des mâles; aussi les animaux castrés ont-ils les cornes tantôt plus grandes tantôt plus petites) et est-ce pour la taille seulement que les eunuques se rapprochent du sexe masculin? Car ils deviennent plus grands[101]. Or c'est ce qui caractérise le mâle. Les femelles, en effet, sont plus petites que les mâles. Mais n'est-ce pas là non pas une tendance vers le sexe masculin, mais plutôt vers le sexe féminin? Car la dimension de l'eunuque n'augmente pas dans toutes les directions, mais seulement en hauteur, alors que le mâle grandit aussi en largeur et en épaisseur: car c'est dans ces conditions qu'il atteint son développement complet. De plus le rapport entre la femelle et le mâle se retrouve à l'intérieur même du sexe féminin entre la vierge et la

ἡ δὲ πολιὰ ὥσπερ σαπρότης τις τῶν τριχῶν ἐστίν; Ὅταν μὲν οὖν τὸ δέρμα κάμνῃ, ἀνάγκη καὶ τὴν τρίχα ἐξ ἐκείνου οὖσαν κάμνειν· ὅταν δὲ ἡ θρίξ, οὐκ ἀνάγκη τὸ δέρμα.

35. Διὰ τί τῶν ζῴων τὰ μὲν χαλεπά ἐστι μετὰ τὸν τόκον, οἷον κύων καὶ ὗς, τὰ δ' οὐδὲν ἐπιδήλως, οἷον γυνή, πρόβατον; Ἢ ὅτι ὅσα μὲν περιττωματικὰ πραέα; Ἀπέρχεται γὰρ ἐν τῷ τόκῳ τὰ λυποῦντα. Τούτοις δ' ἀπὸ τῶν εὖ ἐχόντων γίνεται ἡ ἀφαίρεσις ... ὥσθ' ἡ ἰσχνότης ποιεῖ διὰ τὴν ἕξιν τὴν ὀργήν, ὥσπερ καὶ αἱ ἀλεκτορίδες οὐ τεκοῦσαι χαλεπαί, ἀλλ' ἐπῳάζουσαι, διὰ τὴν ἀσιτίαν.

36. Διὰ τί οἱ εὐνοῦχοι τὰ μὲν ἄλλα εἰς τὸ θῆλυ διαφθειρόμενοι μεταβάλλουσι (καὶ γὰρ φωνὴν θηλυκὴν ἴσχουσι καὶ ὀξύτητα καὶ ἀναρθρίαν, καὶ οὕτω σφόδρα μεταπίπτουσιν ὡς καὶ ἐν τοῖς ἄλλοις ζῴοις τὰ ἐκτεμνόμενα, ἐναντίως δ' οἱ ταῦροι καὶ οἱ κριοὶ τὰ κέρατα ἴσχουσι, διότι καὶ τὰ θήλεα ἐναντίως αὐτῶν ἔχει· διὸ οἱ μὲν μείζω ἐκτεμνόμενοι ἴσχουσιν, οἱ δὲ ἐλάττω), τὸ δὲ μέγεθος μόνον οἱ εὐνοῦχοι εἰς τὸ ἄρρεν μεταβάλλουσιν; Μείζους γὰρ γίνονται. Ἔστι δὲ τοῦτο τοῦ ἄρρενος· τὰ γὰρ θήλεα ἐλάττω ἐστὶ τῶν ἀρρένων. Ἢ οὐδὲ τοῦτο εἰς τὸ ἄρρεν, ἀλλ' εἰς τὸ θῆλυ; Οὐ γὰρ εἰς πᾶν τὸ μέγεθος, ἀλλ' εἰς τὸ μῆκος μόνον, τὸ δ' ἄρρεν καὶ εἰς πλάτος καὶ εἰς βάθος· τότε γὰρ τετελείωται. Ἔτι δ' ὡς ἔχει τὸ θῆλυ πρὸς τὸ ἄρρεν, οὕτως αὐτοῦ τοῦ θήλεος ἡ παρθένος

9 πολιὰ ὥσπερ σαπρότης corr. Sylb. ex Gaza: σαπρότης ὥσπερ πολιὰ codd. || 10 οὖσαν om. Ap. X[a] || 12 τὸ om. C[a] || 13 οἷον — ἐπιδήλως om. C[a] || δὲ om. X[a] || οὐδὲν: οὐθὲν Y[a] Ap. || 15 τούτοις: ὅσοις Y[a] Ap. X[a] || 16 ἡ [1]: καὶ Ap. || post ἀφαίρεσις X[a] in marg. scrips. ἴσως λείπει ταῦτα χαλεπά quae verba ad versum sequentem pertinent ταῦτα ἐξαγριαίνεται καὶ χαλεπά ἐστιν add. Sylb. ex Gaza lac. indic. Hett || ὥστε del. Hett || 17 τεκοῦσαι: τίκτουσαι Ap. || 19 οἱ om. Ap. || ἐνοῦχοι Y[a1] || 21 ὀξύτητα: ἀμορφίαν Ap. X[a] *corpus imbecillum* Gaza || 25 post ἐλάττω add. ἀνίσχυροί εἰσι Ap. X[a] || οἱ [2] om. Ap.[a] || 26 γίνεται Ap.[a].

femme. Car cette dernière est définitivement typée[102], l'autre ne l'est pas. C'est donc vers la forme de la première que l'eunuque se modifie. En effet, son accroissement se fait en hauteur. C'est d'ailleurs pourquoi Homère a raison de dire «et la chaste Artémis vous donnait la grandeur»[103], voulant signifier par là qu'étant vierge elle pouvait leur donner ce qu'elle avait. L'eunuque pour la taille se rapproche donc du mâle. Car il ne se transforme pas en mâle accompli. Du point de vue de la taille les eunuques croissent en hauteur.

37. Pourquoi les eunuques n'ont-ils pas du tout de varices ou en ont-ils moins? Est-ce parce que, du fait de la castration[104], ils changent de nature et deviennent des êtres inféconds? C'est ce que sont l'enfant et la femme, dont ni l'un[105] ni l'autre n'a de varices, sauf exceptionnellement la femme[106].

38. Pourquoi est-ce surtout l'homme qui émet plusieurs sortes de voix[107], alors que les autres n'en ont qu'une, quand ils ne sont pas d'espèces différentes? Est-ce que l'homme lui-même a une seule voix mais plusieurs langages[108]?

39. Pourquoi cette voix est-elle diverse[109], et ne l'est-elle pas chez les autres? Est-ce parce que les hommes prononcent plusieurs lettres, tandis que parmi les autres animaux les uns n'en articulent aucune et certains ne prononcent que deux ou trois consonnes? Ce sont elles qui avec les voyelles[110] constituent le langage. Le discours ne consiste pas à s'exprimer avec la voix, mais avec les inflexions de la voix et non seulement pour dire que l'on éprouve douleur ou joie. Or les lettres sont des modulations de la voix. Les enfants et les bêtes traduisent leurs sentiments de la même manière, car d'une certaine façon les enfants eux non plus ne peuvent pas prononcer les lettres.

40. Pourquoi[111] l'homme est-il le seul des animaux à avoir des embarras de la voix[112]? Est-ce parce qu'il est également le seul à être muet et que l'hésitation de la voix est un mutisme? Mais c'est aussi parce que l'organe de la

πρὸς τὴν γυναῖκα· ἡ μὲν γὰρ ἤδη γενναία, ἡ δ' οὔ. Εἰς τὴν τούτων οὖν μεταβάλλει· ἐπὶ μῆκος γὰρ ταύταις ἡ αὔξησις. Διὸ καὶ Ὅμηρος εὖ τὸ «μῆκος δ' ἔπορ' Ἄρτεμις ἁγνή», ὡς διὰ τὴν παρθενίαν, ὃ εἶχε, δυναμένης δοῦναι. Οὔκουν εἰς τὸ ἄρρεν κατὰ τὸ μέγεθος μεταβάλλει. Οὐ γὰρ εἰς τὸ τέλειον μεταβάλλει. Οἱ δ' εὐνοῦχοι εἰς μέγεθος τὸ μῆκος ἐπιδιδόασιν.

37. Διὰ τί οἱ εὐνοῦχοι ἢ ὅλως οὐκ ἴσχουσιν ἢ ἧττον ἰξίας; [895a] Ἢ ὅτι μεταβάλλουσι τὴν φύσιν ἐν τῇ ἐκτμήσει εἰς τὰ ἄγονα; Τοιαῦτα δὲ παῖς καὶ γυνή, ὧν οὐδέτερον ἴσχει ἰξίας, εἰ μή τι σπάνιον γυνή.

38. Διὰ τί μᾶλλον ἄνθρωπος πολλὰς φωνὰς ἀφίησι, τὰ δὲ ἄλλα μίαν, ἀδιάφορα ὄντα τῷ εἴδει; Ἢ καὶ τοῦ ἀνθρώπου μία φωνή, ἀλλὰ διάλεκτοι πολλαί;

39. Διὰ τί δ' αὐτὴ ἄλλη, τοῖς δ' ἄλλοις οὔ; Ἢ ὅτι οἱ μὲν ἄνθρωποι γράμματα πολλὰ φθέγγονται, τῶν δὲ ἄλλων τὰ μὲν οὐδέν, ἔνια δὲ δύο ἢ τρία τῶν ἀφώνων; Ταῦτα δὲ ποιεῖ μετὰ τῶν φωνηέντων τὴν διάλεκτον. Ἔστι δ' ὁ λόγος οὐ τὸ τῇ φωνῇ σημαίνειν, ἀλλὰ τοῖς πάθεσιν αὐτῆς, καὶ μὴ ὅτι ἀλγεῖ ἢ χαίρει. Τὰ δὲ γράμματα πάθη ἐστὶ τῆς φωνῆς. Ὁμοίως δ' οἵ τε παῖδες καὶ τὰ θηρία δηλοῦσιν· οὐ γάρ πω οὐδὲ τὰ παιδία φθέγγονται τὰ γράμματα.

40. Διὰ τί μόνον τῶν ζῴων ἄνθρωπος γίνεται ἰσχνόφωνον; Πότερον ὅτι καὶ ἐνεόν, ἡ δ' ἰσχνοφωνία ἐνεότης ἐστίν; Ἀλλὰ

34 εὖ τὸ: εὖτε Ap. X^a || 35 οὐκοῦν Y^a || 39 ἰξίαι Ap.^{b}.

[895a] 1 ἢ om. C^a || ἄγονα: γόνατα Ap. || 2 ἴσχει: ἔχει C^a || 3 ante γυνή add. ἡ Ap. C^{a}X^a || 5 ἢ Gaza: om. codd. || 7 αὐτὴ: αὕτη Sylb. || 10 τῶν om. C^a || οὐ τὸ ex οὑτὸς (sic) scrips. Y^a || 11 καὶ — 12 χαίρει om. Gaza || 12 ἀλγεῖ ἢ Sylb.: ἀλγεῖν codd. || δὲ om. X^a || 14 τὰ ^{1} om. Ap.^{a} || 15 ante ζῴων add. ἄλλων Y^a Ap. X^a || ἰσχνόφωνος Ap.^{a}.

voix n'a pas atteint son complet développement. Ou est-ce parce que l'homme a davantage le discours en partage et les autres la voix? Or l'hésitation de la voix, d'après son nom[113], consiste essentiellement[114] à s'exprimer d'une façon discontinue[115].

41. Pourquoi l'homme est-il celui des animaux qui est le plus souvent boiteux de naissance? Est-ce parce que les jambes des autres animaux sont robustes? Car les quadrupèdes et les oiseaux les ont osseuses et tendineuses, alors que chez l'homme elles sont charnues[116]. Donc, en raison de leur fragilité[117] elles sont plus vite estropiées en cours de mouvement. Ou est-ce parce que l'homme est le seul des animaux à avoir plusieurs durées de gestation? En effet, les enfants naissent à sept, huit ou dix mois[118]. Chez les autres animaux il n'y a qu'un seul terme à l'achèvement du foetus et il n'y a pas de dépassement. Chez les hommes, au contraire, la période où les dépassements s'accumulent est longue, si bien qu'avec le mouvement les extrémités du foetus, tendres comme elles sont, se blessent, surtout quand la durée est trop longue.

42. Pourquoi les eunuques ont-ils des plaies et des ulcères aux jambes? Est-ce parce que c'est également le cas des femmes et que les eunuques sont efféminés[119]? Ou est-ce que, si cela se produit, la cause en est, comme pour les femmes, que la chaleur tend vers le bas? On le voit par les règles. C'est pourquoi ni les eunuques ni les femmes ne sont velus[120], en raison de l'abondance de l'humidité.

43. Pourquoi aucun animal n'a-t-il la maladie de la pierre sauf l'homme[121]? Est-ce parce que chez les bêtes de somme et chez les animaux à ongles multiples[122] les canaux de la vessie sont larges? Quant à ceux qui sont vivipares non pas au début mais plus tard en eux-mêmes[123], comme certains poissons[124], ils n'ont rien en fait de vessie, mais chez eux le dépôt de cette espèce s'accumule dans le ventre, comme chez les oiseaux, si bien qu'il s'évacue rapidement

δὴ καὶ οὐδ' ὅλως πεπλήρωται τοῦτο τὸ μόριον. Ἢ ὅτι κοινωνεῖ μᾶλλον λόγου, τὰ δ' ἄλλα φωνῆς; Ἔστι δ' ἡ ἰσχνοφωνία κατὰ τὸ ὄνομα οὐδὲν ἢ οὐ συνεχῶς διεξιέναι.

41. Διὰ τί ἄνθρωπος γίνεται ἐκ γενετῆς χωλὸς μάλιστα τῶν ἄλλων ζῴων; Πότερον ὅτι ἰσχυρὰ τῶν ἄλλων ἐστὶ σκέλη τῶν ζῴων; Ὀστώδη γὰρ καὶ νευρώδη καὶ τετράποδα καὶ ὄρνιθες ἔχουσιν, οἱ δ' ἄνθρωποι σαρκώδη· διὰ τὴν ἁπαλότητα οὖν θᾶττον πηροῦνται ἐν τῇ κινήσει. Ἢ διότι μόνον τῶν ζῴων πολλοὺς ἔχει χρόνους τῆς γενέσεως; Καὶ γὰρ ἑπτάμηνα καὶ ὀκτάμηνα καὶ δεκάμηνα γίνεται. Τοῖς δ' ἄλλοις εἷς χρόνος τῆς τελειώσεως γέγονεν οὐ διατρίψας· τοῖς δ' ἀνθρώποις πολὺς ὁ χρόνος γίνεται τῆς ἐν πλήθει διατριβῆς, ὥστε κινουμένων διὰ τὸ ἁπαλὰ εἶναι καὶ θραύεται τὰ ἀκρωτήρια ἐν τῷ πλείονι χρόνῳ πλείω.

42. Διὰ τί οἱ εὐνοῦχοι ἑλκώδεις τὰς κνήμας ἴσχουσι καὶ σαπράς; Πότερον ὅτι καὶ αἱ γυναῖκες, οἱ δ' εὐνοῦχοι γυναικικοί; Ἢ τοῦτο μὲν συμβέβηκεν, αἴτιον δὲ καὶ ταῖς γυναιξὶν ὅτι ἡ θερμότης κάτω ὁρμᾷ; Δηλοῖ δὲ τὰ γυναικεῖα. Διὸ οὔθ' οἱ εὐνοῦχοι οὔτε γυναῖκες δασεῖς γίνονται, διὰ πολλὴν ὑγρότητα.

43. Διὰ τί τῶν ζῴων οὐθὲν λιθιᾷ ἀλλ' ἢ ἄνθρωπος; Ἢ ὅτι τῶν μὲν ὑποζυγίων καὶ τῶν πολυωνύχων οἱ πόροι τῆς κύστεως εὐρεῖς εἰσίν; Ὅσα δὲ μὴ τὸ πρῶτον, ὕστερον δὲ ζῳοτο-
[895b] **κεῖ ἐν αὐτοῖς, οἷον ἔνιοι τῶν ἰχθύων, τούτων δ' οὐδὲν κύστιν ἔχει, ἀλλ' εἰς τὴν κοιλίαν αὐτοῖς ἡ τοιαύτη συνθλίβεται ὑπόστασις, οἷον καὶ τοῖς ὄρνισιν, ὥστε ταχὺ καὶ διεξέρχεται**

17 πεπήρωται Ap.[a] || 18 ἡ om. Ap. X[a] || 19 κατὰ Forster: οὐ κατὰ codd. || οὐδὲν Forster: ἓν codd. || οὐ: οὐδὲ Y[a] Ap. X[a] || 20 ante ἄνθρωπος add. ὁ C[a] || 21 πότερον — 22 ζῴων om. Ap. || 22 καὶ [1] om. C[a] || ante ὄρνιθες add. οἱ Y[a] Ap.[b] C[a] || 24 πηροῦνται ex πτηροῦνται scrips. Y[a] || κινήσει: κυήσει coni. Sylb. || 25 χρόνους ἔχει Ap.[b] || 28 ὁ om. X[a] || 29 ante τὰ add. καὶ C[a] || 30 πλέονι Y[a]C[a] || 34 ante ὅτι add. ἢ Ap.[a] || post δὲ add. καὶ Ap. X[a] || 35 οὔτε … οὔτε Gaza: οὐδὲ … οὐδὲ codd. || αἱ γυναῖκες forsan legend. cens. Buss. || δασεῖς hab. Erasm.: om. codd. || 38 πολυονύχων C[a].

par le fondement. L'homme, au contraire, a une vessie[125], et le canal[126] en est étroit proportionnellement à la taille du corps. Donc, du fait de l'existence de cet organe, la substance terreuse s'accumule dans la vessie (c'est pourquoi les pots de chambre en sont colorés[127]) et par suite de la chaleur de cette région, cette substance subit une coction complète et devient plus épaisse, mais elle reste en place et augmente de volume, en raison de l'étroitesse de l'urètre[128]. Comme les dépôts terreux ne peuvent pas sortir facilement, ils s'agglomèrent les uns aux autres et deviennent une pierre.

44. Pourquoi les bêtes de somme ne rotent-elles pas[129], ni les bœufs et les bêtes à corne, ni les oiseaux? Est-ce à cause de la sécheresse de leur ventre? Car l'humide est vite épuisé et filtré. C'est lorsqu'il reste en place et se vaporise que se produit l'éructation. Chez les animaux qui ont une queue à longs crins[130], la longueur du cou fait que le souffle afflue vers le bas: aussi lâchent-ils énormément de vents. Les oiseaux et les bêtes à cornes ne font ni l'un ni l'autre. Ne rotent pas non plus les ruminants parce qu'ils ont plusieurs estomacs et ce qu'on appelle le bonnet[131]. Donc le passage du souffle s'opère de plusieurs façons par le haut et par le bas, et d'abord l'humide s'épuise avant d'être transformé en air et de faire lâcher des rots ou des pets.

45. Pourquoi les animaux apprivoisés peuvent-ils tous être sauvages[132], alors que les animaux sauvages ne peuvent pas tous être apprivoisés? En effet, il y a quelque part des hommes qui sont manifestement sauvages, ainsi que des chiens aux Indes[133] et des chevaux ailleurs, mais il n'y a pas de lions apprivoisés, ni de panthères, ni de vipères, et bien d'autres animaux sont dans ce cas. Est-ce parce qu'il est plus facile d'être mauvais dès le début et de changer en mal[134]? Car la nature, non pas la première, mais la nature définitive, n'est pas acquise d'un seul coup. C'est pourquoi les animaux apprivoisés naissent tous d'abord sauvages plutôt qu'apprivoisés (ainsi le petit enfant est plus glouton

κατὰ τὴν ἕδραν. Ὁ δ' ἄνθρωπος κύστιν τ' ἔχει καὶ στενὸν τὸν καυλὸν ὡς κατὰ μέγεθος. Διὰ μὲν οὖν τὸ ἔχειν τοῦτο τὸ μόριον συνθλίβεται τὸ γεῶδες εἰς τὴν κύστιν (διὸ καὶ χρώζονται αἱ ἀμίδες ὑπ' αὐτοῦ), διὰ δὲ τὴν θερμότητα τοῦ τόπου συμπέττεται καὶ παχύνεται μᾶλλον, ἐμμένει δὲ καὶ αὐξάνεται διὰ τὴν στενότητα τοῦ οὐρητῆρος· οὐ γὰρ δυνάμενα τὰ γεώδη ὑποστήματα ῥᾳδίως ὑπεξιέναι, πρὸς ἄλληλα ὑποστρεφόμενα γίνεται λίθος.

44. Διὰ τί οὐκ ἐρεύγεται τὰ ὑποζύγια, οὐδ' οἱ βόες καὶ τὰ κερατοφόρα, οὐδ' οἱ ὄρνιθες; Ἢ διὰ ξηρότητα τῆς κοιλίας; Ταχὺ γὰρ ἀναλίσκεται τὸ ὑγρὸν καὶ διηθεῖται· ἐμμένοντος δὲ καὶ πνευματουμένου γίνεται ὁ ἐρευγμός. Τοῖς δὲ λοφούροις διὰ μῆκος τοῦ αὐχένος εἰς τὸ κάτω ὁρμᾷ τὸ πνεῦμα, διὸ καὶ ἀποψοφοῦσι μάλιστα. Οἱ ὄρνιθες δὲ καὶ τὰ κερατοφόρα οὐ ποιεῖ οὐδέτερον. Οὐδ' ἐρεύγονται δὲ ὅσα μηρυκάζει, διὰ τὸ πολλὰς ἔχειν κοιλίας καὶ τὸν καλούμενον κεκρύφαλον· διὰ πολλῶν οὖν γίνεται καὶ ἄνω καὶ κάτω τῷ πνεύματι ἡ πορεία, καὶ φθάνει ἀναλισκόμενον τὸ ὑγρὸν πρὶν ἐκπνευματωθῆναι καὶ ποιῆσαι ἢ ἐρυγεῖν ἢ ψοφῆσαι.

45. Διὰ τί, ὅσα μὲν ἥμερα τῶν ζῴων ἐστί, πάντως καὶ ἄγρια, ὅσα δ' ἄγρια, οὐ πάντως ἥμερα; Καὶ γὰρ ἄνθρωποί που φαίνονται ἄγριοι ὄντες καὶ κύνες ἐν Ἰνδοῖς καὶ ἵπποι ἄλλοθι, ἀλλ' οὐ λέοντες ἥμεροι οὐδὲ παρδάλεις οὐδ' ἔχεις οὐδ' ἄλλα πολλά. Ἢ ὅτι ῥᾷον τὸ φαῦλον καὶ γενέσθαι ἐξ ἀρχῆς καὶ μεταβαλεῖν εἰς αὐτό; Ἡ γὰρ φύσις οὐχ ἡ πρώτη ἀλλ' ἡ ἐν τέλει ἐργώδης τυχεῖν εὐθύς. Διὸ πάντα καὶ τὰ ἥμερα ἄγρια γίνονται τὸ πρῶτον μᾶλλον ἢ ἥμερα (οἷον παιδίον ἢ

[895b] 7 δὲ: τε X[a] || 9 δυνάμεθα C[a] || 11 λίθος γίνεται Bekker || 12 καὶ: οὐδὲ C[a] || 17 καὶ[1] om. Y[a] Ap. C[a] || 21 ἐμπνευματωθῆναι Y[a] Ap. || 22 ἐρυγὴν Y[a] Ap. || 23 ante ἐστί interpunxit Ap. || 26 ante ἄλλοθι add. καὶ Y[a]X[a] || ἀλλαχόθι C[a] || 27 γίνεσθαι X[a] || 29 ἐργῶδες Ap.[b].

que l'adulte et plus bouillonnant de colère), mais ils sont plus faibles. Donc ce qui est vrai des œuvres de l'art l'est aussi des œuvres de la nature. En effet, les premières sont toutes mal faites et les mauvaises sont en plus grand nombre, qu'il s'agisse d'un lit, d'un manteau ou de quelque autre objet. Et tout ce qui est beau peut toujours se présenter comme de mauvaise qualité, mais ce qui est mauvais n'aboutit pas toujours au beau: on le voit, par exemple, avec les œuvres des peintres et des sculpteurs d'autrefois. Il n'y avait jamais nulle part de peintures ou de sculptures de qualité: elles étaient mauvaises[135]. De la même manière tout ce que fait la nature est mauvais[136] et le demeure dans la plupart des cas; les œuvres de qualité sont en plus petit nombre que les autres, et la nature ne peut pas tout faire bien. Or l'apprivoisé est meilleur, le sauvage est mauvais. Mais il est plus facile, je pense, à la nature, non pas la nature primitive, mais celle vers laquelle on tend, de faire des œuvres de qualité et des êtres apprivoisés[137]. L'inverse ne se produit jamais ou à peine. Et dans certains lieux et à certaines époques, un jour ou l'autre[138], dans un certain mélange du tout, les animaux deviennent tous apprivoisés[139]. Il en est de même pour toutes les plantes. Celles qui sont cultivées existent aussi à l'état sauvage, mais toutes ne peuvent pas être cultivées, et cependant il en est qui, dans une région particulière présentant à plusieurs égards des conditions spéciales, quoique négligées et à l'état sauvage, deviennent meilleures et plus proches des plantes cultivées que celles que l'on cultive ailleurs.

46. Pourquoi, chez les humains, l'ombilic est-il grand, alors qu'il n'est pas apparent chez les autres animaux[140]? Est-ce parce que chez les premiers, en raison du long temps passé à l'intérieur de la mère, le cordon se dessèche et s'étire en longueur, et parce que en général les plaies gonflent? C'est pourquoi certains nombrils sont plus laids que les autres. L'homme vient au monde inachevé[141]; il s'ensuit donc que le cordon est humide et sanguinolent. Ce qui montre qu'il y a des animaux qui naissent achevés et

ἀνὴρ παμφάγον καὶ τῷ θυμῷ ζέων) ἀλλ' ἀσθενέστερα. Ὥσπερ οὖν καὶ ἐπὶ τῶν τῆς τέχνης ἔργων, οὕτως ἔχει καὶ ἐπὶ τῶν τῆς φύσεως ἔργων. Καὶ γὰρ ἐπὶ τούτων πάντ' ἐστὶ φαύλως εἰργασμένα, καὶ πλείω τὰ φαῦλα, κλίνη καὶ ἱμάτιον καὶ ἄλλο ὁτιοῦν. Καὶ ὃ μέν ἐστι καλόν, λαβεῖν ἔστιν ἅπαν καὶ φαῦλον, ὃ δὲ φαῦλον, οὐ πᾶν καὶ καλόν, οἷον εἴ τις ἐπὶ τῶν ἀρχαίων γραφέων καὶ ἀνδριαντοποιῶν σκοπεῖ τὰ ἔργα· οὐ γὰρ ἦν πώποτε οὐδαμῇ γραφὴ σπουδαία οὐδ' ἀνδριάς, φαῦλα δ' ἦν. Ὁμοίως δὲ καὶ ἡ φύσις φαῦλα μὲν πάντα [896a] **ποιεῖ, καὶ πλείους καὶ πλείω, σπουδαῖα δ' ἐλάττω, καὶ οὐ πάντα δύναται. Τὸ δ' ἥμερον βέλτιον, τὸ δ' ἄγριον φαῦλον. Φύσει δ' οὐ τῇ ἐξ ἀρχῆς, ἀλλ' ἐφ' ἥν, οἶμαι, ῥᾷον ποιεῖν σπουδαῖα καὶ ἥμερα. Τὰ δ' ἐναντία ἢ οὐδέποτε ἢ μόλις, καὶ ἔν τισι τόποις καὶ ἐν χρόνοις, ἢ ἀρτὶ ἤ ποτε ἔν τινι κράσει τοῦ ὅλου, γίνονται ἥμερα τὰ ζῷα πάντα. Τὸ δ' αὐτὸ καὶ ἐπὶ τῶν φυτῶν πάντων ἐστίν· ὅσα μὲν γὰρ ἥμερα, καὶ ἄγρια, οὐ πάντα δὲ δύναται ἡμεροῦσθαι, ἀλλ' ὅμως εἰσὶν ἐν ἰδίᾳ χώρᾳ πρὸς πολλὰ ἰδίως ἐχούσῃ, ὥστε ἠμελημένα καὶ ἄγρια κρείττω καὶ ἡμερώτερα φύεσθαι τῶν ἐν ἄλλῃ γεωργουμένων.**

46. Διὰ τί τοῖς ἀνθρώποις οἱ ὀμφαλοὶ μεγάλοι γίνονται, τοῖς δ' ἄλλοις ζῴοις οὐ φανεροί; Ἢ διότι τοῖς μὲν διὰ τὸ πολὺν χρόνον εἴσω μένειν ἀφαυαίνονται καὶ εὐθὺ τείνονται, ὅλον δ' ἐπανοιδοῦσι τὰ ἕλκη; Διὸ ἔνιοι τῶν ὀμφαλῶν καὶ αἰσχίους εἰσίν· ὁ δ' ἄνθρωπος ἀτελὴς ἐξέρχεται, ὥστ'

31 ζέων scripsi: ζῶν codd. || 32 τῶν ἔργων τῆς τέχνης Y^a τῆς τέχνης τῶν ἔργων Ap. X^a || 33 γὰρ om. X^a || 35 καλόν: κακόν Ap. || 37 ἀνδριαντοποιὸν Ap.^{b} || σκοπεῖ: ἐπισκοπεῖ ex ἐσκοπεῖ Y^{a1} ἐπισκοπεῖ Y^e.

[896a] 1 καὶ πλείους del. Ruelle ex Gaza || 4 ποιεῖν Buss.: ποιεῖ codd. || 5 ἢ ἀρτὶ ἤ ποτε om. Gaza || ἀρτὶ Hett: ἀρτίου codd. ἀρτὶ οὐ legend. cens. Buss. ἀρτίως Sylb. || 7 φυτῶν: χυτῶν Bekker per err. || γὰρ om. C^a Ap.^{b} || 9 ἔχουσαι Y^aX^a ἔχουσα Ap. ἔχοντα Hett || 14 ἐμμένειν Y^a || ἀφαυαίνονται ex ἀφαυλαίνονται Y^{a1} ἀφαναίνονται C^a ἀναφαίνονται Ap. X^a || 15 ὅλου Y^a ὅλου Ap. || ἐπανοδοῦσι C^a.

d'autres inachevés[142] c'est que les premiers ont tout de suite ce qu'il faut pour vivre, tandis que les petits enfants ont besoin de soins.

47. Pourquoi[144], parmi les animaux, les uns s'accouplent-ils une fois, les autres à plusieurs reprises, et les uns à une saison de l'année, les autres n'importe quand, les hommes à tout moment et les animaux sauvages pas souvent[145], le sanglier une seule fois, le cochon plusieurs fois[146]? N'est-ce pas une question de nourriture, de chaleur[147] et de fatigue? Car la satiété plait à Cypris[148]. Et puis les mêmes animaux ne font à un endroit qu'une seule portée et à un autre en font plusieurs, par exemple les brebis en Magnésie et en Libye[149] mettent bas deux fois[150]. La cause en est la longue durée de la gestation. Car le désir disparaît avec la prégnation, de même qu'on n'a pas envie de nourriture quand on est rassasié. Les femelles pleines ont moins le désir de s'accoupler, parce qu'elles n'ont pas de pertes[151].

48. Pourquoi[152] les humains qui ont les dents espacées ont-ils le plus souvent une vie courte[153]? Est-ce parce que c'est le signe que l'os est d'un tissu serré? C'est comme le cerveau qui est faible quand il n'est pas bien aéré, au point qu'étant humide par nature il se corrompt rapidement. Car c'est ce qui arrive aux autres parties quand elles ne sont pas en mouvement et qu'il ne s'y produit pas d'évaporation. C'est d'ailleurs pourquoi l'homme a la tête la plus velue[154], et le mâle vit plus longtemps que la femelle[155], à cause des sutures[156]. Il faut voir également sur les autres animaux.

49. Pourquoi[157] ceux qui ont une ligne qui coupe le creux de la main vivent-ils plus longtemps[158]? Est-ce parce que les animaux qui ne sont pas articulés[159] ont une vie très courte[160], par exemple les animaux aquatiques[161]? Mais si les êtres non articulés ont une vie brève, c'est le contraire pour ceux qui sont articulés. Tel est le cas en particulier de ceux qui n'ont pas naturellement d'articulations mais présentent des divisions très nettes. Or le dedans de la main[162] est tout ce qu'il y a de moins articulé.

ἔφυγροι καὶ ἔναιμοι οἱ ὀμφαλοὶ ἀκολουθοῦσιν. Ὅτι δὲ τὰ μὲν τετελειωμένα τὰ δ' ἀτελῆ ἐξέρχεται, σημεῖον ὅτι τὰ μὲν εὐθὺς δύναται ζῆν, τὰ δὲ παιδία ἐπιμελείας δεῖται.

47. Διὰ τί τὰ μὲν τῶν ζῴων ἅπαξ ὀχεύεται, τὰ δὲ πολλάκις, καὶ τὰ μὲν ὥρᾳ ἔτους, τὰ δ' ὅτ' ἔτυχεν, ἄνθρωπος μὲν ἀεί, τὰ δ' ἄγρια οὐ πολλάκις, καὶ ὗς μὲν ἄγριος ἅπαξ, ἥμερος δὲ πολλάκις; Ἢ διὰ τὴν τροφὴν καὶ ἀλέαν καὶ πόνον; Ἐν πλησμονῇ γὰρ Κύπρις. Ἔπειτα τὰ αὐτὰ ἄλλοθι μὲν ἅπαξ τίκτει, ἄλλοθι δὲ πλεονάκις, οἷον τὰ πρόβατα ἐν Μαγνησίᾳ καὶ Λιβύῃ τίκτει δίς. Τὸ δ' αἴτιον ἡ πολυχρονία τοῦ τόκου· οὐ γὰρ ἐπιθυμεῖ ὅταν πλησθῇ, ὥσπερ οὐδὲ τροφῆς τὰ πλήρη. Τὰ δὲ κυοῦντα ἧττον ὀχείας ἐπιθυμεῖ διὰ τὸ μὴ γίνεσθαι τὴν κάθαρσιν.

48. Διὰ τί τῶν ἀνθρώπων οἱ ἀραιοὺς ἔχοντες τοὺς ὀδόντας βραχύβιοι ὡς ἐπὶ τὸ πολύ; Ἢ ὅτι σημεῖον τοῦ τὸ ὀστοῦν πυκνὸν εἶναι; Ὡς ὁ ἐγκέφαλος ἀσθενὴς οὐκ εὐπνοῶν, ὥσθ' ὑγρὸς ὢν τὴν φύσιν ταχὺ σήπεται. Καὶ γὰρ τὰ ἄλλα μὴ κινούμενα καὶ ἀπατμίζοντα. Διὸ καὶ ἄνθρωπος τὴν κεφαλὴν δασύτατον, καὶ τὸ ἄρρεν τοῦ θήλεος μακροβιώτερον διὰ τὰς ῥαφάς. Δεῖ δ' ἰδεῖν καὶ ἐπὶ τῶν ἄλλων.

49. Διὰ τί δέ, ὅσοι τὴν διὰ τῆς χειρὸς τομὴν ἔχουσι δι' ὅλης, μακροβιώτεροι; Ἢ διότι τὰ ἄναρθρα βραχυβιώτατα,
[896b] ὡς τὰ ἔνυγρα; Εἰ δὲ τὰ ἄναρθρα βραχύβια, δῆλον ὅτι τὰ ἠρθρωμένα τοὐναντίον. Τοιαῦτα δ' ὢν καὶ τὰ φύσει ἄναρθρα μάλιστα ἤρθρωται· τῆς δὲ χειρὸς τὸ εἴσω ἀναρθρότατον.

17 ἔφυδροι $Ap.^{a}$ || ἔναιμοι Gaza: ἄναιμοι codd. || 18 τετελωμένα X^{a} || 21 ὅτε: ὡς Ap. || 24 τὰ om. $Y^{a}C^{a}$ || 26 λιζύῃ: λειώδει $Ap.^{a}$ λιώδει $Ap.^{b}$ || δίς: τρίς $Ap.^{a1}$ || 27 ἐπιθυμῇ $Ap.^{a}$ || 28 τροφῆς ex τροφῇ scrips. Y^{a3} τροφὴ $Ap.^{b}$ || κυοῦντα: δοκοῦντα Ap. X^{a} || 29 ἐπιθυμεῖν $Ap.^{a}$ || γένεσθαι $Ap.^{a}$ || 31 ante τὸ² add. ὅτι Ap. || τὸ²: τοῦτο C^{a} || 32 πυκνὸν om. C^{a} || 34 ἀποτμίζοντα C^{a} || 36 ῥαφάς X^{a2} (ex Gaza?): τροφάς Y^{a} Ap. C^{a} στροφάς X^{a1} || 37 τῆς om. C^{a} || δι' om. C^{a}.

[896b] 1 ἔνυδρα X^{a} $Ap.^{b1}$ || εἰ: ἢ X^{a} || 2 ὢν: ὄντα C^{a} || 3 ἀναρθρότερον Ap. X^{a} || τὰ συγγενῆ post 12 ὁμοίοις transp. X^{a}.

50. Pourquoi[163] l'homme est-il le seul animal qui louche ou celui qui louche le plus? Est-ce parce qu'il est le seul à souffrir du haut mal[164] dans son enfance ou celui qui y est le plus exposé, et que dans ce cas il arrive à tous d'avoir les yeux qui tournent?

51. Pourquoi l'homme est-il celui des animaux que la fumée incommode le plus? Est-ce parce que c'est lui qui pleure le plus[165] et que l'enfumage s'accompagne de larmes?

52. Pourquoi un cheval se plait-il avec un cheval et désire-t-il être avec lui, un humain avec un humain, et d'une manière générale les animaux d'une même espèce avec leurs congénères et leurs semblables? Il va de soi que n'importe quel animal n'est pas également beau[166]. Il faudrait donc que le beau fût la plus agréable. Mais la réalité c'est plutôt que toute beauté n'est pas agréable; il y a le beau et il y a l'agréable[167]. Tout le monde n'est pas non plus d'accord sur la valeur du plaisir et sur l'agrément du beau, par exemple l'un trouve plus agréable de manger et de boire, l'autre de faire l'amour. Quant à savoir pourquoi chaque être en s'unissant à son congénère éprouve le plaisir sexuel le plus vif et le plus agréable, c'est un autre problème[168]. Mais dire que c'est parce qu'il est le plus beau n'est pas exact. Au contraire, nous considérons comme belle la personne qu'il est agréable d'avoir pour partenaire, parce que, du fait que nous la désirons, nous avons plaisir à la voir. Et à vrai dire, il en va de même pour les autres désirs. Quand on a soif on a plus de plaisir à voir de la boisson. C'est donc ce qui est bon pour un certain usage, ce dont nous avons le plus ardent désir, qui nous semble le plus agréable, même si en soi il ne l'est plus. En voici la preuve: même des hommes nous paraissent beaux, sans que nous envisagions de coucher avec eux. Est-ce au point que l'on puisse avoir plus de plaisir à les voir que les personnes avec lesquelles on peut coucher? Rien ne l'empêche, si nous nous trouvons sans désir. C'est de la même façon qu'une boisson nous paraît plus belle: car si nous avons soif, nous la verrons avec plus de plaisir.

50. Διὰ τί τῶν ζῴων ἄνθρωπος ἢ μόνον ἢ μάλιστα διαστρέφεται; Ἢ ὅτι ἢ μόνον ἢ μάλιστα ληπτὸν ἐν τῇ νηπιότητι γίνεται, ὅτε καὶ διαστρέφεσθαι συμβαίνει πᾶσιν;

51. Διὰ τί τῶν ζῴων ἄνθρωπος μάλιστα καπνίζεται; Ἢ ὅτι μάλιστα δακρύει, ἡ δὲ κάπνισις μετὰ δακρύου;

52. Διὰ τί ἵππος ἵππῳ χαίρει καὶ ἐπιθυμεῖ, ἄνθρωπος δ' ἀνθρώπῳ, καὶ ὅλως δὲ τὰ συγγενῆ τοῖς συγγενέσι καὶ ὁμοίοις; Οὐ γὰρ δὴ ὁμοίως ὁτιοῦν ζῷον καλόν, ἡ δ' ἐπιθυμία τοῦ καλοῦ. Ἔδει οὖν τὸ καλὸν ἥδιον εἶναι. Νῦν δὲ μᾶλλον οὐ πᾶν κάλλος ἡδύ, τὸ καλὸν καὶ τὸ ἡδύ, οὐδὲ πᾶσιν ἡ ἡδονὴ ἢ τὸ καλὸν ἡδύ, οἷον φαγεῖν ἢ πιεῖν ἐστὶν ἥδιον ἑτέρῳ καὶ ἀφροδισιάσαι ἄλλῳ. Διότι μὲν οὖν ἕκαστον τῷ συγγενεῖ μιγνύμενον μάλιστα καὶ ἥδιστα ἀφροδισιάζει, ἄλλο πρόβλημα· ὅτι δὲ καὶ κάλλιστον, οὐκέτι ἀληθές. Ἀλλὰ ἡμεῖς τὸ εἰς τὴν συνουσίαν ἡδύ οἰόμεθα καλόν, ὅτι ἐπιθυμοῦντες χαίρομεν ὁρῶντες. Καίτοι καὶ ἐπὶ τῶν ἄλλων ἐπιθυμιῶν ἔχει ὁμοίως· διψῶντες γὰρ ἥδιον ὁρῶσι τὸ πόμα. Τὸ μὲν οὖν πρὸς χρείαν τινὰ καλόν, οὗ καὶ μάλιστα ἐπιθυμοῦμεν, τοῦτο δοκεῖ ἥδιστον εἶναι, τὸ δὲ καθ' αὑτὸ οὐκέτι οὕτως. Σημεῖον δὲ τούτου· δοκοῦσι γὰρ ἡμῖν καὶ ἄνδρες καλοὶ εἶναι, ⟨οὐ⟩ πρὸς τὴν συνουσίαν βλέψασιν. Ἆρ' οὖν οὕτως ὥστε καὶ ἡσθῆναι ὁρῶσι μᾶλλον τῶν εἰς συνουσίαν; Οὐδέν γε κωλύει, εἰ μὴ ἐπιθυμοῦντες τύχοιμεν. Οὕτω δὲ πόμα κάλλιον· εἰ γὰρ διψῶντες τύχοιμεν, ἥδιον ὀψόμεθα.

12 γὰρ om. Ap. || ὁτιοῦν Platt: ὅτι πᾶν K^a ὅτι σὺ cett. codd. || 13 ἥδιον: ἴδιον X^a || 14 μᾶλλον om. Ap.^{a} || οὐ πᾶν K^a: λύπαις cett. codd. || κάλλος: καλὸς Y^a καλὸν K^a || ἡδύ τὸ: ἡδύτο τὸ Y^a || τὸ καλὸν καὶ τὸ ἡδύ secl. Forster Hett || 15 πᾶσιν Y^a: πᾶσα cett. codd. || post πᾶσιν add. ὁμοίως Forster Hett || 16 διότι: διὰ τί prop. Ruelle || 18 οὐκέτι: οὐκ ἔστιν Sylb. || οἰόμεθα corr. Buss. ex antiq. vers. *putamus* et Gaza: ὅτι ὃ μὲν codd. || καλόν om. C^a || 20 ὅτι: ὅ τι scrips. Buss. || οὐ add. Sylb. || βλέψουσιν C^a || 27 γε om. Ap.^{a}.

53. Pourquoi chez les hommes le devant est-il plus poilu que le dos, et chez les quadrupèdes est-ce le dos qui l'est[169]? Est-ce parce que tous les bipèdes ont le devant du corps plus velu? Les oiseaux sont dans le même cas que les hommes. La nature n'a-t-elle pas l'habitude de toujours protéger mieux les parties qui sont plus faibles, et chacune n'est-elle pas faible d'une certaine façon? Or, chez tous les quadrupèdes, les parties de derrière[170] sont plus faibles que celles de devant, en raison de leur position. Car elles sont plus exposées aux atteintes du froid et du chaud. Chez l'homme ce sont les parties de devant qui sont plus faibles et qui subissent les mêmes attaques.

54. Pourquoi[171] l'homme est-il celui des animaux qui éternue le plus? Est-ce parce que c'est aussi celui qui souffre le plus de coryzas? La cause est la suivante: le chaud étant autour du cœur et se portant naturellement vers le haut, chez les animaux autres que l'homme son mouvement naturel le conduit contre les épaules; à partir de là il rebondit et se divise en deux courants dont l'un va vers le cou et la tête, l'autre vers la colonne vertébrale et la hanche[172], parce que toutes ces parties sont sur la même ligne droite parallèle à la base de ces animaux[173]. Ce mouvement se propage uniformément dans le corps et l'humidité se répartit d'une manière égale entre les parties. Car l'humide suit le chaud. C'est pourquoi les quadrupèdes n'ont pas vraiment de coryzas ni d'éternuements. Car l'éternuement est l'expulsion ou bien d'air accumulé[174], quand les liquides du corps subissent une évaporation excessive, ou bien de liquides qui n'ont pas subi de coction. Voilà pourquoi il apparaît avant les écoulements du nez, qui ne se produisent pas chez les autres animaux, parce que la répartition du chaud s'équilibre dans leur corps entre le devant et l'arrière. Pour l'homme, qui se tient droit sur sa base comme les plantes[175], le mouvement du chaud se porte vers

169. Le fait est signalé dans l'*Hist. des An.*, II, 1, 498b19-21, et repris dans les *Part. des An.*, II, 14, 658a15-24.

170. Pour les quadrupèdes les parties de derrière sont le dos.

53. Διὰ τί ποτε τοῦ μὲν ἀνθρώπου τὰ ἔμπροσθεν δασύτερα τῶν ὄπισθέν ἐστι, τῶν δὲ τετραπόδων τὰ ὄπισθεν; Ἢ ὅτι πάντα τὰ δίποδα τὰ ἔμπροσθεν ἔχει δασύτερα; Οἱ γὰρ ὄρνιθες τὸν αὐτὸν τρόπον τοῖς ἀνθρώποις ἔχουσιν. Ἢ τὰ ἀσθενέστερα μᾶλλον ἀεὶ σκεπάζειν ἡ φύσις εἴωθεν, ἀσθενὲς δ' ἕκαστόν ἐστί τινα τρόπον; Τῶν δὲ τετραπόδων ἁπάντων τὰ ὄπισθεν ἀσθενέστερά ἐστι τῶν ἔμπροσθεν διὰ τὸν τόπον· ὑπὸ γὰρ τῶν ψυχῶν καὶ καυμάτων μᾶλλον δυνατά ἐστι πάσχειν· τῶν δ' ἀνθρώπων τὰ ἔμπροσθεν ἀσθενέστερά ἐστι καὶ τὸ αὐτὸ πέπονθεν.

[897a] **54. Διὰ τί ἄνθρωπος τῶν ζῴων μάλιστα πτάρνυται; Ἢ ὅτι καὶ κορυζᾷ μάλιστα; Τούτου δ' αἴτιόν ἐστιν ὅτι τοῦ θερμοῦ ὄντος περὶ τὴν καρδίαν καὶ πεφυκότος ἄνω φέρεσθαι τοῖς μὲν ἄλλοις ζῴοις ἡ κατὰ φύσιν αὐτοῦ φορά ἐστιν ἐπὶ τοὺς ὤμους, ἐντεῦθεν δ' ἐξ ἀνακλάσεως σχιζόμενον τὸ μὲν ἐπὶ τὸν τράχηλον καὶ τὴν κεφαλὴν φέρεται αὐτοῦ, τὸ δ' εἰς τὴν ῥάχιν καὶ τὴν ὀσφύν, διὰ τὸ ἐπὶ τῆς αὐτῆς εὐθείας εἶναι ταῦτα πάντα καὶ παρὰ τὴν βάσιν. Φερόμενον δ' ὁμοίως τὸ σῶμα καὶ τὰ ὑγρὰ μερίζει εἰς αὐτὰ ὁμαλῶς· ἕπεται γὰρ τὰ ὑγρὰ τῷ θερμῷ. Διὸ οὐδὲ πάνυ κορυζᾷ τὰ τετράποδα ζῷα, οὐδὲ πτάρνυται· ὁ γὰρ πταρμὸς ἢ πνεύματος ἀθρόου φορά ἐστιν, ὑγρῶν ἐξατμιζόντων τι μᾶλλον τοῦ σώματος, ἢ ὑγρῶν ἀπέπτων. Διὸ πρὸ τῶν κατάρρων γίνεται, ἃ οὐ συμβαίνει τοῖς ἄλλοις ζῴοις, διὰ τὸ τὴν τοῦ θερμοῦ φορὰν ὁμαλίζειν ἐν αὐτῷ εἰς τὸ πρόσθεν καὶ ὄπισθεν. Τοῦ δ' ἀνθρώπου πρὸς ὀρθῇ πεφυκότος τῇ βάσει, καθάπερ τὰ φυτά, συμβαίνει τοῦ θερμοῦ φορὰν ἐπὶ τὴν κεφαλὴν γίνεσθαι πλείστην καὶ σφοδροτάτην. Φερόμενόν τ'**

34 τρόπον: τόπον Gaza || ἅπαντα Ap.^{a} || 37 δὲ: μὲν Ap.^{a}.

[897a] 1 ante ἄνθρωπος add. ὁ C^a || ante ζῴων add. ἄλλων C^a || μάλιστα τῶν ζῴων Y^aC^a || μάλιστα: μᾶλλον Ap. X^a || 6 τὴν κεφαλὴν καὶ τὸν τράχηλον αὐτοῦ φέρεται C^a || 8 πάντα ταῦτα Y^a Ap. X^a || 9 σῶμα: θερμοῦ coni. Bonitz Hett || 14 οὐ om. Ap. X^a || τὸ om. C^a || 16 δὲ: τε Y^a Ap. || ὀρθὴν $Y^{a1}C^a$.

la tête en très grande quantité et avec une violence extrême. Arrivée là, la chaleur dilate et échauffe les canaux qui entourent la tête. Dans cette situation, ils sont plus aptes à recevoir les liquides que les canaux qui se trouvent au-dessous du cœur. Donc lorsqu'ils renferment plus de liquide qu'il ne faut et qu'ils se refroidissent de l'extérieur, il arrive que la chaleur, qui trouve à se nourrir et s'accumule à l'intérieur, augmente et qu'en augmentant elle se porte vers la tête et les canaux que celle-ci renferme. Les liquides qui l'accompagnent dans ces canaux, étant légers et sans coction, emplissent les canaux et produisent les écoulements ainsi que des éternuements. En effet, au début des écoulements, la chaleur, précédant le liquide vers le haut et remplissant d'air les canaux, produit les éternuements par l'expulsion de l'air et par l'élévation vers l'avant[176] des liquides qui sont légers et âcres. Et c'est pourquoi il arrive qu'après les éternuements du coryza on mouche des matières aqueuses. Quand toutes ces matières sont en mouvement une humidité continue et pathologique les accompagne et obstrue les canaux qui avoisinent la tête et le nez. A mesure qu'elle augmente de volume et qu'elle distend les canaux, elle cause les maux de tête. La preuve en est que le souffle ne sort pas au dehors et ne se répand pas à travers les canaux. De là vient que les gens atteints de coryzas n'éternuent pas et n'ont pas d'odorat. Les éternuements qui se produisent sans coryza sont dûs aux mêmes causes, mais ils ont des principes modestes et discrets. Le résultat en est que les liquides accumulés par la chaleur et vaporisés par elle en raison de leur petite quantité, tombent dans les narines. Ce qui cause le bruit c'est tout autant la violence avec laquelle l'air force le passage que sa quantité. Car la chaleur, après s'être élevée tout droit vers le cerveau et être arrivée sur lui, se trouve rejetée vers les narines, en raison du fait que les canaux de cette région, s'étendent vers l'extérieur à partir du cerveau. Donc, comme le mouvement de l'air vers les narines à la suite du ricochet est contre nature[177], il se fait

ἐνταῦθα ἀραιοὶ καὶ θερμαίνει τοὺς περὶ αὐτὴν πόρους. Ὄντες δὲ τοιοῦτοι δεκτικοὶ γίνονται τῶν ὑγρῶν μᾶλλον ἢ οἱ κάτω τῆς καρδίας πόροι. Ὅταν οὖν συμβῇ ἐξυγρανθῆναι μᾶλλον τοῦ δέοντος καὶ καταψυγῆναι ἔξωθεν, συμβαίνει τὸ θερμόν, τροφήν τ' ἔχον καὶ συστελλόμενον ἐντός, αὔξεσθαι, αὐξανόμενον δὲ φέρεσθαι ἐπὶ τὴν κεφαλὴν καὶ τοὺς ἐν αὐτῇ πόρους· εἰς οὓς ἀκολουθοῦντα τὰ ὑγρά, ὄντα λεπτὰ καὶ ἄπεπτα, πληροῖ αὐτοὺς καὶ τοὺς κατάρρους ποιεῖ, καὶ πταρμοὺς ὁμοίως. Ἐν γὰρ ταῖς ἀρχαῖς τῶν κατάρρων τὸ θερμὸν προαναφερόμενον τοῦ ὑγροῦ, καὶ πνευματοῦν τοὺς πόρους, τῇ τ' ἐκβολῇ τοῦ πνεύματος τοὺς πταρμοὺς ποιεῖ καὶ τῇ πρὸ τῶν ὑγρῶν ἀναγωγῇ, ἅ ἐστι λεπτὰ καὶ δριμέα. Διὸ καὶ συμβαίνει μετὰ τῶν τῆς κορύζης πταρμῶν ὑδατώδη ἀπομύττεσθαι, Πάντων δὲ τούτων ὁρμησάντων τὰ συνεχῆ καὶ πάθος ἔχοντα ὑγρὰ ἐφίσταται αὐτοῖς, καὶ ἐμφράττει τοὺς περὶ τὴν κεφαλὴν καὶ τὴν ῥῖνα πόρους· ὀγκηρότερα γὰρ γινόμενα καὶ διατείνοντα ποιεῖ τοὺς περὶ τὴν κεφαλὴν πόνους. Σημεῖον δὲ τὸ μήτ' ἐκτὸς ἢ δι' αὐτῶν πνεῦμα ἀφεῖσθαι. Διὸ οὔτε πτάρνυνται οὔτ' ὀσφραίνονται οἱ κορυζῶντες. Οἱ δ' ἄνευ κορύζης γινόμενοι διὰ μὲν τὰς αὐτὰς αἰτίας γίνονται, μικρὰς δὲ καὶ ἐλαφρὰς ἀρχὰς λαβόντες. Ὥστε
[897b] συναχθέντα τὰ ὑγρὰ τῷ θερμῷ, ἐκπνευματούμενα ὑπ' αὐτοῦ δι' ὀλιγότητα, εἰσπίπτει κατὰ τὰς ῥῖνας. Ποιεῖ δὲ τὸν ψόφον τοῦ πνεύματος οὐχ ἧττον ἡ βία τῆς φορᾶς ἢ τὸ πλῆθος αὐτοῦ. Ἐνεχθέντος γὰρ τοῦ θερμοῦ πρὸς ὀρθὴν πρὸς τὸν ἐγκέφαλον καὶ προσπεσόντος αὐτῷ, ἀνακλᾶται ἐπὶ τὰς ῥῖνας διὰ τὸ τοὺς ταύτῃ πόρους ἐκτὸς ἀπὸ τοῦ ἐγκεφά-

21 ἐξυγρασθῆναι Y[a] || 22 καταψυχθῆναι C[a] || post ἔξωθεν interpunx. Buss. || 26 κατάρους Ap.[a] || 27 κατάρων Ap.[a] || 29 πρὸ secl. Forster Hett ex Gaza || 31 ἀπομάττεσθαι Ap.[a] || 33 πάθος: πάχος scrips. Forster Hett ex Gaza || ἐμφάττει Ap.[a] || 34 καὶ τὴν — 35 κεφαλὴν om. C[a] || 35 πόνους: πόρους Ap. X[a] || 36 ἢ delend. cens. Buss. ex Gaza.

[897b] 1 ἐμπνευματούμενα Ap. || 3 τὸν om. C[a] || 6 τοὺς om. Y[a]C[a].

avec violence. C'est pourquoi il produit les bruits. Parmi les autres animaux, c'est surtout aux oiseaux qu'il arrive d'avoir des coryzas, parce que ce sont eux surtout dont la forme rappelle celle de l'homme. Mais ils en souffrent moins que l'homme, parce qu'ils ont la plupart du temps la tête baissée du fait qu'ils empruntent leur nourriture au sol[178].

55. Pourquoi les animaux marins sont-ils plus grands et mieux nourris que ceux qui vivent sur terre[179]? Est-ce parce que le soleil en consumant les matières qui entourent la Terre, en enlève les éléments nutritifs[180]? Et c'est pourquoi les êtres qui restent enfermés sont plus faciles à nourrir. Donc les animaux marins échappent à tout cela[181].

56. Pourquoi donc les autres animaux ingurgitent-ils[182] plus souvent de la nourriture sèche que de la nourriture liquide, alors que l'homme prend plus de liquide que de nourriture sèche? Est-ce parce que l'homme est très chaud par nature[183]? Il a donc un plus grand besoin de refroidissement.

57. Pourquoi les eunuques ne deviennent-ils pas chauves[184]? Est-ce parce qu'ils ont un gros cerveau? Cette particularité leur vient de ce qu'ils ne s'unissent pas aux femmes. Car la semence vient du cerveau[185] à travers le rachis. C'est ce qui fait en tout cas que les bœufs une fois châtrés ont de grandes cornes[186]. Il semble bien que la même cause explique aussi que les femmes et les enfants ne soient pas chauves[187].

58. Pourquoi certains animaux peuvent-ils se nourrir par eux-mêmes aussitôt après la naissance, les autres non[188]? N'est-ce pas ceux qui ont une vie plus courte que les animaux dotés de mèmoire[189]? C'est aussi pourquoi ceux-là meurent tous plus vite.

59. Pourquoi donc l'homme fait-il plus d'excréments liquides que d'excréments secs, alors que les chevaux et les ânes ont plus de déjections sèches? Est-ce parce que ces

λου διατείνειν. Παρὰ φύσιν οὖν τῆς ἐκ τῆς κλάσεως φορᾶς γινομένης ἐπὶ τὰς ῥῖνας τῷ πνεύματι, σφοδρὰν συμβαίνει γίνεσθαι· διὸ ποιεῖ τοὺς ψόφους. Τῶν δ' ἄλλων ζῴων συμβαίνει μάλιστα κορυζᾶν τοὺς ὄρνιθας διὰ τὸ μάλιστα ὁμοιόσχημον εἶναι ἀνθρώπῳ· ἧττον δ' ἢ ἄνθρωπος πάσχει αὐτό, ὅτι τὰ πολλὰ κάτω ἔχει τὴν κεφαλὴν διὰ τὸ τὴν νομὴν ἀπὸ τῆς γῆς εἶναι.

55. Διὰ τί τὰ θαλάττια ζῷα τῶν ἐν τῇ γῇ μείζω καὶ εὐτραφέστερά ἐστιν; Ἢ ὅτι ὁ ἥλιος καταδαπανῶν τὰ περιέχοντα τὴν γῆν ἀφαιρεῖται τὴν τροφήν; Διὸ καὶ τὰ κατακεκλειμένα εὐτραφέστερά ἐστιν. Πάντων οὖν τούτων ἀπήλλακται τὰ θαλάττια ζῷα.

56. Διὰ τί ποτε τὰ μὲν ἄλλα ζῷα πλεονάκις τὴν ξηρὰν τροφὴν ἢ τὴν ὑγρὰν προσάγεται, ὁ δ' ἄνθρωπος τὴν ὑγρὰν ἢ τὴν ξηράν; Ἢ ὅτι φύσει ὁ ἄνθρωπος θερμότατον; Πλείστης οὖν καταψύξεως δεῖται.

57. Διὰ τί οἱ εὐνοῦχοι οὐ γίνονται φαλακροί; Ἢ ὅτι πολὺν ἔχουσι τὸν ἐγκέφαλον; Τοῦτο δὲ συμβέβηκεν αὐτοῖς διὰ τὸ μὴ συγγίνεσθαι ταῖς γυναιξίν· ἡ γὰρ γονή ἐστιν ἀπὸ τοῦ ἐγκεφάλου χωροῦσα διὰ τῆς ῥάχεως. Διὰ τοῦτο δ' οὖν δοκοῦσι καὶ οἱ βόες οἱ ἐκτομίαι μεγάλα τὰ κέρατα ἴσχειν, ὅταν ἐκτμηθῶσιν. Δοκεῖ δ' ἡ αὐτὴ αἰτία εἶναι καὶ ὅτι αἱ γυναῖκες καὶ οἱ παῖδες οὐκ εἰσὶ φαλακροί.

58. Διὰ τί τὰ μὲν εὐθὺς δύνανται δι' αὐτῶν τρέφεσθαι μετὰ τὴν γένεσιν, τὰ δ' οὔ; Ἢ ὅσα ὀλιγοχρονιώτερα τῶν μνήμης δεκτικῶν; Διὸ ἅπαντα καὶ τελευτᾷ θᾶττον.

59. Διὰ τί ποτε ὁ μὲν ἄνθρωπος πλείω τὴν ὑποχώρησιν ποιεῖται τὴν ὑγρὰν τῆς ξηρᾶς, οἱ δ' ἵπποι καὶ οἱ ὄνοι τὴν

7 ἐκ τῆς coni. Buss.: ἐκτὸς codd. || 15 ἐστιν: εἰσιν Y[a]C[a] || καταδαπανῶν τὰ: καὶ τὰ δαπανῶντα Y[a] Ap. || 16 κατακεκλειμένα Bekker: κατακεκλιμένα Y[a]C[a] κατακεκλεισμένα Ap. X[a] || 17 ἐστιν: εἰσιν Y[a]C[a] || 21 ὅτι: διότι Y[a]C[a] || 23 πολὺν: πολλὴν Ap.[b] || 26 διὰ τῆς ῥάχεως om. Ap. || δ' οὖν scrips. Buss. ex Gaza: δ' οὐ Y[a] οὐ Ap. C[a]X[a] || 27 οἱ ἐκτομίαι om. Ap.[a] || τὰ om. C[a] || ἴσχειν: ἔχειν Ap. C[a]X[a] || 30 δυνῶνται C[a] || τῆς ξηρᾶς τὴν ὑγρὰν Ap. X[a].

animaux utilisent plus de nourriture sèche, et que l'homme en prend plus de liquide que de sèche[190]? Or, toutes les excrétions proviennent de la nourriture, et l'excrétion la plus abondante vient de la nourriture prise en plus grande quantité. Donc, les uns consomment plus de nourriture liquide, les autres plus de nourriture sèche. C'est parce que parmi les animaux, les uns sont naturellement secs, les autres humides. Donc ceux qui sont naturellement secs ont davantage soif de liquides (car ils en ont besoin), ceux dont la nature est humide ont plus besoin de nourriture sèche: car c'est ce qui manque le plus à leur organisme.

60. Pourquoi les oiseaux, les hommes et les animaux courageux sont-ils plus durs? Est-ce parce que la fougue s'accompagne de chaleur[191]? Car la peur est un refroidissement[192]? Donc tous ceux dont le sang est plein de chaleur sont courageux et fougueux[193]. Le sang est la nourriture[194]. Les plantes qu'on arrose avec de l'eau chaude sont toutes plus dures.

61. Pourquoi sont-ce surtout les quadrupèdes de petite taille qui donnent naissance à des monstres[195], alors que l'homme et les grands quadrupèdes, comme les chevaux et les ânes, en mettent moins au monde? Est-ce parce que les premiers sont multipares[196], comme les chiens, les porcs, les chèvres, les moutons, beaucoup plus que les grands animaux, et que parmi ces derniers les uns sont totalement unipares, les autres le sont le plus souvent? Or les monstres naissent quand les semences se confondent à la sortie du sperme ou dans le mélange qui s'opère dans l'utérus de la femelle[197]. C'est pourquoi aussi les oiseaux en produisent: ils pondent, en effet, des œufs doubles et des monstres naissent des œufs doubles dont le jaune n'est pas séparé par la membrane[198].

62. Pourquoi la tête des humains est-elle plus poilue que le reste du corps[199] et sans proportion avec lui, alors que c'est le contraire pour les autres animaux? Est-ce parce que parmi ces derniers les uns consacrent la nourriture en excès

ξηράν; Ἢ διότι ταῦτα μὲν τὰ ζῷα πλείονι τροφῇ χρῆται τῇ ξηρᾷ, ὁ δ' ἄνθρωπος ὑγρᾷ μᾶλλον ἢ τῇ ξηρᾷ; Πᾶσα δὲ περίττωσις ἀπὸ τῆς τροφῆς ἐστί, καὶ ἀπὸ τῆς πλείονος πλείω. Τὰ μὲν οὖν τῇ ὑγρᾷ μᾶλλον, τὰ δὲ τῇ ξηρᾷ πλείονι τροφῇ χρῆται· διότι τὰ μὲν τῶν ζῴων ἐστὶ φύσει [898a] ξηρά, τὰ δ' ὑγρά. Τὰ μὲν οὖν τῇ φύσει ξηρὰ τῆς ὑγρᾶς μᾶλλον ἐπιθυμεῖ (ταύτης γὰρ ἐνδεέστερά εἰσι), τὰ δὲ τῇ φύσει ὑγρὰ τῆς ξηρᾶς· ταύτης γὰρ ἐνδεέστερα καθέστηκεν.

60. Διὰ τί ὄρνιθες καὶ ἄνθρωποι καὶ τῶν ζῴων τὰ ἀνδρεῖα σκληρότερα; Ἢ ὅτι ὁ θυμὸς μετὰ θερμότητος; Ὁ γὰρ φόβος κατάψυξις. Ὅσων οὖν τὸ αἷμα ἔνθερμόν ἐστι, καὶ ἀνδρεῖα καὶ θυμοειδῆ· τὸ δ' αἷμα τροφή. Ὅσα δὲ θερμῷ ἄρδεται τῶν φυομένων, σκληρότερα πάντα.

61. Διὰ τί τέρατα τίκτουσι μάλιστα τὰ τεράποδα τὰ μὴ μεγάλα, ἄνθρωπος δὲ καὶ τὰ μεγάλα ἧττον, οἷον ἵπποι καὶ ὄνοι; Ἢ ὅτι πολύγονα ταῦτα, οἷον κύνες καὶ ὕες καὶ αἶγες καὶ πρόβατα, πολὺ μᾶλλον τῶν μεγάλων, ἐκείνων δὲ τὰ μὲν ὅλως μονοτόκα, τὰ δ' ὡς ἐπὶ τὸ πολύ; Τὰ δὲ τέρατα γίνεται ἐπαλλαττόντων τῶν σπερμάτων ἀλλήλοις καὶ συγχεομένων ἐν τῇ ἐξόδῳ τῆς γονῆς, ἢ ἐν τῇ μίξει τῇ ἐν τῇ ὑστέρᾳ τῆς θηλείας. Διὸ καὶ ὄρνιθες αὐτὰ ποιοῦσιν· τὰ γὰρ ᾠὰ δίδυμα τίκτουσι, τὰ δὲ τέρατα ἐκ τῶν διδύμων γίνεται, ὧν ἡ λέκιθος τῷ ὑμένι οὐ διαιρεῖται.

62. Διὰ τί ἡ κεφαλὴ δασεῖα τῶν ἀνθρώπων μᾶλλον τοῦ ἄλλου σώματος καὶ οὐ κατὰ λόγον, τοῖς δ' ἄλλοις ζῴοις τοὐναντίον; Ἢ ὅτι καὶ τῶν ἄλλων τὰ μὲν εἰς ὀδόντας ἐκ-

35 post πλείονι add. τῇ Ap. X^a || χρῆται Sylb.: om. codd. || 39 post πλείονι add. τῇ Ap. X^a.

[898a] 2 γάρ: δὲ C^a || τῇ om. Y^aC^a || 3 ξηρᾶς: ξηρότητος Ap. || 5 ὅτι om. C^a || 6 ὅσω $Y^{a1}C^a$ || 10 ἧττον forsit. post 11 ὄνοι ponend. cens. Ruelle quod Gaza vertendo fecit || 15 συγχεομένων: συγχεόντων Ap. || 16 τῇ [2] om. $Y^{a1}C^a$ || ὑστέρᾳ Sylb. om. codd. || 17 δίδυμα Sylb.: om. codd. || 18 λέκιθος Y^{a3}: λέκυθος Y^{a1} Ap. C^aX^a || 19 οὐ om. C^a.

à faire des dents, d'autres des cornes, d'autres encore des poils[200]? Ceux qui l'emploient à faire des cornes ont la tête moins velue. Car le superflu est dépensé en cornes. Ceux chez qui il se transforme en dents ont plus de poils que les bêtes à cornes (car ils ont un toupet de crins) mais moins que les animaux tels que les oiseaux. Car ils ont eux aussi la surabondance[201] des humains. Mais ce qui chez eux se répand partout en raison de son foisonnement, l'homme le consacre à la tête. Car il n'est pas sans excédent, mais il n'en a pas une quantité telle qu'il puisse la répartir de tous côtés.

63. Pourquoi l'homme est-il le seul des animaux à avoir les poils qui blanchissent[202]? Est-ce parce que la plupart des animaux ont les poils qui tombent[203] chaque année, par exemple le cheval, le bœuf, tandis que certains ne les perdent pas mais ont la vie brève, comme les moutons et d'autres? Quand le poil pour ainsi dire ne vieillit pas, il ne blanchit pas non plus. L'homme, lui, n'a pas les poils qui tombent et sa vie est longue, si bien qu'il blanchit sous l'effet du temps[204].

64. Pourquoi tous ceux qui ont la partie au-dessous du nombril plus grande que celle qui s'étend du nombril à la poitrine ont-ils la vie brève et sont-ils faibles[205]? Est-ce parce que l'estomac est froid en raison de sa taille réduite, si bien qu'il ne digère pas mais produit des excréments, et que ceux qui sont ainsi faits sont en mauvaise santé?

65. Pourquoi, parmi les animaux, les uns naissent-ils non seulement les uns des autres, mais aussi par génération spontanée[206], et les autres seulement les uns des autres, comme l'homme et le cheval? Est-ce, indépendamment d'autres causes, parce que chez les uns le temps de la génération est bref, si bien que la saison des naissances ne se prolonge pas et que celles-ci peuvent se produire au moment des changements de saison[207], alors que chez les autres la gestation se prolonge beaucoup? Elle dure une

δίδωσι καθ' ὑπερβολὴν τῆς τροφῆς, τὰ δ' εἰς κέρατα, τὰ δ' εἰς τρίχας; Ὅσα μὲν εἰς κέρατα, ἧττον τὴν κεφαλὴν ἔχει δασεῖαν· ἐκεῖ γὰρ ἀνήλωται. Ὅσα δ' εἰς ὀδόντας, μᾶλλον μὲν τῶν κερατοφόρων (ἔχει γὰρ λοφιάν), ἧττον δὲ τῶν τοιούτων, οἷον ὀρνέων. Ἔχουσι γὰρ ταῦτα καὶ τὴν τῶν ἀνθρώπων· ὃ ἐκείνοις πολλαχῇ διὰ πλῆθος, τοῦτο εἰς κεφαλὴν ἐκδίδωσιν· οὐδὲ γὰρ οὐδὲν ἔχει, οὐδὲ πολὺ οὕτως ὥστε πανταχῇ.

63. Διὰ τί ἄνθρωπος μόνος τῶν ζῴων πολιὰς ἔχει; Ἢ ὅτι τὰ μὲν πλεῖστα τῶν ζῴων ῥυάδα τὴν τρίχα ἀνὰ πᾶν ἔτος ἔχει, οἷον ἵππος, βοῦς, ἔνια δὲ ῥυάδα μὲν οὐκ ἔχει, βραχύβια δ' εἰσί, καθάπερ πρόβατον καὶ ἄλλα. Οὗ ἡ θρὶξ ὥσπερ οὐ γηράσκουσα οὐδὲ πολιοῦται. Ὁ δ' ἄνθρωπος οὔτε ῥυάδα ἔχει τὴν τρίχα, μακρόβιόν τ' ἐστίν, ὥσθ' ὑπὸ τοῦ χρόνου πολιοῦται.

64. Διὰ τί, ὅσοις τὰ ἀπὸ τοῦ ὀμφαλοῦ κάτω μείζονα ἢ
[898b] **τὰ πρὸς τὰ στήθη, βραχύβιοι καὶ ἀσθενεῖς; Ἢ ὅτι ἡ κοιλία ψυχρὰ διὰ μικρότητα, ὥστ' οὐ πεπτικὴ ἀλλὰ περιττωματική, οἱ δὲ τοιοῦτοι νοσακεροί;**

65. Διὰ τί τὰ μὲν γίνεται τῶν ζῴων οὐ μόνον ἐξ ἀλλήλων ἀλλὰ καὶ αὐτόματα, τὰ δ' ἐξ ἀλλήλων μόνον, οἷον ἄνθρωπος καὶ ἵππος; Ἢ κἂν εἰ καὶ μὴ δι' ἑτέρας αἰτίας, ἀλλ' ὅτι τοῖς ὀλίγος ὁ χρόνος τῆς γενέσεως, ὥσθ' ἡ γεννητικὴ ὥρα ⟨οὐχ⟩ ὑπερτείνει καὶ ἐνδέχεται γενέσθαι ἐν τῇ μεταβολῇ τῶν ὡρῶν, τῶν δὲ πολὺ ἡ γένεσις ὑπερτείνει;

23 τῆς om. Ap.^{a} || 25 ἐκεῖ: ἐκεῖθεν C^{a} || 26 γὰρ om. Ap.^{a} || 27 ὀρέων legend. suspic. Buss. || 28 post ἀνθρώπων add. *genus integendi natura tribuit* Gaza || τούτῳ Y^{a} τούτῳ vel τοῦτο Ap. || 29 οὐδὲ ... οὐδὲ: οὔτε ... οὔτε malit Bekker || 36 οὔτε Bekker: οὐδὲ codd. || φυάδα C^{a} || 37 παλαιοῦται Y^{a}C^{a} Gaza.

[898b] 2 περιττωματικοί Ap.^{b} || 3 νοσάκαιροι Y^{a1}C^{a} νοσεροί Ap. X^{a} || 4 post μόνον add. τῶν Y^{a1} || 6 καὶ ^{2} om. C^{a} || 7 ὀλίγος: ὀλίγοις Y^{a1}C^{a}X^{a} || 8 οὐχ add. Buss. ex Gaza || καὶ — 9 ὑπερτείνει om. Ap.^{a} || 9 ὡρῶν: μερῶν C^{a} || πολὺ: πολλὴ C^{a}.

année ou dix mois. Aussi est-il nécessaire ou bien qu'ils ne naissent pas du tout ou bien qu'ils naissent les uns des autres.

66. Pourquoi[208] les dents des Ethiopiens sont-elles blanches, plus blanches même que celles des autres hommes, et leurs ongles ne le sont-ils pas[209]? Est-ce, pour leurs ongles, parce que leur peau est noire, plus noire même que celle des autres, et que les ongles poussent à partir de la peau? Quant aux dents, pourquoi sont-elles blanches? Est-ce parce que ce à quoi le soleil enlève son humidité sans le colorer devient blanc, par exemple la cire? Ainsi d'une part il colore la peau, d'autre part il ne colore pas les dents, mais l'humidité s'évapore des dents à cause de la forte chaleur.

67. Pourquoi certains animaux privés de leur tête meurent-ils sur le champ ou rapidement, les autres non[210]? Est-ce que le dernier cas n'est pas celui des animaux qui n'ont pas de sang et se nourrissent de peu[211]? Car ils n'ont pas besoin de nourriture immédiatement, et chez eux la chaleur n'est pas diffuse dans le liquide, ce sans quoi il n'est pas possible aux sanguins de vivre. Ce l'est pour les premiers. Car ils peuvent vivre beaucoup plus longtemps sans respirer. La raison en a été donnée ailleurs[212].

208. Cf. *Hist. des An.*, III, 9, 517a16-20: l'explication y est la même pour les ongles, mais non pour les dents. Voir aussi l'analyse du sophisme de *Réfutation des Sophistes*, 5, 167a11 et sq.

209. Même emploi de οὐκέτι dans les *Météorologiques*, III, 4, 375b12.

210. Ce sujet a èté très souvent traité par Aristote: voir l'*Hist. des An.*, IV, 7, 531b30 - 532a5; les *Part. des An.*, III, 10, 673a28-31; *De l'Ame*, I, 5, 411b19; II, 2, 413b20; *De la Longévité*, 6, 467a19; *De la Jeunesse*, 2, 468a25-b2; *De la Respiration*, 17, 479a3; *De la Marche des Animaux*, 7, 707a24.

211. Cf. *Part. des An.*, IV, 5, 682a22, où il n'est question que des insectes.

212. Renvoi au traité *De la Respiration*, 9, 475a20-25.

Ἐνιαύσιοι γὰρ ἢ δεκάμηνοί εἰσιν· ὥστ' ἀνάγκη ⟨μὴ⟩ γίνεσθαι ἢ ἐξ ἀλλήλων γίνεσθαι.

66. Διὰ τί τῶν Αἰθιόπων οἱ μὲν ὀδόντες λευκοί, καὶ λευκότεροι ἢ τῶν ἄλλων, οἱ δὲ ὄνυχες οὐκέτι; Ἢ οἱ μὲν ὄνυχες, ὅτι καὶ τὸ δέρμα μέλαν, καὶ μελάντερον ἢ τῶν ἄλλων, οἱ δ' ὄνυχες ἐκ τοῦ δέρματος φύονται; Οἱ δ' ὀδόντες λευκοὶ διὰ τί; Ἢ ὅτι ἐξ ὧν τὸ ὑγρὸν ἐξάγει ὁ ἥλιος ἄνευ τοῦ ἐπιβάπτειν, λευκαίνεται, οἷον καὶ τὸν κηρόν; Τὸ μὲν οὖν δέρμα ἐπιβάπτει, τοὺς δ' ὀδόντας οὐκ ἐπιβάπτει, ἀλλὰ τὸ ὑγρὸν διὰ τὴν ἀλέαν ἐξατμίζεται ἐξ αὐτῶν.

67. Διὰ τί τὰ μὲν ἀφαιρουμένης τῆς κεφαλῆς ἀποθνήσκει εὐθὺς ἢ ταχύ, τὰ δ' οὔ; Ἢ ὅσα ἄναιμα καὶ ὀλιγότροφα, τοῦτο πάσχει; Οὔτε τροφῆς γὰρ δεῖται ταχύ, οὔτ' ἐγχεῖται αὐτῶν τὸ θερμὸν ἐν τῷ ὑγρῷ, ὧν ἄνευ οὐχ οἷόν τε ζῆν τοῖς ἐναίμοις. Τούτοις δ' οἷόν τ' ἐστίν· ἀπνευστὶ ζῆν γὰρ δύνανται πολὺ μᾶλλον. Ἡ δ' αἰτία ἐν ἑτέροις εἴρηται.

10 ἀνάγκῃ malit Ruelle || μὴ addidi ex Gaza: ἢ μὴ Buss. lac. indic. Hett || 13 post ἢ [1] add. οἱ X[a] || 14 τὸ om. Ap.[a] || 16 post ὧν add. μὲν C[a] || ὁ ἥλιος τὸ ὑγρὸν ἐξάγει Ap. X[a] || 17 ἐπιβλάπτειν C[a] || 18 τοὺς δὲ ὀδόντας οὐκ ἐπιβάπτει om. Ap. || 22 ταχὺ: βραχὺ Ap. || 24 ἀναίμοις Ap.

NOTES COMPLÉMENTAIRES

Page 10

3. On attribue à Hippocrate une règle d'hygiène prescrivant un excès par mois. Mais on ne trouve rien de tel dans la collection traditionnelle des traités hippocratiques.

4. L'influence des saisons et des vents sur la santé est l'un des thèmes du traité hippocratique *Des Airs, des Eaux et des Lieux*, dont l'auteur de ce problème s'inspire manifestement (voir aussi *Humeurs*, 14 et 15). Mais alors qu'Hippocrate est médecin et s'adresse à des médecins, ici l'on s'en tient à l'aspect scientifique de la question, qui intéresse aussi les médecins.

5. Ce sens du verbe κρίνειν appartient au vocabulaire hippocratique.

6. La notion d'équilibre est évoquée dans le traité hippocratique *Du Régime*, III, 69,2, ἀπὸ δὲ τοῦ ἰσάζειν πρὸς ἄλληλα ὑγιείη πρόσεστιν. Mais il s'agit d'un équilibre entre nourriture et exercice.

7. Cet emploi de κρᾶσις semble un souvenir du *Phédon* de Platon, 116b. Il se retrouve dans le titre de la section XIV, dont la plupart des questions paraissent authentiques. A la ligne 16 le même mot est pris dans son sens médical (cf. II, 4, 871a24) de tempérament. Dans la collection hippocratique il désigne l'équilibre des quatre humeurs (sang, bile, bile noir, flegme), qui favorise la santé.

Page 11

9. Cf., plus haut, ligne 10.

10. Le lever matinal d'Orion se situe dans le ciel de Grèce après le solstice d'été (*Météor.*, II, 5, 361b23, 30).

11. L'Ourse se lève vers le milieu de septembre (*Hist. des An.*, V, 17, 549b11; VIII, 13, 598a18; IX, 15, 599b11).

12. Les Pléiades se lèvent au mois de mai (*Hist. des An.*, V, 22, 553b31; VIII, 2, 592a7; 13, 598b7; 15, 599b10).

13. Sirius, l'étoile la plus brillante de la constellation du Grand Chien, se lève vers le 25 juillet.

14. La négation a été omise par la plupart des manuscrits et par Gaza. Elle paraît nécessaire.

15. Cet emploi de κιζδηλιᾶν est un hapax. Mais κίζδηλος, falsifié, est usuel. Le verbe signifie «être pâle comme de l'or falsifié». Gaza traduit: «*qui cibo vitioso vescuntur*».

16. Hippocrate attribue l'enflure des pieds à d'autres causes (*Epidémies*, VII, Littré V, 373).

17. Comme il arrive souvent, θέρος désigne ici toute la saison chaude.

18. Le mot φλεγμασία a le sens d'*échauffement* dans la section III, 17, 873b17.

Page 12

19. Le verbe προσαναπίμπλημι n'est pas attesté ailleurs avec ce sens. L'auteur veut dire que la pestilence est la seule maladie qui soit aussi contagieuse. Sur la contagion, voir la section VII (cf. M. D. Grmek, «Les vicissitudes des notions d'infection, de contagion et de germe dans la médecine antique», *Mémoires* V du Centre Jean Palerne, 1984, pp. 53-70).

20. On trouvera un commentaire de ce passage dans l'étude de Paul Dumont, «Notes sur le récit de la pestilence athénienne chez Thucydide et sur ses rapports avec le médecine grecque de l'époque classique», dans les *Actes du IV*[e] *Colloque hippocratique international de Lausanne*, 1981, p. 311. Sur l'identification de la maladie appelée λοιμός, voir P. F. Girard, «Le mal des ardents ou le feu Saint-Antoine», 3e partie, dans *Cah. Méd.*, t. 3, N° 14, 5 déc. 1977.

21. Ce sens de ὑπέκκαυμα ressort nettement du passage 11, 860b14. Dans la section III (26, 875a6), le même mot signifie *combustible*.

22. L'énoncé est une citation *Des Airs, des Eaux et des Lieux*, 10 (cf. *Aphorismes*, III, 11).

23. Ἀέρος est la leçon des manuscrits à une exception près: le *Marcianus gr. append.* IV, 58 (K^a) écrit ἔαρος, ce qui donne également un sens acceptable.

24. Cf. Hippocrate, *Des Airs, des Eaux et des Lieux*, 10 et *Aphorismes*, III, 12.

25. La tiédeur due au vent du midi (ligne 12). Les vents du sud sont doux (cf. *Météor.*, II, 6, 364a22).

Page 13

28. Autrement dit des formes de paralysie.

29. Voir *Des Airs* etc. 10 et *Aphorismes*, III, 13.

Page 14

33. Sur le sens de ὑπέκκαυμα voir plus haut, 7, 859b19.

34. Voir *Des Airs* etc., 10.

35. Cette expression est fréquente dans les *Problèmes* (cf. Bonitz, *Ind. arist.*, 570b24, 661b57-59). Elle se retrouve dans les *Météorologiques*, III, 4, 375a20, et dans le traité *De la Respiration*, 4, 472b5.

36. Le sujet sera traité longuement dans la question 1 de la section XXX.

37. L'idée que l'eau à elle seule est une nourriture est souvent reprise dans les traités d'Aristote: voir, par exemple, *Part. des An.*, IV, 13, 697a20,

31. La valeur nutritive de l'eau douce est nettement affirmée dans la question 5 de la section XXVIII (949b26-31), qui reproduit une note d'Aristote.

Page 15

38. Même distinction entre τὰ σιτία et τὰ ὄψα dans le *Protagoras* de Platon, 334c. Ὄψον était rattaché à tort à ἕψω.

39. Cf. Hippocrate, *Humeurs*, 15.

40. Voir plus loin I, 42, 864b8 et XXI, 2, 927a20.

41. cf. Plutarque, *Propos de Table*, IV, 1, 661c.

42. Le rôle de l'humidité du corps dans la genèse des poux est signalée dans l'*Hist. des An.*, V, 31, 557a1. C'était la croyance générale (cf. *Problèmes Inédits*, II, 81, éd. Bussemaker, Didot, p. 307, l. 16-21).

43. Sur l'origine des cheveux cf. *Gén. des An.*, V, 3, 782a25-b17. Voir aussi la question 21 de la section VIII.

44. Cette remarque est reprise dans l'*Hist. des An.*, V, 31, 557a7-8.

45. Il s'agit ici du coucher des Pléiades (voir plus haut, 3, 859a23) qui coïncide avec le solstice d'hiver (cf. l. 26). Voir aussi *Des Airs* etc., 11.

Page 16

49. Dans XIV, 6 ἔκκριτα est remplacé par εὔπεπτα, «subit une bonne coction».

Page 17

50. C'est le sens classique de ἀρτηρία.

51. Cf. *Des Airs*, 10.

52. Il est question des chairs denses ou serrées et des chairs lâches ou poreuses dans la question 52.

53. L'effet du froid sur les ivrognes est examiné dans la section III, problèmes 1 et 6.

54. Souvenir de la médecine hippocratique. Voir en particulier *Du Régime des Maladies aiguës*, V, 1; LXVI, 2; *Maladies II*, LXIII.

Page 18

55. Le problème 23 (862a20) précise que la fièvre provient d'un excès d'humidité et de chaleur.

56. Même emploi de φορά dans l'*Hist. des An.*, V, 21, 553a22; 22, 553b23.

57. Parce qu'elles ne vivent pas dans l'eau mais dans des lieux humides.

58. Cette idée est développée dans la *Génération des Animaux*, III, 11, 761b13 et sq.

59. La même question est reprise plus brièvement dans le problème 50 de la section XXVI consacrée aux vents (cf. Théophraste, *Des Vents*, 57).

60. Le problème 50 de la section XXVI écrit ἐμποιοῦσι τοῖς σώμασιν au lieu de ποιοῦσιν.

61. Cf. XXVI, 17.

62. Th. Gaza met entre parenthèses les mots ἐψυγμένοι ... αὐτά et rattache la phrase sur la nielle à ce qui précède.

63. Il est question de la nielle ou rouille du blé dans l'*Hist. des An.*, V, 22, 553b20; IX, 40, 627b21.

64. Voir Théophraste, *Des Vents*, 56.

65. Ce verbe est employé dans les *Météorologiques*, IV, 8, 385a28.

Page 19

66. Voir Hippocrate, *Aphorismes*, III, 9. L'adjectif εὐζοήθητος est employé dans la *Politique*, VII, 5, 1327a3; 6, 1327a21, pour désigner un endroit facile à défendre.

67. Le terme φθινόπωρον correspond ici à une période bien déterminée: c'est la fin de l'automne. A la ligne suivante μετόπωρον a le même sens. Mais ce mot désigne parfois tout simplement l'automne (*Météorologiques*, I, 12, 348b27, 28) ou même la fin de l'été (*ibid.*, 348a1).

Page 21

71. Les manuscrits conservent ici la trace d'une section distincte intitulée «Des remèdes pour guérir». Nous avons conservé la disposition traditionnelle qui est celle de la traduction de Théodore Gaza.

72. Dans le manuscrit copié par Apostolios le problème 31 est réuni au problème 30.

73. Voir Hippocrate, *Aphorismes*, VII, 87.

74. Littéralement ὕπουλος signifie «qui se forme sous la cicatrice».

75. On pourrait comprendre aussi: «peut empêcher l'inflammation».

76. On trouve plusieurs allusions à un médicament «enhème» dans la Coll. Hippocratique: *Articulation*, 36; *Fractures*, 24; *Epidémies*, V, 97; VII, 34; *Plaies*, 1. Voir aussi Théophraste, *Hist. des Plantes*, IV, 7, 2.

77. Ce problème est cité sous le nom d'Aristote par Plutarque, *Propos de Table*, III, 10, 659D.

Page 22

78. Ce développement se retrouve dans le problème 24 de la section XI, lui-même répété dans la section XXXVIII, question 10. Un argument de ce problème est repris pas Apollonius qui l'attribue expressément à Aristote (*Mirabilia*, 7).

79. Problème repris dans VII, 9. Sur le pourpier voir Pline, XXV, 162; Dioscoride, II, 124.

80. Le verbe αἱμωδιᾶν est hippocratique: cf. *Maladies II*, XVI, 1; LV, 1; LXXIII, 1.

Page 23

81. Ce problème est répété, avec quelques variantes qui ne modifient

pas le sens, dans la section V, 38. Théophraste s'en est inspiré dans son traité *De Lassitudine*, 17.

82. Dans le verbe ἀλεάζειν se retrouve le sens premier de ἀλέα, «protection contre le froid» (cf. J. Jouanna, «Sens et étymologie de 'ΑΛΕΑ et de ΑΛΚΗ» dans *R.E.G.*, 1981, pp. 15-36. Selon cet auteur le glissement de sens vers «chaleur» se serait produit à l'époque d'Aristote).

83. Sur ce problème et le suivant, voir l'étude de J. Scarborough, «Theoretical Assumptions in Hippocratic Pharmacology», dans les *Actes du IVe Colloque international hippocratique*, Genève, 1983, pp. 307-325 (spécialement pp. 308-312, «Aristotelian Drug Theory: a Backdrop for Hippocratic Pharmacology»).

84. Cette phrase se retrouve dans la section III, 21, 874a25.

85. Dans la terminologie aristotélicienne κοιλία signifie tantôt l'estomac, tantôt le ventre (cf. l'Index des parties du corps dans l'édition de la *Marche des Animaux*, Paris, Belles Lettres, 1973, p. 130). L'expression ἡ ἄνω κοιλία désigne donc soit l'estomac proprement dit, soit le haut de l'intestin.

86. On trouvera des précisions sur les plantes énumérées ici dans les notes de l'étude de J. Scarborough citée plus haut. Toutes ces plantes sont toxiques.

87. Il s'agit probablement d'une variété de concombre sauvage (cf. Théophraste, *Hist. des plantes*, IV, 5, 1; IX, 3, 4; Dioscoride, IV, 150).

Page 24

88. Le même sujet est traité dans le problème 47.

89. La nourriture élaborée par la digestion.

Page 25

92. Voir, plus haut, 41, 864a5, qui justifie la correction de Sylburg: les manuscrits ne donnent ici aucun texte satisfaisant.

93. A la ligne 18, à propos du poivre.

Page 26

94. Renvoi aux lignes 864b13 et 14.

95. Il n'y a pas lieu de corriger ὅτι ὡς des manuscrits en ὅπως, suivant la suggestion de Herbert Richards d'après Th. Gaza qui écrit *ut*: ὡς a le sens de οὕτως.

96. La question est reprise dans la section V, 33.

97. La même sujet est traité dans le problème 42.

98. A la ligne 13 les mots καὶ τούτους sont peut-être une note marginale de l'archétype.

Page 27

100. Le début de ce problème est repris dans la section IV, 16, 878b14.

101. W.S. Hett pense que cette phrase est le début d'un nouveau

problème. C'est également l'avis de J. Barthélémy - Saint-Hilaire. Mais les manuscrits et la traduction de Th. Gaza ne conservent aucune trace de cette division.

Page 28

102. Nous conservons οὐ qui est la leçon de tous les manuscrits et de Th. Gaza.

103. Ces lignes sont à rapprocher d'un passage des *Météorologiques*, III, 2, 372a30-b9.

104. Cf. *Météor.*, III, 4, 374a35.

105. Le début de ce paragraphe manque dans tous les manuscrits. Il se retrouve peut-être dans les premières lignes du problème 3 de la section XXXVII qui, à partir de 966a13, reproduit avec quelques variantes le texte de I, 52. Une autre copie, plus fidèle, figure dans le problème 34 de la section V, qui commence par Διὰ τί. A partir de ces trois rédactions, H. Bonitz a essayé de reconstituer l'original (*Arist. Stud.*, IV, 401).

106. Dans le problème 34 de la section V, les manuscrits remplacent ἀεί par δεῖ.

107. Même remarque dans les *Météorologiques*, IV, 1, 379a33-34.

Page 29

111. Ce paragraphe et le suivant ne comportent pas d'interrogations. Ce sont sans doute deux passages d'un traité médical antérieur à Aristote.

112. Ces formules impératives sont celles de prescriptions médicales.

Page 30

113. Cette formule est à rapprocher du celle du traité *De la Génération et de la Corruption*, II, 7, 323b8, «un feu plus faible est détruit par un feu plus fort». L'exemple de la lampe est repris et développé dans *De la Jeunesse et de la Vieillesse*, 5, 469b31-470a5.

114. Répétition de la remarque du problème précédent, 56, 866a27.

115. Dans la traduction de Th. Gaza ces lignes sont rattachées au problème précédent. On peut considérer que ce résumé a été rédigé en vue de l'édition par matières au IIᵉ siècle de notre ère.

Page 38

1. Cf. Théophraste, *De Sudore*, 25.

2. Th. Gaza ajoute ici un membre de phrase: *ut in aqua fit vasis, quod in mare demissum dulcem intra se colligit humorem.* Cette incise s'inspire de l'*Hist. des An.*, VIII, 2, 590a24-29, et des *Météorologiques*, II, 3, 359a1-3 (cf. Elien, *Hist. An.*, IX, 64; Pline, *Hist. Nat.* XXXI, 37).

3. L'objet dont il est ici question est une espèce de pipette décrite dans un texte d'Empédocle cité dans *De la Respiration*, 7, 473b8 et sq. (cf. plus loin, XVI, 8, 914b9; *Du Ciel*, II, 13, 294b20; *Physique*, IV, 6, 213a27).

4. Cet emploi de ἐπιλαμβάνειν est usuel chez les orateurs attiques: cf.

Isée, 3, 76, σὺ δ' ἐπίλαζε τὸ ὕδωρ; Lysias, *Contre Pancléon*, 4. On le trouve dans la *Constitution d'Athènes*, 67, 3.

5. Cf. Théophraste, *De Sudore*, 30 (cf. Athénée, I, 24E qui mentionne les *Problemata physica* d'Aristote).

6. Cf. Théophraste, *De Sudore*, 1 et 2.

7. Le problème de la salure de la sueur a été repris dans les *Météorologiques*, II, 3, 357a28. Mais Aristote hésite alors sur la solution à adopter.

8. Cf. Théophraste, *De Sudore*, 24.

Page 39

11. Cf. Théophraste, *De Sudore*, 9.

12. Sur les rapports entre la porosité de la peau et la pousse des cheveux, voir la *Génération des Animaux*, V, 3, 782a34.

13. Cf. Théophraste, *De Sudore*, 31.

14. La même idée est reprise dans le problème 20.

15. Le substantif ἀφίδρωσις, qui ne se retrouve pas ailleurs chez Aristote et qui n'est pas non plus chez Hippocrate, est dérivé de l'usuel ἀφιδροῦν utilisé à 868a37. Il est chez Plutarque. Ce paragraphe 8 pourrait être récent.

16. Cf. problème 37, 870a26 et Théophraste, *De Sudore*, 22.

Page 40

17. Ce problème est développé dans la question 17, 867b34 et dans la section XXXVI, 2, 965b4. Voir aussi Théophraste, *De Sudore*, 33.

18. Cf. 32, 869b20 et 36, 870a21. Voir aussi Théophraste, *De Sudore*, 28.

19. Le mot πυριατήριον se rencontre chez Hippocrate. Il est attesté également chez Eupolis.

20. Cf. Aristophane, *Cavaliers*, v. 580.

21. Cf. le problème 8.

22. Ce problème est repris dans la section XIII, 9, 908b21 et dans la section XX, 33, 926b16. Théophraste s'en est inspiré dans son *De Sudore*, 10.

23. Il est question de la rue dans l'*Hist. des Animaux*, IX, 6, 612a29 (cf. Dioscoride, III, 45).

Page 41

27. Dans la Collection hippocratique l'engourdissement est expliqué par une interruption du passage du souffle dans les veines (cf. Littré, VI, 369).

28. La même question est traitée dans le probblème 28, 869a13, et chez Théophraste, *De Sudore*, 40 (cf. Hippocrate, *Epidémies*, VI, 4, 12).

29. Sur l'antipéristase voir notre note dans l'édition des *Météorologiques*, I, 10, 347b6 (Paris, Les Belles Lettres, 1982).

30. Reprise du problème 10, 867a23. Le texte du problème 17 se

retrouve, à quelques variantes près, dans la section XXXVI, 2, 965b4. Voir aussi Théophraste, *De Sudore*, 33.

Page 42

31. Dans la physiologie aristotélicienne le cerveau n'est destiné qu'à modérer la chaleur du cœur (cf. *Part. des An.*, II, 7, 652a24-653b8; 10, 656a14-b36).

32. Cf. Théophraste, *De Sudore*, 38.

33. Le mot ναυτία est courant chez Aristote; voir *Part. des An.*, III, 3, 664b13; *Hist. des An.*, V, 4, 584a7.

34. Par les pores.

35. Le même sujet a été traité dans le problème 7, 867a8. Il est repris dans le problème 23, 868b12. Voir aussi Théophraste, *De Sudore*, 25.

Page 43

37. La comparaison de ces lignes avec les problèmes 33 et 42 conduit à ne pas corriger χειμῶνος en θέρους comme l'a fait E. S. Forster et après lui W. S. Hett. La phrase introduite par ἢ ὅτε (l. 27) ne fait que formuler une hypothèse qui est écartée par les lignes 31 et sq. Mais le texte est sans doute corrompu.

38. Cette question a fourni la matière des problèmes 1 et 2 de la section XXXVII, 965b20 et sq.

39. Le texte est certainement tronqué. Mais c'est celui des manuscrits et de Th. Gaza.

40. L'augmentation de volume.

41. Reprise du problème 20, 868a15.

Page 44

42. Cf. le problème 1, 866b9 et sq.

43. La question est la même que dans le problème 1, 866b9. Voir aussi Théophraste, *De Sudore*, 29.

44. Voir la note à 866b12.

45. Sur le rôle de la vessie, cf. I, 40, 863b38.

46. Comme dans la course.

47. Cf. le problème 31, 869b4, et Théophraste, *De Sudore*, 36.

Page 45

49. Cf. Théophraste, *De Sudore*, 37.

50. Pour cette fin de phrase Th. Gaza a traduit un texte un peu plus développé que celui des manuscrits: *quod ut minor est quam ut exsiccet, sic major insito praeconditoque calore naturali est ut sudorem ciere possit.*

51. Même développement dans le problème 16, 867b31 et chez Théophraste, *De Sudore*, 40.

52. Sur ce mot, voir le problème 11, 867a30.

53. Le mot περίστασις a un sens différent dans la section XXVI, 26,

942b27, où il est question des changements de vent, comme dans les *Météor.*, II, 6, 364b14.

54. Cette question est à rapprocher du problème 3 de la section XXXVIII.

Page 46

58. Cf. Hippocrate, Littré V, 589, et *Parties des An.*, II, 4, 650b27; IV, 11, 692a24.

59. L'adjectif εὐσωματώδης est un hapax.

Page 47

60. Reprise de la question 11 avec une rédaction un peu différente.

61. Voir plus haut le problème 21, 868a26, et plus loin le problème 42, 870b27.

62. La putréfaction est expliquée de la même façon dans les *Météorol.*, IV, 1, 379a16-18, et dans la *Gén. des An.*, V, 4, 784b7-8.

Page 48

63. Cf. Hippocrate, *Du Régime II*, LXVI, 2, 3; *Du Régime III*, LXXI, 2.

64. Comme souvent dans les *Problèmes*, ἔτι introduit une autre explication possible.

65. Th. Gaza a traduit un texte légèrement différent.

66. Tout ce problème s'inspire d'Hippocrate: cf. *Maladies II*, XX, 1; *Du Régime des maladies aiguës*, XLII, 2; *Appendice*, I, 4; XXV; XXXIII, 1,2; XXXIX.

67. Résumé des problèmes 11, 867a28, et 32, 869b20.

68. Résumé du problème 9, 867a18.

69. Le problème 36.

70. Cet emploi de ὀξύς, rare chez Aristote, est classique.

Page 58

1. Le sujet sera repris dans le problème 6.

2. La remarque se retrouve dans le problème 20 de la section I, 861b30 et sq.

3. Hippocrate déclare que la pleurésie est souvent due à des excès de boisson forte (cf. *Des Maladies I*, 26, Littré, VI, 193).

4. Même question avec un texte différent dans le problème 27.

5. Cet emploi de παροινεῖν se trouve chez Platon, *Euthyphron*, 4c.

6. Plutarque cite ce problème dans ses *Propos de table*, III, 8.

7. Litt. «se dissoudre».

8. Les mots κραιπαλᾶν et κραιπάλη ne se rencontrent pas chez Aristote, mais Hippocrate et Platon les emploient.

9. Le sens de ἀκρατέστερος s'éclaire si l'on se reporte aux problèmes 14 et 22: c'est un vin plus pur que ne l'est le vin normalement coupé, mais qui est tout de même étendu d'eau.

10. La question est reprise dans les problèmes 14 et 22. Plutarque y fait allusion dans ses *Propos de table*, VI, 9, 696D.

Page 59

11. Hippocrate, *De la Superfétation*, 30 (Littré, VIII, 501) signale que, pour ne pas être stérile, l'homme doit éviter d'être en état d'ivresse. Athénée (X, 434E) résume ce problème et l'attribue à Aristote (voir Introduction, p. 000).

12. Même question dans le problème 26 (cf. Plutarque, *Propos de table*, III, 5).

13. Le verbe ἀκροποτεῖν est un hapax (repris à 874b23); mais ἀκροπότης est chez Hérodote (VI, 84).

14. Même emploi de ὑπερτείνειν dans la section V, 7, 881a16.

15. Avec la phrase suivante commence dans les manuscrits Ap. et X[a] un nouveau paragraphe portant le numéro 6.

16. L'idée que c'est l'humide qui alimente le feu est exposée dans les *Météorologiques*, II, 2, 355a5; IV, 9, 387b27-30. Voir aussi *De la Jeunesse*, 5, 469b25-31.

17. A la ligne 10. Il en sera question avec plus de précision aux lignes 24-26.

Page 60

22. Aristote, dans le traité *Du Sommeil*, se contente de dire que le vin n'est pas bon pour les enfants, οὐ συμφέρουσιν οἱ οἶνοι (3, 457a14).

23. Selon Hippocrate les Scythes sont au contraire humides (*Des Airs, des Eaux et des Lieux*, 20, Littré, II, 75). C'est ce que dit également Aristote dans la *Génération des Animaux*, V, 3, 782b34: «le tempérament des Scythes est humide ainsi que l'air qui les entoure».

24. Cf. XXII, 3, 930a28 et *Ethique à Nicomaque*, III, 13, 1118b19.

25. La question est reprise, avec une réponse différente, dans le problème 19.

26. Cette question se retrouve avec des variantes dans le problème 20. Elle est reprise dans un problème de Ps. Alexandre, II, 71.

Page 61

27. Ce texte sur le cône visuel est emprunté à la section XV, 6, 911b5, 20. Voir aussi Euclide, *Optique*, Déf. 1 et 2.

28. Dans le problème 9, 872a34-35.

29. Sur la métaphore du toucher voir Aetius, *Placita*, IV, 13. Cette expression est en contradiction avec ce que dit Aristote dans l'*Ethique à Nicomaque* (X, 5, 1176a1), διαφέρει ἡ ὄψις ἁφῆς. On pense à M. Proust qui parle du «regard qui voudrait toucher» (*Du côté de chez Swan*, La Pleiade, p. 141). Pour Aristote le goût, au contraire, est un toucher (*De la Sensation*, 2, 439a1; *De l'Ame*, II, 9, 421a19; III, 12, 434b18; *Part. des An.*, II, 17, 660a21).

Page 63

32. Plutarque cite ce problème dans ses *Propos de table*, III, 7, 655E.

33. Comme le montre le problème suivant, il s'agit de vin doux ou miellé par opposition au vin sec.

34. Le cycéon est une mixture composée de farine d'orge, de fromage rapé, de miel, de vin et d'eau, avec parfois du pavot. Il est mentionné dans l'*Iliade*, XI, 624, 639, l'*Odyssée*, X, 234, 290, l'*Hymne à Déméter*, 208 (voir A. Delatte, *Le cycéon, breuvage rituel des mystères d'Eleusis*, Paris, 1955). Le mot est fréquent dans la collection hippocratique (voir, par exemple, *Maladies II*, 15, 1; 43, 3; 50, 4). Il ne se trouve pas dans les traités d'Aristote.

35. La question est reprise dans le problème 25. Voir la lettre de Mnésithée d'Athènes «περὶ κἀθωνισμόν» (*Frgt* 45 Bertier).

36. Sur ce sens de ἐπιπολαστικός, cf. Hippocrate, *Du Régime des mal. aiguës*, LXII, 3 c'est ce qui reste sur l'estomac. Aristote utilise cet adjectif dans *De la Sensation*, 4, 442a11.

37. L'adjectif τραχυντικός n'appartient pas à la langue classique.

38. Renvoi au problème 12, 872b30.

Page 64

40. Litt. «aveuglés», «enfumés». On trouve la même emploi de τετυφωμένος chez Platon, *Hippias Majeur*, 290a. Mais le verbe τυφοῦν ne se rencontre nulle part chez Aristote. Sur les effets opposés du vin, voir Mnésithée d'Athènes, *Frgt* 41 Bertier.

41. Poète tragique du IVe siècle, dont il est question dans la *Rhétorique*, II, 28, 1400b28, et dans la *Poétique*, 1, 1447b21, où est mentionné son *Centaure*. Plutarque fait allusion à ce passage des *Problèmes*, sans l'attribues à Aristote, dans *Des Oracles de la Pythie*, 23, 406B; il cite ce propos de Chérémon ὁ μὲν οἶνος τοῖς τρόποις κεράννυται τῶν πινόντων, qui diffère légèrement de notre texte des *Problèmes*.

Page 65

42. On ne peut retenir une traduction unique pour μελαγχολικός. Ce mot tantôt évoque la présence excessive de bile noire dans l'organisme, tantôt a un sens moral et signifie «nerveux», «tête chaude» (cf. XXX, 1, 953a12 et sq.).

43. Même emploi de ἐκλύεσθαι dans la section IV, 6, 877a16; 21, 879a4.

44. Il est souvent question de bains curatifs dans la Collection hippocratique: cf. *Du Régime II*, 66, 4-7; *Du Régime des maladies aiguës*, 65-68.

45. On trouve chez Hippocrate plusieurs allusions aux vertus laxatives du chou: cf. *Affections*, 55; *Du Régime II*, 54; *Maladies II*, 19, 2. Mais nulle part n'est signalé son effet sur l'ivresse.

46. Emploi remarquable de πνεῦμα pour désigner les fumées du vin.

47. Un peu plus haut, lignes 873b6-8.

48. Une définition de φλεγμασία se trouve dans la section I, 6, 859b10.

Page 66

50. Sur le sens de κατακρουστικός cf. l'emploi de κατάκρουσις dans le problème 25 (874b12). Voir aussi XXXIII, 17, 963b9.

51. Les manuscrits ajoutent ici les mots καὶ οὐκ ἀηδὲς qui sont superflus (sans doute sont-ils empruntés à la ligne suivante) et ne se trouvent pas dans la traduction de Th. Gaza.

52. La question est le même que dans le problème 8, mais la réponse est différente.

53. Reprise de la question 9, mais avec quelques développements nouveaux.

54. Le problème 9 emploie le verbe «distinguer».

Page 67

55. La suite diffère sensiblement du problème 9.

56. Litt. «si l'on place (quelque chose) sous l'œil». Le phénomène est signalé à nouveau dans le problème 30, 875b14.

57. Le sujet est voisin de celui des problèmes 12 et 25.

58. Ces premières lignes sont citées par Plutarque, *Propos de table*, III, 3, 650B. Le rapprochement a été signalé par Rose, *Aristoteles Pseudepigraphus*, p. 119.

59. Cf. I, 40, 863b38; II, 24, 868b24.

60. La question est la même dans les problèmes 3 et 14, mais les explications diffèrent (cf. Plutarque, *Propos de table*, IV, 9, 696D).

61. Aristote n'a employé l'adjectif εὐέξοδος que deux fois, dans la *Politique* (VII, 5, 1326b41; 11, 1330b2), mais avec le sens de «d'où il est facile de sortir».

Page 68

67. Développement d'une question posée dans le problème 12, 872a27-28.

68. Reprise maladroite du problème 12.

69. Dans la *Génération des Animaux* (II, 6, 744b7) Aristote déclare seulement qu'une lourdeur de la tête accompagne l'ivresse.

70. Le texte de cette interrogation est fourni par un adjonction récente au manuscrit Y^a, faite probablement d'après la traduction de Th. Gaza.

71. On ne trouve rien de tel dans les traités biologiques.

Page 70

75. Passage inspiré du traité *De la Jeunesse*, 5, 469b23.

76. Voir les emplois de ὑπέκκαυμα dans la section I, 7, 859b19; 11, 860b14.

77. Sur le frisson qui accompagne la fièvre cf. Hippocrate, *Maladies II*, 15, 1; 16, 1; 64, 1; *Maladies IV*, 32, 2; 52, 4; 53, 2 etc.

78. Emprunt à la section XXX, 1, 966a18. Th. Gaza a lu ξηρόν au lieu de ψυχρόν (cf. *Génération des An.*, V, 3, 783b7).

79. Pour les lignes 15-17, Th. Gaza a traduit un texte légèrement différent.

80. Pour Aristote le principe du mouvement est le souffle inné.

81. Pour cette phrase Th. Gaza disposait d'un texte différent. Il traduit: «Ergo tremor, cum calor extinguitur, accidit: hic enim, dum integer invictusque manet, causae animantium esse videtur cur movere se valeant».

82. Cette question est à rapprocher des problèmes 2.

Page 71

83. Ce passage a été résumé par Plutarque dans *Du contrôle de la colère*, 9, 458F-459A, mais Satyros y est qualifié de Samien. Ce Satyros ne doit pas être confondu avec l'acteur originaire d'Olynthe qui enseigna l'art de la déclamation à Démosthène et auquel Aristote fait allusion dans une lettre à Philippe (*frgt.* 651, Rose[2]), ni avec un personnage dont il est question dans l'*Ethique à Nicomaque*, VII, 6, 1148a34 et qui est cité comme exemple d'excès dans l'attachement aux parents. C'était un nom répandu (cf. Pauly-Wissowa, *Realenc.* s.v. *Satyros*).

84. Chez Aristote ὁ γλυκύς οἶνος désigne d'ordinaire le vin doux, le moût (cf. *Météor.*, 387b9, 388b10).

85. La question est reprise dans le problème 32.

86. Cf. Hippocrate, *Maladies II*, VIa, 3.

87. Reprise de la question 10, mais avec une réponse un peu différente.

88. Ce phénomène a été signalé dans le problème 20, 874a9 et sq.

Page 72

89. La question est reprise dans la section VIII, problème 14, qui renvoie à ce problème 31.

90. Cette phrase est à rapprocher du début du traité apocryphe intitulé *Physiognomoniques* (805a1 et sq.).

91. Une telle affirmation ne se trouve nulle part chez Aristote.

92. Reprise du problème 29, avec un détail supplémentaire sur les gens de mer.

93. La question est résolue de la même façon que dans le problème 11, mais avec moins de détails.

Page 73

97. La construction de cette phrase est insolite et le verbe καταρροφεῖν ne se rencontre pas chez Aristote. Mais son emploi dans le sens d'avaler est attesté chez Hippocrate et Xénophon.

98. Hippocrate (*Maladies II*, 22) se borne à signaler qu'une onction d'huile est salutaire pour traiter l'affection cérébrale aiguë consécutive à un excès de boisson.

Page 81

3. Cf. *Génération des Animaux*, IV, 1, 765b16: «toute coction agit par le chaud».

4. Dans les traités de biologie d'Aristote, πήρωσις correspond d'ordinaire à un développement incomplet d'une partie du corps (cf. *Hist. des An.*, II, 1, 498a32; *Gén. des Animaux*, II, 3, 737a28; IV, 1, 766a26; V, 3, 784a10). Mais ce mot peut désigner aussi une mutilation (*Hist. des An.*, VII, 1, 581b22).

5. Il est question des eunuques dans le problème 36 de la section X.

6. Souvenir de l'*Hist. des An.*, VII, 1, 581a11-21. Voir aussi V, 14, 544b22 et sq.

Page 82

7. Même remarque dans la section IX, 13, et dans la section X, 27 et 29.

8. Pendant le sommeil.

9. La même question est reprise dans le problème 21. Aristote dans le traité de la *Gén. des An.* (I, 18, 725b17-18) déclare: «chez la plupart des hommes et dans le majorité des cas, l'acte sexuel est plutôt suivi d'un affaiblissement (ἔκλυσις), d'un épuisement (ἀδυναμία)». Voir aussi l'*Hist. des An.*, X, 5, 636b28, et Hippocrate, *De la Génération 1* (VII, 570L.).

10. Le manuscrit copié par Apostolios distinguait à partir d'ici un nouveau problème numéroté 7. J. Barthélémy-Saint Hilaire a fait de même. Mais il y a d'autres exemples de problèmes comportant deux interrogations.

11. Aristote l'a dit souvent: cf. section II, 31, 869b7; *Parties des Animaux*, IV, 11, 692a23.

Page 83

12. Th. Gaza traduit cette phrase de la manière suivante: «Cur neque concumbere neque evomere nec sternuere neque flatum emittere oportet, nisi res turgente corpore urgeat»?

13. Cf. le problème 19 où une explication est fournie. Mais la notion de vitesse n'y intervient pas.

14. Voir, plus haut, le début du problème 6.

15. Hippocrate dit le contraire en parlant des Scythes qui sont tous des cavaliers nomades: «Harassés par une perpétuelle équitation, ils perdent de leur puissance virile» (*Des Airs, des Eaux et des Lieux*, 21, Littré, II, 75).

Page 84

16. Pour les lignes 16-17, Th. Gaza a traduit un texte un peu différent: «aetatis quoque accessione membra genitalia contrectata agitataque plenius augentur».

17. Voir le problème 24.

18. Cf. le problème 6.

19. Voir II, 14, 867b20; XIII, 8, 908b20.

20. L'auteur oppose aux rejetons proprement dits les parasites corporels: vers intestinaux (*Hist. des An.*, V, 19, 551a7 et sq., poux (*ibid.*, V, 31, 556b29 et sq.).

21. Allusion à la génération spontanée dont il est longuement question dans l'*Hist. des An.*, V, 1, 539a16-25, et dans la *Génération des Animaux*, III, 11, 762a9-32.

Page 85

22. Th. Gaza lisait un autre texte: «multa enim semine putrescenti proveniunt».

23. Sur le sens du mot φῦμα voir la section I, 34, 863a22-24 (cf. *De la Respiration*, 20, 479b25-33).

24. Aristote a traité des monstruosités dans la *Génération des Animaux*, IV, 3, 769b10 et sq. Voir aussi le problème 41 de la section X, 895a20 et sq. L'explication qui est donnée ici de l'origine des monstres n'est pas aristotélicienne.

Page 86

25. Le texte des manuscrits n'est pas sûr. Je suppose que l'archétype comportait ici une lacune de plusieurs mots.

26. Souvenir du texte de la *Génération des An.*, III, 5, 755b1 et sq. sur la reproduction des poissons.

27. Cette thèse qui est reprise à la fin du problème 32 est en contradiction avec les idées d'Aristote (cf. *Génération des Animaux*, I, 18, 723b33). Elle est conforme à l'enseignement du traité hippocratique *De la Génération* 1 (VII, 470L) contre lequel s'élève Aristote dans la *Génération des Animaux*.

28. Il s'agit du cœur. Sur les ramifications des vaisseaux sanguins, voir l'*Histoire des Animaux*, III, chapitres 2, 3 et 4.

29. L'auteur s'inspire ici d'un texte de la *Génération des Animaux*, I, 18, 723b34.

30. Cf. *Hist. des An.*, VIII, 1, 588b28 et sq.; *Parties des Animaux*, II, 17, 661b8.

31. La même question est traitée plus longuement dans le problème 50 de la section I, dont l'énoncé est plus catégorique.

32. C'est lea définition donnée dans la *Gén. des An.*, I, 18, 725a15, où il est question du chyme.

Page 87

36. Renvoi aux *Part. des An.*, II, 15, 658b19 et à l'*Hist. des An.*, III, 11, 518a20 et b7. Des références à des œuvres d'Aristote sont rares dans les *Problèmes*. Outre celle-ci on n'en compte que trois: X, 67, 898b25; XX, 7, 923b3; XXVII, 4, 948a20 et 23.

37. Cf. le problème 9, 877b7. Voir aussi le problème 22.

38. Le souffle joue un grand rôle dans la physiologie d'Aristote: cf.

Hist. des An., VII, 7, 586a15; *Part. des An.*, IV, 10, 689a30-31; *Gén. des An.*, I, 6, 718a4. Voir aussi, plus loin, 30, 880a31; XXX, 1, 953b33.

39. Même remarque chez Galien, XVII, B 29 K.

40. L'expression τοῦ αἰδοίου συντονία est employée par Aristote dans l'*Hist. des An.*, V, 2, 540a6; VI, 29, 578b7. Elle se retrouve également dans la section XIII, 6, 908b7.

Page 88

43. L'image est sans doute empruntée à la *Gén. des An.*, I, 22, 730b8 et II, 1, 734b17.

44. Sur le sens de ἀμύλιον voir Hippocrate, *Maladies des Femmes*, 2, 197.

45. Cf. le problème 19.

46. Aristote, dans la *Gén. des An.*, I, 5, 717b14 et sq., ne donne pas autant de précisions.

47. Sur la position des testicules voir l'*Hist. des An.*, III, 1, 510a20 et sq. (cf. Ch. Singer, *Histoire de la Biologie*, trad. française, Paris, Payot, 1934; P. Brunet et A. Mieli, *Histoire des Sciences, Antiquité*, Paris, 1935, p. 281; J. Tricot, trad. de l'*Histoire des Animaux*, Paris, Vrin, 1957, I, p. 160).

48. Sur le sens de ὑπομόχλιον, voir Pseudo-Aristote, *Mécaniques*, chapitres 3 et 4.

49. Voir le problème 12.

50. Renvoi au problème 12, 877b22 et sq.

51. Le fait est signalé dans l'*Hist. des An.*, V, 8, 542a32-b1, mais sans explication. La question est reprise dans le problème 28.

52. Les mots ἐπὶ τῷ σκολύμῳ correspondent à l'expression d'Hésiode ἦμος δὲ σκόλυμος ἀνθεῖ (*Trav. et Jours*, v. 582).

Page 90

58. Les manuscrits présentent ici une lacune évidente. La traduction de Th. Gaza ajoute: «Mais si elle est épaisse et a du corps, on ne peut trouver le calme qu'après son expulsion». La suite montre que cette addition est insuffisante.

59. Même emploi de θηλυδρίαι dans l'*Hist. des An.*, IX, 49, 631b17.

60. Cf. la note à 876b27.

61. L'adjectif γονικός ne se rencontre pas chez Aristote ni ailleurs.

62. La formule est fréquente chez Aristote: cf. *De la Mémoire*, 2, 452a28; *Rhétorique*, I, 11, 1370a7; *Ethique à Nicom.*, VII, 11, 1152a31. Cicéron l'a reprise dans son *De Finibus*, V, 25, 74.

Page 91

65. Dans cette phrase deux mots ne sont pas attestés dans l'œuvre d'Aristote, ἔκπικρος et ἀλλοχροεῖν.

66. Th. Gaza a utilisé un manuscrit où πνευματικῶν était remplacé par

περιττωματικῶν, sans doute à cause de la présence de περίττωμα à la ligne précédente.

Page 92

70. Aristote a signalé plusieurs fois l'ardeur sexuelle des perdrix: *Hist. des An.*, I, 1, 488b4; VI, 9, 564b12; IX, 8, 613b25, 614a26; *Gén. des An.*, II, 7, 746b2; III, 1, 751a20.

71. C'est la raison donnée dans X, 24.

72. Emprunt au problème 24 de la section X, 893b13.

73. C'est la loi d'équilibre ou de compensation chère à Aristote (cf. notre *Découverte de la vie, Aristote*, Paris, Hermann, 1975, pp. 174-179.

74. Reprise d'une partie du problème 2.

75. Cette remarque est doublement en contradiction avec les théories d'Aristote, pour qui le sperme ne se trouve que chez le mâle et n'est pas répandu dans tout le corps.

Page 98

1. Le même sujet est traité dans les problèmes 10, 23 et 40. Voir aussi Hippocrate, *Du Régime*, II, 62; Théophraste, *De Lassitudine*, 14, 15 (éd. Didot, p. 400).

2. L'adjectif κοπιαρός (ici et à 881a39, b28, 883b24) ne se rencontre pas chez Aristote. Il est emprunté à Théophraste.

3. L'adjectif σπασμώδης est chez Théophraste. On le retrouve dans le problème 8, 881b20.

4. Cette remarque figure dans la section XI, 6, 899a23.

5. Le texte traduit par Th. Gaza comportait une ligne de plus: «parce que le sang se déplace du haut du corps vers le bas».

6. Un sujet analogue est développé dans le problème 14.

Page 99

7. Voir le problème 14, 882a26.

8. Aristote, dans la *Gén. des An.*, V, 5, 785a30, signale les effets bénéfiques d'un mélange d'eau et d'huile contre la canitie.

9. Dans la *Gén. des An.*, V, 5, 785a31, Aristote déclare au contraire que l'huile empêche le desséchement.

10. L'adjectif κοπώδης (qui figure également aux lignes 19, 29, b37, 39, 884b8, 10) est attesté chez Hippocrate, comme κοπιώδης (885a17, b2).

11. L'auteur de ce problème semble ignorer l'existence des muscles (μύες), ce qui n'est pas le cas du rédacteur du problème 40, 885a38.

Page 100

14. Même emploi qu'à 880b17.

15. Le pentathle comportait cinq épreuves: le saut en longueur, le lancement du javelot, le lancement du disque, la course à pied, la lutte.

16. Le saut en longueur, qui était généralement multiple, s'exécutait

avec des haltères de pierre ou de plomb: ces derniers étaient comme aujourd'hui composés de deux masses réunies par une tige.

17. Les lignes 3-6 correspondent presque textuellement au passage 3, 705a16 et sq. du traité du *Mouvement des Animaux*. Voir aussi l'*Ethique à Nicomaque*, IV, 7, 1123b31, où παρασείω est employé dans le même sens.

18. La particule καίτοι n'est utilisée que deux fois dans les dix premières sections, ici et dans X, 52, 896b20.

Page 101

19. Cette remarque ne figure nulle part chez Aristote, qui se contente de recommander de marcher pour se bien porter (cf. *Physique*, II, 3, 194b33; *Métaphysique*, IV, 2, 1013a33).

20. La région de la tête.

21. La même question a été posée plus haut dans le problème 1. Elle le sera de nouveau dans les problèmes 23 et 40. Voir aussi Théophraste, *De Lassitudine*, 13.

22. Cf. Théophraste, *De Lassitudine*, 9.

23. Ce problème est résumé dans le problème 35. Voir aussi Théophraste, *De Lassitudine*, 14.

Page 102

24. La même question est développée de nouveau dans le problème 37.

25. Sur le sens de ἐπίκτητος voir plus loin le problème 21, 883a7, *Gén. des An.*, I, 17, 721b30, et Platon, *Phèdre*, 237d.

26. Le verbe ἐκπλεονάζειν est un hapax, mais son sens n'est pas douteux.

27. On trouvera une opinion plus nuancée dans la section VI, 1, 885b15 et sq.

Page 103

28. Cf. Galien, XVIII B 445.

29. Il est question de ces mouvements involontaires dans le traité du *Mouvement des Animaux*, 11, 703b5-10.

30. Le verbe ἐκψύχειν ne peut avoir ici que le sens de rafraîchir. Un autre verbe ἐκψύχειν (défaillir) se trouve dans la section VII, 5, 886b14. Hippocrate emploie ce dernier comme synonyme de ἀποψύχειν ou ἐκπνεῖν dans le sens d'expirer, mourir.

31. Le problème 6 de la section XXVII signale une réaction identique sous l'effet de la peur.

32. Les indications fournies par ce problème sont en contradiction flagrante avec l'enseignement des *Météorologiques*, II, 14, 360a27-28, où Aristote trouve absurde de dire que l'air se transforme en vent. Pour lui la cause matérielle du vent est l'exhalaison sèche (*ibid.*, 360a13).

Page 104

33. Une autre différence est signalée dans le problème 29, 883b37 et sq.

34. La question est reprise dans le problème 24. Voir aussi Théophraste, *De Lassitudine*, 11.

35. Cet emploi de ὑποφέρεσθαι est un souvenir du traité de la *Marche des Animaux*, 705a9. Th. Gaza n'a pas traduit ce membre de phrase.

36. L'emploi de κλάσις dans le sens de «flexion» n'est pas aristotélicien. Dans la section X, 54, 897b7 il désigne l'action de briser.

37. Le mot ὁδός est employé par Aristote avec le sens de «marche» dans l'*Hist. des Anim.*, VIII, 10, 596a30.

38. L'auteur pense à un morceau de bois, comme Aristote dans le *Mouvement des Animaux*, 8, 702a34.

Page 105

39. Cf. I, 9, 860a34.

40. L'emploi du mot πνεῦμα dans le sens d'air chaud, de gaz, est usuel depuis Aristote: cf. *Gén. des An.*, II, 2, 736a1, τὸ δὲ πνεῦμά ἐστι θερμὸς ἀήρ (voir aussi, plus loin, la section XXIV, 3, 936a23; 7, 936b11.

41. Dans le manuscrit qui a servi de modèle à Apostolios (voir Introduction, p. 000), l'ordre des problèmes était: 21, 24, 22, 23, 25.

42. Ce problème, dont le texte est en mauvais état, est la répétition du problème 10.

43. Dans nos manuscrits il manque ici une ligne qui se trouvait, semble-t-il, dans le manuscrit traduit par Th. Gaza et qui figure dans le problème 10, 881b21.

44. Cf. 10, 881b24.

45. Répétition de 881b26, où τὸ ... γινόμενον est précisé par l'épithète μικρόν.

Page 106

46. Développement du problème 19. Voir aussi Théophraste, *De Lassitudine*, 11.

47. Th. Gaza a traduit un texte différent: «de même que, lorsque nous portons quelque chose sur l'épaule ... de même dans le cas de la jambe ...».

48. Cette question est empruntée au problème 4 de la section XXX, qui a été vraisemblablement rédigé par Aristote. Dans le *Parisinus gr.* 2036 (Y^a), une note marginale à l'encre rouge, probablement du XVIe siècle, signale le rapprochement avec le problème 4 de la section XXX.

49. Cf. Théophraste, *De Lassitudine*, 10.

Page 107

50. Chez Aristote βουζών désigne l'aîne (voir l'*Hist. des An.*, I, 14, 493b9; III, 4, 518a8, 10; VII, 3, 582b2). Mais le sens de tumeur à l'aîne est connu d'Hippocrate (cf. *Des Maladies IV*, XLVIII, 1).

51. H. Bonitz (*Index arist.*, 140b15) propose de lire πλήγεντος. Le sens reste le même.

52. C'est-à-dire le cœur.

53. W. S. Hett (*op. cit.*, I, p. 155) a pensé qu'il fallait sous-entendre dans cette phrase un mot tel que θερμόν ou θερμότης et il traduit: «so that there is more natural heat in it» (si bien que la chaleur naturelle est plus grande chez elle).

54. Ce problème est reproduit dans les *Problèmes inédits* publiés par U. C. Bussemaker (II, 120).

55. Ce problème est à rapprocher du problème 18, 882b22.

Page 108

56. Cf. Théophraste, *De Lassitudine*, 16.

57. La chaleur et l'humidité.

58. Il s'agit dans les deux cas d'une friction avec la main droite.

59. L'adverbe ἐξεστραμμένως, qui n'est attesté nulle part ailleurs, est formé sur le participe du verbe ἐκστρέφειν (cf. *Physiognomoniques*, 6, 813a14, οἱ τοῖς ποσὶν ἐξεστραμμένοις πορευόμενοι, les gens qui marchent les pieds de travers).

60. La supériorité du côté droit sur le côté gauche est signalée dans la section XXXI, 13, 958b23, et 18, 959a20. Aristote l'affirme dans la *Marche des Animaux*, 4, 706a18-23; 5, 706b13.

61. Reprise de la question 46 de la section I, qui est vraisemblablement l'œuvre d'Aristote.

62. La même question se retrouve dans la section I, 52, 865b18, et dans la section XXXVII, 3, 966a26. La comparaison de ces trois textes montre que ceux de la section V et de la section XXXVII sont des copies de la section I.

Page 109

66. Sur ces deux modes de cuisson, voir les *Météorologiques*, IV, 4.

67. Résumé du problème 12.

68. Ce problème, qui s'inspire de Théophraste, *De Igne*, 36, est à rapprocher du problème 6 de la section XXXVIII.

Page 110

69. Th. Gaza n'a pas traduit cette comparaison. Il l'a remplacée par les mots «quemadmodum initio» qui correspondent d'assez loin à la formule διὰ τὰ εἰρημένα de la ligne 19.

70. Au début du problème.

71. Cette indication est en contradiction avec ce qui a été dit dans le problème 21, 883a9-10, et avec les théories d'Aristote.

72. Cette question est le développement du problème 13.

73. Sur le sens de θλαστικός voir plus haut le problème 7, 881a13, et

dans la section IX le problème 4, 890a3. Voir aussi l'*Hist. des An.*, IV, 1, 523b10.

74. Voir I, 39, 863b19 et sq. et Théophraste, *De Lassitudine*, 17 (cf. Hippocrate, *Du Régime*, III, 68; Dioclès de Carystos, *Frgt* 141, éd. Wellmann, p. 183, 15-17).

75. Sur le sens ancien de ἀλέα voir la note à I, 39, 863b22.

76. Le sens est précisé à la ligne 4: la frugalité est de toutes les saisons.

Page 111

77. Platon dans le *Timée*, 87e, emploie le mot σπάσμα avec le même sens. Chez Hippocrate, *Aphorismes*, 5, 25, σπάσμα signifie «rupture musculaire».

78. Cf. les problèmes 1, 10, 23, et Théophraste, *De Lassitudine*, 13.

Page 116

1. Le même sujet est repris dans le problème 8, mais plus brièvement et avec quelques variantes. Le problème 14 de la section I déclare que demeurer assis fait grossir le ventre et maigrir le reste du corps.

2. Ce texte rappelle le passage d'Hippocrate sur les différentes postures du malade dans son lit (*Pronostic*, 3, 11, 118 L). Voir le commentaire de Galien (*In Hipp. Pron.* XVIII B, 55 et sq., et Dioclès de Carystos, *Régime de santé* (*Frgt.* 141 Wellmann, pp. 182, 13 - 183-8).

3. La section IV, 20, 878b35, signale que les varices sont bénéfiques dans les affections dues à la bile noire. D'après Hippocrate (*Aphorismes*, VI, 21, Littré, IV, 569) «l'apparition des varices chez les gens atteints de folie enlève la maladie» (le mot κιρσός qu'emploie Hippocrate est synonyme de ἰξία).

4. Ce problème s'inspire probablement du traité de Théophraste sur le vertige, chapitre 13. Il est reproduit, sous une forme légèrement différente, mais qui n'est pas plus claire, dans les *Problèmes Inédits*, II, 49.

Page 117

7. Aristote revient souvent sur l'idée que le mouvement commence par la droite: cf. *Mouvement des Animaux*, 4, 705b30, et la note de notre édition, Paris, les Belles Lettres, 1973.

8. L'énoncé de la question est à rapprocher de quelques mots du *De nervorum resolutione* de Théophraste (p. 409, 10 de l'édition Wimmer Didot).

9. Emprunt à la section II, 15, 867b29-30.

10. Souvenir de l'*Hist. des An.*, III, 5, 515b21, où Aristote signale d'ailleurs que les parties du corps où il n'y a pas de tendons ne sont pas sujettes à l'engourdissement.

11. Cf. le problème 5.

12. Le *Parisiens gr.* 1884 partage ce problème 7 en deux: les lignes 15-16 forment un premier problème sous le titre en rouge περὶ κατακειμένων;

un second commence avec la ligne 17 où πρὸς est précédé de διὰ τί. Ce second problème a pour titre πῶς οὐ βλέπομεν εἰς τὸ φῶς. Dans le même manuscrit la dernière phrase du problème a disparu.

Page 124

1. La même question est reprise sous une forme différente dans les problèmes 2 et 6.

2. Platon l'avait noté dans le *Charmide*, 169c.

3. Le même problème se trouve chez Ps. Alexandre, I, 34 (éd. Ideler, p. 13, 15-18).

4. Aulu-Gelle cite cette phrase dans les *Nuits Attiques*, XIX, 4, et l'attribue à Aristote «dans son ouvrage intitulé *Problèmes de physique*».

5. Cf. Ps. Alexandre, I, 35 (éd. Ideler, p. 13, 19-28).

Page 125

6. Les notions de volontaire et d'involontaire sont étudiées spécialement dans l'*Ethique à Nicomaque*, III, 1-3, 1109b30 et sq. Voir aussi la *Marche des Animaux*, 11, 703b3-20.

7. Ce problème est cité par le Ps. Alexandre (éd. Ideler, p. 4, 13-16. Dans le *Parisinus gr.* 2036 (Y^a) le problème 5 est placé après le problème 8: l'ordre est donc le suivant: 4, 6, 7, 8, 5, 9.

8. L'exemple des bruits qui font grincer des dents est repris dans la section XXXV (3, 964b38) qui semble authentique. Sur le sujet voir Hippocrate, *Humeurs*, 9 (V, 490 Littré).

9. La traduction de Th. Gaza montre que celui-ci a pensé qu'il s'agissait de pendus dont la vue fait défaillir beaucoup de gens.

10. Dans l'*Hist. des An.* (IV, 9, 535a28) Aristote distingue soigneusement ψόφος le bruit en général, φωνή la voix, le son émis par un être vivant (cf. *De l'Ame*, II, 8, 420b5) et διάλεκτος la voix articulée, le langage propre à l'homme. Quant au mot φθόγγος, il désigne le son, la note de musique.

11. On peut penser à un renvoi à III, 5, 871a33 et à V, 37, 884b24-25, mais aussi à VIII, 21, 889a28. Ce renvoi a sans doute été ajouté lors de la mise en forme de l'édition par matières.

12. Dans le même problème, à 886b22 et sq.

Page 126

14. Dans le manuscrit qui a servi de modèle au copiste Apostolios (Ap.) le problème 5 était suivi des huit premiers problèmes de la section VIII; puis venaient les problèmes 9, 6, 7, 8 de la section VII.

15. Voir les problèmes 1 et 2. Le problème 6 est reproduit dans les *Problèmes Inédits*, II, 46.

16. Cette idée est développée dans les *Part. des An.*, II, 17, 660a20, et la *Gén. des An.*, V, 2, 781b19.

17. Même emploi de εὐκίνητος dans les *Part. des An.*, II, 4, 650b22. Voir aussi 887a25.

18. Cf. la section X, 18, 892b25; *De l'Ame*, II, 9, 421a9-18; *De la Sensation*, 4, 440b31-441a2.

19. Th. Gaza traduit: «propter naturae consortionem et familiaritatem».

20. Ce texte est à rapprocher d'un passage de l'*Ethique à Nicomaque* sur le soulagement qu'apporte la présence d'un ami (IX, 11). On retrouve le même souci d'expliquer les faits moraux par des influences purement physiques dans le problème 1 de la section XVIII, où Aristote note que ce sont les humeurs du corps qui font qu'on s'endort sur un livre. Voir aussi le problème 1 de la section XXX.

Page 127

21. Cf. Ps. Alexandre, I, 88 (éd. Ideler, p. 29, 32 et sq.) et surtout II, 42 (*ibid.*, p. 64, 20-37).

22. Ce passage est à rapprocher du problème 7 de la section I, 859b15-21.

23. Il suffit d'un malade pour qu'il y ait contagion, alors que les proches étaient jusqu'alors en bonne santé.

24. Répétition presque textuelle du problème 38 de la section I.

25. Dans le manuscrit copié par Apostolios, avec les mots διὰ τί commençait un problème 10 et οὖν était omis. J. Barthélémy - Saint Hilaire fait lui aussi des deux dernières phrases un problème distinct, ce qu'il n'a pas fait pour le problème 38 de la section I.

Page 134

1. L'adjectif πελιδνός ne se retrouve pas ailleurs dans le corpus aristotélicien, sinon en variante à l'*Hist. des An.*, III, 21, 529a9. Il est attesté chez Hippocrate.

2. Même remarque dans les *Météorologiques*, III, 4, 374a7.

3. Les problèmes 2, 3 et 4 manquent dans la traduction de Th. Gaza.

4. Le même sujet est repris dans le problème 22, avec quelques variantes.

5. Cf. Hippocrate, *Aphorismes*, I, 3 (Littré, IV, 459).

Page 135

7. La boulimie hivernale est évoquée par Aulu-Gelle (*Nuits attiques*, XVI, 3, qui attribue la théorie exposée ici à Erasistrate, médecin du IIIe siècle av. J.-C., dans le premier livre de son ouvrage sur les *Diérèses* («liber Διαιρέσεων primus»). Aulu-Gelle, qui a l'habitude de mentionner le nom d'Aristote quand il cite les *Problèmes*, ne le fait pas cette fois. Au contraire Plutarque (*Propos de Table*, VI, 8, 694DE), dans un problème qui a pour titre «La cause de la boulimie» attribue explicitement le présent problème à Aristote.

8. Le verbe βουλιμῖαν est attesté chez Xénophon et chez Aristophane. Th. Gaza, qui traduit très librement «illa famis intolerabilis ... qui caninus appetitus vocatus est», confond deux affections distinctes, l'ὄρεξις

κυνώδης et la βουλιμία, décrites séparément par les médecins anciens: cf. Galien, *De symptomatis causis*, II, 7 (VII, 130 et sq. K). D'après le *Frgt*. 21 de Dioclès de Carystos (*An. med*., 11 de Fuchs) la distinction était récente.

9. Ces mots sont empruntés à la *Gén. des Animaux*, I, 18, 725b18, où Aristote les applique au coït.

10. Cf. *Gén. des An*., I, 18, 726a21.

11. Plutarque, dans ses *Propos de table*, VI, 8, fait allusion à ce passage, mais il n'en a qu'un souvenir très approximatif.

Page 136

15. Le verbe ἀντιπεριίστασθαι est pris ici dans son sens étymologique: «être concentré autour». Sur le phénomène plus complexe de l'antiperistase, voir les *Météorologiques*, I, 10, 347b6.

16. Cet emploi de τῇ φυγῇ est à rapprocher d'un texte d'Hippocrate, *Du Régime*, IV, 89, 7.

17. La même question est traitée dans les problèmes 15 et 21. Elle est reprise textuellement dans la section XXXV, 5, 965a8.

Page 137

20. La même question est traitée différemment dans le problème 31 de la section III, 875b19 et sq.

21. Renvoi au problème 31 de la section III.

22. C'est la même question que dans les problèmes 12 et 21. Le problème 15 reproduit textuellement les lignes 889a26 et 36-39 du problème 21. Voir Ps. Alexandre, II, 26 (éd. Ideler p. 61, 15-18).

23. Un blanc correspondant à environ 5 lettres existe dans le *Parisinus gr*. 2036. Il est d'une moitié de ligne dans le *Parisinus gr*. 1875 et d'une ligne et demie dans le *Parisinus Suppl. gr*. 204. Les mots Ἢ διότι manquent dans le *Laurentianus* LXXXVII, 4, et ils ne se trouvaient pas non plus dans le manuscrit utilisé par Th. Gaza.

24. Ce problème est à rapprocher du problème 17 de la section V.

25. Cf. V, 13, 882a5, 11; 37, 884b25, 32 où il est question de l'air qui frappe le cavalier.

Page 138

27. Th. Gaza a traduit un texte légèrement différent: «ros et pruina cadere solent».

28. Voir aussi le problème suivant.

29. la question posée est voisine de celle du problème 18, mais la réponse est différente.

Page 139

30. Ce problème est reproduit avec de légères variantes dans le problème 4 de la section XXXVII.

31. Cf. le problème 3.

32. Emprunt probable à l'*Ethique à Nicomaque*, IV, 11, 1126a16, 25.
33. Th. Gaza n'a pas traduit ce membre de phrase.
34. Plutarque, dans son traité *De la repression de la colère*, 3, rappelle qu'Aristote a dit «la colère cède à une aspersion d'eau froide».
35. Ce problème est à rapprocher des problèmes 12 et 15.
36. La même question est reprise dans le problème 5 de la section XXXV. Mais l'explication présentée est moins complète.
37. C'est la théorie développée dans le traité de la *Génération des Animaux*, V, 3, 782a25-b17.

Page 144

1. Pline (*Hist. Nat.*, XXX, 10) ne parle pas de peaux mais de poumons: «Pour les meurtrissures et les ecchymoses on se sert d'un poumon de bélier ou de brebis coupé en tranches minces et appliqué chaud».
2. Le rapprochement de ἀφελκωμένον et de ἕλκειν n'est pas fortuit.
3. L'adjonction de ὑγρόν est inutile: le mot est sous-entendu.
4. La même question est reprise plus brièvement dans le problème 7. Voir aussi Ps. Alexandre, I, 114 (éd. Ideler, p. 39, 4-12), ou l'explication est différente.
5. Τὸ μέλαν désigne couramment l'iris de l'œil: cf. *De la Sensation*, 12, 437b1; *Hist. des An.*, I, 9, 491b21; 10, 492a1 et sq.; IV, 8, 533a8.
6. Cette question est reprise et développée dans le problème 4.

Page 145

7. Cf. le problème précédent. La même question est encore reprise dans le problème 8, mais avec une rédaction différente.
8. La légèreté de la férule la rend flexible.
9. Souvenir des *Météorologiques*, IV, 9, 386a19-20.
10. Le verbe λευκαίνειν a ici le sens de λευκὸν γίνεσθαι (cf. 889b33), alors que chez Aristote il est toujours transitif.
11. La propension des malades de la rate à noircir est signalée par Galien, *De Naturalibus facultatibus*, II, 9 (*Scripta minora*, III, p. 197 éd. Helmreich).

Page 146

12. L'emploi de πότερον pour introduire un problème est exceptionnel dans ce recueil.
13. Sur la thérapeutique des meurtrissures voir Ps. Dioscoride, I, 53 (éd. Wellmann, III, p. 170, 13-171, 8); Galien, *De Comp. med. sec. loc.*, V, 1, XII, 804K.
14. Pour désigner le raifort ou radis noir Aristote emploie ῥάφανος et non ῥαφανίς.
15. Sur les méduses voir l'*Hist. des An.*, V, 15, 548a10-11; les *Part. des An.*, IV, 5, 681a18. Galien prescrit du poumon de porc (XII, 812K).
16. L'expression est extrêmement concise.

17. Résumé du problème 2.
18. Reprise de la question 4 avec une rédaction différente.
19. On notera le rapprochement de κατὰ λόγον et de εὐλογώτερον.
20. La même question est reprise dans les problèmes 10 et 12.
21. Théophraste mentionne les vertus curatives de cette plante dans son *Hist. des Plantes*, IX, 9 et 20.
22. Le sens de κύαθος est précisé dans les problèmes 10 et 12: il s'agit d'un petit vase de bronze en forme de cloche, identique à celui que mentionne Aristote dans le traité *Du Ciel*, II, 13, 295a19. Chez Aristophane (*Lysistrata*, 444; *Paix*, 542) le mot désigne une ventouse.

Page 147

23. Citation d'Homère, *Iliade*, V, 75.
24. Cf. Théophraste, *Hist. des Plantes*, IX, 9.
25. Cf. Théophraste, *Du Feu*, 15, et ici même la section XXIV, 13, 937a29.
26. Cf. les problèmes 9 et 12.
27. Cette question est à rapprocher des problèmes 2 et 7.
28. Cf. les problèmes 9 et 10.

Page 156

1. Le cerveau humain est qualifié de la même façon dans le traité *De la Sensation*, 5, 444a30, les *Part. des An.*, II, 14, 658b7-8, et la *Gén. des An.*, II, 6, 743b31; V, 3, 784a2.
2. L'expression καταρέοντος φλέγματος est employée dans le traité *De la divination dans le sommeil*, 1, 463a15.
3. La formation de la graisse est étudiée dans les *Part. des An.*, II, 5, 651a22; 6, 652a10; III, 9, 672a4.
4. Dans ses traités biologiques, Aristote distingue la graisse et le suif. Ainsi dans l'*Hist. des An.*, III, 17, 520a11-12, il indique que la graisse est situé entre la peau et la chair, ce qui la différencie du suif qui se trouve en profondeur.
5. Προεστός s'oppose à ἀφεστός de la ligne 22.
6. Il est à nouveau question de cette maladie dans les problèmes 5 et 33. La leucodermie est une décoloration de la peau due à la disparition locale de la pigmentation normale (cf. *Hist. des An.*, III, 11, 518a13; *Gén. des An.*, V, 4, 784a26).
7. Le mot πρεσζῦτις, dont c'est le seul exemple dans le corpus aristotélicien, était usuel avant Aristote.

Page 157

8. La même question est reprise dans le problème 33, mais la réponse est présentée différemment: il s'agit d'un nouvel examen du problème, peut-être à partir d'autres documents.

9. Sur cette particularité voir les *Part. des An.*, II, 13, 657b2; la *Gén. des An.*, V, 2, 781b23.

10. Aristote est moins catégorique dans la *Gén. des An.*, V, 1, 778a25, 780b4; 2, 782a11-13.

11. On trouve une expression voisine dans la *Gén. des An.*, V, 4, 784a26.

12. Cette question est abordée dans l'*Hist. des An.*, III, 21, 522b12 et sq. Aristote y indique surtout que la quantité de lait dépend de la taille de la femelle et de sa nourriture.

13. Application de la loi d'équilibre ou de compensation qui est souvent invoquée dans les traités d'Aristote (cf. *Part. des An.*, II, 7, 652a32).

14. Dans la *Gén. des An.* (IV, 4, 771a17 et sq.), Aristote écrit: «Les animaux les plus grands sont unipares».

15. Cette idée est reprise et précisée dans la *Gén. des An.* (cf. II, 4, 739b25, et surtout IV, 8, 776a15 et sq.).

16. Cette remarque est reprise et développée dans l'*Hist. des An.*, III, 12, 519a9 et sq.

17. Voir pourtant l'*Hist. des An.*, III, 12, 519a6: on rencontre des corbeaux blancs par grands froids.

Page 158

19. Le manuscrit qui a servi de modèle à Apostolios faisait commencer ici un nouveau problème numéroté 8.

20. La même idée est développée dans l'*Hist. des An.*, III, 12, 519a13 et sq.

21. Dans le modèle d'Apostolios commençait ici une nouvelle section intitulée ἔτι περὶ τῶν αὐτῶν.

22. Même expression dans la *Gén. des An.*, V, 8, 789a8.

23. Aristote revient souvent sur cette idée que la femelle est un mâle inachevé: cf. *Gén. des An.*, I, 19, 727a24; 20, 728a18; II, 3, 737a27; IV, 6, 775a15; *Métaphysique*, VII, 6, 1034a34-b4.

24. Aristote signale que c'est l'inverse dans la vie intra-utérine (cf. *Hist. des An.*, VII, 3, 583b26: «Il faut, dans le sein de la mère, plus de temps à la femelle qu'au mâle pour acquérir ses caractères distinctifs». Cette phrase est reprise dans la *Gén. des An.*, IV, 6, 775a9-12).

25. Cette question est traitée au chapitre 10 du livre IV de la *Gén. des An.*

26. L'adjectif ταχυτόκος (comme βραδυτόκος à la ligne 27) ne se rencontre pas ailleurs. Mais le sens en est très clair.

27. Cf. *Hist. des An.*, V, 14, 545b18-20; VI, 22, 576a26-b10.

28. On trouve un écho de cette explication dans la *Gén. des An.*, IV, 5, 773b27.

29. La resemblance des enfants avec les parents est examinée dans l'*Hist. des An.*, VII, 6, et surtout dans la *Gén. des An.*, IV, 3.

30. Sur ce sens de λευκός voir Platon, *République*, V, 474e, et Aristote,

Hist. des An., VII, 2, 583a11; *Gén. des An.*, I, 20, 728a3. Voir aussi Hippocrate, *De la Génération*, 8 (VII, 480 et sq. Littré).

31. La couleur des yeux dans les différentes espèces animales est étudiée en détail dans la *Gén. des An.*, V, 1, 779a26-b34.

Page 159

32. On trouve dans le problème 14 de la section XIV un autre texte sur la couleur des yeux: d'après celui-ci cette couleur varie selon le climat. Ce problème 14 semble lui aussi d'Aristote.

33. Il est plusieurs fois question des nains dans les traités d'Aristote. Voir en particulier *Hist. des An.*, VI, 24, 577b27, 28; *Part. des An.*, IV, 10, 686b3-687a2.

34. Cet emploi de εἶτα est attesté chez Aristophane, *Nuées*, 347; *Grenouilles*, 129.

35. Platon parle de l'engraissement des cailles enfermées dans des cages dans l'*Euthydème*, 290d.

36. Il est question des pygmées dans l'*Hist. des An.*, VIII, 12, 597a6, et dans la *Gén. des An.*, II, 8, 749a4-6.

37. Il s'agit soit de l'île de Malte, soit plutôt d'une île de Dalmatie appelée aujourd'hui Méléda. Sur cette race de petits chiens voir l'*Hist. des An.*, IX, 6, 612b10.

38. Les causes du nanisme ne sont nulle part examinées aussi longuement dans les traités d'Aristote.

39. Ce début est à rapprocher du problème 65.

40. C'est la génération spontanée.

41. Un développement du même genre se trouve dans la *Gén. des An.*, III, 11, 762b28 - 763a10.

42. Aristote parle longuement de ces bouleversements dans les *Météorologiques*, I, 14, 351a26 et sq. Sur l'origine de la vie et des animaux voir Lucrèce, *De Natura rerum*, V, 783 et sq.

Page 160

43. Cet adage est cité dans la *Politique*, V, 4, 1303b29; l'*Ethique à Nicomaque*, I, 7, 1098b7; la *Réfutation des Sophistes*, 34, 183b22. On le trouve également chez Hésiode, *Trav.*, 40, et chez Platon, *République*, II, 377a, *Lois*, VI, 753a.

44. Lorsqu'Aristote traite ailleurs de la génération spontanée, il fait intervenir la chaleur.

45. Voir les détails sur les larves dans la *Gén. des An.*, III, 9, 758b7 et sq.

46. Le problème de la multiparité est étudié dans la *Gén. des An.*, IV, 4, 771a17 772b12.

47. Cette explication est écartée dans la *Gén. des An.*, IV, 4, 771b17-20. Elle est celle de Démocrite selon Elien (*Nat. Anim.*, XII, 16). Voir aussi Hippocrate, *Nature de l'enfant*, 31 (VII, 540, Littré).

48. Même emploi de τύπος dans les *Parties des An.*, IV, 1, 676b9.
49. Le fait est noté dans l'*Hist. des An.*, I, 15, 494b15.
50. Même formule dans les *Part. des An.*, II, 10, 656b31.
51. Sur l'importance de la main pour l'espèce humaine voir les *Part. des An.*, IV, 10, 687a6 et sq.
52. Cf. *Part. des An.*, II, 11, 657a15. Voir aussi Hippocrate, *De la Génération* 1 (VII, 470, Littré); *Maladies II*, 51 (VII, 78 et sq., Littré).
53. Dans la *Gén. des An.*, II, 4, 739a22-23, Aristote ne fournit pas d'explications.
54. Aristote donne des précisions sur les rèves des animaux dans le traité *Des Rèves*, 3, 461a25-26, la *Gén. des An.*, V, 1, 779a13, et surtout dans l'*Hist. des An.*, IV, 10, 536b27-30, «il semble bien que les hommes ne soient pas les seuls à rêver».
55. Sur le rôle de l'imagination dans les rêves, voir *Des Rêves*, 1, 459a21; *De l'Ame*, III, 3.

Page 161

61. Dans l'*Hist. des An.*, I, 11, 492b33, la langue est qualifiée de μανὴ καὶ σομφή, poreuse et spongieuse.
62. Ce détail ne figure pas dans les descriptions de la vessie qu'on trouve dans l'*Hist. des An.* (III, 15) et dans les *Part. des An.* (III, 8).

Page 162

63. D'être chaud.
64. N. Picolos dans son édition de l'*Hist. des An.* (1863) avait lu ὄνοι au lieu de ἄνθρωποι que donnent les manuscrits à I, 1, 488a31, par suite de la confusion de l'abréviation de ἄνθρωποι et du mot ὄνοι. Cette correction s'impose encore plus ici, comme dans les *Part. des An.*, I, 3, 643b5. La présente faute est commune à tous les manuscrits et à Th. Gaza.
65. La même question est étudiée dans les *Probl. Inéd.*, II, 76. Mais la réponse est différente et moins développée.
66. L'étude du pelage des animaux occupe les chapitres 3 à 5 du livre V de la *Gén. des An.*

Page 163

69. La fin de ce problème est certainement corrompue. Dans sa traduction, Th. Gaza ajoute une phrase: copia namque excrementi pilum et ovis et hominis procreat.
70. La même question est développée dans le problème 31 de la section IV.
71. Selon Aristote c'est le cas, en particulier, des perdrix (voir *Hist. des An.*, I, 1, 488b4; *Gén. des An.*, II, 7, 746b1; III, 1, 751a20).
72. Cf. IV, 31, 880b5.

Page 164

73. Cette courte note sur la crinière n'a pas été utilisée ailleurs. Elle

fournit un exemple de l'application de la loi d'équilibre ou de compensation.

74. La même question est reprise dans le problème 30. Elle est examinée dans le chapitre 1 du traité de la *Marche des Animaux*, 704a14, et surtout dans le chapitre 8, 708a21-b19, où se trouve un mot διότι (à 708a27) qui pourrait bien être un souvenir de ce passage des *Problèmes*. Voir aussi l'*Hist. des An.*, I, 5, 489b22.

75. Cf. *Marche des An.*, 8, 708a21 et sq.; *Hist. des An.*, I, 5, 489b22.

76. La traduction de Th. Gaza suppose un texte légèrement différent.

77. Cette question est développée dans le problème 29. Elle est traitée également dans le problème 13 de la section IX. Une allusion y est faite dans le problème 4 de la section IV, à 877a2. Ce problème 27 est reproduit dans les *Problèmes Inédits*, II, 183bis.

78. Même comparaison dans la *Gén. des An.*, II, 6, 743b6-7 (où γραῖα est remplacé par γραῦς). L'emploi de καλούμεναι (et de καλουμένη dans le passage correspondant de la *Gén. des An.*) souligne le caractère technique du mot (cf. notre édition des *Part. des An.*, Les Belles Lettres, 2e éd. 1990, p. XXIX).

79. Le mot φύσις a souvent ce sens dans la collection hippocratique.

80. Vulgairement la pelade. Ici encore l'auteur souligne le caractère technique du mot par l'emploi de l'expression τῶν ἀλωπεκιῶν καλουμένων. L'alopécie est mentionnée dans le traité hippocratique *Affections*, 35 (VI, 246, Littré).

Page 166

89. Même sujet que le problème 5 (voir aussi le problème 4).

90. Le texte qui correspond à la traduction de Th. Gaza est préférable à celui des manuscrits.

91. L'expression ἀπορήσειεν ἄν τις est très fréquente dans les traités d'Aristote.

92. Sur la finesse de la peau humaine, voir les *Part. des An.*, III, 10, 673a7, et dans les *Problèmes*, la question 2 de la section XXXV, 964b31.

93. Même définition dans le problème 4, 891a29. L'explication est différente chez les auteurs hippocratiques (*Prorrhétiques*, II, 43 (IX, 74, Littré) et chez Platon (*Timée* 85a).

Page 167

94. Cf. *Gén. des An.*, V, 4, 784b13.

95. D'après l'*Histoire des An.*, VI, 18, 571b10, les femelles sont d'humeur difficile après avoir mis bas.

96. Le texte des manuscrits suppose ici une lacune. Th. Gaza ajoute: «haec exasperantur et saeviunt». Mais il manque sans doute un membre de phrase plus important.

97. Les mots τὰ μὲν ἄλλα s'opposent à τὸ δὲ μέγεθος de la ligne 25.

98. Aristote, dans le *Gén. des An.*, IV, 1, 766a26, dit seulement qu'il s'en faut de peu qu'ils n'aient l'apparence féminine.

99. C'est là un caractère féminin souvent signalé: cf. *Hist. des An.*, IV, 11, 538b13.

100. Pour comprendre le sens de l'hapax ἀναρθρία, il faut se reporter à l'*Hist. des An.*, IV, 11, 538b7, où il est dit que les animaux qui ne sont pas articulés, comme les poissons, ont une vie courte. Voir aussi le problème 49, 896a38.

101. Cf. *Hist. des An.*, IX, 50, 632a8.

Page 168

102. Sur le sens de γενναῖος voir l'*Hist. des An.*, I, 1, 488b19 (cf. *Rhétorique*, II, 15, 1390b22).

103. *Odyssée*, XX, 71 (trad. V. Bérard). Il s'agit des filles de Pandareus.

104. Le mot ἔκτμησις est un hapax: Aristote emploie d'ordinaire ἐκτομή.

105. Hippocrate note que les varices aux jambes ne viennent pas avant la puberté (*Prénotions coaques*, XXX, 502, Littré V, 701).

106. Cf. *Hist. des An.*, III, 19, 521a29: «rares sont les femmes qui ont des varices, des hémorroïdes et des saignements de nez». La cause en est donnée dans la *Gén. des An.*, I, 19, 727a11-15: c'est l'écoulement des règles.

107. Cf. *Hist. des An.*, IV, 9, 535a28-30; 536b1; *De l'Ame*, II, 8, 420b5.

108. La voix humaine: cf. *Hist. des An.*, IV, 9, 536b19-20.

109. Sur le langage voir les *Part. des An.*, II, 16, 660a3 et sq.

110. La distinction entre les voyelles et les consonnes est précisée dans l'*Hist. des An.*, IV, 9, 535a30-b2.

111. L'auteur des questions 55 et 60 de la section XI s'est inspiré de ce problème.

112. L'adjectif ἰσχνόφωνος est employé par Hérodote, *Hist.*, IV, 155) conjointement avec τραυλός pour désigner un embarras de la langue. Voir aussi Hippocrate, *Epidémies*, V, 1 (V, 128, Littré) et Ps. Aristote *De Audibilibus* (804b27-37), œuvre d'un péripatéticien. Dans l'*Hist. des An.* (I, 11, 492b32-33; IV, 9, 536b7) et dans les *Part. des An.* (II, 17, 660a26). Aristote distingue τραυλός, qui bégaie, et ψελλός, qui blèse. Les trois adjectifs sont réunis dans la section XI, 30, 902b22.

Page 169

113. Le mot ἰσχνοφωνία est rapproché du verbe ἴσχειν, retenir, freiner, hésiter.

114. Littéralement: «n'est rien d'autre que». Le texte des manuscrits ne donne ici aucun sens satisfaisant. Nous avons adopté les corrections de E. S. Forster.

115. Des développements plus tardifs sur la même question se trouvent chez Galien, *De loc. aff.*, IV, 9 (VIII, 266-272 K) et *In Hipp. Aph.*, VI, 32 (XVIII A, 50 - 53 K).

116. Cf. *Hist. des An.*, II, 1, 499a31-b5; *Part. des An.*, IV, 10, 689a7-20.

117. Cf. *Politique*, VIII, 17, 1336a10: «Pour éviter que leurs membres ne se déforment tant ils sont fragiles, certains peuples encore aujourd'hui, utilisent des appareils qui maintiennent droit le corps des petits enfants».

118. L'auteur s'inspire des traités hippocratiques *Du foetus de sept mois* (Littré VII, 447) et *Du foetus de huit mois* (Littré VII, 459). La question est reprise dans l'*Hist. des An.*, VII, 4, 584a33-b25, et dans la *Gén. des An.*, IV, 4, 772b6-12, où se trouve un renvoi aux *Problèmes* (772b12).

119. Voir le problème 36.

120. Cf. *Gén. des An.*, V, 3, 784a6-11.

121. Même remarque dans l'*Hist. des An.*, III, 15, 519b19. Voir Ps. Alexandre, I, 109-111 (éd. Ideler, pp. 36, 35 - 37, 31).

122. Le terme πολυώνυχοι ne se rencontre qu'une seule fois dans les traités biologiques d'Aristote. C'est dans l'*Hist. des An.*, II, 12, 504a5, à propos des oiseaux.

123. Cette expression compliquée désigne les ovovivipares. Sur la distinction entre vivipares et ovovivipares les textes d'Aristote sont nombreux: cf. *Gén. des An.*, I, 3, 716b35.

124. Il s'agit des sélaciens qu'Aristote a décrits plusieurs fois: cf. *Hist. des An.*, III, 1, 510b5 - 511a34; VI, 10 et 11; *Gén. des An.*, I, 10, 718b32 - 719a13.

Page 170

125. La vessie est étudiée dans l'*Hist. des An.*, III, 15, et surtout dans les *Part. des An.*, III, 8.

126. Cf. *Hist. des An.*, I, 17, 497a20.

127. Ce membre de phrase et à rapprocher d'un passage des *Météorologiques*, II, 3, 357b3-4.

128. Il est question de l'urètre (οὐρητήρ) dans l'*Hist. des An.*, III, 15, 519b17. Ailleurs Aristote emploie οὐρήθρα.

129. Ce sujet n'est pas étudié dans les traités biologiques d'Aristote.

130. Parmi ces animaux, l'*Hist. des An.* cite le cheval, l'âne, le mulet, le bidet, l'hémione de Syrie (I, 6, 491a1).

131. Litt.: «la résille» (cf. *Hist. des An.*, II, 17, 507b4-7; *Part. des An.*, III, 14, 674b14; 15, 678a9).

132. Ce sujet est abordé dans l'*Hist. des An.*, I, 1, 488a26-31 (où les espèces citées sont plus nombreuses) et dans les *Part. des An.*, I, 3, 643b3-6. Mais il n'est nulle part développé aussi longuement qu'ici.

133. Il ne s'agit pas ici des κύνες ἰνδικοί, produits d'une chienne et d'un tigre, dont il est question dans l'*Hist. des An.*, VIII, 28, 607a4, et dans la *Gén. des An.*, II, 7, 746a34, mais de chiens qui vivent à l'état sauvage.

134. Dans la *Métaphysique*, Λ, 7, 1072b30 et sq., Aristote attribue à Speusippe la thèse, qu'il condamne, du caractère postérieur et non pas fondateur du bien.

Page 171

135. Th. Gaza disposait d'un texte différent: il n'a pas traduit φαῦλα δ' ἦν, mais il ajoute les mots «sed pingui Minerva omnia effigiabantur».

136. L'auteur veut parler des premières ébauches: il précise sa pensée quelques lignes plus bas (896a3).

137. Ce passage devait être très abîmé dans l'archétype.

138. Litt. «à l'instant ou un jour».

139. Cette remarque est à rapprocher d'un passage de l'*Hist. des An.*, IX, 1, 608b30 et sq.: «Il est possible que, s'il y avait abondance de nourriture, les animaux que l'on redoute aujourd'hui et qui sont sauvages, vivraient dans la familiarité des hommes et s'apprivoiseraient les uns à l'égard des autres».

140. Cette comparaison des humains et des animaux ne figure nulle part chez Aristote. Le mot ὀμφαλός est fréquent dans les traités biologiques, mais il a généralement le sens de «cordon ombilical».

141. Aristote dans la *Gén. des An.*, IV, 6, 774b35, déclare seulement que l'inachèvement correspond à une naissance avant terme.

Page 172

142. Cette distinction se retrouve dans la *Gén. des An.*, IV, 6, 774b5, où il est question des vivipares.

143. Le mot παιδία désigne aussi bien les petits des animaux que ceux des hommes (cf. *Gén. des An.*, V, 1, 778b21). Mais le contexte montre qu'il s'agit ici des petits enfants.

144. Cf. *Probl. Inéd.*, II, 152, et Plutarque, *Questions Naturelles*, 21, 917 B.

145. Toutes ces indications sont développées dans l'*Hist. des An.*, V, 8, 542a18 et sq.; VI, 18, 571b3 et sq.

146. Il est question de l'accouplement du sanglier dans l'*Hist. des An.*, VI, 28, 578a25 et sq., de celui du cochon domestique dans le même traité, VI, 18, 572a7 et sq.

147. Cf. *Hist. des An.*, V, 8, 542a27-28.

148. Cette phrase ressemble à un dicton.

149. C'est-à-dire l'Afrique du Nord.

150. Ce fait est signalé dans l'*Hist. des An.*, VI, 19, 573b30-32.

151. Sur le flux menstruel des différentes femelles voir l'*Hist. des An.*, VI, 18, 572b29 - 573a23.

152. Cette question est résumée dans le problème 1 de la section XXXIV.

153. C'est ce qu'affirme, presque dans les mêmes termes, l'*Hist. des An.*, II, 3, 501b23, οἱ ἀραιόδοντες ὡς ἐπὶ τὸ πολὺ βραχυβιώτεροι, où Aristote ajoute que ces dents sont moins nombreuses. Voir Hippocrate, *Epidémies* II, 6, 1 (V, 132, Littré) où une corrélation est établie entre le nombre de dents et la longévité.

154. Voir l'*Hist. des An.*, II, 1, 498b19; *Part. des An.*, II, 14, 658b2.

155. La longévité plus grande du mâle est affirmée dans l'*Hist. des An.*, IV, 11, 538a23; VI, 20, 575a5; le traité *De la Longévité*, 6, 467a31.

156. Aristote répète plusieurs fois que le mâle a plus de sutures que la femelle: *Hist. des An.*, I, 7, 491b2-5; III, 7, 516a18-19; *Part. des An.*, II, 7, 653a37-b1. Mais il ne présente nulle part cette particularité (d'ailleurs fausse) comme un facteur de longévité.

157. Cette question est reproduite avec quelques variantes dans le problème 10 de la section XXXIV (cf. Pline, *Hist. Nat.*, XI, 273).

158. Le fait est signalé dans l'*Hist. des An.*, I, 15, 493b32 - 494a1, avec des précisions supplémentaires, mais sans les explications qui sont données ici.

159. Le terme ἄναρθρα n'a pas été retenu par Aristote qui désigne les articulés par le mot ἔντομα (les animaux à entailles): cf. J. Bertier, *Introduction à la lecture de l'*Histoire des Animaux, dans *Recherches sur la tradition platonicienne*, Paris, Vrin, 1977, pp. 31-100.

160. Voir le problème 36, 894b21.

161. Cf. *De la Longévité*, 4, 466a7-8, où il est question des animaux marins, τὰ ἐν τῇ θαλάττῃ. L'expression τὰ ἔνυγρα n'est pas courante chez Aristote.

162. Dans l'*Hist. des An.* Aristote désigne cette partie de la main par le mot θέναρ (I, 15, 493b27, 32; cf. II, 8, 502b8-20).

Page 173

163. La même question est développée dans la section XXXI, problèmes 26 et 27 (cf. Hippocrate, *Epidémies II*, V, 11 (V, 130, Littré).

164. L'emploi de ληπτός est à rapprocher de celui de ἐπίληπτος dans l'*Hist. des An.*, IX, 8, 613b18.

165. Cette particularité ne semble pas avoir été signalée dans les traités d'Aristote.

166. Le texte de ce passage n'est pas sûr. Celui que Th. Gaza a traduit était différent: «Non enim quia pulchrum videtur».

167. Tout le passage qui suit a été rédigé avec soin.

168. Sur le plaisir de l'accouplement voir l'*Hist. des An.*, VI, 18, 571b10.

Page 174

171. La question est la même que dans le problème 18, mais elle est traitée différemment. Ce problème 54 est repris dans la question 10 de la section XXXIII.

172. Ces lignes sont à rapprocher de la description des vaisseaux sanguins par Syennésis de Chypre, reproduite dans l'*Hist. des An.*, III, 2, 511b25.

173. Cette ligne est horizontale chez les quadrupèdes.

174. C'est la définition que donne l'*Hist. des An.*, I, 11, 492b7, et qui

rappelle Hippocrate, *Aphorismes*, VII, 51. Voir Ps. Alexandre, I, 144 (éd. Ideler, p. 48, 32 - 49, 5).

175. Avec cette différence que, pour Aristote, la «tête» de la plante est la racine.

Page 175

176. Le mot πρό qui figure dans tous les manuscrits doit être conservé: il a une valeur adverbiale. L'expression ἀναγωγὴ τοῦ ὑγροῦ est utilisée dans les *Météorologiques*, II, 2, 355a15.

177. Il est contre nature parce qu'il se dirige vers le bas, alors que l'air a tendance à monter.

Page 176

178. La même expression se retrouve dans les *Part. des An.*, IV, 12, 693a2, à propos de la longueur du cou des oiseaux.

179. Cette remarque ne se trouve dans aucun des traités authentiques. Mais, dans l'*Hist. des An.*, VIII, 13, 598a30 et 19, 601b18-20, Aristote parle des éléments nutritifs dont les poissons disposent à l'embouchure des fleuves.

180. Aristote, dans les *Mètèorologiques* (II, 2, 354b33 - 355a21) se moque de certains de ses prédécesseurs, comme Héraclite, qui croyaient que le Soleil, tel une lampe, se nourrissait de l'humide de la Terre.

181. Th. Gaza ajoute: «merito adolescere potest corpore ampliori et vegetiori».

182. L'expression προάγεσθαι τὴν τρόφην (porter la nourriture à la bouche) est fréquente: cf. *Hist. des An.*, IV, 1, 523b31; *Part. des An.*, II, 16, 658b35.

183. Cf. *De la Respiration*, 13, 477a16: «Les animaux les plus évolués ont eu en partage davantage de chaleur».

184. Le fait est signalé dans l'*Hist. des An.*, III, 11, 518a30; IX, 50, 632a4. Il est repris dans la *Gén. des An.*, V, 3, 783b26 - 784a6, mais avec une explication différente.

185. Cette théorie est catégoriquement écartée dans les *Part. des An.*, II, 6, 651b20-21, et surtout dans la *Gén. des An.*, I, 18, 724b21 et sq. Elle a toutefois laissé une trace au livre II, 7, 747a13-19.

186. Cf. le problème 36, 894b24.

187. Voir Hippocrate, *Nature de l'enfant*, 20 (VII, 510, Littré); *Aphorismes*, VI, 28.

188. Cette particularité est signalée également dans le problème 46, 896a19.

189. Les animaux sont distingués de cette façon dans l'*Hist. des An.*, I, 1, 488b25, VIII, 1, 589a1, et dans la *Métaphysique*, I, 1, 980a29.

Page 177

190. Voir le problème 56.

191. Même formule dans les *Part. des An.*, II, 4, 650b35.

192. Cette idée est souvent exprimée: *Part. des An.*, II, 4, 650b27; IV, 11, 692a23; *Rhétorique*, II, 13, 1389b32; *Problèmes*, II, 31, 869b7; XI, 36, 903b12; XXX, 1, 954b13. Aulu-Gelle, dans les *Nuits Attiques*, XIX, 4, fait allusion à un texte des *Problèmes*, mais sans préciser lequel.

193. Idée reprise dans l'*Ethique à Nicomaque*, III, 11, 1116b26: οἱ ἀνδρεῖοι θυμοειδεῖς.

194. Aristote revient souvent sur cette fonction du sang: voir en particulier les *Part. des An.*, II, 3, 650b2, 13; 6, 652a6.

195. Les monstres sont étudiés dans l'*Hist. des An.*, VI, 3, 562b2, la *Gén. des An.*, IV, 3 et 4, la *Physique*, II, 8, 198b10 - 199b33.

196. C'est l'explication fournie dans la *Gén. des An.*, IV, 3, 770a8-13.

197. Cette indication est sans doute empruntée à Démocrite: cf. *Gén. des An.*, IV, 4, 769b34-36.

198. Le cas particulier des oiseaux est examiné en détail dans l'*Hist. des An.*, VI, 3, 562a24-b1 et dans la *Gén. des An.*, IV, 4, 770a16-23.

199. Cette particularité est signalée dans l'*Hist. des An.*, II, 1, 498b16-19, et elle est expliquée dans les *Part. des An.*, II, 14, 658b2-10, mais d'une façon différente.

Page 178

200. C'est encore là une application de la loi d'équilibre.

201. Les lignes 27-30 sont d'une concision extrême. Th. Gaza rend la phrase ἔχουσι ... ἀνθρώπων par ces mots: «his enim illud etiam, quod homini, genus integendi natura tribuit». Je préfère voir dans τὴν le rappel de ὑπερβολὴν τῆς τροφῆς de la ligne 23.

202. La question est traitée dans la *Gén. des An.*, V, 1, 778a25 et 780b4, où il est toutefois précisé que le cheval blanchit lui aussi. La canitie est étudiée spécialement dans le même livre de ce traité, chez l'homme (chapitre 4) et chez les animaux (ch. 5).

203. Cet emploi de ῥυάς est à rapprocher d'un passage des *Part. des An.*, III, 5, 668b7.

204. La canitie a été évoquée également au début du problème 34.

205. Une brève allusion au même sujet se trouve dans le traité apocryphe intitulé *Physiognomoniques*, 6, 810b16-18.

206. Aristote a repris plusieurs fois l'étude de la génération spontanée. Voir en particulier l'*Hist. des An.*, V, 1, 539a16-25, et surtout la *Gén. des An.*, III, 11, 762a9-32 (cf. notre étude «La génération spontanée chez Aristote», dans la *Revue de Synthèse*, 3e série, n°s 49-52, 1968, pp. 211-217).

207. Aristote n'a pas utilisé cette explication dans ses études sur la génération spontanée.

TABLE DES MATIÈRES

Ce volume,
de la Collection des Universités de France,
publié aux Éditions Les Belles Lettres,
a été achevé d'imprimer
en novembre 2002
sur presse rotative numérique
de Jouve
11, bd de Sébastopol, 75001 Paris

344e volume de la série grecque

N° d'édition : 4267
Dépôt légal : novembre 2002

Imprimé en France